Metodologia da Investigação Científica
para Ciências Sociais Aplicadas

O GEN | Grupo Editorial Nacional – maior plataforma editorial brasileira no segmento científico, técnico e profissional – publica conteúdos nas áreas de ciências sociais aplicadas, exatas, humanas, jurídicas e da saúde, além de prover serviços direcionados à educação continuada e à preparação para concursos.

As editoras que integram o GEN, das mais respeitadas no mercado editorial, construíram catálogos inigualáveis, com obras decisivas para a formação acadêmica e o aperfeiçoamento de várias gerações de profissionais e estudantes, tendo se tornado sinônimo de qualidade e seriedade.

A missão do GEN e dos núcleos de conteúdo que o compõem é prover a melhor informação científica e distribuí-la de maneira flexível e conveniente, a preços justos, gerando benefícios e servindo a autores, docentes, livreiros, funcionários, colaboradores e acionistas.

Nosso comportamento ético incondicional e nossa responsabilidade social e ambiental são reforçados pela natureza educacional de nossa atividade e dão sustentabilidade ao crescimento contínuo e à rentabilidade do grupo.

Gilberto de Andrade Martins
Carlos Renato Theóphilo

Metodologia da Investigação Científica
para Ciências Sociais Aplicadas

3ª edição

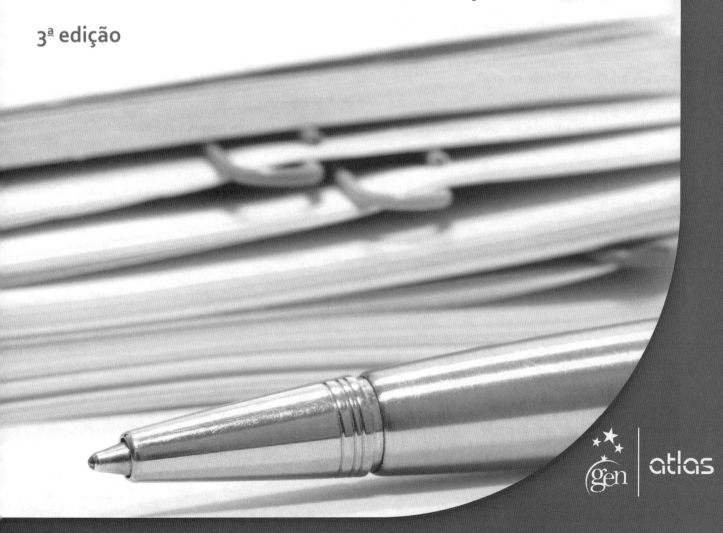

Os autores e a editora empenharam-se para citar adequadamente e dar o devido crédito a todos os detentores dos direitos autorais de qualquer material utilizado neste livro, dispondo-se a possíveis acertos caso, inadvertidamente, a identificação de algum deles tenha sido omitida.

Não é responsabilidade da editora nem dos autores a ocorrência de eventuais perdas ou danos a pessoas ou bens que tenham origem no uso desta publicação.

Apesar dos melhores esforços dos autores, do editor e dos revisores, é inevitável que surjam erros no texto.
Assim, são bem-vindas as comunicações de usuários sobre correções ou sugestões referentes ao conteúdo ou ao nível pedagógico que auxiliem o aprimoramento de edições futuras. Os comentários dos leitores podem ser encaminhados à **Editora Atlas Ltda**. pelo e-mail editorialcsa@grupogen.com.br.

Direitos exclusivos para a língua portuguesa
Copyright © 2016 by
Editora Atlas Ltda.
Uma editora integrante do GEN | Grupo Editorial Nacional

Reservados todos os direitos. É proibida a duplicação ou reprodução deste volume, no todo ou em parte, sob quaisquer formas ou por quaisquer meios (eletrônico, mecânico, gravação, fotocópia, distribuição na internet ou outros), sem permissão expressa da editora.

Rua Conselheiro Nébias, 1384
Campos Elísios, São Paulo, SP – CEP 01203-904
Tels.: 21-3543-0770/11-5080-0770
editorialcsa@grupogen.com.br
www.grupogen.com.br

Designer de Capa: Rejane Megale

Imagem: Savushkin | iStockphoto

Projeto Gráfico e Editoração Eletrônica: Lino Jato Editoração Gráfica

Dados Internacionais de Catalogação na Publicação (CIP)
(Câmara Brasileira do Livro, SP, Brasil)

Martins, Gilberto de Andrade
  Metodologia da investigação científica para ciências sociais aplicadas / Gilberto de Andrade Martins, Carlos Renato Theóphilo. – 3. ed. - [2ª. Reimp.] - São Paulo, 2018.

  Bibliografia
  ISBN 978-85-97-00811-1

  1. Ciências sociais – Pesquisa 2. Pesquisa – Metodologia I. Theóphilo, Carlos Renato. II. Título.

07-3988   CDD-001.42

Índices para catálogo sistemático:

1. Investigação científica : Metodologia   001.42
2. Metodologia da investigação científica   001.42

Sumário

1 Introdução, 1
   1.1 Tipos de Conhecimentos, 1
   1.2 Classificação das Ciências, 2
   1.3 Pesquisa nas Ciências Naturais e do Homem, 2
   1.4 Epistemologia, 3
   1.5 Um Modelo Paradigmático, 4
   1.6 A Escolha de um Assunto-Tema-Problema para a Construção de um Trabalho Científico, 5
   1.6.1 Fontes para Escolha de um Assunto-Tema-Problema, 6
   1.6.2 Predicados de um Assunto-Tema-Problema, 7

2 Polo Epistemológico, 9
   2.1 Introdução, 9
   2.2 Vigilância Crítica da Pesquisa: o Polo Epistemológico, 9
   2.3 Causalidade, 10
   2.4 Significância dos Achados – Confiabilidade e Validade, 12
   2.4.1 Confiabilidade, 13
   2.4.1.1 Técnica do Teste-Reteste, 14
   2.4.1.2 Técnica de Formas Equivalentes, 14
   2.4.1.3 Técnica das Metades Partidas (*split-half*), 14
   2.4.1.4 Confiabilidade a partir de Avaliadores, 15
   2.4.1.5 Coeficiente Alfa de Cronbach, 15
   2.4.1.6 Coeficiente KR-20, 15
   2.4.2 Validade, 15
   2.4.2.1 Validade Aparente, 16
   2.4.2.2 Validade de Conteúdo – Evidências Relacionadas ao Conteúdo, 16
   2.4.2.3 Validade de Critério – Evidências Relacionadas a Critérios, 17
   2.4.2.4 Validade de Construto – Evidências Relacionadas ao Construto, 17
   2.4.2.5 Validade Total, 18
   2.5 Problemática da Pesquisa, 20
   2.5.1 Lógica dos Problemas Científicos, 20
   2.5.2 Questões de Valor, 21
   2.5.3 Questões de Engenharia, 22
   2.5.4 Questões, Valores e Ideologias, 22
   2.5.5 Questões que devem ser evitadas, 23

3 Polo Teórico, 25
   3.1 O que é Teoria?, 25
   3.2 Funções da Teoria, 26
   3.3 O que é Modelo?, 26
   3.3.1 Valor e Limites do Uso de Modelos, 27
   3.3.2 Funções de um Modelo, 28
   3.3.3 Etapas para a Construção de um Modelo, 28
   3.4 Hipótese e Tese, 28
   3.4.1 O que é uma Hipótese de Pesquisa?, 28
   3.4.2 O que é uma Tese?, 30
   3.5 Sobre Conceito, Definição e Construto, 30
   3.5.1 Conceituando Conceito, 31
   3.5.2 Definindo Definição, 32
   3.5.3 Construindo um Construto, 33

4 Polo Metodológico, 35

4.1 Método e Metodologia, 35
4.2 Sobre o Método Científico, 35
4.3 Uma Visão Ampliada: Conteúdos da Prática Científica, 37
4.4 Abordagens Metodológicas, 37
4.4.1 Empirismo, 37
4.4.2 Positivismo, 38
4.4.3 Abordagem Sistêmica, 39
4.4.4 Abordagem Funcionalista, 40
4.4.5 Estruturalismo, 40
4.4.5.1 Estudo das Estruturas, 41
4.4.6 Fenomenologia, 42
4.4.6.1 Fenômeno, 42
4.4.6.2 Essência, 43
4.4.6.3 Redução Fenomenológica (*Epoché*), 43
4.4.6.4 Redução Eidética, 43
4.4.6.5 Intuição, 44
4.4.6.6 Método Fenomenológico de Pesquisa, 44
4.4.6.7 Círculo Hermenêutico, 46
4.4.6.8 Contribuições e Aplicações da Fenomenologia, 46
4.4.6.9 Críticas à Fenomenologia, 46
4.4.6.10 Sobre a Prática da Fenomenologia, 46
4.4.6.11 Exemplos: Abordagem Fenomenológica-hermenêutica, 47
4.4.7 Abordagem Crítico-Dialética, 48

5 Polo Técnico – Estratégias de Pesquisas, 51

5.1 Estratégias de Pesquisas, 51
5.1.1 Pesquisa Bibliográfica, 52
5.1.2 Pesquisa Documental, 53
5.1.3 Pesquisa Experimental, 54
5.1.3.1 Estrutura de um Experimento, 54
5.1.3.2 Modalidades de Pesquisa Experimental, 55
5.1.3.3 Principais Delineamentos Experimentais, 56
5.1.3.4 Exemplos – Pesquisa Experimental, 56
5.1.4 Pesquisa Quase-Experimental, 57
5.1.4.1 Principais Delineamentos Quase-Experimentais, 57
5.1.4.1.1 Exemplos – Pesquisa quase Experimental, 58
5.1.5 Levantamento, 58
5.1.6 Estudo de Caso, 59
5.1.6.1 Sobre as Questões Orientadoras, 61
5.1.6.1.1 Exemplos de Questões/Objetivos de Pesquisas para Estudos de Caso, 62
5.1.6.2 Construção da Plataforma Teórica, 62
5.1.6.3 Planejamento de um Estudo de Caso, 62
5.1.6.4 Proposições do Estudo, 63
5.1.6.5 Plano de Coleta de Dados, 63
5.1.6.6 Construindo o Protocolo para um Estudo de Caso, 64
5.1.6.6.1 Exemplos de Protocolos, 64
5.1.6.7 Trabalho de Campo e Estratégias para Análise dos Achados de um Estudo de Caso, 66
5.1.6.7.1 Triangulação, 66
5.1.6.7.2 Encadeamento de Evidências, 66
5.1.6.7.3 Construção de Teoria (*Grounded Theory*), 67
5.1.6.8 Sobre Análises dos Resultados, 67
5.1.6.9 Composição do Texto de um Estudo de Caso, 67
5.1.6.10 Exemplos – Estudo de Caso, 69
5.1.7 Pesquisa-Ação, 70
5.1.8 Pesquisa Etnográfica, 73
5.1.8.1 Exemplos – Pesquisa Etnográfica, 74
5.1.9 Construção de Teoria (*Grounded Theory*), 74
5.1.9.1 Exemplo: *Grounded Theory*, 76
5.1.10 Discurso do Sujeito Coletivo, 77
5.1.11 Pesquisa de Avaliação, 78
5.1.12 Proposição de Planos e Programas, 79
5.1.13 Pesquisa Diagnóstico, 79
5.1.14 Pesquisa Historiográfica, 79
5.2 Validação em Diferentes Estratégias de Pesquisas, 80

6 Polo Técnico – Técnicas de Coleta de Informações, Dados e Evidências, 85

6.1 Introdução, 85
6.2 Observação, 86
6.3 Observação Participante, 87
6.4 Pesquisa Documental, 87
6.4.1 Exemplos – Pesquisa Documental, 88
6.5 Entrevista, 88
6.5.1 Outras Considerações sobre o Processo de Entrevistas, 89
6.5.2 Exemplos de Entrevistas, Questionário e Observação Participante, 89
6.6 *Laddering*, 90
6.7 Painel, 90
6.8 *Focus Group*, 90

6.8.1 Planejamento e condução de um *Focus Group*, 91
6.8.2 *Focus Group* pela Internet, 92
6.8.3 Constituem limitações à prática do *Focus Group*, 92
6.8.4 Exemplos: Focus Group, 92
6.9 Questionário, 93
6.9.1 Tipos de perguntas, 93
6.9.2 Pré-Teste, 94
6.9.3 Questionário Eletrônico, 94
6.9.4 Questionário com *Trade-Off*, 95
6.10 Escalas Sociais e de Atitudes, 95
6.10.1 Escalas para medir atitudes, 96
6.10.1.1 Escala tipo Likert, 96
6.10.1.2 Escala de Diferencial Semântico, 97
6.10.1.3 Escala de Importância, 98
6.10.1.4 Escala de Avaliação, 98
6.11 História Oral e História de Vida, 98
6.12 Análise de Conteúdo, 98
6.13 Análise do Discurso, 100
6.13.1 As grandes linhas da AD, 100
6.13.2 As Teorias de Enunciação e as Teorias Pragmáticas, 101
6.13.3 A Destinaridade e a Teoria da Argumentação, 102
6.13.4 Exemplos – Análise do Discurso, 102
6.14 Exemplos – Uso de Técnicas de Coleta de Informações, Dados e Evidências, 103

7 Polo sobre Avaliação Quantitativa e Qualitativa, 107
7.1 Introdução, 107
7.2 Técnicas para avaliação quantitativa – pesquisa quantitativa, 107
7.2.1 Estatística Descritiva, 108
7.2.2 Estatística Inferencial, 108
7.2.3 Sobre os *Softwares* Estatísticos, 109
7.2.4 Coleta de Dados – Amostragem Aleatória Simples, 109
7.2.5 Estatística Descritiva, 110
7.2.6 Obtenção de Dados, 110
7.2.7 Níveis de Mensuração, 111
7.2.7.1 Nível Nominal, 111
7.2.7.2 Nível Ordinal, 111
7.2.7.3 Nível Intervalar, 112
7.2.7.4 Nível de Razão, 112
7.2.8 Gráficos e Tabelas, 112
7.2.9 Medidas de Posição ou de Tendência Central, 112
7.2.9.1 Média Aritmética ou Média Amostral, 112
7.2.9.2 Mediana, 113
7.2.9.3 Quartis, 113
7.2.9.4 Decis, 113
7.2.9.5 Percentis, 113
7.2.9.6 Moda, 114
7.2.10 Medidas de Dispersão, 114
7.2.10.1 Amplitude Total, 114
7.2.10.2 Variância Amostral, 114
7.2.10.3 Desvio-Padrão Amostral, 115
7.2.10.3.1 Interpretação do Desvio-padrão, 115
7.2.10.4 Coeficiente de Variação de Pearson, 115
7.2.10.5 Escore Padronizado, 116
7.2.10.6 Detectando *Outliers*, 116
7.2.10.7 Medidas de Assimetria, 116
7.2.11 Inferência Estatística: Estimativas por Ponto e Intervalos de Confiança, 117
7.2.11.1 Estimativa por Ponto, 117
7.2.11.2 Estimativa por Intervalo, 117
7.2.12 Amostragem, 118
7.2.12.1 Tamanho da Amostra para se Estimar a Média de uma População Infinita, 119
7.2.12.2 Tamanho da Amostra para se Estimar a Média de uma População Finita, 119
7.2.12.3 Tamanho da Amostra para se Estimar a Proporção (*p*) de uma População Infinita, 119
7.2.12.4 Tamanho da Amostra para se Estimar uma Proporção (*p*) de População Finita, 120
7.2.12.5 Amostragem Aleatória Simples, 121
7.2.12.6 Amostragem Sistemática, 121
7.2.12.7 Amostragem Aleatória Estratificada, 121
7.2.12.8 Tamanho da Amostra Aleatória Estratificada para se Estimar a Média de uma População Finita, 122
7.2.12.9 Tamanho da Amostra Aleatória Estratificada para se Estimar uma Proporção (*p*) de População Finita, 122
7.2.12.10 Amostragem por Conglomerados (*Clusters*), 123
7.2.12.11 Métodos de Amostragem Não Probabilísticos, 123
7.2.12.11.1 Amostragem Acidental, 123
7.2.12.11.2 Amostragem Intencional, 123
7.2.12.11.3 Amostragem por Quotas, 123

7.2.13 Testes de Hipóteses, 124
7.2.13.1 Introdução, 124
7.2.13.2 Principais Conceitos, 124
7.2.13.3 Tipos de Erros, 125
7.2.13.3.1 Configuração sobre o Mecanismo dos Erros, 125
7.2.14 Testes de Significância, 126
7.2.15 Teste Qui-Quadrado e Outras Provas não Paramétricas, 127
7.2.15.1 Teste Qui-Quadrado, 127
7.2.15.2 Teste Qui-Quadrado para Independência ou Associação entre variáveis, 127
7.2.15.3 Teste das Medianas, 127
7.2.15.4 Teste de Mann-Whitney, 127
7.2.15.5 Testes para Dois Grupos Relacionados: Teste dos Sinais, 127
7.2.15.6 Teste de Wilcoxon – Dois Grupos Relacionados, 128
7.2.15.7 Testes para Três ou mais Grupos Independentes, 128
7.2.15.8 Teste Qui-Quadrado, 128
7.2.15.9 Teste das Medianas, 128
7.2.15.10 Teste Kruskal-Wallis, 128
7.2.16 Análise da Variância – Anova, 128
7.2.16.1 Modelo de Classificação Única ou Experimento com um Fator, 129
7.2.16.2 Modelo de Classificação Dupla ou Experimento com Dois Fatores, 129
7.2.16.3 Experimento Fatorial ou Experimento com Dois Fatores e Repetições, 129
7.2.16.4 Teste de Scheffé, 130
7.2.17 Correlação entre Variáveis, 130
7.2.17.1 Coeficiente de Correlação Linear de Pearson, 130
7.2.17.2 Teste de Hipótese para Existência de Correlação, 130
7.2.17.3 Medidas de Correlação entre Variáveis com Escalas Nominais ou Ordinais, 131
7.2.17.4 Coeficiente de Contingência, 131
7.2.17.5 Coeficiente *V* de Cramer, 131
7.2.17.6 Coeficiente de Correlação por Postos de Spearman, 131
7.2.17.7 Coeficiente de Correlação por Postos de Kendal, 131
7.2.17.8 Coeficiente de Concordância de Kendall, 131
7.2.18 Regressão Linear Simples, 132
7.2.18.1 Diagrama de Dispersão, 132
7.2.18.2 O Modelo de Regressão Linear Simples, 132
7.2.18.3 Determinação da Equação de Regressão Linear Simples, 132
7.2.18.4 Hipóteses sobre o Modelo, 134
7.2.18.5 Coeficiente de Explicação, 134
7.2.18.6 Inferências sobre o Coeficiente β, 134
7.2.18.7 Construção de Intervalo de Confiança para o Coeficiente β, 134
7.2.18.8 Uso do Modelo de Regressão para Estimações e Previsões, 134
7.2.18.9 Funções que se Tornam Lineares por Transformações, 135
7.2.19 Regressão Linear Múltipla e Regressão Logística, 136
7.2.19.1 Determinação da Equação de Regressão Linear Múltipla, 136
7.2.19.2 Hipótese sobre o Modelo, 136
7.2.19.3 Coeficiente de Determinação Múltiplo, 136
7.2.19.4 Teste de Hipótese para a Existência de Regressão Linear Múltipla, 137
7.2.19.5 Teste de Hipótese para os Parâmetros β_i, 137
7.2.19.6 Regressões que se Tornam Lineares Múltiplas por Transformação, 137
7.2.19.7 Uso de Variável *Dummy*, 137
7.2.20 Regressão Logística, 139
7.3 Técnicas de Avaliação Qualitativa – Pesquisa Qualitativa, 140
7.3.1 Introdução, 140
7.3.2 Características da Pesquisa Qualitativa, 141
7.3.3 Contrapondo Avaliação Quantitativa e Qualitativa, 141
7.3.3.1 Análise dos Dados Qualitativos, 142
7.3.3.2 Validação da Pesquisa Qualitativa, 143

8 Polo Formatação e Edição de Trabalhos Científicos, 145

8.1 Formatação, 145
8.2 Elementos Pré-Textuais, 146
8.2.1 Capa, 146
8.2.2 Contracapa, 146
8.2.3 Página de Rosto, 147
8.2.4 Registro do Trabalho, 148
8.2.5 Ficha Catalográfica, 149
8.2.6 Dedicatória, 150
8.2.7 Agradecimentos, 150

8.2.8 Epígrafe, 150
8.2.9 Resumo, 150
8.2.10 *Abstract*, 150
8.2.11 Sumário, 151
8.2.12 Lista de Abreviaturas e Siglas, 152
8.2.13 Lista de Símbolos, 153
8.2.14 Lista de Quadros, 153
8.2.15 Lista de Tabelas, 154
8.2.16 Lista de Gráficos, 154
8.2.17 Lista das Demais Ilustrações, 155
8.2.18 Citações, 155
8.2.18.1 Sistema de Chamada, 158
8.2.18.2 Referências, 161
8.2.19 Notas de Rodapé, 161
8.2.20 Abreviaturas e Siglas, 163
8.2.21 Símbolos, 163
8.2.22 Quadros e Tabelas, 163
8.2.23 Gráficos e Demais Ilustrações, 165
8.3 Elementos Pós-Textuais, 167
8.3.1 Referências, 167
8.3.1.1 Monografias, 170
8.3.1.2 Periódicos, 175
8.3.1.3 Eventos, 179
8.3.1.4 Outros, 181

Apêndices: Esquemas Padrões, 199

Apêndice 01 – Esquema padrão de capa, 200

Apêndice 02 – Esquema padrão de contra capa, 201

Apêndice 03 – Esquema padrão de folha de rosto, 202

Apêndice 04 – Esquema padrão de registro e ficha catalográfica, 203

Apêndice 05 – Esquema padrão de dedicatória, 204

Apêndice 06 – Esquema padrão de agradecimento, 205

Apêndice 07 – Esquema padrão de epígrafe, 206

Apêndice 08 – Esquema padrão de resumo, 207

Apêndice 09 – Esquema padrão de *abstract*, 208

Apêndice 10 – Esquema padrão de sumário, 209

Apêndice 11 – Esquema padrão de lista de abreviaturas, 210

Apêndice 12 – Esquema padrão de lista de quadros, 211

Apêndice 13 – Esquema padrão de lista de tabelas, 212

Apêndice 14 – Esquema padrão de lista de gráficos, 213

Apêndice 15 – Esquema padrão de lista das demais ilustrações, 214

Apêndice 16 – Esquema padrão de referências, 215

Apêndice 17 – Esquema padrão de glossário, 216

Apêndice 18 – Esquema padrão de apêndices, 217

Apêndice 19 – Esquema padrão de anexo, 218

Apêndice A – Roteiro para elaboração de um projeto de pesquisa, 221

Apêndice B – Elaboração de um artigo para publicação em periódico, 223

Apêndice C – Elucidário, 225

Apêndice D – Abreviaturas, 231

Apêndice E – Roteiro – resenha crítica metodológica, 233

Apêndice F – Relações bibliográficas, 235

Índice Remissivo, 241

Prefácio

Os textos nacionais sobre Metodologia da Pesquisa podem ser caracterizados em dois grupos. Os livros que centram atenção, preferencialmente, na apresentação das Técnicas de Pesquisas – procedimentos para coleta de dados – e realce aos aspectos de estruturação, formalização e edição de Trabalhos Técnico-Científicos: Monografias, Artigos, Dissertações, Teses e textos assemelhados. Geralmente, esses livros expressam procedimentos em forma de Manuais, Guias, Elaboração de Monografias etc.

No outro grupo, encontram-se os livros que concentram atenção quase que exclusiva na apresentação e discussão das características epistemológicas dos Métodos Científicos. Os primeiros ignoram os Métodos e Abordagens Metodológicas, enquanto os outros não destacam as Técnicas de Pesquisa. Nossa pretensão foi a de apresentar, caracterizar e explicar, com abordagens adequadas aos públicos universitários – Graduação e Pós-Graduação *Lato* e *Stricto Sensu* da área de Ciências Sociais Aplicadas –, tanto os Métodos quanto as Técnicas de Pesquisas. O texto é desenvolvido a partir de um esquema paradigmático com seis polos: Epistemológico, Teórico, Metodológico, Técnico, Avaliação e Polo de Formatação e Edição. São consideradas as principais categorias epistemológicas – problematização, causalidade, sistema de hipóteses, confiabilidade e validade. Apresentam-se as funções das Teorias e dos Modelos, bem como explicações sobre Conceitos, Definições e Construtos no discurso e prática da Pesquisa. No Polo Metodológico, são caracterizadas as Abordagens Empirista, Funcionalista e Sistêmica, todas oriundas da matriz do Positivismo, além da Fenomenologia, Estruturalismo e Abordagem Crítico-Dialética. O Polo Técnico é dividido em dois Capítulos: Estratégias de Pesquisa com destaques para a Pesquisa Experimental, Estudo de Caso, Pesquisa-Ação e *Grounded Theory*. Em seguida, são apresentadas 12 Técnicas para coleta de informações, dados e evidências com destaques para a OP – Observação Participante, *Laddering*, *Focus Group*, Escalas Sociais e de Atitudes, Análise de Conteúdo e do Discurso. As técnicas de avaliação – quantitativas e qualitativas – dos achados são, detalhadamente, apresentadas no Capítulo 7. Todos os componentes formais e cuidados para edição de um Trabalho Técnico-Científico são apresentados no último capítulo. Registre-se atenção para os Apêndices do livro: Roteiro para elaboração de um Projeto de Pesquisa, Construção de um Artigo para publicação em periódico, Elaboração de uma Resenha Crítica Metodológica, Elucidário, bem como um denso Apêndice de Relações Bibliográficas.

Além dos já citados, outro diferencial deste livro, que esperamos possa auxiliar e estimular nossos leitores, é o destaque para EXEMPLOS, particularmente quando do tratamento das Estratégias e Técnicas de Pesquisa. Esta obra é fruto do preparo e ministração de Cursos de Metodologia Científica pelos autores. Agradecemos a nossos ex-alunos que, decisivamente, contribuíram para a construção e aplicação deste texto. Esperamos que os conteúdos aqui apresentados possam estimular e energizar aqueles que desejam conhecer a realidade através dos Métodos e das Técnicas da Pesquisa Científica.

Os Autores

1 Introdução

1.1 Tipos de Conhecimentos

A busca incessante do homem por novas descobertas direciona-o aos caminhos do conhecimento, que será seguido conforme a sua tendência. Pode-se dizer que há quatro tipos de conhecimento, cada um deles subordinado ao tipo de apropriação que o homem faz da realidade: o conhecimento vulgar ou senso comum, o conhecimento filosófico, o conhecimento teológico e o conhecimento científico. O conhecimento vulgar é adquirido pelas pessoas na vida cotidiana, ao acaso, baseado na experiência vivida ou transmitida por outras pessoas. O senso comum dá-se pela observação de fenômenos cotidianos, independentemente de pesquisas, estudos, reflexões ou aplicações de métodos aos assuntos práticos. É limitado por não proporcionar visão unitária global da interpretação das coisas ou dos fatos, além de ser incoerente e impreciso, em determinadas situações, por não ter a preocupação com o todo. Ainda assim, é a base para o conhecimento científico, por existir antes do homem, imaginar a existência da Ciência e por levar o homem à reflexão.

O conhecimento filosófico tem por origem a capacidade de reflexão do homem e por instrumento exclusivo o raciocínio. Como a Ciência não é suficiente para explicar o sentido geral do universo, o homem tenta essa explicação através da Filosofia, atravessando assim os limites da Ciência para compreender ou interpretar a realidade em sua totalidade e estabelecer uma concepção geral do mundo.

O conhecimento teológico é produto da fé humana na existência de uma entidade divina. Provém das revelações do mistério, do oculto, por algo que é interpretado como mensagem ou manifestação divina e transmitido por alguém, por tradição ou através de escritos sagrados.

O conhecimento científico resulta de investigação metódica e sistemática da realidade. Transcende os fatos e os fenômenos em si mesmos, analisa-os para descobrir suas causas e concluir sobre leis gerais que regem e é delimitado pela necessidade de comprovação concreta. Ao contrário do conhecimento vulgar, o conhecimento científico segue aplicações de métodos, faz análises, classificações e comparações. Apresenta-se como impulsionador do ser humano no sentido de não se tornar passivo em relação aos fatos e objetos, mas de ter poder de ação ou controle dos mesmos. O ser humano, fazendo uso de seu intelecto, deve desenvolver forma sistemática, metódica, analítica e crítica da missão de inventar e comprovar as novas explicações e descobertas científicas.

São recentes a importância e o prestígio da pesquisa científica nas Ciências Sociais Aplicadas. No Brasil, pode-se dizer que a produção sistemática e coordenada de conhecimentos advindos de processos científicos se deu a partir da metade do século passado. No mundo, essa prática também é nova. Apenas no início do século XX, a França começou a considerar a pesquisa científica como progresso em si mesmo e não como complemento fortuito do ensino. Somente após a Segunda Guerra Mundial, os EUA passaram a organizar a pesquisa científica, dando-lhe um quadro necessário e recursos sem medida comum com o caráter artesanal da pesquisa do período anterior.[1]

O que atualmente entendemos por produção científica nacional nos campos da Administração, Contabilidade, Educação, Ciências Sociais, Psicologia, e em geral para todas as Humanidades, foi construído, particularmente, dentro dos Programas de Pós-Graduação das Universidades. Para confirmar a juventude de nossa ciência, basta lembrar, por exemplo, que diversos Programas de Pós-Graduação da USP comemoraram 35 anos em 2004.

1.2 Classificação das Ciências

As propostas de classificação formuladas para as ciências baseiam-se em critérios como ordem de complexidade e conteúdo. A divisão apresentada por Bunge,[2] bastante aceita entre os epistemólogos, organiza as ciências em dois grandes grupos: formais e factuais, de acordo com seu conteúdo. As ciências formais, assim denominadas por estudarem os objetos abstratos cujos argumentos e teoremas dispensam testes para experimentação, compreendem apenas a Lógica e a Matemática. Todos os demais campos do conhecimento são classificados nas ciências factuais, também chamadas de experimentais ou empíricas, por estudarem objetos concretos e dependerem do teste experimental de suas hipóteses. As ciências factuais são divididas em naturais e sociais, entre as quais são incluídas, dentre outras, a Economia, a Psicologia e a Sociologia.

A denominação *ciências humanas* é também utilizada para identificar as ciências sociais, embora alguns autores prefiram empregar essa terminologia para referir-se a um grupo mais amplo de áreas do conhecimento. Nessa concepção, as ciências sociais abrangeriam um grupo interno mais delineado das ciências humanas, tendo como traço próprio a visão de condicionamento do seu objeto pelo contexto social. Além das ciências sociais, as ciências humanas abrangeriam outros campos de estudos, como a comunicação e expressão (sobretudo as letras), as artes, a filosofia etc.

1.3 Pesquisa nas Ciências Naturais e do Homem

Quando o objeto da ciência se limita à natureza, o caráter universal parece aceitável. Quando um investigador desenvolve uma pesquisa fundamentada em uma teoria da Física, ou da Biologia, Química, Ecologia, poderá, em tese, considerá-la universalmente aceita. Entretanto, quando as descobertas são realizadas nas Ciências Sociais e Humanas – Ciências do Homem –, o âmbito das generalizações dos achados, geralmente, é extremamente reduzido. O método experimental, abordagem própria das Ciências Naturais – ciências da matéria –, tem sido também adotado pelos investigadores das Ciências Sociais e Humanas para tentar suprir a falta de rigor científico das alternativas metodológicas empreendidas. Para os cientistas da área de Humanidades adeptos do método experimental, a aplicação dos princípios que fundamentam a "Ciência Objetiva – Ciências Naturais" pode garantir *status* científico à pesquisa. Basta aplicar métodos comprovados nas Ciências da Natureza para conhecer o homem e a sociedade. Para esses pesquisadores, a realidade pode ser apreendida de modo objetivo, independentemente do investigador. Para outros pesquisadores, cada vez mais numerosos, o homem não pode ser tratado como um simples objeto do conhecimento, como acontece com os elementos estudados pelas Ciências da Natureza. O homem é um sujeito demasiado complexo para se deixar reduzir ao estado de objeto. O homem não pode ser observado sem ser influenciado e não pode ser isolado de seu contexto sem perder sentido e coerência. A realidade humana é relativa e não está acessível por uma única via. Para ser apreendida e compreendida, a realidade humana exige uma leitura múltipla capaz de dar conta de sua complexidade e de sua complexificação. Fica cada vez mais evidente que não há uma teoria capaz de fornecer toda explicação acerca da natureza e do social. Os métodos são diferentes segundo o objeto de estudo e suas peculiares características.

O objeto de estudo das Ciências Sociais e Humanas está associado com o homem enquanto ser relacionado, com si próprio, com os outros, com seu entorno físico e biológico e com as entidades mentais: ideias, conceitos, lógica. O homem distingue-se por aspectos que lhe são específicos, que fazem dele uma entidade bem definida: a consciência reflexiva. Trata-se de uma consciência dotada de memória, capaz de explorar domínios desconhecidos por meio da imaginação e da invenção e de construir um mundo de ideias e de representações paralelas ao mundo físico. Ao longo do tempo, a memória com lembranças, aprendizagens e realizações molda as pessoas, construindo história que se torna parte da realidade. O homem possui autonomia estratégica: aptidão para gerenciar um projeto, assegurando-lhe condições de êxito, apesar das eventuais dificuldades encontradas. O homem possui capacidade de finalização: autonomia que se realiza e se objetiva graças à sua capacidade de utilizar meios técnicos e tecnológicos. O homem possui afetividade: característica mais complicada de se circunscrever. Abrange todos os estados afetivos criados pelos estímulos recebidos do mundo exterior, provocando uma sensação própria em cada indivíduo. Com efeito, essa sensação, obrigatoriamente única, só pode ser apreendida pelo indivíduo por causa da expressão e do sentido que ele lhe dá. A afetividade é social. Combinações dessas três características, consciência reflexiva, autonomia estratégica e afetividade, resultam na interioridade da pessoa humana e na estrutura temporal de suas atividades. A interioridade é o que é próprio da pessoa humana, o que ela internaliza como ideias e afetos. É inacessível ao conhecimento por meio da observação externa. A estrutura temporal do fato humano é um processo que engloba dois componentes: um cíclico e outro repetitivo. Ambos interagem e se modificam mutuamente. Não há dois comportamentos iguais em função da mesma experiência. Este fato corrobora a ideia de que não é único o processo de se apreender a realidade social. É orientado por esse conceito que se inscreve o esforço deste texto.

1.4 Epistemologia

Etimologicamente, epistemologia significa discurso (*logos*) sobre a ciência (*episteme*). A Epistemologia é a mais antiga de um conjunto de disciplinas denominado "ciência das ciências". Em sentido amplo, é conceituada como o estudo metódico e reflexivo da ciência, de sua organização, de sua formação, do seu funcionamento e produtos intelectuais. A aparente simplicidade do conceito esconde a grande dificuldade encontrada em definir seu estatuto atual: "[...] da Epistemologia sabemos muito aquilo que ela não é, e pouco sobre aquilo que é ou se torna".[3] Não existe mesmo um acordo sobre quais problemas a disciplina deve abordar. A dificuldade se deve ao fato de tratar-se de uma disciplina recente e em construção. Esse processo de formação é lento, em vista do desafio que a Epistemologia se impôs de, ao mesmo tempo, buscar instalar-se como disciplina autônoma entre as ciências e tentar separar-se da filosofia.

Desde Platão até o início do século XX, a Epistemologia era apenas um capítulo da Teoria do Conhecimento, um dos ramos da Filosofia. Nesse período clássico ainda não existiam os epistemólogos profissionais. O marco da profissionalização da Epistemologia ocorreu em 1927, com o Círculo de Viena, núcleo de estudiosos que se reunia regularmente na Universidade de Viena. Pela primeira vez na história, reuniu-se um grupo de epistemólogos com o propósito de discutir ideias e elaborar coletivamente uma nova Epistemologia. Em uma concepção tradicional, a Epistemologia objetivava determinar a origem lógica das ciências, seu valor e alcance. A concepção de Epistemologia identificava-se com a de Teoria do Conhecimento: cada filósofo construía suas ideias partindo de uma reflexão sobre as ciências estendendo-a a uma teoria geral do conhecimento. Essa modalidade de Epistemologia, que se pode denominar "metacientífica", trata de um objeto "ideal" e não de objetos "reais". Fundada no postulado de que o conhecimento é um fato que pode ser estudado em sua natureza própria, as questões levantadas no seu âmbito referem-se, sobretudo, à possibilidade do conhecimento: "como é possível o conhecimento?" ou "o que é o conhecimento?". Hoje o conhecimento passou a ser considerado como um processo e não como resultado. Em vista disso, a Epistemologia, diferentemente da visão tradicional, toma por objeto não mais uma ciência que considera feita, mas em via de se fazer. Sua tarefa passou a ser a de buscar conhecer esse *devir* e analisar sua gênese, formação e estruturação progressiva, chegando sempre a um conhecimento provisório, jamais acabado ou definitivo.[4]

Em sua concepção clássica, as pesquisas epistemológicas eram desenvolvidas pelos filósofos. Contemporaneamente, tem-se considerado que a preocupação epistemológica deve se aproximar tanto quanto possível dos pesquisadores das próprias disciplinas, devido ao conhecimento privilegiado que eles possuem do seu objeto de estudo e das problemáticas relacionadas.

A concepção e o desenvolvimento das ciências exigem uma epistemologia que não seja fixista, que não pretenda reger as ciências a partir de fora, mas uma epistemologia ligada à própria produção da ciência, feita pelos próprios pesquisadores em suas disciplinas respectivas, que seja sempre aproximada das epistemologias das outras disciplinas científicas.[5]

São identificados três tipos de Epistemologia, conforme sua abrangência: 1. Epistemologia global – voltada ao estudo do saber globalmente considerado; 2. Epistemologia particular – que trata de um campo particular do saber; 3. Epistemologia específica – que se ocupa de uma disciplina intelectualmente constituída em unidade bem definida do saber.

O papel e a contribuição de uma instância epistemológica para a pesquisa podem ser considerados a partir da análise das duas funções da Epistemologia. Por um lado, como tratado nesta seção, assume a condição de metaciência, porque vem após e diz respeito às ciências. Por outro lado, como se discute a seguir, revela um caráter intracientífico e representa uma instância intrínseca à produção científica.

1.5 Um Modelo Paradigmático

A literatura contempla a concepção de que a geração do conhecimento se processa em quatro níveis ou polos: epistemológico, teórico, metodológico e técnico. A ordem segundo a qual essas referências se apresentam não é casual. O referencial epistemológico orienta a direção do referencial teórico que, por sua vez, determina as coordenadas do polo metodológico, que influencia o polo técnico.

O entendimento de que o campo da prática científica se organiza em um espaço quadripolar é também defendido por Bruyne et al.[6] Segundo esses autores, a complexidade das problemáticas nas Ciências Sociais Aplicadas faz com que o processo de pesquisa não possa ser reduzido a uma sequência de operações sustentadas por procedimentos – etapas – imutáveis. Ao contrário, a construção de um trabalho científico exige interpenetrações e voltas constantes entre as diferentes instâncias de todos os polos.

O modelo "quadripolar" é condizente com uma noção mais flexível dos elementos que influenciam a prática científica. Uma peculiaridade do modelo é a noção topológica e não cronológica da pesquisa. Os polos são concebidos como aspectos particulares do processo de produção de conhecimentos, e não como momentos separados da pesquisa. O espaço científico é, assim, considerado como um campo dinâmico, sujeito à articulação de diferentes polos ou instâncias.

Esta obra se organiza com base nessas concepções, conforme demonstrado na Figura 1. A configuração é de um modelo formado por polos. As setas são indicativas da natureza dinâmica e não cronológica do modelo. Além do conteúdo dos polos são incluídos úteis apêndices.

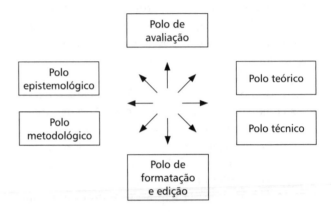

Figura 1 *Esquema paradigmático para construção de um trabalho científico.*

O polo epistemológico exerce uma função de vigilância crítica da pesquisa. Nele são consideradas dimensões como a explicitação das problemáticas de pesquisa e a produção do objeto científico; e consideradas concepções como as de causalidade, validação e cientificidade.

O polo teórico orienta a definição das hipóteses e construção dos conceitos. É o lugar da elaboração das linguagens científicas, determina o movimento de conceituação. Compreende aspectos como teorias, modelos, construtos e hipóteses.

O polo metodológico contempla dimensões relacionadas com os diversos modos de tratar a realidade. Inclui dimensões amplas, como as abordagens metodológicas (positivismo, dialética, fenomenologia etc.), e outras mais específicas, como os métodos (indutivo, dedutivo, hipotético-dedutivo etc.).

O polo técnico guia os procedimentos de coleta de dados e sua transformação em informações pertinentes à problemática de pesquisa. A esse polo estão diretamente ligadas as estratégias ou delineamentos de pesquisa e as técnicas para coleta de informações, dados e evidências – escolhas práticas feitas pelos pesquisadores para permitir o encontro com os fatos empíricos.

O polo de formatação e edição contempla procedimentos para a formatação e edição de um trabalho científico, com base nas normas que as disciplinam.

O polo de avaliação compreende instrumental para avaliações quantitativas e qualitativas.

1.6 A Escolha de um Assunto-Tema-Problema para a Construção de um Trabalho Científico

Não há uma regra básica para se escolher um assunto-tema-problema que mereça ser pesquisado. Eis alguns critérios que podem orientar a escolha de um tema para pesquisa. Deverá ser, ao mesmo tempo, importante, original e viável. O tema será importante quando, de alguma forma, for ligado a uma questão que polariza, ou afeta, um segmento substancial da sociedade ou está direcionado a uma questão teórica que merece atenção: isto é, melhor definição, maior precisão. Um tema é original quando há indicadores de que os resultados da pesquisa podem surpreender, trazer novidades, possibilitar um novo entendimento do fenômeno sob investigação. Temas cujos resultados são previsíveis, portanto nada surpreendentes, não merecem investigação. A questão da viabilidade está ligada às evidências empíricas que permitem observações, testes, coleta de dados e validações dos possíveis achados da investigação, bem como condições de prazo, custo e potencialidade do pesquisador.

O objeto de uma pesquisa pode surgir de circunstâncias pessoais ou profissionais, da experiência científica própria ou alheia, da sugestão de uma personalidade superior, do estudo, da leitura de grandes obras, da leitura de revistas especializadas etc. A primeira escolha deve ser feita com relação a um campo delimitado, dentro da ciência que tratará o trabalho científico, como, por exemplo: Administração de Organizações, Economia, Educação, Sociologia, Psicologia, Contabilidade etc. Em seguida é necessário delimitar o assunto – âmbito abrangente do conhecimento dentro da ciência que tratará a pesquisa científica. São assuntos: Recursos Humanos nas Organizações, Economia Brasileira, Educação Fundamental, Política Internacional, Auditoria etc.

Escolhidos o campo e o assunto, o passo seguinte é definir um tema para o estudo. Isto é: delimitar o assunto evitando-se enfoque genérico ou muito abrangente, tomando-se cuidado para não escolher um tema tão delimitado cuja solução se aproxime de resultados óbvios. Um enfoque específico será a caracterização de um tema que permita reflexões e análises detalhadas, originais e rigorosas, fugindo das generalidades e das repetições. Exemplificando: o assunto poderia ser Auditoria e um tema a ser desenvolvido: o papel do auditor nas organizações públicas.

Em seguida à identificação de um tema, o investigador deverá problematizá-lo, isto é: formular com clareza e precisão um problema concreto a ser estudado. A questão de pesquisa poderá ser expressa, preferencialmente, em forma interrogativa, buscando o relacionamento entre variáveis. Assim, o problema poderá expressar uma relação entre duas ou mais variáveis: a variável A está relacionada com a variável B?, X e Y estão relacionados com Z?

Deve-se ter cautela na escolha de assuntos-temas sobre os quais já existem muitos estudos, bem como aqueles extremamente inovadores. Os primeiros sugerem repetições, enquanto os muito novos, especulações. É preciso, no caso de optar por um tema muito explorado, que o pesquisador seja criativo de forma a delinear um enfoque que leve a resultados não previsíveis. E que faça cuidadosa reflexão sobre suas reais condições e potencialidades caso escolha temas muito inovadores.

Fundamentalmente, nesta primeira etapa do processo de pesquisa, o investigador deverá responder, por escrito, com clareza e precisão, às questões:

> O que fazer?
> Por que fazer?

Ao responder de maneira fluente a essas duas questões, o pesquisador estará caracterizando o objeto de seu estudo, formulando seu problema de pesquisa e expondo os objetivos do estudo. Será preciso relatar os antecedentes do problema, a relevância de se estudar o tema proposto, bem como argumentar sobre a importância prática/teórica dos possíveis achados do estudo que se pretende desenvolver.

Raramente se formulam problemas de pesquisa que não sejam modificados ao longo do processo de investigação. A formulação de um problema científico não é tarefa fácil. Trata-se de um processo criativo que depende de habilidades/capacidades intelectuais do pesquisador, muita perseverança, conhecimento do assunto-tema a ser pesquisado, espírito de curiosidade, criatividade, sensibilidade social, imaginação disciplinada e determinação. Como sintetizou Pavlov em sua "Carta aos Jovens", os aprendizes da ciência devem ter: constância, constância e constância! modéstia, ou seja, nunca admitir que se sabe tudo, e em terceiro lugar – a paixão: a ciência demanda dos indivíduos grande tensão e forte paixão.

1.6.1 Fontes para Escolha de um Assunto-Tema-Problema

A escolha de um assunto poderá ser facilitada pela leitura de livros e, particularmente, revistas técnicas, periódicos, pois estes geralmente apresentam assuntos polêmicos, atuais, controversos. Como já foi dito, deve-se evitar uma tendência, comum entre os iniciantes, de escolher temas cuja extensão e complexidade estejam muito além das limitações do investigador. É comum o aluno-autor querer desenvolver um trabalho científico, mas não saber ao certo sobre o que escrever. A busca do assunto-tema-problema a ser focalizado deve ser orientada de forma que se sinta algum tipo de atração pelo objeto de estudo. Na construção de trabalho científico serão dispensadas inúmeras horas para a leitura de trabalhos correlatos, discussões com especialistas da área, redação de documentos e outras atividades afins. Todas essas tarefas dificilmente serão realizadas, de forma satisfatória, se o pesquisador não tiver algum estímulo e identificação com o tema e problema a ser investigado. A escolha de um tema que esteja ligado à área de atuação profissional, ou que faça parte da experiência pessoal, torna o trabalho muito mais interessante e eficiente. Isto porque nestas condições já se possuem conhecimentos prévios que poderão facilitar a interpretação de textos, ideias e jargões da área, além de orientar a busca de bibliografia e consulta a profissionais especializados.

A pesquisa de material escrito: livros, revistas técnicas, periódicos, jornais etc. representa uma excelente fonte de ideias para a escolha de um assunto-tema-problema a ser pesquisado. Convém iniciar a busca consultando os próprios livros. Cada nova leitura de um texto, normalmente, traz novas interpretações, ideias, visões e compreensões.

Pesquisar os principais *journals* pode mostrar o que está no centro dos debates acadêmicos dentro da área de interesse do pesquisador. Para pesquisar os *journals*, recomenda-se o uso de sistemas eletrônicos disponíveis nas bibliotecas, como, por exemplo, o PROQUEST, capazes de realizar levantamento de títulos em vários *journals* internacionais, por meio de palavra-chave, assunto, nome da publicação etc.

Consultar teses e dissertações também é válido. Esse levantamento permite que se descubra o que vem sendo estudado no Brasil, possibilitando orientações para novas pesquisas. Da mesma forma, consulta a anais dos últimos Congressos, Encontros, Seminários etc. pode ser uma ótima fonte para gerar ideias. Particularmente, consulta a anais de Encontros de Programas Nacionais de Pós-Graduação: EnANPAD, ANPEC, ANPED etc.

A busca pela Internet é uma outra alternativa. Por meio de uma boa pesquisa pela Internet, pode-se descobrir o que vem sendo desenvolvido em outros centros de pesquisa do Brasil e do mundo, bem como consultar diversas bibliotecas, e também obter ensaios, *papers*, desenvolvidos no exterior e em nosso país.

Recomenda-se que alunos-autores conversem com seus professores, pois, muitas vezes, eles possuem ideias interessantes e linhas de pesquisas que podem vir a ser desenvolvidas em conjunto. Conversar com os colegas de turma também pode gerar excelentes oportunidades de pesquisa. Muitas vezes, em bate-papos informais de corredor é que surgem ideias para o desenvolvimento de textos científicos.

A observação direta do comportamento dos fenômenos e dos fatos também é uma fonte inspiradora de ideias. Para se fazer ciência não basta deixar que os fatos falem por si mesmos. É preciso saber observá-los, interpretá-los, explicá-los e prevê-los. Com base nesse processo, a ciência estará caminhando para um horizonte mais amplo. A observação atenta dos fenômenos e fatos possibilita, muitas vezes, a descoberta de problema que mereça ser investigado. Observando é que se pode conjeturar acerca de uma possível uniformidade empírica que demanda explicação. Uma vez perguntaram a Newton como ele havia descoberto a lei da gravidade. Ele respondeu: pensando nela. A reflexão, sem dúvida, é uma rica fonte de ideias. Com apoio da reflexão, podem surgir hipóteses sobre relações imprevistas, dúvidas de entendimento, descoberta de falhas, ou subjetividades em certas teorias, e tantas outras questões relevantes.

O senso comum, não obstante ser chamado de inimigo da ciência, pode trazer ideias para serem pesquisadas cientificamente. O pesquisador voltado para a descoberta de generalizações mais amplas, ou em oposição a um grupo de generalizações existentes, vê, em muitos conteúdos do senso comum, autênticos estímulos para uma investigação.

Muitos modelos e teorias pertinentes a uma ciência derivam de analogias com outras ciências. A física social, a ecologia humana, a geografia política, a teoria de campo são alguns exemplos de formulações teóricas derivadas de um setor científico para outro, devido a analogias feitas mediante exame meticuloso das relações e dos conceitos entre áreas distintas do conhecimento. Analogias com tais propósitos constituem mais uma estratégia para escolha de um tema.

É de se notar que temas fecundos nascem do campo das controvérsias. No setor da psicologia, por exemplo, quantos temas não surgiram de exaustivas discussões sobre determinantes psicológicos e fatores culturais? Teses e antíteses sobre determinado assunto-tema podem gerar instigantes problemas para a construção de um trabalho científico.

1.6.2 Predicados de um Assunto-Tema-Problema

Além das condições já expostas, convém atentar para mais algumas considerações acerca da escolha de um tema-problema para investigação científica:

- O primeiro passo para a construção de uma pesquisa científica é a determinação de um tema-problema, isto é, do objeto central de estudo.
- Um problema é uma questão que mostra uma situação necessitada de discussão, investigação, decisão ou solução.
- Para delimitar um tema-problema, devemos fixar circunstâncias, sobretudo de tempo, espaço, e sob que ponto de vista ou perspectiva o tema será focalizado.
- Quanto mais se restringe o campo, melhor e com mais segurança se pode trabalhar.
- Compreender um tema-problema de pesquisa significa:
    a) estar em condições de explicá-lo aos demais;
    b) saber desenvolver as questões implícitas;
    c) eventualmente, poder assinalar aspectos particulares (casos e exemplos) e algumas das aplicações possíveis.
- Uma escolha para safar-se da dificuldade converte-se logo em pesada carga!

É preciso superar a ansiedade de enfrentar o desafio para construir um trabalho científico por meio da condução de atividade prazerosa de busca e desenvolvimento de um tema que dê satisfação e orgulho. É de fundamental importância a seleção criteriosa de um tema-problema de pesquisa. Uma escolha infeliz pode tornar a pesquisa inviável e, o que é pior, provocar atitudes desfavoráveis em relação aos trabalhos científicos de um modo geral. É necessário investigar, levantar, selecionar e julgar criticamente o material e as interpretações existentes, antes da definição de um tema-problema. Para evitar o desconforto de carregar um pesado fardo durante vários meses, é necessário dedicar tempo para a escolha de um tema. Não convém iniciar o trabalho orientado por vagas ideias, ou propostas simplórias, ingênuas e triviais. Nas Ciências Sociais Aplicadas o acesso ao conhecimento é difícil. As evidências são fracionadas, dispersas e mesmo contraditórias. Conceitos evasivos ou dúbios, excesso de variáveis que agem simultaneamente e a dinâmica social exigem judiciosa seleção do tema para o desenvolvimento de uma pesquisa científica.

O processo de escolha de um tema assemelha-se à elaboração de um roteiro para iluminação de uma peça teatral. Com criatividade e engenhosidade, é preciso escolher onde se deve jogar a luz, dar o *zoom*, ou seja: buscar e engendrar uma perspectiva que possibilite dizer algo que ainda não foi dito, ou rever, sob outra visão, nova perspectiva, o que já foi dito sobre o tema. O ponto de vista admitido deve possibilitar explicações, discussões e interpretações singulares, portanto, distintas dos enfoques convencionais pelos quais o tema é comumente tratado.

Cuidados devem ser tomados com o excesso de ambição. Superestimar a dimensão da pesquisa, propondo-se a fazer o que levaria muito mais tempo do que se dispõe, ou exigir muito mais conhecimento do que se possui. Antes de se decidir é necessário verificar a fertilidade lógica das teorias subjacentes ao tema, isto é, avaliar se a área apresenta grande densidade, em que as formulações se interpenetrem e se associem densamente. Quanto menos triviais forem as propostas de investigações, maior o potencial de risco envolvido. Decidir por um risco aceitável, ou um nível satisfatório de ambição, é necessário quando da escolha de um tema para investigação. O processo de aquisição de conhecimento sobre a realidade é um conjunto de procedimentos que se pautam antes de tudo pela economia e eficiência. Assim, é preciso buscar, obter, armazenar e ter acesso ao máximo de informações possíveis sobre o tema, com um nível aceitável de esforço e dispêndio de tempo e recursos.

Notas

[1] SALOMON, D. V. *Como fazer uma monografia*. 9. ed. São Paulo: Martins Fontes, 2000.

[2] BUNGE, M. *La investigación científica*: su estrategia y su filosofía. 5. ed. Barcelona: Ariel, 1983.

[3] JAPIASSU, H. F. *Introdução ao pensamento epistemológico*. 6. ed. Rio de Janeiro: Francisco Alves, 1991. p. 23.

[4] JAPIASSU, Op. cit.

[5] BRUYNE, P. et al. *Dinâmica da pesquisa em ciências sociais*: os polos da prática metodológica. 5. ed. Rio de Janeiro: Francisco Alves, 1991. p. 41.

[6] BRUYNE, P. et al. Op. cit.

2 Polo Epistemológico

2.1 Introdução

Na condição de uma metaciência, a epistemologia exerce um papel de questionamento crítico dos fundamentos e princípios das diversas ciências. Os epistemólogos interessam-se pela análise dos resultados das pesquisas, isto é, a ciência é tida como um produto. Por outro lado, no desenvolvimento do trabalho científico os pesquisadores enfrentam problemas passíveis de serem solucionados com o subsídio das considerações epistemológicas. Assim concebida, a epistemologia representa um polo do processo de pesquisa, de importância significativa na busca de um maior conhecimento sobre os objetos investigados. Os pesquisadores situam-se no nível da ciência como um processo:

> [...] os pesquisadores encontrarão na reflexão epistemológica não apenas os fundamentos para se assegurarem do rigor, da exatidão, da precisão do seu procedimento, como também preciosas indicações que guiarão a indispensável imaginação da qual deverão dar provas [...].[1]

A instância epistemológica do processo de geração de conhecimentos compreende os critérios de cientificidade das pesquisas.

2.2 Vigilância Crítica da Pesquisa: o Polo Epistemológico

A epistemologia enquanto um polo intrínseco da pesquisa situa-se tanto na lógica da descoberta, quanto na lógica da prova. O polo epistemológico se ocupa, por um lado, do exame do processo de produção dos objetos científicos – lógica da descoberta –, por outro lado cuida da análise dos procedimentos lógicos de validação e da proposição de critérios de demarcação para as práticas científicas – lógica da prova.

O pesquisador se vale da reflexão epistemológica na sua prática científica, ainda que, muitas vezes, de forma não consciente: "[...] conscientemente ou não, colocam-se questões epistemológicas porque elas podem ajudá-lo a resolver seus problemas práticos e a elaborar soluções teóricas válidas".[2]

O pesquisador apoiar-se-á em considerações formais, saídas da lógica, e em considerações concretas, ligadas ao seu domínio científico e ao conjunto das disciplinas científicas. A epistemologia interna nasce sob os próprios passos do cientista exigida por problemas que se colocam no interior de cada ciência. A epistemologia geral (global), por sua vez, é fruto da troca interdisciplinar das reflexões epistemológicas internas das diversas disciplinas.

A seguir, são tratados princípios de epistemologia geral, considerando duas concepções fundamentais para o processo de geração do conhecimento científico: causalidade e significância dos achados. No que se refere à epistemologia interna, serão discutidas questões relacionadas à problemática científica, à lógica do problema científico e a questões de valor.

2.3 Causalidade

A noção de causa é empregada em diversas situações cotidianas, envolvendo tanto o senso comum como a ciência. Considera-se a existência de três tipos de uso para o conceito de causa,[3] a partir do agrupamento das características comuns observadas em diversas expressões que buscam explicar relações entre eventos diferentes. No primeiro tipo, a relação caracteriza-se por se referir a um único caso e não pode ser estendida, como fator explicativo, a outros eventos similares. É, por isso, uma explicação própria do senso comum – portanto, inadequada para aplicação na ciência. Esse tipo de causalidade é denominado "relação acidental entre eventos diferentes" e está representado no exemplo: "Maria se casou com Paulo por causa do seu dinheiro." A segunda forma de utilização do conceito de causalidade é denominada "relação invariante necessária entre eventos diferentes". Nela, a ideia principal é a ocorrência de eventos sucessivos no tempo, tendo a sucessão um caráter necessário: dado um certo evento "A", sempre ocorre um outro evento "B". Essa é a forma tradicional do entendimento de causalidade, de grande importância para a explicação científica, tanto na previsão de uma ocorrência, quanto para inferir que um evento ocorreu no passado com base na análise do presente. Exemplo: "movimentos tectônicos geram terremotos". Com o nascimento da ciência moderna, os pensadores passaram a exigir que, além de necessárias, as relações deveriam ser "determinadas", isto é, deveriam poder dizer o "como", o "quando" e o "quanto" da relação. Esse entendimento de causalidade é chamado de "relação invariante necessária e determinada entre eventos diferentes". Por exemplo: "a ingestão de cianureto causa inevitavelmente a morte nos animais de peso inferior a 350 kg".

Uma apreciação histórica é interessante para situar as discussões em torno do conceito de causalidade.[4] A mais antiga das codificações dos significados da espinhosa palavra "causa" se deve a Aristóteles. Na doutrina aristotélica considerava-se que havia, na produção de um efeito, não apenas um, mas quatro tipos de causas. Com o advento da ciência moderna, apenas uma dessas concepções foi merecedora de interesse: a causa eficiente – o agente externo à coisa, responsável pelo seu efeito. Galileu, considerado o pai da ciência moderna, definiu a causa eficiente como "a condição necessária e suficiente para o aparecimento de algo": aquilo que leva ao efeito e que, se suprimido, obsta o surgimento do efeito. Do século XVII ao XIX, a tendência nascida com Galileu de dar formulação matemática às leis da Física atingiu sua plenitude com as teorias gerais sobre os movimentos de corpos, estabelecidas por Newton. Essas leis, a que se costuma fazer referência sob o título de "mecânica clássica", formam a base da ciência chamada "mecânica". O ideal mecanicista se baseava na ideia de que nada no universo seria indeterminado, porque nada poderia escapar ao esquema newtoniano, segundo o qual tudo se reduz às consequências de um grupo de leis quantitativas que governam o comportamento de algumas entidades básicas. Foram necessárias várias acomodações nessa concepção ao longo do tempo, até que, no século XX, em vista do reconhecimento fundamental das probabilidades, o mecanicismo passou a ser considerado indeterminístico. Um marco para a noção de indeterminismo foi o advento do Postulado da Incerteza de Heisenberg, o qual, baseado em experiências com fenômenos quânticos, propugnou que o observador pode influenciar, também, os fenômenos naturais.

Determinação e causalidade são termos relacionados e equívocos. Em uma das suas acepções, a causalidade assume o sentido restrito de causa e é considerada um caso particular de determinação – conceito mais abrangente, que compreende as diversas espécies de conexões entre variáveis, não apenas as de natureza causal. Entendendo-se dessa forma o que seja determinação, haveria, ao lado da causação *stricto sensu*, a interação, a determinação estatística e outras formas de determinação no modo especial de entendê-la, como ausência de imprevistos.

A noção estrita de causalidade tem sido considerada inadequada para o estudo dos fenômenos sociais, devido ao grande número e à complexidade das variáveis que os envolvem. Em função disso, são propostos modelos mais flexíveis para a elaboração de hipóteses nas Ciências Sociais. Em um desses modelos, bastante referenciado na literatura, Rosenberg[5] classifica as relações tratadas na pesquisa em ciências sociais em três categorias: relações assimétricas, em que uma das variáveis influencia a outra; relações simétricas, em que nenhuma das variáveis afeta a outra; e relações recíprocas, nas quais as variáveis se influenciam mutuamente. São relacionados seis tipos de relações assimétricas:

1. Associação entre um estímulo e uma resposta: é um tipo de relação que tem um caráter mais diretamente causal e refere-se à influência de algum estímulo externo sobre uma resposta específica. A maior dificuldade encontrada para inferir essas relações nas ciências sociais deve-se ao princípio da seletividade. Por exemplo, em um estudo acerca da influência da televisão sobre as crianças, é necessário comparar dois grupos – um com crianças que assistem à televisão e outro com as que não assistem – e esses conjuntos devem ser compostos por crianças da mesma idade, mesmo *status* socioeconômico, mesmo sexo e outros aspectos que as tornem comparáveis.

2. Associação entre uma disposição e uma resposta: a disposição é entendida como uma tendência de reagir de certa maneira em determinadas circunstâncias. Exemplo: relação entre inteligência e desempenho em provas.

3. Associação entre uma propriedade e uma disposição: a propriedade é entendida como uma característica relativamente duradoura. Exemplo: relação entre idade e conservadorismo.

4. A variável independente constitui um pré-requisito necessário, mas não suficiente, para dado efeito: um razoável desenvolvimento tecnológico é condição necessária para uma nação possuir armamento nuclear.

5. Relação imanente entre duas variáveis: há uma inequívoca relação entre uma variável e outra (uma nasce da outra). Exemplo: o número de papéis é imanente à burocracia.

6. Relação entre fins e meios (finalista): os meios contribuem para os fins. Exemplo: relação entre o tempo de estudo e as notas escolares (o fim é o êxito na escola e o meio, o tempo de estudo).

As relações simétricas, apesar de terem claramente menor importância teórica que as assimétricas, são bastante relevantes para a compreensão dos processos sociais. O autor relaciona quatro tipos de relações simétricas e suas respectivas contribuições:

1. As variáveis são indicadores alternativos do mesmo conceito: esclarecimento sobre o alcance e diversidade das manifestações de um fenômeno.

2. As variáveis apresentam-se como efeitos de uma causa comum: importância dessa causa ao explicar uma ampla gama de fenômenos sociais.

3. As variáveis são elementos indispensáveis de uma unidade funcional: melhor compreensão da estrutura e operação dessa unidade.

4. As variáveis associam-se como partes de um "sistema" ou "complexo comum" – considerável valor descritivo no que se refere ao esclarecimento da natureza do complexo.

O autor considera, ainda, que a relação recíproca poderia ser chamada de "assimétrica alternada", pois existe uma força causal entre as variáveis e estas se influenciam mutuamente.

Embora outros autores também se refiram à causalidade apenas como um tipo de determinação, o termo é, com frequência, utilizado com uma significação mais ampla. Nessa visão, a causalidade assume a forma de um princípio que norteia e caracteriza a investigação científica; um pressuposto metodológico que abriga tudo que se afasta da noção de acaso, carente de imprevistos ou de ausência de leis. Em uma concepção ampliada, o conceito de causalidade deixa de se referir apenas à ligação entre variáveis e passa a incluir variados tipos de conexões entre os diversos elementos:

> Na rede morfológica, as conexões entre teses, acontecimentos, variáveis, proposições podem apresentar múltiplas formas; um fator qualquer pode aparecer como determinante, determinado, essencial, acessório, independente, dependente etc. A causalidade é a operação que permite que "alguma coisa" (acontecimento, efeito, situação, fato) aconteça sob certas condições teóricas determinadas.[6]

Não se pode fazer uma análise ampla da causalidade sob o ponto de vista do polo técnico, isto é, com base apenas nas estratégias de pesquisa: as estratégias podem assumir diferentes ênfases, dependendo se, por exemplo, têm propósito explicativo ou descritivo, ou segundo sua abordagem metodológica. É fato que alguns estudos têm marcante uma concepção de causalidade – como os experimentos, em geral, baseados nas relações de causa e efeito. Mas, um estudo de caso, por exemplo, pode visar a inferência causal ou ser um estudo de caráter descritivo; pode também ter influência de diferentes abordagens, assumindo concepções de causalidade diversas.

Considerando a discussão em nível do polo metodológico, tem-se que as abordagens convencionais apresentam especificações comuns em relação à concepção de causalidade. As relações entre variáveis são o fundamento que une as abordagens convencionais no tocante à causalidade. Afinal, algumas dessas abordagens não privilegiam as relações causais, embora o emprego de variáveis lhes seja fundamental no tratamento do seu objeto de estudo. As abordagens seguem os mesmos princípios das ciências físicas e naturais, que exigem, no tratamento do objeto, a utilização de variáveis, sejam estas organizadas experimentalmente, como variáveis independentes ou dependentes, ou sistematizadas, como variáveis de entrada, de saída, de contexto, ou organizadas segundo determinados papéis, facetas, funções, ou tidas como indicadores que se apresentam concomitantemente.

As abordagens não convencionais, por sua vez, têm concepções próprias de causalidade, diferentes das que fundamentam os modelos tradicionais. Na abordagem fenomenológica a causalidade é entendida como "[...] uma relação entre o fenômeno e a essência, o todo e as partes, o objeto e o contexto". Já na abordagem dialética, a causalidade se baseia na "[...] inter-relação do todo com as partes e vice-versa, da tese com a antítese, dos elementos da estrutura econômica com os da superestrutura social, política, jurídica e intelectual etc.".[7]

Pode-se, por meio de uma síntese, considerar que os diferentes tratamentos associados às abordagens se baseiam em dois tipos fundamentais de causalidade: a explicativa e a compreensiva. A causalidade explicativa é "externa", segundo o modelo fisicalista, entre variáveis e fenômenos. A explicação busca encontrar invariantes nomológicas ou leis estocásticas. Já a causalidade compreensiva é "interna" e refere-se à significação dos fenômenos compreendidos como totalidades por um sujeito. Nesse tipo de causalidade, o que se considera é a consistência lógica e a coerência semântica. Compreensão e explicação são concepções complementares: a explicação é impossível sem uma certa compreensão do fenômeno global; por outro lado, a compreensão não garantirá, sozinha, a validade de uma ciência empírica.

As abordagens metodológicas convencionais fundam-se na causalidade de natureza explicativa. Tais metodologias se negam a aceitar outra realidade fora dos dados empíricos dos fatos objetivos, das consequências observáveis. Seu esquema básico realiza operações segundo as regras e leis da demonstração lógica. A explicação dos fatos se dá pelos condicionantes e os antecedentes que os geram.

Já no que se refere às abordagens metodológicas não convencionais, a fenomenologia se baseia na causalidade compreensiva: "trata-se de descrever, não de explicar, nem de analisar". Essa concepção é, "[...] antes de tudo, uma desaprovação da ciência; a tentativa de uma descrição direta de nossa experiência tal como ela é, sem nenhuma deferência à sua gênese psicológica e às explicações causais que o cientista dela possa fornecer". "A compreensão fenomenológica distingue-se da 'intelecção clássica' que se limita às 'naturezas verdadeiras e imutáveis'."[8] A Dialética, por sua vez, coloca-se como uma alternativa que pretende realizar uma síntese dos elementos conflitantes das demais concepções metodológicas. No que se refere à causalidade, a dialética não renuncia nem à explicação objetiva do conhecimento, à semelhança das abordagens convencionais, nem à interpretação e compreensão fenomenológicas.

2.4 Significância dos Achados – Confiabilidade e Validade

Para medir, avaliar ou quantificar informações, o profissional ou pesquisador precisará atentar para os critérios de significância e precisão dos instrumentos de medidas que irá utilizar: validade, ou validez, e confiabilidade ou fidedignidade. O critério da validade diz respeito à capacidade do instrumento em medir de fato o que se propõe medir, enquanto a confiabilidade está relacionada com a constância dos resultados obtidos quando o mesmo indivíduo ou objeto é avaliado, medido ou quantificado mais do que uma vez. Sem a devida atenção a essas características, as medidas coletadas não serão merecedoras de crédito e de significância. Esta seção tem o objetivo de apresentar, explicar, exemplificar e discutir critérios para indicação do grau de confiabilidade: técnica do teste-reteste; técnica de formas equivalentes; metades partidas (*split-half*); confiabilidade a partir de avaliadores; coeficiente alfa de Cronbach, bem como técnicas para evidenciação da validade: validade aparente; de conteúdo; de critério; de constructo e validade total.

O primeiro passo para elaboração de um instrumento de medidas é definir o que deve ser medido e como deve ser medido. Respostas a tais perguntas podem ser obtidas pela realização de pesquisa exploratória com objetivo de verificar os tipos de dados que realmente se referem à questão, ou constituem indicadores adequados da medida, bem como a melhor forma de obtê-los. A construção de qualquer instrumento de medidas – seja um questionário, um teste, ou outra técnica de aferição – exige a observância de cuidados sem os quais não se poderá ter segurança quanto aos seus resultados. O sucesso de um instrumento de medidas é obtido quando se conseguem resultados merecedores de créditos para a solução de um problema de pesquisa ou relatório de trabalho profissional.

Ainda que divergindo em alguns pontos, os autores são unânimes em apontar dois critérios fundamentais de um bom instrumento de medidas: confiabilidade, ou fidedignidade, e validade, ou validez. Registre-se também a pluralidade de nomes dados aos critérios de significação de medidas, daí um alerta ao leitor quando da análise e entendimento dessa matéria. Por exemplo, há autores que substituem a palavra *confiabilidade* por *precisão*, outros denominam consistente ao instrumento de medidas que neste texto denomina-se confiável. Toda medida deve reunir dois requisitos essenciais: confiabilidade e validade. Medidas confiáveis são replicáveis e consistentes, isto é, geram os mesmos resultados. Medidas válidas são representações precisas da característica que se pretende medir. Confiabilidade e validade são requisitos que se aplicam tanto às medidas derivadas de um teste, instrumento de coleta de dados, técnicas de aferição, quanto ao delineamento da investigação – a pesquisa propriamente dita.

É comum apresentar a validade de um instrumento como o seu primeiro requisito, mas, considerando-se que para ser válida uma medida deve também ser confiável, não sendo verdadeira a recíproca, parece argumento razoável analisar a confiabilidade antes da validade. Em outras palavras, nem todo instrumento de medidas que apresenta confiabilidade tem validade, e nem todo aquele que tem validade também apresenta confiabilidade. Para ilustrar tal entendimento podemos analisar, por exemplo, o depoimento de uma testemunha: ela pode manter constante o seu depoimento, sem apresentar desvio do relato sobre o que ocorreu, isto é, ser confiável, mas isso não garante que o depoimento tenha validade, isto é, expresse o que de fato ocorreu. Por outro lado, se durante os depoimentos a testemunha não mantém constância na sua história, ou seja, não consegue apresentar confiabilidade nas suas explicações, pode-se concluir que o depoimento não é confiável, nem tampouco apresenta validade.

2.4.1 Confiabilidade

A confiabilidade de um instrumento para coleta de dados, teste, técnica de aferição é sua coerência, determinada através da constância dos resultados. Em outras palavras, a confiabilidade de uma medida é a confiança que a mesma inspira. Os instrumentos para medir fenômenos do mundo físico, em geral, oferecem um grau de confiança bastante elevado, devido à relativa estabilidade dos fenômenos observados. A comparação dos resultados de uma série de medidas de um elemento físico, em idênticas condições, fornece um elevado coeficiente de segurança, ou baixa margem de erro do aparelho de medição. Nem sempre o mesmo acontece em relação às medidas de variáveis do universo social onde a instabilidade dos fenômenos e fatos observados dificulta a própria construção de instrumentos de aferição, pois as contínuas modificações do ambiente tornam bem mais difícil a determinação da constância das medidas, isto é, geralmente dificultam a obtenção de um elevado grau de confiabilidade. Ainda assim, a confiabilidade de um instrumento de medição de fenômenos sociais é obtida do mesmo modo: comparação dos resultados em situações semelhantes e sucessivas. Confiabilidade de um instrumento de medição se refere ao grau em que sua repetida aplicação, ao mesmo sujeito ou objeto, produz resultados iguais. Por exemplo, ao se medir de forma constante a temperatura de uma sala climatizada, o termômetro que apresentar resultados diferentes em cada medição deve ser considerado não confiável, pois nessas condições não há motivo para mudanças de temperatura. Se ocorrerem resultados alterados, o instrumento de medidas não terá a característica de confiabilidade.

De maneira ampla, uma medida fidedigna, ou medida confiável, é consistente e precisa porque fornece uma medida estável da variável. Em outras palavras: confiabilidade refere-se à consistência ou estabilidade de uma medida. Para facilitar a compreensão do conceito de confiabilidade de uma medida, pode-se fazer analogia com o que se entende por um indivíduo confiável. Se você diz que alguém é confiável, provavelmente você quer dizer que a pessoa é fidedigna, consistente – se ela diz uma coisa hoje, dirá a mesma coisa amanhã. Se narrar a ocorrência de um acontecimento, manterá um relato consistente, não expressará versões do ocorrido. Um instrumento confiável também manterá a mesma história em momentos distintos. Um exemplo corriqueiro pode nos ajudar a compreender ainda mais este conceito –

diz-se que se tem um relógio confiável quando o instrumento nos fornece o tempo preciso, raramente adiantado ou atrasado. Uma medida confiável não flutua entre uma leitura e outra do mesmo objeto ou sujeito. Se uma medida flutua entre uma e outra medição do mesmo objeto ou sujeito, é porque há erro na mensuração. Entretanto, parte da flutuação deve ser entendida como resultante de diferenças reais entre medidas e parte representa erros de mensuração. O problema básico na avaliação dos resultados de qualquer mensuração é o de definir o que deve ser considerado como diferenças reais na característica medida, e o que deve ser considerado como variações devidas a erros de mensuração.

O desvio-padrão (medida de dispersão em torno da média) pode ser um indicador do grau de confiabilidade de um instrumento de medidas. Assim é que, quanto menor o valor do desvio-padrão, maior será o grau de confiabilidade do instrumento de medidas. Além dessa maneira, a confiabilidade de um instrumento de medidas pode ser determinada mediante diversas técnicas e procedimentos, sendo os mais conhecidos os seguintes:

2.4.1.1 Técnica do Teste-Reteste

O instrumento de medidas é aplicado duas vezes a um mesmo grupo de pessoas, depois de um período de tempo entre as aplicações. Se a correlação entre os resultados das duas aplicações é fortemente positiva, o instrumento pode ser considerado confiável. Quando a variável sob análise apresentar nível intervalar de mensuração, pode-se calcular o coeficiente de correlação linear de Pearson para os resultados das duas aplicações. O período de tempo entre as medições é um fator a considerar quando da aplicação desta técnica. Períodos longos são suscetíveis às mudanças que podem comprometer a interpretação do coeficiente de confiabilidade obtido. Um tempo longo demais favorece a aquisição de novas aprendizagens. Se o período é curto, os resultados podem ser contaminados pelo efeito memória.

O intervalo longo entre o teste e reteste pode provocar uma subavaliação da estabilidade. Tal conceito poderá ser melhor explicado através de um exemplo: vamos supor que foi aplicado um questionário com a seguinte pergunta: o que você prefere como sobremesa? Com as seguintes alternativas: (1) Sorvete, (2) Torta de morango e (3) Não sei. Na primeira aplicação o respondente marcou a alternativa (3). Porém, as alternativas despertaram o respondente quanto às possibilidades de sobremesa. Depois de um longo tempo é aplicado o reteste e ao deparar com a mesma questão a pessoa escolhe a alternativa (1). O pesquisador, ao comparar as respostas, pode ser induzido a afirmar que o instrumento de medidas não tem estabilidade, mas, na verdade, trata-se de uma mudança real da pessoa. Esse efeito é chamado de subavaliação da estabilidade. O intervalo curto entre a aplicação de um teste e reteste também provoca um efeito conhecido como superavaliação da estabilidade. Esse efeito pode ser provocado pela lembrança das respostas que o indivíduo deu no primeiro teste e depois, simplesmente, repete as respostas recordadas no reteste, ou seja, não são respostas espontâneas ou inteiramente pensadas. Para avaliar a confiabilidade pelo teste e reteste, precisa-se obter dois escores (medidas) de cada um de muitos indivíduos, ou objetos. Se a medida for confiável, os dois escores, para cada indivíduo ou objeto, deverão ser muito semelhantes, e o coeficiente de correlação linear de Pearson, positivamente elevado – acima de 80%. Este critério de avaliação da confiabilidade só poderá ser aplicado quando o nível de mensuração da variável for intervalar.[9]

2.4.1.2 Técnica de Formas Equivalentes

Neste procedimento, não se aplica o mesmo instrumento de medidas às mesmas pessoas ou objetos, mas duas ou mais versões equivalentes do instrumento de medidas são consideradas. As versões são similares em conteúdo, instruções e demais características. As versões – geralmente duas – são administradas a um mesmo grupo de indivíduos dentro de um período relativamente curto. O instrumento é confiável se a correlação entre os resultados das duas aplicações for fortemente positiva, ou seja, os padrões de respostas devem variar pouco entre as aplicações. A maior limitação de aplicação desta técnica é que nem sempre se dispõe de duas formas distintas de um instrumento de medidas com iguais objetivos.

2.4.1.3 Técnica das Metades Partidas (split-half)

Contrariamente às técnicas anteriores, este procedimento requer apenas uma aplicação, ou seja, consiste em avaliar a confiabilidade usando respostas obtidas em uma única aplicação do instrumento de medidas. Para um melhor entendimento sobre a técnica das Metades Partidas (*split-half*), considera-se a seguinte configuração: apresenta-se aos respondentes um instrumento de medidas com 10 questões, tais que as questões 1 e 2 são equivalentes em conteúdo e dificuldade; o mesmo raciocínio serve para as questões 3 e 4 e assim por diante. O resultado dessa divisão é que temos um conjunto de questões (1,3,5,7,9) equivalente, em termos de conteúdos e dificuldades, ao conjunto de questões (2,4,6,8,10). O conjunto de todas as questões do teste é dividido em duas metades e as pontuações, ou resultados, de ambas são comparados. A comparação é feita através do cálculo do coeficiente de correlação linear de Pearson entre o escore total de cada indivíduo na primeira metade do teste e o escore total na segunda metade do teste. Se o instrumento é confiável, as pontuações das duas metades devem estar fortemente relacionadas. Em outras palavras, um indivíduo, com baixa pontuação em uma das metades, tenderá a ter também uma baixa pontuação na outra metade. Quanto mais semelhantes forem os escores das duas metades, maior será a correlação e mais confiável o instrumento. A confiabilidade calculada dessa maneira é interpretada, por alguns autores, como indicador de consistência interna. A confiabilidade varia de acordo com o número de itens do instrumento de medição. Quanto mais itens, maior a possibilidade de se avaliar a confiabilidade do instrumento. Alternativamente, pesquisadores contrapõem as questões ímpares com as questões pares. É preciso que os totais de escores sejam variáveis com níveis de mensuração intervalar. A Figura 1, a seguir, mostra a prática desta técnica:

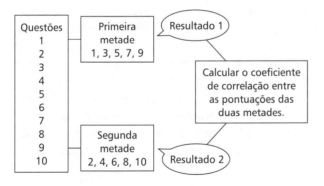

Figura 1 *A técnica das metades partidas (Split-half).*

2.4.1.4 Confiabilidade a partir de Avaliadores

Há situações de pesquisa em que diferentes avaliadores observam comportamentos e fazem medições ou julgamentos. Se dois avaliadores (juízes) observarem o mesmo comportamento, a partir das mesmas instruções e igual treinamento, a confiabilidade das medidas será dada pelo cálculo do coeficiente de correlação linear de Pearson entre os escores dos dois juízes. Para tratamento de variáveis com níveis de mensuração ordinais (quando os juízes classificam ou colocam em ordem), podem ser calculados os coeficientes de Spearman ou de Kendall.

2.4.1.5 Coeficiente Alfa de Cronbach

Este coeficiente foi desenvolvido por J. L. Cronbach, e o seu cálculo (α), alfa, carece de uma única aplicação do instrumento de medição, produzindo valores entre 0 e 1, ou entre 0 e 100%. Quando o coeficiente for superior a 70%, diz-se que há confiabilidade das medidas. A expressão do coeficiente é dada por:[10]

$$\alpha = \frac{N\,\bar{\rho}}{[1 + \bar{\rho}(N-1)]}$$

Onde:

N = número de itens;

$\bar{\rho}$ = média dos coeficientes de correlação linear (Pearson) entre os itens.

$$0 \leq \alpha \leq 1 \text{ ou } 0 \leq \alpha \leq 100\%.$$

São calculadas todas as correlações (ρ) entre o escore de cada item e o escore total dos demais itens. O valor de alfa é a média de todos os coeficientes de correlação. As correlações item-total e o valor do alfa de Cronbach são reveladoras porque fornecem informações sobre cada item individual. Itens que não estão correlacionados com os demais podem ser eliminados da medida para aumentar a confiabilidade.

2.4.1.6 Coeficiente KR-20

Com finalidade semelhante ao coeficiente de Cronbach, este indicador do grau de confiabilidade de um instrumento de medição foi desenvolvido por Kuder e Richardson (1937). É utilizado quando os testes têm respostas dicotômicas: sim/não; 0/1 etc.

2.4.2 Validade

Em termos gerais, a validade se refere ao grau em que um instrumento realmente mede a variável que pretende medir. Em outras palavras, um instrumento é válido na extensão em que mede aquilo que se propõe medir. Por exemplo, um instrumento válido para medir a capacidade de leitura deve realmente medir essa característica e não outras características, como, por exemplo, conhecimento prévio do conteúdo do texto. Para facilitar a compreensão desse conceito, suponha que se está interessado em medir a capacidade de leitura de uma pessoa, e para isso aplica-se um teste simples que se resume em ler a história dos três porquinhos e depois a pessoa nos conta o que leu. Será que esse teste mede o que realmente se propõe medir? Não, necessariamente, pois é possível se ter uma ocorrência em que uma pessoa que não sabe ler sair-se bem no teste porque já ouviu essa história antes, ou seja, para essa pessoa, o teste não mediu a capacidade de leitura e sim um conhecimento prévio. Outro exemplo: quando estudantes brasileiros fazem um teste de QI (Quociente de Inteligência) em inglês, tal teste é muito mais uma medida da proficiência na língua inglesa do que uma medida (válida) de inteligência, pois é possível ter estudantes brasileiros inteligentes, mas que foram mal no teste, por não compreenderem a língua inglesa.

A questão fundamental para se admitir a validade de um instrumento de medidas é dada pela resposta à seguinte pergunta: Será que se está medindo o que se crê que deve ser medido? Se a resposta for positiva, a medida é válida, se não, não é. A validade é um critério de significância de um instrumento de medidas com diferentes tipos de evidências: validade aparente, validade de conteúdo, validade de critério e validade de construto. A validade da medida depende da adequação do instrumento em relação àquilo que se quer medir. Ou seja, a adequação do instrumento dependerá do uso que dele se fizer. Por exemplo: existem vários instrumentos para medir o tempo: desde a posição do Sol, relógio de areia, relógios que marcam horas, minutos e segundos, até aqueles mais precisos que determinam frações de segundos. Pois bem, a utilização de um ou outro desses instrumentos dependerá do que vai se medir. Um jogo de futebol requererá um relógio que assinale até segundos, não sendo suficiente a posição do Sol para determinar o término da partida. Por outro lado, o controle de uma corrida de cavalos exigirá um instrumento mais preciso, como um cronômetro. Porém, o lavrador do campo saberá quando é hora de almoço, ou quando seu dia de trabalho termina, pela simples posição do Sol. Ou seja, a validade de uma medida nunca é absoluta, mas sempre relativa – um instrumento de medidas não é simplesmente válido, porém, será válido para este ou aquele objetivo. Não há validade em termos gerais.

2.4.2.1 Validade Aparente

A técnica mais simples, porém menos satisfatória, para avaliar a validade é denominada validade aparente, que indica se a medida, aparentemente, mede aquilo que se pretende medir. A validade aparente não é sofisticada, avalia apenas, considerando a definição teórica de uma variável, se a medida parece, de fato, medir a variável sob estudo. Isto é, o procedimento usado para medir a variável parece ser uma definição operacional correta da variável teórica? Validade aparente é avaliada por um juiz, ou grupo de juízes, que examinam uma técnica de mensuração e decidem se ela mede o que seu nome sugere. A avaliação da validade aparente é um processo subjetivo. Todo instrumento deve passar pela avaliação da validade aparente. Todo pesquisador que escolhe, ou constrói, um instrumento de medidas é um juiz que decide se o instrumento de fato mede a variável que ele deseja estudar. A validade aparente não basta para se concluir se uma medida é de fato válida, todavia sem algum indicador positivo de validade aparente não terão sentido avaliações dos outros critérios de validade.

A validade aparente refere-se ao fato de o instrumento de medidas parecer válido, ou não, aos sujeitos, ao pessoal administrativo que decide quanto ao seu emprego, e a outros observadores não treinados tecnicamente. À primeira vista o leitor poderá concluir que a validade aparente não tem muita importância e utilidade, pois lhe falta uma construção mais técnica. No entanto, a validade aparente é uma característica necessária porque, se o instrumento de medidas parece, aos olhos dos respondentes, irrelevante, inadequado, tolo ou infantil, a falta de validade aparente poderá comprometer todo o estudo. Tal situação pode ser observada, por exemplo, em testes que inicialmente foram desenvolvidos para crianças e que depois foram também aplicados para adultos. Esses testes enfrentaram sérias resistências e críticas dos adultos por falta de validade aparente, pois para adultos pareciam irrelevantes, inadequados e infantis.

2.4.2.2 Validade de Conteúdo – Evidências Relacionadas ao Conteúdo

A validade de conteúdo se refere ao grau em que um instrumento evidencie um domínio específico de conteúdo do que pretende medir. É o grau em que a medição representa o conceito que se pretende medir. Por exemplo, uma prova de operações aritméticas não terá validade de conteúdo se incluir somente problemas de adição e excluir problemas de subtração, multiplicação e divisão. Um instrumento de medição deve conter todos os itens do domínio do conteúdo das variáveis que pretende medir. Assim, pode parecer que uma simples verificação do conteúdo do teste é suficiente para estabelecer a validade com relação a esse objetivo, no entanto, a solução não é tão simples. Uma dificuldade é apresentada pelo problema da amostragem do conteúdo. A área de conteúdo a ser testada precisa ser sistematicamente analisada, a fim de se assegurar que todos os aspectos fundamentais sejam, adequadamente, e em proporções corretas, abrangidos pelos itens do teste. Para se ter maior garantia da validade de conteúdo de um instrumento de medidas, a área de abrangência do conteúdo deve ser inteiramente descrita antes, e não depois da construção do teste, ou qualquer outro instrumento de coleta de dados.

2.4.2.3 Validade de Critério – Evidências Relacionadas a Critérios

A validade de critério estabelece a validade de um instrumento de medição comparando-o com algum critério externo. Este critério é um padrão com o qual se julga a validade do instrumento. Quanto mais os resultados do instrumento de medidas se relacionam com o padrão (critério), maior a validade de critério. Se o critério se fixa no presente, temos a validade convergente – os resultados do instrumento se correlacionam com o critério no mesmo momento ou ponto no tempo. Por exemplo, um roteiro de entrevista para levantar as preferências eleitorais pode ser validado comparando-se os resultados da pesquisa com os resultados da eleição. Assim, quanto mais próximos os resultados da pesquisa dos resultados das eleições, maior o grau de validade convergente do instrumento de coleta de dados. Se o critério se fixa no futuro, temos a validade preditiva. Validade para predizer refere-se à extensão na qual o instrumento (geralmente teste) prediz futuros desempenhos de indivíduos. Um teste tem validade para predizer quando efetivamente indica como o objeto em estudo desenvolverá no futuro uma outra tarefa ou incumbência. A validade preditiva é muito importante para testes que são usados com propósitos de selecionar e classificar candidatos a concursos para admissão, exames vestibulares etc. Conforme já explicado, a validade de predizer é estabelecida através de correlações dos resultados do teste com subsequente medida de um critério. A identificação de uma medida critério que se ajuste ao instrumento que está sob avaliação, geralmente, constitui desafio ao investigador. Por exemplo, um teste para determinar a capacidade administrativa de altos executivos pode ter validade preditiva comparando-se os resultados do teste com o futuro desempenho dos executivos avaliados pelo referido instrumento. Além disso, o instrumento de medidas não deve estar relacionado a variáveis que não lhe dizem respeito, ou seja, com um falso critério. Essa característica é formalmente conhecida como validade discriminante.[11]

A comparação entre os resultados (medições) de um instrumento com outro critério exterior é também chamada de validade empírica. Quando um teste, ou instrumento, consegue distinguir indivíduos sabidamente diferentes, diz-se que o teste ou instrumento de medidas apresenta validade simultânea. Por exemplo, se você estivesse desenvolvendo um teste para medir o nível de consciência política dos indivíduos e conseguisse distinguir, pelo teste, os "sabidamente de esquerda" dos "sabidamente de direita", seu teste teria validade simultânea, pois, além de medir o grau de consciência política, também consegue distinguir indivíduos de esquerda e de direita. A validade simultânea é significativa para testes empregados para o diagnóstico de situação existente, e não para a predição de resultados futuros. Como o critério para a validade simultânea sempre existe no momento da aplicação, poder-se-ia perguntar: qual a função da aplicação em tais situações? Basicamente, esses testes apresentam um substituto mais simples, mais rápido ou menos dispendioso do que os dados a partir do critério. Por exemplo, se o critério para se concluir se um indivíduo é neurótico consiste na observação contínua de um paciente, durante um período de duas semanas de hospitalização, um teste capaz de selecionar os neuróticos, dentre os casos duvidosos, reduziria consideravelmente o número de pessoas que exigiriam essa observação extensiva.

2.4.2.4 Validade de Construto – Evidências Relacionadas ao Construto

Um construto ou uma construção é uma variável, ou conjunto de variáveis, isto é, uma definição operacional robusta que busca representar o verdadeiro significado teórico de um conceito. A validade de construto será dada pela resposta à questão: em que medida o construto de um conceito social de fato reflete seu verdadeiro significado teórico?

A validade de construto se refere ao grau em que um instrumento de medidas se relaciona consistentemente com outras medições assemelhadas derivadas da mesma teoria e conceitos que estão sendo medidos. Dificilmente a validade de construto será estabelecida em um único estudo. Ela é construída por vários estudos que investigam a teoria do construto particular que está sendo medido. Medidas de variáveis do campo das ciências sociais aplicadas têm "vida limitada". Com o acúmulo de resultados de pesquisas os investigadores descobrem limitações e criam novas medidas para corrigir possíveis problemas. Esse processo leva ao aprimoramento das medidas e a uma compreensão mais completa das variáveis subjacentes que estão sendo estudadas.

No caso de testes da área educacional, a validade curricular refere-se à extensão em que a amostra representada nas questões do teste – construto – abrange a matéria lecionada, ou todos os conteúdos curriculares. O processo de validação de um construto deve, necessariamente, estar vinculado a uma teoria. Não é possível levar a cabo uma validação de construto, a menos que exista um marco teórico que suporte o construto em relação a outras definições.[12]

2.4.2.5 Validade Total

A validade total é obtida pela soma das validades de conteúdo, de critério e de construto. A validade de um instrumento de medição se verifica com base nessas três evidências. Quanto mais evidências de validade de conteúdo, validade de critério e validade de construto de um instrumento de medidas, maiores são as evidências que, de fato, está se medindo o que se pretende medir.[13]

Como já foi explicado, um instrumento de medição pode ser confiável (apresenta confiabilidade) e não, necessariamente, ser válido. Um instrumento pode ser consistente nos resultados que produz, porém não medir aquilo que pretende. Ou seja, um instrumento de medição, para, de fato, representar a realidade, deve ser confiável e válido.

Exemplo: Validade Total – Avaliação de Conhecimentos sobre Contabilidade

Um instrumento de medidas tem validade quando mede o que realmente se propõe medir e, conforme exposto neste texto, há várias formas de evidenciar a validade, que são: aparente, de conteúdo, de critério e de construto. Para exemplificar os critérios de validade, será analisada uma prova para avaliação do aprendizado sobre Contabilidade. A prova contém as seguintes questões:

1. Cite as diferenças entre o custeio direto e o indireto.
2. O que é ponto de equilíbrio?
3. O que é margem de contribuição?

Com esse instrumento pretende-se medir se uma pessoa conhece, ou não, Contabilidade. Ao analisar as perguntas, nota-se que as questões abordadas referem-se à Contabilidade, portanto, essa prova pode ser considerada com validade aparente porque, aparentemente, mede características que podem indicar se uma pessoa conhece, ou não, Contabilidade.

Ao se analisar o conteúdo da prova, nota-se que as questões tratam apenas de uma parte da Contabilidade, ou seja, o conteúdo é insuficiente para medir se uma pessoa conhece, ou não, essa disciplina. Como o conteúdo da prova não é suficientemente abrangente para qualificar a característica pesquisada, essa prova não apresenta validade de conteúdo para o objetivo proposto. Ressalta-se, mais uma vez, que a validade de um instrumento não é absoluta e sim relativa, ou seja, essa prova não tem validade de conteúdo para o propósito a que se refere: avaliar se o respondente conhece, ou não, Contabilidade. Porém, pode vir a apresentar tal modalidade de validade se o objetivo fosse qualificar se uma pessoa tem, ou não, conhecimento básico sobre Contabilidade de Custos. Para continuar com o exemplo, vai-se fazer o seguinte raciocínio: se o teste tem capacidade de distinguir entre indivíduos sabidamente diferentes: as pessoas que dominam e as pessoas que não dominam Contabilidade; logo, o teste terá validade simultânea e validade discriminante.

Admitindo-se que um indivíduo que acerte mais de 90% deste teste será aprovado no Exame de Suficiência do Conselho Federal de Contabilidade, poder-se-á afirmar que o teste apresenta validade preditiva, pois tem capacidade de identificar diferenças futuras: passar, ou não passar, no Exame de Suficiência.

Por outro lado, se for admitido que qualquer pessoa que acerte mais de 95% do teste será qualificada como alguém com QI elevado, o teste também terá validade de critério, pois apresenta uma forte relação com um indicador externo de inteligência.

Exemplo: Confiabilidade e Validade de uma Escala de Atitude

Em recente estudo, Giraldi et al. (2005) desenvolveram pesquisa para levantar a atitude de um segmento de consumidores estrangeiros em relação aos calçados brasileiros. Lembram que atitude é uma predisposição aprendida para um comportamento consistentemente favorável ou desfavorável em relação a um determinado objeto. Para compreender a relação entre atitude e comportamento, são elaborados modelos que capturam dimensões subjacentes de uma atitude a fim de melhor explicar ou prever comportamentos, no caso, de consumidores. Dentre os modelos, escolheram o de atitude de três componentes. O componente cognitivo consiste nas cognições do indivíduo, ou seja, o conhecimento e as percepções que foram adquiridos pela combinação entre experiência direta com o objeto de atitude e as informações de várias fontes. O componente afetivo representa as emoções ou sentimentos dos consumidores em relação a um produto ou marca em particular. Enquanto o componente conativo relaciona-se com a probabilidade com que um indivíduo irá adotar um comportamento específico diante do objeto de atitude.

É tarefa deveras complexa e difícil medir construtos dessa natureza – comuns nos estudos comportamentais –, pois uma atitude é um construto que existe na mente dos indivíduos, não podendo ser observada diretamente, como o peso ou a altura. Para tanto são utilizadas escalas, geralmente do tipo Likert (vide Polo Técnico), onde o respondente escolhe o ponto que melhor expressa seu entendimento em relação à variável que está sendo medida. Na investigação sob análise foram utilizadas escalas com cinco pontos orientadas por "concordo totalmente" até "discordo totalmente", para as seguintes dimensões:

Componentes da atitude	Afirmações
Cognitivo	Os calçados brasileiros possuem boa reputação
	Os calçados brasileiros são caros
	Os calçados brasileiros têm prestígio
	Os calçados brasileiros são de alta qualidade
Afetivo	Eu gosto dos calçados brasileiros
	Eu acho os calçados brasileiros melhores do que os de outros países
	Eu admiro os calçados brasileiros
	Eu tenho simpatia pelos calçados brasileiros
Conativo	Eu compraria calçados brasileiros
	Eu recomendaria calçados brasileiros a um amigo
	Eu prefiro calçados brasileiros a calçados de outros países

Cada ponto da escala tem um valor – no caso de 1 a 5.

Avaliações da confiabilidade e da validade dessa medida de atitude poderiam ser conduzidas conforme as considerações expressas a seguir:

Quanto à confiabilidade avaliada pela técnica do Teste-Reteste, tem-se que calcular o coeficiente de correlação entre as notas atribuídas pelos respondentes em duas épocas suficientemente distantes para evitar efeitos memória. Se as associações entre as duas notas forem expressivas, poder-se-ia afirmar que essa escala de medida da atitude em relação aos calçados brasileiros é confiável.

Se os autores do referido estudo pudessem aplicar, ao mesmo grupo de respondentes, uma outra versão do escalonamento utilizado na primeira aplicação, poder-se-ia dizer que o instrumento apresenta forte grau de confiabilidade se a correlação entre os resultados das duas aplicações fosse expressivamente positiva. A situação evidencia a aplicação da técnica de formas equivalentes para se avaliar a confiabilidade.

No exemplo que se está avaliando, a prática da técnica das metades partidas (*split-half*) poderia ser aplicada calculando-se o coeficiente de correlação entre os escores (soma dos pontos) das duas metades de questões, pares e ímpares, por exemplo, de todos os respondentes. Se a correlação for expressiva, poder-se-á dizer que a escala de medidas tem confiabilidade.

Ainda em relação à avaliação da confiabilidade poder-se-ia calcular o coeficiente de Cronbach. Se o coeficiente fosse superior a 0,70, ou 70%, a escala de atitudes seria confiável.

Para ter indicações de que o escalonamento construído pelos autores mede atitude em relação aos calçados brasileiros será preciso avaliar a validade do instrumento. A validade aparente – a medida mede aquilo que pretende medir? – foi garantida, vez que os autores se apoiaram em estudos assemelhados para a construção da escala utilizada. Isto é: aparentemente o conjunto das afirmações avaliadas pelos respondentes mede a atitude desejada. O aproveitamento de um construto utilizado por outros pesquisadores oferece garantias de validade de conteúdo. O construto formado pelos três componentes já havia sido utilizado por outros pesquisadores, condição necessária para se dizer que o instrumento apresenta validade de conteúdo. Para se avaliar a validade de critério, será necessário comparar os resultados obtidos pela aplicação deste instrumento com resultados alcançados por outro instrumento já testado – confiável e válido – que também medisse atitude em relação aos calçados brasileiros. Quanto mais próximos fossem os resultados, mais evidente seria a validade de critério. Por outro lado, a validade de construto poderia ser aferida por evidências de que de fato o construto – atitude composta por três componentes – refletisse o verdadeiro significado teórico da atitude em relação a um produto, no caso, calçados brasileiros.

2.5 Problemática da Pesquisa

O alcance do caráter científico de uma pesquisa é resultado de um processo contínuo, no qual a elaboração do objeto do conhecimento assume fundamental importância. A pesquisa deve chegar a uma autonomia devido à especificidade de seus métodos e, sobretudo, devido à delimitação estrita dos seus objetos.

O objeto científico é produto de uma operação "referencial" a um objeto real. A eficácia da ciência em seu propósito de dar explicações sobre a realidade depende da pertinência desse procedimento. A problemática é que propicia essa operação de submeter a realidade a uma investigação sistemática; é a visão global do próprio objeto da pesquisa e do domínio no qual ela se desenrola. A problemática "[...] é o que faz o pesquisador dizer diante dos fatos ou das hipóteses: 'é importante' ou 'é interessante'; ela opera a partir da seleção dos temas de reflexão e de pesquisa até o mínimo detalhe da investigação empírica".[14]

Um problema de pesquisa origina-se da inquietação, da dúvida, da hesitação, da perplexidade, da curiosidade sobre uma questão não resolvida. A sua formulação depende da fundamentação teórico-metodológica que orienta o pesquisador, assumindo menor ou maior abrangência, em cada caso. De uma forma ou de outra, é preciso que seja delimitado a uma dimensão viável.

Na apresentação e discussão deste texto a problemática é um elemento do processo de pesquisa que assume fundamental importância. Segundo o entendimento aqui assumido, a pesquisa se inicia pelo problema e é a busca de solução para o problema que orienta toda a lógica da investigação.

2.5.1 Lógica dos Problemas Científicos

A formulação do problema envolve processos metodológicos de ordem lógica. Formular um problema é uma operação genuinamente lógica. A base dos pressupostos básicos para formulação do problema é encontrada na "lógica da investigação científica", também denominada "lógica dialética". Em um dos campos da lógica dialética – o analítico – são estudadas as operações lógicas fundamentais. Neste campo, a área *aporética* (do grego *aporia*: dificuldade, problema) ocupa-se da discussão sobre a formulação dos problemas ou objetos a serem investigados.[15]

Não se observa um consenso em torno de que tipos de problemas podem ser objeto de investigação da ciência. Isso se deve à existência de diferentes concepções de cientificidade ou de demarcação entre o que se considera ou não como científico.

A análise feita por Bunge sobre problemas de pesquisa é bastante compreensiva. O autor faz uma associação estreita entre problema e pesquisa:

> A investigação, científica ou não, consiste em encontrar, formular problemas e lidar com eles. Não se trata simplesmente de que a investigação começa pelos problemas. A investigação consiste constantemente em tratar problemas. Deixar de tratar problemas é deixar de investigar.[16]

Indica que os problemas científicos são exclusivamente aqueles que se estabelecem sobre um arcabouço científico, que se estudam com métodos científicos e cujo objetivo primário é incrementar nosso conhecimento. Entende serem condições necessárias e suficientes para que se possa considerar bem formulado um problema científico:

I. Tem que ser acessível a um campo do conhecimento científico no qual o problema possa se inserir, de tal modo que possa ser tratado; um problema "solto" não é científico.

II. Tem que ser bem definido, no sentido de que tenderá a uma solução única e, ao ter todos os elementos relevantes explícitos, sugerirá as investigações que podem ser feitas para resolvê-lo.

III. Seu arcabouço e, particularmente, seus pressupostos não são falsos.

IV. Tem que ser bem delimitado.

V. Tem que formular antecipadamente condições acerca do tipo de solução e tipo de comprovação que seriam aceitáveis.

O autor analisa os problemas científicos a partir de dois tipos fundamentais: "os problemas substantivos ou de objetos" e "os problemas de estratégia ou de procedimento". O primeiro tipo, os problemas substantivos, refere-se às "coisas", e subdivide-se em problemas empíricos e problemas conceituais. Os problemas empíricos exigem, para sua solução, operações empíricas, além de exercícios do pensamento. Já os problemas conceituais exigem somente trabalho cerebral, embora possam requerer conceitualizações de operações empíricas.

Os problemas de estratégia ou de procedimento, por sua vez, subdividem-se em problemas metodológicos e problemas valorativos. Esses tipos de problemas são ambos de natureza conceitual. A diferença entre eles é que os problemas valorativos resultam em soluções que contêm juízos de valor, enquanto os problemas metodológicos são isentos de valoração.

2.5.2 Questões de Valor

Os problemas valorativos, ou questões de valor, como aparece mais frequentemente na literatura, são aqueles que perguntam qual de duas ou mais coisas é melhor ou pior que outra, ou se alguma coisa sob consideração é boa, má, desejável, indesejável, certa ou errada.

A inclusão ou não das denominadas "questões de valor" entre os problemas passíveis de tratamento científico é um ponto polêmico na literatura. Alguns autores são categóricos ao negar a condição de científicos para os problemas de valor. Como argumenta Kerlinger:[17] "[...] a ciência não pode dar respostas a questões de valor, porque não pode testar tais proposições e mostrar sua incorreção ou correção". Como indica o autor, quando alguém diz que uma coisa é boa ou ruim, só se pode concordar ou discordar; não se pode sujeitar a afirmativa a testes, porque ela contém um julgamento humano, e a ciência "[...] é e sempre foi estúpida em questão de julgar qualquer coisa".

Outros autores destacam dificuldades encontradas para afastar totalmente os valores da ciência. Referindo-se às ciências naturais, Bunge[18] destaca que os valores estão presentes em diversos estágios do processo de investigação científica. Por exemplo, quando o experimentador precisa eleger, entre diversos equipamentos materiais, aquele que lhe proporcione melhor precisão, alcance ou flexibilidade de uso. O teórico, por sua vez, exerce julgamento quando compara as várias hipóteses concorrentes e as teorias quanto ao seu alcance, extensão, profundidade etc. Portanto, a investigação científica compreende diversas decisões e essas envolvem um conjunto de juízos de valor, ainda que nem sempre sejam explicitamente apresentados os resultados dessas decisões.

Uma abordagem menos frequente na literatura discute possíveis maneiras de tratar cientificamente as questões de valor. Nesse sentido, vale ressaltar o pensamento de Weber.[19] Embora o autor defenda que o juízo de valor é (a princípio) rejeitável, ele formulou uma análise compreensiva acerca de sua imbricação na ciência. Considerou circunstâncias em que o juízo de valor poderia "tocar a ciência", embora nela "não devesse penetrar":

I. Uma primeira consideração discute a separação entre meio e fim: todo fim é uma questão política, valorativa, e está fora do alcance científico; somente o problema dos meios faz parte da pesquisa científica. Dentro dessa perspectiva, o cientista se ocuparia da análise dos meios possíveis de atingir determinado fim previamente definido. Até poderia ser discutida, indiretamente, a escolha do fim, mas a ênfase recairia sobre a possibilidade de sua consecução a partir de determinados meios.

II. Outro aspecto considerado é a possibilidade de se investigarem as consequências da aplicação dos meios e as próprias consequências que resultariam da consecução dos fins em questão. A descrição das consequências situa-se, assim, fora da questão valorativa, pois somente os fins são alvo de decisão política.

III. Uma terceira possibilidade de envolvimento de juízos de valor na ciência seria por meio de estudos que visariam a um maior conhecimento da significação dos fins assumidos. A discussão se voltaria, dessa forma, para a importância, condições de surgimento, validade; isto é, a significação dos fins em questão.

IV. Outra possibilidade seria a de estudar os próprios juízos de valor como objeto científico. Por exemplo, um cientista social pode definir como objeto de estudo a defesa da propriedade privada como direito humano fundamental, sem que necessariamente compartilhe desta postura ideológica.

2.5.3 Questões de Engenharia

Uma outra formulação muitas vezes apontada como inadequada para uma investigação de cunho científico são as questões denominadas de "problemas de engenharia" ou aquelas que perguntam "como fazer alguma coisa". O argumento utilizado é de que não há como a ciência dar respostas aos problemas formulados dessa maneira, porque não é possível testar tais proposições e mostrar sua correção ou incorreção.

A abordagem de Hegenberg[20] segue também o entendimento de que os valores não podem ser simplesmente desconsiderados nas investigações em ciências sociais, mas contornados em seus possíveis efeitos distorsivos. Além disso, considera ser possível dar tratamento científico às questões de engenharia, dependendo de como formuladas.

De acordo com essa concepção, os problemas são separados em três categorias: teóricos, de ação e técnicos. Os problemas teóricos são abordados com hipóteses e observações, sendo possível constatar o que sucede. Não há, portanto, questionamentos gerais quanto à sua adequação. Os problemas de ação ou questões de valor tratam de "soluções" ou "políticas" a serem adotadas. O questionamento que se faz em relação a esses problemas é que não há como saber se uma solução proposta é correta ou não; afinal, essa é uma decisão valorativa. Duas pessoas podem concordar quanto às consequências de determinada política, embora divirjam quanto a se esta deve ou não ser implementada. Como solução para a questão, o autor indica que os problemas relativos às ações não poderão ser discutidos se neles não comparecer um elemento teórico. Assim, discutir uma "política" ou uma "solução" a ser adotada é fazer asserções testáveis sobre suas características ou suas consequências. Os problemas técnicos (ou de engenharia), por sua vez, caracterizam-se pela pergunta: "como construir algo dentro de tais ou quais especificações?" O autor os concebe como problemas teóricos particularizados, passíveis de serem tratados cientificamente, e adverte para que não sejam confundidos com questões de valor, devido à semelhança de suas formulações.

2.5.4 Questões, Valores e Ideologias

A reformulação do problema não é uma medida suficiente para tornar a pesquisa isenta de juízos de valor. A discussão sobre a ligação das Ciências Sociais com valores e ideologias é ainda mais complexa. A ideologia pode ser identificada por um conjunto de crenças a respeito de como os homens vivem e atuam no mundo, visto pelo prisma de uma certa visão de mundo. As visões de mundo e ideologias influenciam bastante a ciência, porque impregnam o pensamento e o sentimento de sociedades e classes.

Com efeito, uma análise mais cuidadosa dos argumentos utilizados para não se considerarem científicas as questões de valor e de engenharia revela uma concepção de neutralidade da ciência e ideia de que um problema somente é considerado científico se puder ser submetido a testes empíricos. É importante lembrar que o fato de se eleger o teste empírico como critério de cientificidade mostra uma concepção específica de ciência. Afinal, o critério do empirismo não é, como se discutiu, o único existente. Da mesma maneira, ao se buscar fundamentação na neutralidade da ciência, assume-se um entendimento ante à relação entre o sujeito e o objeto: de que é possível separá-los. Tais aspectos podem ser observados na fundamentação utilizada por Kerlinger[21] para defender seu posicionamento: "[...] a ciência e a pesquisa científica são absolutamente neutras [...] a preocupação da ciência – e é a única atividade humana em larga escala cuja preocupação é tão desinteressada – diz respeito apenas à compreensão e explicação dos fenômenos". Os resultados das pesquisas podem ser usados tanto para bons como para maus propósitos. Os cientistas como seres humanos podem participar na tomada de decisões sobre o uso desses resultados, mas "[...] a ciência, estritamente falando, não tem nada a ver com as decisões". Os procedimentos científicos são objetivos – por isso, o cientista deve levar a questão para fora de si mesmo, sujeitando-a à investigação crítica pública.

Essa ideia contrapõe-se à concepção de objeto construído, pela qual não se admite que o objeto possa ser estudado "de fora", porque o sujeito faz parte da realidade que estuda. Além disso, como defende Demo,[22] as ciências sociais convivem inevitavelmente com as ideologias e valores, e os critérios lógicos não são suficientes para controlá-los. Em vez de querer manter um afastamento em relação aos mesmos, deve-se buscar seu controle, o que é feito, primeiro, pelo reconhecimento de que somos todos inevitavelmente ideológicos e, segundo, pela submissão de toda postura ideológica ao critério da discutibilidade.

2.5.5 Questões que devem ser evitadas

Conforme se discutiu, na formulação de problemas científicos é preciso cuidado com questões que envolvam juízo de valores, bem como problemas de engenharia. Assim, por exemplo, um jovem pesquisador deseja investigar: quais são os atributos de um bom médico? Com certeza trata-se de uma interessante curiosidade, todavia de difícil solução através de uma abordagem científica, já que o problema carrega um elevado grau de subjetividade e de julgamento na conceituação do que se entende por um bom médico. Já os problemas de engenharia envolvem questões que buscam respostas a como fazer. Por exemplo: como melhorar o ensino de 1º grau? Tem-se aí uma interessante questão, todavia, como formulada, não adequada ao método científico, pois esse problema potencialmente apresenta várias soluções, dependendo do enfoque a ser adotado, não sendo possíveis testes de validade única da solução encontrada. É evidente que também para um problema científico, dependendo do enfoque metodológico, poderão ser encontrados diferentes resultados; todavia, esses achados são únicos dentro daquele contexto metodológico e expressam um novo conhecimento que poderá ser negado ou ampliado através de outra pesquisa científica. As questões de engenharia, geralmente, resultam em "Manuais de Procedimentos".

A recomendação é de, como se discutiu neste Capítulo, promover reformulações nas questões de valor e de engenharia, buscando relacionar as políticas ou soluções, sobre as quais elas tratam, a um elemento teórico e formular asserções testáveis sobre suas características ou consequências. Assim, por exemplo, problemas que questionem sobre "qual o melhor método, qual o melhor modelo, qual o melhor sistema?" poderiam ser reformulados e enunciados como: "quais as características ou quais as consequências da adoção de um determinado método, modelo ou sistema?".

Apresentam-se, a seguir, contraexemplos de problemas de pesquisa científica:

Questões	Defeitos
Qual é a melhor técnica de ensino?	Contém juízo de valor, falta precisão.
O que pensam os idosos?	Falta delimitação.
Há vida em Marte?	Ausência de elementos empíricos.
Como resolver os problemas das enchentes em São Paulo?	Trata-se de problema de engenharia.
Qual o procedimento mais prático para armazenar dados num microcomputador?	Trata-se de problema que envolve juízo de valor e questão de engenharia.
Quais as causas da delinquência infantil?	Falta delimitação e uma dimensão viável.
Qual o vestuário dos universitários da USP?	Nada importante.

Notas

[1] BRUYNE, P. et al. *Dinâmica da pesquisa em ciências sociais*: os polos da prática metodológica. 5. ed. Rio de Janeiro: Francisco Alves, 1991. p. 43.

[2] BLANCHÉ apud BRUYNE, P. et al. Op. cit. p. 57.

[3] MATALLO JR., H. A explicação científica. *In*: CARVALHO, Maria Cecília M. de (coord.). *Construindo o saber. Metodologia científica*: fundamentos e técnicas. 4. ed. Campinas: Papirus, 1994a.

[4] HEGENBERG, L. *Explicações científicas*: introdução à filosofia da ciência. 2. ed. São Paulo: EPU/EDUSP, 1973.

[5] ROSENBERG, M. *A lógica da análise do levantamento de dados*. São Paulo: Cultrix/EDUSP, 1976.

[6] BRUYNE, P. et al. Op. cit. p. 93.

[7] GAMBOA, S. A. S. *Epistemologia da pesquisa em educação*: estruturas lógicas e tendências metodológicas. Campinas, 1987. 229 p. Tese (Doutorado) – Faculdade de Educação da Universidade de Campinas. p. 98.

[8] MERLEAU-PONTY, M. *Fenomenologia da percepção*. São Paulo: Martins Fontes, 1999. p. 1-20.

[9] CAMINES, E. G.; ZELLER, R. A. *Reliability and validity assessment*. Beverly Hills: SAGE Publications Inc., 1979.

[10] CAMINES, E. G.; ZELLER, R. A. Op. cit.

[11] SAMPIERI, R. H.; COLLADO, C. F.; LUCIO, P. B. *Metodología de la investigación*. México: McGraw-Hill, 1996.

[12] GRESSLER, A. L. *Pesquisa educacional*. São Paulo: Loyola, 1989.

[13] SAMPIERI, R. H.; COLLADO, C. F.; LUCIO, P. B. Op. cit.

[14] POPPER, K. R. *A lógica da pesquisa científica*. 5. ed. São Paulo: Cultrix, 1993. p. 181.

[15] SALOMON, D. V. *Como fazer uma monografia*. 9. ed. São Paulo: Martins Fontes, 2000.

[16] BUNGE, M. *La investigación científica*: su estrategia y su filosofía. 5. ed. Barcelona: Ariel, 1983.

[17] KERLINGER, F. N. *Metodologia da pesquisa em ciências sociais*: um tratamento conceitual. São Paulo: EPU/EDUSP, 1991.

[18] BUNGE, M. Op. cit.

[19] WEBER, M. *Metodologia das ciências sociais*. São Paulo: Cortez/Campinas: Editora da Unicamp, 1983.

[20] HEGENBERG, L. Op. cit.

[21] KERLINGER, F. N. Op. cit.

[22] DEMO, P. Op. cit.

3 Polo Teórico

3.1 O que é Teoria?

O termo *teoria* tem sido empregado de diferentes maneiras para indicar distintas questões. Ao revisar a literatura, para construção de um trabalho científico, encontram-se expressões contraditórias e ambíguas: conceitos como teoria; orientação teórica; marco teórico; esquema teórico; referencial teórico; plataforma teórica; utilizados como sinônimos. Em outras situações, o termo *teoria* serve para indicar uma série de ideias que uma pessoa tem a respeito de algo (eu tenho minha própria teoria para o relacionamento com sujeitos rebeldes). Outra concepção é considerar as teorias como conjuntos de ideias incompreensíveis e não comprováveis, geralmente verbalizadas por professores e cientistas: ele é muito teórico! Frequentemente as teorias são vistas como algo totalmente desvinculado do cotidiano. São entendidas como ideias que não podem ser verificadas, nem tampouco medidas, evidenciando uma concepção que se aproxima da mística. Outro uso do termo é o de se entender teoria como o pensamento de um autor: Teoria de Marx, Teoria de Freud etc.

As modalidades e o grau de prova, ou confirmação, que uma teoria deva possuir para ser declarada ou acreditada teoria científica não são definíveis com um critério unitário. Manifestamente, a verdade de uma teoria econômica, teoria contábil, teoria psicológica, enfim, das Ciências Sociais Aplicadas, pede aparatos de prova completamente diferentes do que se necessita para uma Teoria da Física, porque as técnicas de verificação são extremamente diferentes. Também os graus de confirmação requeridos são diferentes e, muitas vezes, fora do campo da Física são chamadas teorias simples suposições que não envolvem o mínimo aparato de prova. A validade de uma teoria depende da sua capacidade de cumprir as funções às quais é chamada: uma teoria deve constituir um esquema de unificação sistemático por conteúdos diferentes. O grau de compreensão de uma teoria é um dos elementos fundamentais de juízo da sua validade; uma teoria deve oferecer um conjunto de meios de representação conceitual e representação simbólica dos dados de observação; e ainda uma teoria deve constituir um conjunto de regras de inferência que permita previsões de dados e de fatos – principal função da teoria. Pode-se também compreender teoria como um conjunto de princípios e de noções ordenadas relativamente a um objeto científico determinado.[1]

A busca da compreensão e de explicações mais abrangentes a respeito da realidade, conduzida por um processo de investigação científica, pode conduzir à formulação de leis e teorias. As teorias possuem como característica a possibilidade de estruturar as uniformidades e as regularidades explicadas e corroboradas pelas leis em um sistema cada vez mais amplo e coerente, com a vantagem de corrigi-las e aperfeiçoá-las. O objetivo da teoria é o da reconstrução conceitual das estruturas objetivas dos fenômenos, a fim de compreendê-los e explicá-los. Dentro do contexto da pesquisa, as teorias orientam a busca dos fatos, estabelecem critérios para a observação, selecionando o que deve ser observado como pertinente para testar hipóteses e buscar respostas às questões de uma dada pesquisa. As teorias não apenas servem de instrumentos que orientam a observação empírica, como também contribuem para a "modelização de um quadro heurístico para a pesquisa",[2] habilitando o pesquisador a perceber os problemas e suas possíveis explicações. As teorias apresentam-se como um quadro de referência, metodicamente sistematizado, que sustenta e orienta a pesquisa.

Segundo uma definição científica de teoria:

> Uma teoria é um conjunto de constructos (conceitos), definições e proposições relacionadas entre si, que apresentam uma visão sistemática de fenômenos especificando relações entre variáveis, com a finalidade de explicar e prever fenômenos da realidade.[3]

Ainda sobre conceitos de teoria destaca-se o entendimento de que teoria equivale à coleção de enunciados de certos tipos, interligados por umas tantas relações. Teorias comparam-se a redes lançadas com o objetivo de recolher o que se denomina mundo: para dominá-lo, racionalizá-lo, enfim, compreendê-lo. A sistematização e busca de seguras explicações dos acontecimentos constituem objetivos das teorias. Algumas teorias nos ajudam a orientar futuras investigações, outras permitem o traçado de mapas da realidade. Não é sem razão que o trabalho científico prescinde de referenciais teóricos. O avanço da ciência pressupõe aumento da sistematização e explicação dos fenômenos, daí a necessidade de teorias abrangentes que deem sentido a proposições factuais, permitindo que se considere e analise o apoio que a tais proposições factuais um campo de aplicação mais amplo possa vir a conferir.[4]

À medida que a investigação avança, as hipóteses podem ganhar *status* de pretensa teoria, a ser reconhecida após confirmações advindas de novas evidências e investigações conduzidas por outros cientistas. Não é exagero afirmar-se que um sistema de hipóteses pode ser um embrião de uma teoria. Asserções feitas pelas teorias destinam-se a sistematizar o que se sabe acerca do mundo que nos cerca. As teorias têm um objetivo pragmático de efetuar o ajuste intelectual do homem com o contorno, permitindo que ele compreenda o que acontece à sua volta. Quando em um dado setor já foram conduzidas investigações que possibilitaram a construção de um sólido corpo de conhecimento em que se acham incluídas generalizações empíricas, as teorias surgem como a chave para a nossa compreensão dos fenômenos, explicando as regularidades previamente constatadas.

Diferentes teorias produzem diferentes instrumentos, diferentes observações e interpretações e, por consequência, diferentes resultados. Constituem diferentes redes para se tentar capturar a realidade. A ruptura com explicações pré-científicas, ou explicações orientadas pelo senso comum, é dada pela teoria. A pesquisa e a teoria têm seus desenvolvimentos paralelos e indissociáveis. Se se deseja chegar a conclusões pertinentes que transcendam o senso comum, não se pode desconsiderar o polo teórico inerente a toda pesquisa empírica válida.

> A teoria tenta explicitar o que sabemos, e também nos diz o que queremos saber, isto é, nos oferece as perguntas cuja respostas procuramos. As teorias nos dão um quadro coerente dos fatos conhecidos, indicam como são organizados e estruturados, explicitam-nos, preveem-nos, fornecendo pontos de referência para a observação de novos fatos.[5]

3.2 Funções da Teoria

A função mais importante de uma teoria é explicar: dizer-nos por quê? como? quando? os fenômenos ocorrem. Outra função da teoria é sistematizar e dar ordem ao conhecimento sobre um fenômeno da realidade. Também, associada com a função de explicar, é a da predição. Isto é, fazer inferências sobre o futuro, orientar como se vai manifestar ou ocorrer um fenômeno, dadas certas condições. Todas as teorias oferecem conhecimentos – explicações e predições sobre a realidade – a partir de diferentes perspectivas, portanto, algumas se encontram mais desenvolvidas que outras, e assim cumprem melhor suas funções. Para decidir sobre o valor de uma teoria, podem-se levar em consideração os seguintes critérios: (1) capacidade de descrição, explicação e predição; (2) consistência lógica; (3) perspectivas; (4) fertilidade lógica; e (5) parcimônia.

3.3 O que é Modelo?

Uma das características marcante do discurso científico contemporâneo é o rigor da linguagem e o uso e (abuso) de modelos. A frequência do emprego de modelos, longe de esclarecer o significado preciso do conceito, tem contribuído para obscurecê-lo, confundi-lo, e o que é mais preocupante, banalizá-lo.

A natureza polissêmica da palavra *modelo*, devido à sua introdução em diferentes contextos científicos e, sobretudo, à multiplicidade de seu uso, acaba sendo agravante a esse confuso estágio. Como já afirmado, a teoria constitui o núcleo essencial da ciência, sem a qual não se consegue avançar. Além dos elementos básicos da visão clássica de teoria – cálculo e regras de correspondência –, os estudiosos introduziram um terceiro elemento nas teorias: o modelo. Os modelos, segundo esse entendimento, caracterizam as ideias fundamentais da teoria com auxílio de conceitos familiarizados, antes da elaboração da teoria. Especificamente, também não pode ser considerado modelo científico tudo o que pode ou deve ser imitado, ou um exemplo, por mais complexo que se apresente. Modelo e exemplo são sinônimos apenas na linguagem comum. Não é único o conceito de modelo, cuja significação dependerá da finalidade com que será utilizado. A falta de clareza entre os conceitos de modelo e teoria provém da consideração de que a teoria é, de fato, um modelo da realidade, isto é, que seus conceitos ou sinais correspondem-se biunivocamente com os objetos do mundo empírico. Sob outro ponto de vista, alguns autores entendem que modelo e interpretação são sinônimos, ou seja, os modelos são compreendidos como interpretações de uma teoria. A interpretação e o modelo são duas maneiras de traduzir uma teoria: a primeira se efetua no plano da linguagem; a segunda se realiza em um nível ôntico, isto é, com relação a objetos ou entes. Outro entendimento se dá pela consideração de modelo como uma explicação de uma teoria. Assim é que o modelo como interpretação e o modelo como explicação podem coexistir, favorecendo análises mais precisas e claras. Conforme Abbagnano: Modelo[6] é uma das espécies fundamentais dos conceitos científicos e precisamente aquele que consiste na especificação de uma teoria científica que consista a descrição de uma zona restrita e específica do campo coberto pela própria teoria. Modelos não são necessariamente de natureza mecânica e nem devem necessariamente ter o caráter da visibilidade. Um modelo de um sistema ou processo é construído com poucas variáveis-fatores manejáveis, de tal sorte que as relações mais significantes possam ser identificadas e estudadas.

3.3.1 Valor e Limites do Uso de Modelos

Particularmente na engenharia, o prestígio dos modelos é evidenciado pelo aspecto instrumental e programático da noção de modelo. Experimentam-se aviões em túneis aerodinâmicos, reduzidos proporcionalmente ao tamanho dos modelos utilizados. É natural que não basta experimentar o modelo para obter, mediante um raciocínio por analogia, todas as informações que se deseja conhecer sobre o funcionamento do avião original, mas o ensaio constitui uma base importante e econômica. É preciso reforçar que a noção de modelo é mais a fatoração ou abstração do que a redução em escala. Geralmente, os modelos formais – tanto na Lógica como na Matemática – são abstrações isomorfas de teorias, e não redução de objetos.

A utilização de modelos na pesquisa apresenta característica um pouco diferente, em acordo com o plano científico adotado. No campo das ciências fáticas, por exemplo, os modelos só são considerados válidos se resistirem ao confronto com os fatos, isto é, se forem verificados. A modelagem – construção de um modelo – é posterior à clara definição do problema sob investigação, e, particularmente, das variáveis, atributos e características do objeto que se deseja conhecer/explicar/prever. Um perigo da construção de um modelo simbólico é a supervalorização da matematização e a tecnificação, conferindo, por vezes, indevidamente, um desmedido prestígio ao modelo. Assim como um menino cavalga um pau e o considera um cavalo real, ou uma menina que brinca com uma boneca a ela se apega e a considera como se fosse uma criatura viva, um pesquisador também pode tomar afeição ao seu modelo e reputá-lo como o único modo de se conhecer ou tratar a realidade.

A validade de um modelo no campo das ciências fáticas deve se dar pela verificabilidade – confronto com os fatos. A verificação não converte o modelo em verdadeiro, ou falso. Os modelos não são nem verdadeiros nem falsos, são apenas mais ou menos adequados para certos usos. O valor e a significância de um modelo não são dados por algo intrínseco: dependerão do campo no qual vão ser aplicados, isto é, não serão verdadeiros nem falsos, mas sim úteis ou inúteis.[7]

Podem-se distinguir propriedades endógenas e propriedades exógenas quando se compara um modelo e uma teoria. As propriedades endógenas são inerentes à estrutura e, enquanto tais, são invariáveis; as propriedades exógenas são alheias a ela e, por isso, variáveis contingentes. A mesma teoria pode ser interpretada mediante diversos modelos, sendo que todos eles terão as mesmas propriedades endógenas, mas variarão ao infinito as exógenas.[8]

3.3.2 Funções de um Modelo

- Função seletiva, permitindo que fenômenos complexos sejam visualizados e compreendidos.
- Função organizacional, que corresponde à classificação dos elementos da realidade segundo um esquema que: (a) especifique adequadamente as propriedades ou características do fenômeno; (b) tenha categorias mutuamente exclusivas e coletivamente exaustivas.
- Função de fertilidade, evidenciando outras aplicações em distintas situações.
- Função lógica, permitindo explicar como acontece determinado fenômeno.
- Função normativa, permitindo prescrições.
- Função sistêmica.

3.3.3 Etapas para a Construção de um Modelo

- CONCEITUALIZAÇÃO: busca de teorias que possam ajudar a explicar o fenômeno que está sendo representado.
- MODELAGEM: processo de lapidação e enriquecimento através de elaboração de representações mais simples e eficazes. Processo de estabelecimento de associações ou analogias com estruturas teóricas previamente desenvolvidas.
- SOLUÇÃO DO MODELO OPERACIONAL: interdependência entre o modelo operacional do sistema e a solução obtida ou desejada.
- IMPLEMENTAÇÃO: adoção dos resultados obtidos pela solução do modelo operacional. Evidencia um processo de transição, mudança organizacional, exigindo adaptação. Deve ser um processo contínuo ao longo de todas as fases do fluxo de trabalho.
- VALIDAÇÃO: capacidade de explicação e de previsão do modelo. Indicadores de eficácia das etapas de conceitualização, modelagem, solução e implementação.

A CONCEITUALIZAÇÃO dependerá:

- Da visão de mundo do pesquisador (cosmovisão): entendimento sobre o homem, a sociedade, a organização etc.
- Do nível de abstração.
- Da capacidade de pensamento em termos globais e intuitivos – "pensamentos divergentes".
- Da capacidade de formular conceitos, definições, constructos, postulados, problemas relevantes ao conhecimento da realidade sob investigação.

Considerações sobre a MODELAGEM:

- Não há um padrão a ser seguido para a construção de modelos.
- Processo de enriquecimento ou de elaboração, começando-se com modelos bastante simples, procurando-se mover em sentido evolutivo para modelos mais elaborados.
- A atividade de modelagem não pode ser entendida como um processo intuitivo, ainda que contenha um forte componente de arte. O processo de modelagem deve ser entendido dinamicamente em termos de uma compatibilidade tempo-espaço e de um processo contínuo de enriquecimento – aprendizagem.
- Habilidades analíticas, minuciosas, e por isso mesmo formais.
- Capacidade de "pensamento convergente".
- Trabalho engenhoso com categorias que auxiliam explicações, particularmente, análise-síntese e indução-dedução.

3.4 Hipótese e Tese

3.4.1 O que é uma Hipótese de Pesquisa?

O termo *hipótese* deriva do grego *hipo* (debaixo) e *thésis* (tese), e originalmente era empregado para designar "o que serve de base"; por exemplo, os princípios para as leis, o papel da hipótese – o que serve de base – para demonstração da tese de um teorema. Com o tempo, o vocábulo assumiu outras acepções, sendo hoje empregado com o significado de uma proposição, com sentido de conjectura, de suposição, de antecipação de resposta para um problema, que pode ser aceita ou rejeitada pelos resultados da pesquisa.

Há consenso entre os autores no sentido de que as hipóteses são bem-vindas e importantes para os estudos empírico-teóricos. O valor de um trabalho científico não é somente identificado pelos testes das hipóteses formuladas para se aceitar ou rejeitar cada uma das conjecturas propostas, mas também pelo enunciado de um problema e objetivos da pesquisa. A formulação e teste de hipótese, no contexto do desenvolvimento de uma pesquisa científica, contribuem para o fortalecimento da consistência dos achados da investigação, junto com os resultados do estudo.

Após a formulação de um problema, delineamento da plataforma teórica e enunciado dos objetivos de uma pesquisa com abordagem empírico-analítica, convém construir e expor para teste uma ou algumas hipóteses. A abordagem metodológica hipotético-dedutiva – comum nos estudos da área de humanidades – pede o enunciado de hipóteses que no desenvolvimento do trabalho serão testadas e comprovadas através do suporte do referencial teórico e análises dos resultados de avaliações quantitativas e qualitativas das informações, dados e evidências conseguidas. As questões/problemas de pesquisa, os objetivos da investigação e as hipóteses contextualizam a essência de um estudo científico.

São várias as conceituações sobre hipótese de pesquisa:

- Proposição afirmativa, que expressa uma suposta resposta ao problema da pesquisa;
- Conjectura, ou suposição, que enuncia um possível relacionamento entre duas, ou mais variáveis.
- Proposição que pode ser colocada à prova – ser testada – para determinar sua validade.
- Proposição de suposta explicação do fenômeno que está sendo investigado.

Uma resposta à questão de pesquisa e o alcance dos objetivos do estudo poderão ser significativamente complementados através dos resultados dos testes das hipóteses: a aceitação ou a rejeição de uma hipótese auxiliará fortemente a explicação do fenômeno que está sendo pesquisado. As hipóteses não são necessariamente verdadeiras: podem, ou não, ser verdadeiras, ou podem, ou não, ser comprovadas. O investigador, diante das evidências coletadas e testes realizados, poderá aceitar, ou rejeitar, uma hipótese, jamais afirmá-la ou negá-la. Reforçando: a formulação e teste de hipóteses no processo de construção de uma pesquisa científica mostram competência e habilidade do investigador, contribuindo para a validação dos achados da pesquisa. As hipóteses constituem verdadeiros guias de uma investigação. Proporcionam ordem e lógica ao estudo. Possuem funções descritivas e explicativas – quando se aceita ou se rejeita uma hipótese, descobre-se algo acerca do fenômeno que não era antes conhecido. Hipóteses ajudam a comprovar teorias: se várias hipóteses de uma teoria são aceitas em circunstâncias diversas, a teoria se fará mais robusta, forte, expressiva. Hipóteses que não estão totalmente ligadas a uma teoria, quando aceitas em circunstâncias diversas, constituem embriões de teorias. Como se pode ponderar: as hipóteses constituem instrumentos poderosos para o avanço do conhecimento – são formuladas por pesquisadores, submetidas a provas (testes) e aceitas ou rejeitadas sem interferências de quaisquer indivíduos, somente em função das manifestações da realidade, portanto, sem a interferência do pesquisador. É fundamental salientar que a aceitação ou rejeição de uma hipótese de pesquisa não se dá necessariamente em função de um teste de hipótese estatístico. Geralmente, a decisão de aceitar-se ou de rejeitar-se uma hipótese de pesquisa é tomada a partir de um conjunto de resultados a partir de informações, dados e evidências, como, por exemplo: medidas estatísticas descritivas; inferências e induções; associações entre variáveis; identificação de tendências e outros movimentos característicos; deduções; relações entre eventos, variáveis, fenômenos; interpretações; análises; sínteses; compreensões etc. Ou seja, a prova de uma hipótese de pesquisa – mais corretamente o teste de uma hipótese de pesquisa – não oferece condições para se concluir que a hipótese seja verdadeira ou falsa, senão se mostrar e argumentar que, de acordo com as evidências empíricas obtidas no estudo, a hipótese poderá ser ou não apoiada.

Nem sempre as informações, os dados e as evidências possibilitam a aceitação de uma hipótese de pesquisa, frustrando o pesquisador que, afinal, construiu a conjectura que gostaria ver corroborada. O fato de se rejeitar – não se aceitar – uma hipótese de pesquisa não torna a investigação menos importante ou inútil. Particularmente nas pesquisas das áreas de humanidades, onde a busca de conhecimento é fundamental, a rejeição também proporciona conhecimento sobre o fenômeno que está sendo investigado. Ao analisar as evidências que não apoiaram a hipótese, com certeza, se aprenderá algo que não se conhecia a respeito do fenômeno.

Para se garantir maior clareza e precisão ao longo do desenvolvimento da investigação, bem como na condução dos testes das hipóteses de uma pesquisa, serão necessárias claras explicitações das definições conceituais e operacionais das principais variáveis, e termos envolvidos no estudo, e, se pertinente, enunciado dos construtos que estão sendo considerados no estudo. Neste capítulo o leitor encontrará explicações sobre definições conceituais, operacionais e construtos de variáveis.

As fontes para formulação de hipóteses estão diretamente relacionadas ao estágio de conhecimento sobre o campo de estudo assunto e tema que estão sendo pesquisados. Fundamentalmente há três fontes para a construção de uma hipótese: intuição, pressentimento, palpite; analogia com hipótese de outros estudos assemelhados e teoria. Independentemente da origem, uma hipótese bem formulada, assim como um instigante recorte de um tema gerando uma questão de pesquisa, constituem expressões significativas da competência e criatividade do pesquisador.

Exemplos de hipóteses de pesquisas:

- Elevadas taxas de analfabetismo estão relacionadas com regiões mais distantes dos centros urbanos.
- Estudantes com avaliações do aprendizado elevadas em Matemática tendem a obter avaliações elevadas em Estatística.
- Quanto maior é o sentimento de equidade, maior a confiança.
- Baixos graus de evidenciação dos resultados empresariais estão associados com baixos níveis de captação de recursos.
- Baixos níveis de planejamento e conhecimento do negócio relacionam-se com elevadas taxas de falências de pequenas empresas.

3.4.2 O que é uma Tese?

O vocábulo *tese* advém do grego *thésis* (ato de pôr, proposição) e é empregado com diferentes sentidos. O termo é utilizado para identificar uma proposição formulada com o intuito de ser defendida em público; a denominação é também empregada para designar a publicação que contém uma tese.[9]

A origem da tese remonta à Idade Média, com o advento das primeiras universidades. É a monografia mais antiga e solene: "[...] a 'defesa de tese' ou simplesmente a 'tese' representava o momento culminante de quem aspirava ao título de *doctor*, que era equivalente ao de 'douto' ou 'sábio'". Essa prática representava a institucionalização do método filosófico vigente à época, a *disputatio*: o candidato defendia uma tese ante as ideias contrárias e objeções dos examinadores (antítese). Desde que vitoriosa a tese, surgia uma nova teoria ou doutrina e se consagrava um filósofo ou teólogo. Surgida com a universidade, a tese se manteve durante os tempos, mesmo na fase científica, e perdura até hoje.[10]

Enquanto um trabalho científico necessário à obtenção do grau de doutor, equivalente ao "Phd" (*philosophy doctor*), a tese deve atender aos seguintes requisitos fundamentais: (a) demonstração, por parte do autor do trabalho, de ser um estudioso capaz de avançar a disciplina à qual se dedica; (b) originalidade, no sentido de conhecer profundamente um assunto de forma a "descobrir" algo que não foi dito pelos demais estudiosos.

Nesse caso, a originalidade ou o "descobrir" não se referem, logicamente, a descobertas e invenções, como as próprias das ciências naturais:

> Quando se fala em "descoberta", em especial no campo humanista, não cogitamos de invenções revolucionárias [...] podem ser descobertas mais modestas. O estudioso deve produzir um trabalho que, teoricamente, os outros estudiosos do ramo não deveriam ignorar, porquanto diz algo de novo sobre o assunto [...].[11]

A originalidade – potencial de que a prova da tese possa surpreender, apontar novo caminho, diferente perspectiva etc. – pode representar interesse para os outros estudiosos da área, por apresentar algo novo sobre o assunto-tema.

3.5 Sobre Conceito, Definição e Construto

Ao buscar solução para um problema, ou encontrar evidências para testar uma hipótese de pesquisa, o investigador deve explicar, com clareza e precisão, o que significam os principais termos, conceitos, definições e construtos que estão sendo utilizados no estudo que realiza. A ausência desse procedimento pode comprometer a validade e a confiabilidade dos achados da pesquisa, ou dos resultados do trabalho concluído, causando sobreposição e contradição de explicações sobre o fenômeno estudado, bem como de possíveis aplicações. É indispensável a conceituação e definição dos principais termos e variáveis, a fim de que o investigador e interessados nos resultados compartilhem os mesmos entendimentos sobre os conceitos, definições, possíveis construtos e variáveis incluídas no estudo, compreendendo de maneira semelhante os resultados, conclusões e limitações da investigação. Esta seção apresenta, discute, explica e exemplifica os significados de conceito, definição conceitual, definição operacional e construto visando ao correto entendimento dessas essenciais categorias do discurso científico, de acordo com o quadro referencial teórico em que se inserem.

3.5.1 Conceituando Conceito

Os conceitos são palavras que expressam uma abstração intelectualizada da ideia de um fenômeno ou de um objeto observado. Pode-se compreender a conceituação de um conceito como um processo que parte do meio em que se vive: estímulos dos sujeitos, objetos e acontecimentos geram impressões que são mentalmente elaboradas ao nível da intuição, resultando em percepções, e por fim são enunciados os conceitos, constituídos de traços essenciais do percebido. O processo envolve abstração e generalização: isolar aspectos, caraterísticas ou propriedades de determinados objetos, sujeitos ou acontecimentos – abstrair –, compor o conceito de forma que a explicação-conceito possa ser extrapolada a outros elementos do universo de onde foi observada a amostra. Um conceito[12] é, em princípio, o produto da abstração e da generalização a partir das imagens de objetos particulares. O sentido etimológico de conceito é "o que é tomado com", tudo o que se pode saber, pensar, representar a respeito de algo concreto ou abstrato. Os termos *conceito* e *noção* são praticamente sinônimos na linguagem corrente, fato que pode causar dificuldades para o entendimento comum nas diversas ciências. Um exemplo ilustra um conceito entendido como noção: "método de contagem física pode ser entendido, ou conceituado, com o processo de determinação quantitativa dos estoques". Como se pode compreender, este impreciso conceito (noção) de "método de contagem física" restringe-se à contabilização dos estoques, desconsiderando contagens físicas em outras situações, como, por exemplo, compras, vendas etc.

De um modo geral, conceito é todo processo que torne possível a descrição, a classificação e a previsão de objetos cognoscíveis. Assim entendido, o termo tem significado generalíssimo, podendo incluir toda espécie de sinal ou procedimento semântico, qualquer que seja o objeto a que se refere, abstrato ou concreto, próximo ou longínquo, universal ou individual etc. Pode-se ter um conceito da mesa como do número 3, do homem como de Deus, do gênero e da espécie, bem como de uma realidade individual ou coletiva. Embora o conceito seja normalmente indicado por um nome, ele não é o nome, já que diferentes nomes podem exprimir o mesmo conceito ou diferentes conceitos podem ser indicados, por equívoco, pelo mesmo nome. O conceito não é um elemento simples ou indivisível, mas pode ser constituído de um conjunto de técnicas simbólicas extremamente complexas; como é o caso das teorias científicas que também podem ser chamadas conceitos (o conceito da relatividade; o conceito da evolução etc.). O alegado caráter de universalidade subjetiva ou validade intersubjetiva do conceito é, na realidade, simplesmente a sua comunicabilidade de signo linguístico: a função primeira e fundamental do conceito é a mesma da linguagem, isto é, a comunicação. A noção de conceito dá origem a dois problemas fundamentais: um sobre a natureza do conceito e outro sobre a função do mesmo conceito. O problema da natureza do conceito recebeu duas soluções fundamentais: pela primeira o conceito é a essência das coisas e, precisamente, a sua essência necessária, pela qual elas não podem existir de modo diferente daquilo que são; pela segunda solução, o conceito é um signo. Assim é que:

> A concepção do conceito como essência é a do período clássico da filosofia grega, no qual o conceito é assumido como o que se subtrai à diversidade e à mudança dos pontos de vista ou das opiniões, porque se refere àqueles traços que, sendo constitutivos do próprio objeto, não são alterados por uma mudança de perspectiva.[13]

Para a maioria dos filósofos contemporâneos a noção de conceito se confunde com a noção de significado, identificando-o com o objeto – conceito é tudo aquilo sobre o qual podem formular-se proposições. O ponto crítico da transformação da noção de conceito: "o significado é o que a essência se torna quando se divorciou do objeto de referência e se casou com a palavra". Deve-se notar, todavia, que o termo *conceito*, ou significado, aparece mais frequentemente referido para indicar a conotação do que a denotação, reforçando o entendimento de conceito como "explicação da essência". Conforme ficou claro, um conceito é uma abstração a partir de conhecimentos percebidos. Constitui uma representação resumida de uma diversidade de fatos. Seu objetivo é simplificar o pensamento, ao colocar alguns acontecimentos sob um mesmo título geral. Devem dar o sentido geral ao que se deseja transmitir para que se possa ligar o estudo ao conjunto de conhecimentos que empregam conceitos semelhantes.[14]

No processo de construção do conhecimento pelo método científico, particularmente nas Ciências Sociais Aplicadas, conceitos confundem-se com definições conceituais, ou definições constitutivas, abordadas na seção seguinte deste texto.

3.5.2 Definindo Definição

Para conduzir os conceitos do nível teórico e abstrato para o empírico e observacional, proporcionando, com isso, o teste empírico das proposições, a ciência no geral e o cientista no particular necessitam das definições. Uma definição é adequada quando propicia suficientes características essenciais por meio das quais seja possível relacionar o termo em causa com a referência correspondente. Deve esclarecer o fenômeno sob investigação e permitir uma comunicação não ambígua. Definir consiste em determinar a extensão e a compreensão de um objeto ou abstração. Enunciar, dentro de um limite demarcado, os atributos essenciais e específicos do definido, tornando-o inconfundível. Em geral, uma definição é a releitura, à luz de uma teoria, de um certo número de elementos do mundo real; é, portanto, uma interpretação, explicação.[15]

Em lógica formal, distingue-se entre "definições nominais", que se assentam em uma convenção prévia, e que se limitam a fornecer uma equivalência (é o caso dos dicionários, onde uma proposição é o equivalente de uma palavra), e "definições reais", as quais se consideram como fornecendo as características invariavelmente observadas a partir dos dados de experiência. No entanto, existem definições reais redutíveis a uma exposição de tipo nominal, como, por exemplo, a definição descritiva dos grupos importantes de contas em uma demonstração de resultados, e inversamente as definições matemáticas, que são de caráter convencional, são reais na medida em que os seres "imaginários" a que se referem podem efetivamente ser objeto de experiências invariáveis (as propriedades de um triângulo mantêm-se sempre as mesmas).[16]

Há dois tipos de definição: constitutiva e operacional. Uma "definição constitutiva", ou conceitual, define palavras com outras palavras. São definições de dicionário, utilizadas por todos, inclusive pelos cientistas. Entretanto, são insuficientes para propósitos científicos, pois trazem imprecisões que podem comprometer o entendimento dos achados da pesquisa. Por exemplo, define-se lucro como "benefício que se obtém de alguma coisa, ou com uma atividade qualquer". Dependendo dos propósitos e contextualização da pesquisa, essa definição poderá comprometer a clareza e precisão dos resultados da investigação. Ou seja, não expressar, corretamente, o fenômeno que se está pesquisando. Objetivando superar tais deficiências, os cientistas sugerem o estabelecimento de definições operacionais. Assim é que uma "definição operacional" pode ser entendida como uma ponte entre os conceitos ou os construtos e as observações, comportamentos e atividades reais. A definição operacional atribui um significado concreto ou empírico a um conceito ou variável, especificando as atividades ou operações necessárias para medi-lo ou manipulá-lo. Uma definição operacional, alternativamente, especifica as atividades do pesquisador para medir ou manipular uma variável. Exemplificando: uma definição operacional de lucro unitário de um produto poderia ser dada pela diferença entre o preço unitário de venda e o preço unitário de compra. Como se nota, esta singela definição diz o que fazer para medir, avaliar e calcular o lucro unitário (bruto) de um produto.[17]

Uma definição operacional[18] deve especificar a sequência de passos para se obter uma medida. A mensuração científica é obtida com definições operacionais que podem ser usadas e replicadas por qualquer número de pessoas. Isto é o que faz uma definição operacional objetiva. Reafirmando: uma definição operacional é um procedimento que atribui um significado mensurável a um conceito através da especificação de como o conceito é aplicado dentro de um conjunto específico de circunstâncias. Nestes termos, definição é uma operação pela qual se determina e se enuncia a compreensão de um conceito – é a declaração do significado de um conceito, isto é, do uso que do conceito pode ser feito em um dado campo de investigação. A utilização de definições operacionais remove ambiguidades, de tal forma que todas as pessoas envolvidas com o tema terão o mesmo entendimento e, da mesma forma, irão mensurar a característica em questão. Uma definição conceitual, ou um conceito, tem pouco significado comunicável até que se saiba como ele será utilizado em uma aplicação ou operação específica. Como a definição operacional é construída em um particular contexto, podem-se ter várias definições operacionais para um mesmo conceito, ou seja, a definição operacional de um conceito poderá mudar de acordo com a aplicação. Por exemplo, o termo "limpo" terá significado distinto em uma residência e em uma sala de cirurgia de hospital. É melhor pensar em definições operacionais úteis ou inúteis ao invés de definições operacionais corretas ou incorretas. Definições operacionais são muito utilizadas nas Ciências Sociais Aplicadas: Psicologia, Sociologia, Economia, Educação, Administração, Contabilidade etc., todavia, suas limitações devem ser objeto de atenção por parte dos pesquisadores dessas áreas. As definições operacionais podem obscurecer aspectos sistemáticos e teóricos dos conceitos científicos; podem conduzir a ciência a preocupar-se com aspectos triviais, diminuindo o valor das definições constitutivas. Definições operacionais são limitadas no auxílio ao pesquisador quando de suas explicações sobre a realidade. Há sempre o perigo de se fracionar de tal modo um conceito que o torne com pouca relevância em relação ao seu verdadeiro significado.

3.5.3 Construindo um Construto

Para explorar empiricamente um conceito teórico, o pesquisador precisa traduzir a assertiva genérica do conceito em uma relação com o mundo real, baseada em variáveis e fenômenos observáveis e mensuráveis, ou seja, elaborar (construir) um constructo ou construto e operacionalizá-lo. Para tanto, necessita identificar as variáveis observáveis/mensuráveis que podem representar as contrapartidas das variáveis teóricas. Construto possui um significado construído intencionalmente a partir de um determinado marco teórico, devendo ser definido de tal forma que permita ser delimitado, traduzido em proposições particulares observáveis e mensuráveis. Os construtos, ou construções, são dotados da chamada existência sistêmica, isto é, do modo de existência próprio de uma entidade cujas descrições são analíticas no âmbito de um sistema de proposições; ao passo que as entidades inferidas teriam existência real, isto é, o modo de existência atribuído a uma entidade a que se pode referir uma proposição sintética verdadeira.

Os constructos não são diretamente observáveis ou diretamente inferidos a partir de fatos observáveis. Os constructos devem cobrir todas as funções das entidades inferidas: (1) resumir os fatos observados; (2) constituir um objeto ideal para a pesquisa, isto é, promover o progresso da observação; (3) constituir a base para previsão e a explicação dos fatos. Uma verificação empírica indireta dos constructos é, todavia, possível. A definição de uma construção empírica fornece sempre as instruções para pôr à prova, isto é, para determinar a verdade ou falsidade das asserções nas quais recorre a construção.[19]

Construtos podem ser entendidos como operacionalizações de abstrações que os cientistas sociais consideram nas suas teorias, tais como: produtividade; valor de uma empresa; *status* social; custo social; inteligência; risco etc. Um construto é uma variável – conjunto de termos, de conceitos e de variáveis –, isto é, uma definição operacional robusta que busca representar empiricamente um conceito dentro de um específico quadro teórico. Como se pode depreender, um construto poderá ser um embrião de um modelo.

Exemplos de construtos:

(a) Excelência empresarial: indicador criado por Melhores e Maiores da revista *Exame*. É obtido pela soma de pontos ponderados conseguidos pelas empresas em cada um destes seis indicadores de desempenho: liderança de mercado (peso 10), crescimento (25), rentabilidade (30), liquidez (15), endividamento (10). Nota-se que, para rentabilidade, são atribuídos pontos apenas para as empresas cujo índice seja positivo e que tenham divulgado os efeitos da inflação em seus resultados e patrimônio líquido. Em cada indicador, a escala de pontos iniciais vai de 10 para o primeiro colocado até um para o décimo. Assim, o primeiro colocado em rentabilidade obtém 300 pontos, 10 pontos iniciais vezes o peso 30. Em caso de empate no total de pontos, prevalece a mais rentável. As empresas são selecionadas sempre entre as 20 maiores do setor. Indicadores calculados com dados estimados não recebem pontuação.[20]

(b) Classificação social (Critério ABA – Associação Brasileira de Anunciantes e ABIPEME – Associação Brasileira de Institutos de Pesquisa de Mercado): a aplicação de um questionário indagando se o chefe da família é, ou não, o próprio entrevistado; o grau de instrução mais alto do chefe da família; a posse de aparelho de videocassete, máquina de lavar roupa, geladeira e aspirador de pó; bem como as quantidades de carros, TV em cores, banheiros, empregada mensalista e rádios. As questões são fechadas e são atribuídos pontos a cada uma das alternativas para cada pergunta. O total de pontos classifica o respondente como pertencente a uma das classes: A, B, C, D ou E.

(c) Previsão de falência (Construção de Kanitz) a partir dos índices de balanço:

$x1$ = Lucro Líquido/Patrimônio Líquido;

$x2$ = (Ativo Circulante + Realizável a Longo Prazo)/Exigível Total

$x3$ = (Ativo Circulante − Estoques)/Passivo Circulante

$x4$ = Ativo Circulante/Passivo Circulante

$x5$ = Exigível Total/Patrimônio Líquido

O referido autor, através da condução de pesquisa empírica, encontrou a seguinte relação:

$F = 0,05 \times x1 + 1,65 \times x2 + 3,55 \times x3 - 1,06 \times x4 - 0,33 \times x5$

A empresa estará em situação de insolvência (previsão de falência) se: $F < -3$

Há indefinição se: $-3 \Leftarrow F \Leftarrow 0$

A empresa estará em situação de solvência se: $F > 0$

Notas

[1] ABBAGNANO, Nicola. *Dicionário de filosofia*. São Paulo: Mestre Jou, 1970.

[2] BRUYNE, P. et al. *Dinâmica da pesquisa em ciências sociais*: os polos da prática metodológica. 5. ed. Rio de Janeiro: Francisco Alves, 1991. p. 102.

[3] KERLINGER, F. N. *Metodologia da pesquisa em ciências sociais*: um tratamento conceitual. São Paulo: EPU/EDUSP, 1991. p. 73.

[4] HEGENBERG, L. *Explicações científicas*: introdução à filosofia da ciência. 2. ed. São Paulo: EPU/EDUSP, 1973.

[5] BRUYNE, P. et al. Op. cit. p. 102.

[6] ABBAGNANO, N. Op. cit.

[7] ASTI VERA, Armando. *Metodologia da pesquisa científica*. Trad. Maria Helena Guedes e Beatriz Marques Magalhães. Porto Alegre: Globo, 1976.

[8] MAZZON, José Afonso. *Formulação de um modelo de avaliação e comparação de modelos em marketing*. São Paulo, 1978. Dissertação (Mestrado em Administração) – Departamento de Administração da Faculdade de Economia, Administração e Contabilidade da Universidade de São Paulo.

[9] HOLANDA, A. B. *Novo dicionário Aurélio da língua portuguesa*. Rio de Janeiro: Nova Fronteira, 1986.

[10] SALOMON, D. V. *Como fazer uma monografia*. 9. ed. São Paulo: Martins Fontes, 2000. p. 266.

[11] ECO, U. *Como se faz uma tese*. 15. ed. São Paulo: Perspectiva, 1999. p. 2.

[12] LEGRAND, G. *Dicionário de filosofia*. Rio de Janeiro: Edições 70, 1991.

[13] ABBAGNANO, N. Op. cit.

[14] ABBAGNANO, N. Op. cit.

[15] KÖCHE, J. C. *Fundamentos de metodologia científica*: teoria da ciência e prática da pesquisa. 14. ed. Petrópolis: Vozes, 1997.

[16] LEGRAND, G. Op. cit.

[17] KERLINGER, F. N. Op. cit.

[18] SELLTIZ, C. *Métodos de pesquisa nas relações sociais*. São Paulo: E.P.U. Editora Pedagógica e Universitária Ltda., 1987.

[19] ABBAGNANO, N. Op. cit.

[20] IUDÍCIBUS, S.; MARION, J. C. *Dicionário de termos de contabilidade*. São Paulo: Atlas, 2001.

4 Polo Metodológico

4.1 Método e Metodologia

O termo *metodologia* é empregado com significados diversos. Assim como ocorre com os vocábulos *história* e *lógica*, utiliza-se a palavra *metodologia* para fazer referência a uma disciplina e ao seu objeto, identificando tanto o estudo dos métodos, quanto o método ou métodos empregados por uma dada ciência.[1] Embora se considere que a ambiguidade não leva a maiores equívocos, a primeira das referidas acepções é mais amplamente aceita. O objetivo da metodologia é o aperfeiçoamento dos procedimentos e critérios utilizados na pesquisa. Por sua vez, método (do grego *méthodos*) é o caminho para se chegar a determinado fim ou objetivo. A metodologia é equiparada a uma preocupação instrumental:[2] a ciência busca captar a realidade; a metodologia trata de como isso pode ser alcançado. A metodologia pode ser vista em duas vertentes mais típicas: numa concepção mais usual, origina-se da *teoria do conhecimento* (epistemologia) e está voltada a transmitir os procedimentos lógicos e epistemológicos do saber. A outra vertente deriva da sociologia do conhecimento e acentua o débito social da ciência – o fato de que as ciências sociais não se ocupam prioritariamente da busca de solução para os problemas sociais; antes, se dedicam à pesquisa do que interessa ao poder e à fabricação competente de técnicas a serviço dos grupos dominantes. Essas tendências têm, cada qual, a sua importância. Uma não substitui a outra. O que se verifica é a preferência por parte dos autores na acentuação de alguma delas. Ambas têm lugar no que se denomina "pesquisa metodológica", ou aquela voltada à indagação sobre os caminhos ou os modos de se fazer ciência e à discussão sobre as abordagens teórico-práticas.

4.2 Sobre o Método Científico

Contemporaneamente, o entendimento é de que a expressão *método científico* é enganosa, pois pode induzir a crer que consiste em um conjunto de regras exaustivas e infalíveis. Na verdade, não existem tais receitas para investigar. O que se tem são estratégias de investigação científica com técnicas gerais e particulares, e métodos especiais para diversas tecnologias e ciências. O método científico não é, nem mais nem menos, senão a maneira de se construir boa ciência: natural ou social, pura ou aplicada, formal ou factual. Vai-se gradativamente dominando-o à medida que se faz investigação original. Não se tem uma apreensão definitiva do método científico. Assim como a ciência, o método está sempre em devir.

Os epistemólogos consideram o século XVII, particularmente o seu início, como o marco do nascimento da ciência moderna. Registra-se, nesse período, o surgimento de pensadores que preconizaram a adoção de métodos voltados à obtenção do conhecimento científico. Atribui-se a Francis Bacon o fato de ter sido um dos pioneiros na tentativa de formalizar uma concepção de método na ciência moderna. Em sua obra *Novum organum* (1620), a ciência é concebida como derivada da observação. O método científico de conteúdo indutivo propugnado por Bacon é um conjunto de regras que estabelece como alcançar generalizações a partir da observação dos fatos: o cientista deve observar os fatos, deixando de lado as antecipações mentais. Somente a partir de então, usando os dados obtidos por meio dos sentidos, pode buscar gradualmente cuidadosas generalizações acerca das leis que governam os fenômenos observados. Na obra *Discours de la méthode* (1637), o matemático francês René Descartes propõe um método que não se baseia na indução, mas em uma concepção racionalista da ciência – caracterizada pela crença no uso da razão para a obtenção do conhecimento científico. O método dedutivo proposto por Descartes pode ser resumido na ideia da decomposição do "todo" em elementos mais simples e cuja verdade é intuitivamente reconhecida (resíduo mínimo indubitável – *cogito*). Esses elementos são recompostos por meio de deduções de forma a se chegar a conclusões de maneira puramente formal ou apenas baseada na lógica. Galileu não segue as recomendações "baconianas" ou "cartesianas" ao buscar resolver questões relacionadas ao movimento de corpos na física.[3] De outra forma, estabelece uma sistemática através da qual obtém grande êxito na explicação dos fenômenos estudados, chegando a uma nova definição de força e lançando as bases para a concepção moderna da dinâmica. Os passos adotados na pesquisa são enunciados pelo filósofo Bertrand Russell, já que o próprio Galileu não se ocupou da sua divulgação. Essa sistemática – cujas ideias básicas chegaram a ser consideradas como o "retrato fiel" do método científico – inicia-se com a clara formulação e análise do problema visando a se chegar às suas raízes. Em seguida, realiza-se seu estudo pormenorizado, de forma a estabelecer relações entre elementos mais simples. Somente então são formuladas hipóteses (coerentes com os dados da questão) que, submetidas a testes, dão origem a uma possível solução para o problema. Segue-se a dedução de possíveis consequências da solução que, postas ao nível dos fatos, são submetidas a testes experimentais. Verificando-se que a solução se coaduna com o que se admite como verdadeira, esta poderá ser acolhida. As repetidas simplificações do esquema de procedimento científico – método – estabelecido a partir das experiências de Galileu fizeram surgir uma espécie de "visão ortodoxa" do método científico. Essa linha de pensamento, defendida pelos seguidores de Bacon, e que concebe a ciência como derivada da observação, é denominada "indutivismo (ou empirismo) ingênuo" por muitos dos modernos filósofos da ciência.[4] O adjetivo *ingênuo* é uma referência aos argumentos nos quais essas ideias se baseiam, considerados muito singulares. A impressão não decorre simplesmente do emprego do método indutivo, mas da suficiência que lhe é atribuída: para o indutivista ingênuo, o princípio da indução forma a base da ciência. Muitos dos indutivistas modernos não concordam em serem associados a essa versão mais tradicional; todavia, continuam a afirmar que uma teoria científica somente se justifica quando sustentada indutivamente em uma base fornecida pela experiência. Considerado um dos principais críticos do método indutivo, Karl Popper formulou um conjunto de ideias que recebeu as denominações de racionalismo crítico e falsificacionismo, dentre outras. Essas concepções foram divulgadas por meio do livro *Logik der forschung* (Lógica da Pesquisa), editado em 1934, que somente alcançou maior repercussão a partir de 1960, com a publicação da tradução inglesa. Popper[5] rejeitou radicalmente o emprego do método indutivo: "uma teoria não pode ser fabricada com os dados da observação, não pode ser deduzida de enunciados particulares, pois a conclusão projetar-se-ia para além das premissas". Em contrapartida, defende a unidade metodológica para todas as ciências e a adoção do método hipotético-dedutivo. O método hipotético-dedutivo, antes defendido por outros autores, baseia-se na ideia de que toda pesquisa inicia-se com um problema e com uma solução possível – que é convertida em hipótese, quando colocada sob a forma de proposições. A hipótese norteia a pesquisa, sendo submetida a testes para que se possa verificar se é ou não a solução do problema. Na exposição de Popper, o método hipotético-dedutivo pode ser resumido em três etapas: problema, conjectura e tentativa de falseamento. Cabe à observação e à experimentação, entre outros meios, o papel de testar as hipóteses levantadas na busca da solução de um problema, com o objetivo de refutá-las. A hipótese permanece válida enquanto não for refutada. Assim como acontece com os métodos indutivo e dedutivo, o método hipotético-dedutivo tem a ele relacionadas vantagens e desvantagens. Por exemplo, se por um lado faz-se a identificação desse tipo de raciocínio com determinados traços das teorias científicas, por outro não se admite que esse método possa ser o único a dar respostas à problemática científica. O método hipotético-dedutivo sozinho não pode explicar o progresso científico que também se realiza por saltos, por rupturas sucessivas que estabelecem uma reestruturação da própria teoria.[6] O certo é que todos os métodos têm sua importância para a ciência e, dadas as diversas discussões existentes sobre o assunto, parece muito mais prudente se buscar entender a contribuição de cada um para o processo científico. O difícil é aceitar que apenas um deles possa oferecer todas as bases para o processo científico.

4.3 Uma Visão Ampliada: Conteúdos da Prática Científica

Segundo o *Webster's International Dictionary*, pesquisa pode ser identificada com "uma indagação minuciosa ou exame crítico e exaustivo na procura de fatos e princípios; uma busca diligente para averiguar algo". Tanto nesta, como em outras fontes, a concepção de pesquisa confunde-se com a de pesquisa científica e pressupõe a utilização de métodos científicos. Na extensão da definição citada, por exemplo, afirma-se que "pesquisar não é apenas procurar a verdade; é encontrar respostas para questões propostas, utilizando métodos científicos". As opções metodológicas feitas pelos pesquisadores em suas investigações são objeto de inúmeros debates, travados, muitas vezes, no nível do próprio método. Essa tendência, contudo, vem perdendo ênfase.[7] Os métodos empregados nas pesquisas apresentam-se, muitas vezes, pouco definidos, e bastante relacionados com as estruturas teóricas, técnicas e fundamentos epistemológicos, formando uma "unidade específica" ou um "todo relacionado" – o que conduz à reflexão sobre os diversos elementos envolvidos no processo de pesquisa. Assim é que as metodologias ou abordagens metodológicas identificam os diversos modos de abordar ou tratar a realidade, relacionados com diferentes concepções que se tem dessa realidade. Essa é uma noção própria do ponto de vista epistemológico, segundo a qual os métodos não se explicam por si mesmos e o seu estudo somente é possível se forem levados em conta os diversos elementos do contexto.

4.4 Abordagens Metodológicas

Diferentes modos de conceber a realidade originam maneiras diversas de abordá-la: "o maior problema da ciência não é o método, mas a realidade", uma vez que esta não é evidente e não há coincidência entre as concepções que se tem da realidade e a própria realidade.[8] São propostos diversos tipos de classificação para as abordagens metodológicas. Nesta seção esses paradigmas são discutidos. Em geral, as tipologias incluem três categorias básicas: abordagens empírico-positivistas; fenomenológica e crítico-dialética, referidas sob diferentes designações. As abordagens sistêmica, funcionalista e estruturalista, aqui tratadas, são consideradas como abordagens de natureza empírico-positivistas.

As abordagens não convencionais – representadas pela crítico-dialética e a fenomenológico-hermenêutica – surgem em algumas áreas das ciências sociais, nas últimas décadas, devido à insatisfação dos pesquisadores com as forma tradicionais de pesquisa. A ênfase dada nesssas metodologias alternativas às análises de caráter qualitativo originou expressões como *pesquisas qualitativas, metodologias qualitativas* e expressões assemelhadas. As abordagens fenomenológico-hermenêuticas priorizam as avaliações qualitativas, acentuando suas diferenças com as quantitativas. As crítico-dialéticas, por sua vez, admitem a inter-relação quantidade/qualidade dentre de uma visão dinâmica dos fenômenos.

4.4.1 Empirismo

Ainda que as raízes históricas do empirismo possam ser encontradas na antiguidade, a colocação da indução empírica como critério de distinção entre o que seria ou não ciência é atribuída à escola inglesa dos séculos XVI, XVII e XVIII, representada principalmente por Bacon, Locke, Mill e Hume.[9] Para o empirista, a ciência explica apenas a face observável da realidade, ou a superfície dos fenômenos. Esta é considerada a única dimensão alcançada pelos sentidos – que assumem um papel relevante, por acreditar-se que as pessoas têm a mesma capacidade de observação e percebem os fatos com o mesmo grau de evidência. Nesta abordagem metodológica, considera-se que o fato existe independentemente de qualquer atribuição de valor ou posicionamento teórico, e possui um conteúdo evidente, livre de pressupostos subjetivos. A ciência é vista como uma descrição dos fatos baseada em observações e experimentos que permitem estabelecer induções. A teoria científica é um resultado desse processo. Por isso, o cuidado em estabelecer procedimentos experimentais rigorosos, uma vez que deles depende a formulação de conceitos e teorias. O empirismo representou uma "reação compreensível aos excessos da especulação dedutiva", observada principalmente na França e Alemanha. Porém, os méritos dessa reação não podem ser exagerados, pois com ela foi consagrada a preocupação eminentemente empírica como método preferencial da ciência.[10] O empirismo exerceu um papel importante na construção das teorias científicas, destacando as seguintes contribuições:

- Defendeu as ciências sociais de uma "especulação desenfreada".
- Contribuiu para a elaboração de uma infinidade de técnicas de coleta de dados, submetendo os fenômenos sociais à mensuração (ainda que se pondere sobre a dificuldade de medir qualidade).
- Concorreu para as propostas de vários tipos de métodos e técnicas.
- Despertou a preocupação com a acumulação de dados.

Diversos são os problemas metodológicos apontados em relação ao empirismo, sobretudo no que se refere às pesquisas em ciências sociais. Um dos mais importantes é a colocação da indução como critério de demarcação científica, considerando que a generalização dos fatos somente pode ser atingida a partir de repetidas observações. Outro problema é a ênfase no estudo da superfície observável dos fenômenos, que nem sempre desvenda seu aspecto mais relevante. Muitas críticas também são dirigidas à noção de que a apreensão dos fatos não sofre qualquer influência da interpretação do investigador. A crítica à observação da forma como é tratada no empirismo não deve ser encarada como um sinônimo da sua condenação generalizada. Criticar as ideologias da observação não consiste, logicamente, em rejeitar todo tipo de observação, indispensável em qualquer pesquisa científica para dar conta do real e eventualmente enriquecer a teoria.

O empirismo consagrou a observação empírica, o teste experimental e a mensuração quantitativa como critérios de cientificidade. Os empiristas buscaram reproduzir em ciências sociais as condições aproximadas de laboratório, de forma a superar subjetividades, juízos de valor, influências ideológicas. Para conter o excesso especulativo, o empirismo valorizou a capacidade dos sentidos de produzirem a evidência, a certeza e a objetividade do dado.[11]

O empirismo buscou impor uma racionalidade científica autossuficiente e fechada a outras áreas de investigação. Os empiristas entendiam que nenhuma outra área de investigação, inclusive a filosófica, teria condições de oferecer qualquer forma de contribuição. Conteúdos extracientíficos sequer poderiam suscitar as investigações conduzidas pela ciência. Contra essa tradição empirista, existem inúmeros exemplos de teorias científicas que se inspiraram em formulações filosóficas anteriores.[12]

Na ótica empirista, não há propriamente teoria. O empirismo tentou reduzir o "processo de conhecimento" a apenas uma passagem do plano observacional para cuidadosas generalizações. Ocorre que a teoria é indispensável para o desencadeamento do processo de investigação: "[...] teorias são imaginativas criações confeccionadas para fazer frente aos problemas, e não consequências óbvias de observações".[13]

4.4.2 Positivismo

Na evolução do positivismo, podem ser identificados, pelo menos, dois momentos bem definidos: o positivismo clássico, associado principalmente às ideias de Auguste Comte (1798-1857), seu fundador; e o neopositivismo. O neopositivismo tem, entre as suas tendências mais marcantes, o positivismo lógico (ou empirismo lógico). O movimento do positivismo lógico surgiu com o Círculo de Viena – denominação dada ao núcleo que congregou um grupo de estudiosos, como Carnap, Schlick, Frank, Hempel, entre outros, que se reunia regularmente na Universidade de Viena, e cujas ideias foram divulgadas por meio de um manifesto em um congresso de filosofia, realizado em Praga, em 1929.[14]

O positivismo tem suas raízes no empirismo, mas é uma abordagem metodológica muito mais complexa que a primeira. O positivismo tem em comum com o empirismo a desconfiança na especulação excessiva, mas, principalmente na versão do positivismo lógico, preocupa-se mais com a expressão lógica do discurso científico do que com a ênfase nas realidades observáveis.

Não há consenso na literatura sobre as características que identificam cada uma das etapas na evolução do positivismo. É interessante, contudo, analisar as peculiaridades de duas das suas fases mais marcantes – o positivismo clássico e o neopositivismo, particularmente na versão do positivismo lógico, observando a evolução das ideias no âmbito dessa concepção metodológica.

Um primeiro traço característico do positivismo clássico é a busca da explicação dos fenômenos a partir da identificação de suas relações. Comte[15] resume essa ideia, indicando que o positivismo, reconhecendo a impossibilidade de obter noções absolutas, renuncia a procurar as causas íntimas do universo, "[...] para descobrir, graças ao raciocínio e à observação, suas leis efetivas [...], suas relações invariáveis de sucessão e similitude". Para a consecução desse objetivo, foram criados diversos instrumentos, como questionários, escalas de atitudes, tipos de amostragem etc. e privilegiou-se a estatística.

Outro ponto marcante do positivismo clássico é, a exemplo do empirismo, a exaltação à observação dos fatos. Ao contrário do que preceitua o empirismo, contudo, no positivismo considera-se imprescindível a existência de uma teoria para nortear as observações. Como indica Comte:[16] "Desde Bacon, se repete que são reais os conhecimentos que repousam sobre fatos observados, mas para entregar-se à observação nosso espírito precisa de uma teoria."

Comte reforça aspectos do positivismo clássico por meio de cinco acepções da palavra *positivo*.[17] Na primeira delas, positivo designa "o real", no sentido de se investigar o que é possível conhecer, eliminando a busca das causas das coisas. Na acepção de "útil", positivo significa o que se destina ao aperfeiçoamento individual ou coletivo. O espírito positivo deve ser "guiado para a certeza", distanciando-se da indecisão. Deve "visar o preciso", eliminando o vago. Na quinta acepção, positivo "se opõe a negativo": a filosofia positivista tem o objetivo de organizar, não de destruir.

A realidade é concebida como formada por partes isoladas, de fatos atômicos. Isso levou ao que se denomina "atomismo lógico": a visão isolada dos fenômenos, oposta à ideia de integridade; fenômenos desvinculados de uma dinâmica ampla e estudados por meio de relações simples, sem aprofundamento nas causas.[18]

O positivismo lógico não aceita outra realidade que não seja a dos fatos que podem ser observados, rejeita a compreensão subjetiva dos fenômenos, a pesquisa intuitiva das essências. A crítica a esse traço do positivismo é ilustrada com o exemplo do behaviorismo – a pretensão positivista de estudo da personalidade a partir do comportamento externo. Sobretudo a partir da psicanálise, sabe-se que o comportamento nem sempre é um indicador satisfatório da estrutura interna da personalidade. Os positivistas têm razão, contudo, quando criticam o abuso do uso do conceito de essência.[19]

O privilégio ao conhecimento objetivo do dado, alheio a qualquer traço de subjetividade, levou o positivismo a uma dimensão antes defendida com bastante entusiasmo: a neutralidade da ciência – a ideia de que a ciência estuda os fatos para conhecê-los, desinteressada em suas consequências práticas. Hoje, após essa concepção ter sido muito combatida, principalmente pelos cientistas sociais, são poucos os que ainda a defendem.

O princípio da verificação é colocado como um dos pontos principais do positivismo lógico. Segundo esse princípio, um enunciado é considerado verdadeiro somente se passível de confronto do enunciado com a observação empírica. Mais tarde, no âmbito do próprio Círculo de Viena, esse conceito sofreu algumas modificações, visando torná-lo menos severo. O vocábulo *verificação* foi substituído por *teste*, quando o método de verificação experimental está ao nosso alcance, e por *confirmação*, se o método não pode ser apresentado. Passaram, assim, a ser aceitos os enunciados passíveis de confirmação ou que possuem consequências passíveis de teste. Karl Popper teve, algumas vezes, seu nome associado ao Círculo de Viena, porque seu livro *Logic der forschung* foi publicado numa série dirigida por um dos membros do núcleo. O princípio por ele defendido – de que uma asserção só é considerada científica se refutável (a princípio) – chegou a ser colocado como uma simples reformulação do critério de verificação. Popper encarregou-se de ressaltar que as concepções são bastante diferentes: ao invés de buscar confirmações para as hipóteses, deve-se submetê-las a testes rigorosos, visando a sua refutação. Por meio desse processo seletivo, são eliminadas aquelas que forem falseadas.[20]

O positivismo possui a crença na unidade metodológica. Os métodos das ciências naturais são tomados como modelos também nas ciências sociais, por considerar-se que tanto os fenômenos da natureza quanto os fenômenos sociais são regidos por leis invariáveis.

4.4.3 Abordagem Sistêmica

A abordagem sistêmica tem a sua origem associada à teoria dos sistemas – mais especificamente, com a teoria geral dos sistemas, elaborada por Bertalanffy (1901-1972). Observa-se nessa abordagem a busca de uma concepção de mundo e de ciência:[21]

> [...] estamos agora procurando outra concepção básica do mundo, o "mundo como organização". Esta concepção – se pudesse ser fundamentada – alteraria de fato as categorias básicas nas quais repousa o pensamento científico e influenciaria profundamente as atitudes práticas.

Existe na abordagem sistêmica a crença na unidade da ciência, assim como se verifica em quase todas as metodologias, à exceção talvez de certo tipo de dialética e do funcionalismo, que se restringem aos domínios da realidade social. A particularidade da abordagem sistêmica está na fundamentação utilizada para justificar essa crença, que se baseia na isoformia das leis nos diferentes campos do conhecimento, contrapondo-se à ideia da unificação da ciência vista como uma redução das ciências à Física.[22] Bertalanffy[23] relaciona três requisitos para explicar a existência desse suposto isomorfismo nos diferentes campos e ciências, que se justifica de um lado em nosso conhecimento e de outro, na realidade. Para explicar o primeiro pressuposto, o autor recorre a uma analogia: assim como o número de expressões matemáticas simples usado para descrever os fenômenos naturais é limitado, o número de esquemas intelectuais também é restrito, o que permite que os enunciados em linguagem ordinária possam ser aplicados em domínios completamente diferentes. Outro aspecto consiste em conceber que a realidade tem uma natureza tal que permite a aplicação das leis e esquemas construídos pelo pensamento. A ciência é possível porque não coincide com a realidade. O terceiro requisito, que contribui para explicar o referido isoformismo, baseia-se na ideia de que as concepções elaboradas nos diversos domínios da ciência referem-se a sistemas. E que existem princípios gerais de sistemas ou uma "teoria geral de sistemas" mais ou menos desenvolvida que se aplicam aos sistemas de qualquer natureza.

A abordagem sistêmica reconhece numa problemática de pesquisa a predominância do todo sobre as partes. Por isso, privilegia o estudo do seu objeto de forma globalizada, com ênfase nos aspectos estruturais e nas relações entre seus elementos constitutivos. É considerada inadequada a noção estrita de causalidade, baseada no estudo da realidade reduzida a unidades cada vez menores que, por conseguinte, se expressa em um sentido único. De outra forma, privilegia-se a causalidade em termos de elementos em interação mútua, condizente com as necessidades da ciência moderna e com noções surgidas nos diversos campos de estudos, como "totalidade, holístico, organísmico", dentre outros.[24] A ênfase desta abordagem está na dinâmica da manutenção do sistema. Esse é o motivo pelo qual a abordagem sistêmica é hoje tão difundida, tendo invadido completamente certas disciplinas, como a Administração, a Economia e a Política; "afinal, administrar é tratar da manutenção de sistemas, levá-los ao funcionamento mais racional e produtivo possível". A crítica feita ao sistemismo no âmbito das ciências sociais relaciona-se com a ideia de que seu dinamismo restringir-se-ia ao horizonte do próprio sistema, admitindo-se mudanças dentro do sistema, mas não do sistema.[25]

4.4.4 Abordagem funcionalista

As pesquisas **funcionalistas** têm suas bases no positivismo, estando suas raízes na Psicologia e na Antropologia. Os funcionalistas apoiam-se em esquemas básicos de processos de socialização, admitindo assim que os fenômenos acontecem dentro de formas invariantes, devido à estrutura funcional básica geral e comum. São apoiadas por técnicas descritivas. Tais estudos são mais presentes nas investigações que envolvem análises e avaliações de papéis, funcionamento de organizações, avaliação, planejamento, coordenação, expectativas etc. A causalidade é concebida como explicação da causa final, da intencionalidade das ações, a explicação pelas consequências, do *para quê?*, dos fenômenos ou da lógica entre proposta e ação, plano e execução, objetivo e atividade, teoria e prática, relação funcional entre o todo e as partes.

4.4.5 Estruturalismo

O estruturalismo é uma abordagem surgida no início do século XX que, a exemplo do positivismo e da abordagem sistêmica, confere um caráter formal à ciência, aplicando a mesma postura metodológica para as realidades social e natural. Ao longo do desenvolvimento das ciências sociais, diversas correntes do pensamento foram intituladas "estruturalistas" por recorrerem à noção de estrutura para explicação da realidade. Hoje, o termo é utilizado sobretudo para designar as tendências que têm suas bases conceituais na Linguística de Ferdinand Saussure (1857-1913) e no antropólogo Lévi-Strauss, nascido em 1908. Um traço fundamental do estruturalismo é a concepção de que o conhecimento da realidade somente torna-se possível quando são identificadas suas formas subjacentes e invariantes, ou já dadas. A realidade é aparentemente complexa. Todavia, o estudo dos seus elementos internos profundos revela a existência de uma ordem, de uma regularidade, a partir do que se processa a explicação da variedade dos fenômenos.[26]

Para Lévi-Strauss[27] as Ciências Sociais são apenas excepcionalmente científicas: quando conseguem descobrir invariantes que explicam a variedade dos fenômenos. A Química e a Física atingiram o estágio de ciências maduras quando se fixaram na descoberta de um código subjacente e invariante da matéria, encontrado nos elementos atômicos. A matéria apresenta uma superfície complexa, mas sua subjacência revela-se simples e ordenada, composta de um número finito, invariante, constante de elementos.

4.4.5.1 Estudo das Estruturas

O estruturalismo não se organiza em uma escola única; compreende diversos movimentos particulares e autores que nem sempre concordam entre si. Poder-se-ia mesmo falar em estruturalismos, no plural, numa alusão a métodos originários da linguística e adaptados aos objetos e objetivos de diversos campos das ciências humanas. O emprego do singular estruturalismo se justifica pela "[...] afinidade das inspirações e aspirações dos métodos empregados".[28]

É possível realizar uma síntese da caracterização do estruturalismo, sob a condição expressa de considerar dois aspectos: "[...] existe um ideal comum de intencionalidade que alcançam ou investigam todos os 'estruturalistas', ao passo que suas intenções críticas são infinitamente variáveis". Em vista disso, caso se deseje definir o estruturalismo em oposição a outras ideias, serão encontradas diversidades e contradições de todas as naturezas. Já em uma análise dos caracteres positivos da abordagem, encontram-se pelo menos dois elementos comuns a todos os estruturalismos. De um lado, o ideal de inteligibilidade baseado na ideia de que uma estrutura se basta a si mesma e não requer, para ser apreendida, o recurso a elementos estranhos à sua natureza. Por outro lado, realizações, tendo-se chegado efetivamente a certas estruturas, identificando aspectos gerais que elas apresentam, apesar de suas variedades.[29]

O estruturalismo baseia-se na ideia da existência de inteligibilidade profunda do fenômeno e na capacidade da razão humana de alcançá-la. O estruturalismo linguístico nasceu quando Saussure pretendeu atingir leis gerais do funcionamento de uma língua. O estruturalismo etnológico, por sua vez, originou-se da busca de Lévi-Strauss pelas leis de funcionamento de certas estruturas culturais, como as que regem a produção de mitos em culturas arcaicas. Admite-se a existência de dois tipos de realidades: 1. as realidades discretas, fechadas em si mesmas, cuja totalidade é imediatamente apreendida, como no caso de um objeto material ou de um órgão; 2. outros tipos de conjuntos, como os linguísticos, sociais ou culturais, os quais, embora suas partes tenham ou pareçam ter uma existência autônoma, com rede interna articulada, apresentam difícil determinação dos seus limites, das suas fronteiras. O método estruturalista consiste em reconhecer, entre conjuntos organizados, "[...] diferenças que não sejam puras alteridades, mas que indiquem a relação comum segundo a qual se definem". Não há sentido, pois, em falar-se de uma estrutura própria a cada conjunto. "A estrutura é, essencialmente, a sintaxe das transformações que fazem passar de uma variante a outra." Em um conjunto organizado e sistematizado "[...] existe uma configuração mais restrita que o define, ao mesmo tempo em sua singularidade e comparabilidade, porquanto é a variabilidade de tal configuração que o situa entre outros conjuntos definidos segundo o mesmo procedimento".[30]

Essa configuração não é uma parte privilegiada da organização; não é seu núcleo ou esqueleto próprios de uma definição tradicional de estrutura. "É preciso romper as relações aparentes para definir as relações realmente determinantes." Por exemplo, observamos a relação de amizade entre tio e sobrinho uterinos ou de evitamento entre genro e sogra em um sistema de parentesco. Nesses casos a amizade e a animosidade são características aparentemente intrínsecas que parecem fundar a explicação. Mas, na verdade, essa relação dissimula a relação entre linhagens que não são parte privilegiada da organização aparente, mas o suporte explicativo da organização.[31]

Um grande desafio do estruturalismo é definir as fronteiras das estruturas, reconhecer as unidades que as compõem e identificar sua disposição interna. É justamente essa dificuldade que faz com que se possa falar de estruturalismo. Este não se justificaria se os conjuntos fossem simplesmente dados e as direções de sua análise estivessem esboçadas. Para que o estruturalismo tenha um sentido como teoria e como abordagem metodológica, é preciso que a estrutura possa ser questionada, que a extensão dessa noção e a realidade do que designa possam ser contestadas. Uma questão importante é determinar em que nível se situa a estrutura a ser estudada. No estruturalismo de Lévi-Strauss,[32] a estrutura visada pela pesquisa atinge-se por meio da elaboração de modelos: "Os modelos são o objeto próprio das análises estruturais." O modelo não é uma estrutura; é uma simplificação do real, construída pelo pesquisador, que visa a explicar o maior número possível de aspectos do fenômeno. O modelo elaborado pelo cientista coloca-se entre a realidade e a estrutura. Essa elaboração segue um conjunto de normas e regras específicas, determinantes para a validade teórica do modelo. Este será considerado estruturado se atender às seguintes condições:

- Deve oferecer características de sistema – a modificação em um dos elementos deve produzir modificações nos outros.
- Deve pertencer a um grupo de transformações – a variação combinada dos elementos deve levar a uma transformação do modelo.
- Deve ser possível prever as reações do modelo às modificações verificadas em seus elementos.
- O modelo deve explicar todos os casos observados em relação aos seus elementos.

4.4.6 Fenomenologia

A fenomenologia foi criada entre o final do século XIX e início do século XX. Embora o precursor dessa escola tenha sido Franz Brentano que, a partir de análises sobre a intencionalidade da consciência humana, tentou descrever, compreender e interpretar os fenômenos dispostos à percepção, Husserl (1859 – 1938) é considerado o fundador da Fenomenologia, abrindo caminho para outros pesquisadores.

Husserl, a princípio, pretendia fazer da filosofia fenomenológica uma ciência rigorosa, no sentido de busca pelas categorias puras do pensamento. Para tanto, propôs a *redução fenomenológica*, que consiste na tentativa de apresentar os fenômenos livres dos elementos pessoais e culturais, a fim de alcançar a sua essência. Nesse sentido, a fenomenologia se dispõe como um "método" ou "modo de ver" um dado. Posteriormente, Husserl ampliou a fenomenologia à totalidade do pensamento humano.

O objeto de estudo é o fenômeno, o instrumento é a intuição e o objetivo é entender a relação entre fenômeno e sua essência. Ou seja, busca o entendimento da essência dos fenômenos. A fenomenologia fundamenta-se na busca do conhecimento a partir da descrição das experiências como estas são vividas, não havendo separação entre sujeito e objeto. Como indica Merleau-Ponty:[33] "tudo o que sei do mundo, mesmo devido à ciência, o sei a partir de minha visão pessoal ou de uma experiência do mundo, sem a qual os símbolos da ciência nada significariam".

Ao comparar a Psicologia com as ciências naturais, Husserl[34] destaca que "[...] a ciência natural distingue as coisas objetivas com as suas qualidades exatas. As existências materiais têm qualidades reais (concretas, materiais), definidas por leis de causalidade. São o que são na sua aparência empírica". Já a intenção de "[...] atribuir natureza a fenômenos, investigar os componentes reais da sua determinação, as suas relações causais, é absurdo". O fenômeno é essência. "A experiência aplicável ao fenômeno não se dá como ocorre com os objetos físicos: o psíquico não é aparência empírica, é vivência." A fenomenologia pressupõe a possibilidade de chegar-se às características essenciais de todo e qualquer fenômeno que se manifeste à consciência.

Desse comentário de Husserl é possível depreender conceitos fundamentais ao entendimento da fenomenologia.

4.4.6.1 Fenômeno

O conceito de fenômeno está ligado à própria etimologia do termo: fenomenologia advém das palavras gregas *phainomenon* (aquilo que se mostra a partir de si mesmo) e *logos* (ciência ou estudo); é, assim, o estudo do fenômeno, entendido como aquilo que se mostra ou se revela por si mesmo.

Na concepção de Husserl, o conceito de fenômeno evoluiu ao longo do tempo. A princípio, referia-se apenas às realidades possíveis de serem alcançadas pelos sentidos. Mais tarde passou a incluir no conceito todas as formas de estar consciente de algo; qualquer espécie de sentimento, pensamento, desejo e vontade. Além da aparência das coisas físicas na consciência, também passaram a ser considerados fenômenos a aparência de algo intuído, de algo julgado, de algo desejado etc.

Podemos identificar alguns aspectos que caracterizam fenômenos:[35]

a) Não são meras representações do "objeto", eles têm natureza própria.
b) Não se restringem às coisas físicas.
c) São anteriores às nossas teorias e conceitos, são dados-primários.
d) Não devem ser identificados com os fenômenos sensíveis tal como os interpreta a ciência natural.
e) Qualquer fenômeno representa um ponto de partida para uma investigação.

4.4.6.2 Essência

O conceito de essência é fundamental para a Fenomenologia, constituindo-se, mais especificamente, no próprio objeto desse movimento filosófico. Como indica Merleau-Ponty,[36] "[...] a fenomenologia é o estudo das essências". As essências referem-se ao "sentido ideal ou verdadeiro de alguma coisa"; representam as características essenciais de todo e qualquer fenômeno.

Husserl cita o exemplo da "IX Sinfonia de Beethoven" para ilustrar o conceito de essência. A "IX Sinfonia" pode se traduzir pelas impressões do ouvinte ao escutá-la, pelas partituras ou mesmo pela atividade do regente da orquestra. Embora, em todos esses casos, se possa indicar tratar-se da "IX Sinfonia", ela não se reduz a nenhum deles. A sua essência persistirá, mesmo que desapareçam partituras, orquestras e ouvintes. A essência não é a coisa ou a qualidade. Ela é somente o ser da coisa ou da qualidade, isto é, um puro possível para cuja definição a existência não entra em conta, muito embora se dê através dela. Todo fenômeno tem uma essência, o que se traduzirá pela possibilidade de designá-lo, de nomeá-lo.[37]

Husserl[38] concebe que a essência seja apreendida "voltando-se às próprias coisas". Esse retorno à intuição ele denomina de "princípio dos princípios". Todo o esforço deve ser feito no sentido de "reencontrar o contato ingênuo com o mundo". O objeto é uma coisa qualquer. Para obter a sua essência, façamo-lo "variar". A essência ou *eidos* do objeto é constituída pelo invariante, que permanece idêntico através das variações. Husserl cita as cores como exemplo. A essência da cor é constituída de todos os predicados cuja supressão imaginária acarretaria a supressão da própria cor. Por exemplo, toda cor tem, necessariamente, extensão.

4.4.6.3 Redução Fenomenológica (Epoché)

A redução fenomenológica ou *epoché*, que significa "suspensão de julgamento" na Filosofia grega, é o método básico da investigação fenomenológica:

> Na *epoché*, o filósofo não duvida da existência do mundo, mas essa existência deve ser colocada entre parênteses, exatamente porque o mundo existente não é o tema verdadeiro da Fenomenologia. [...] Na redução fenomenológica, suspendemos nossas crenças na tradição e nas ciências, com tudo o que possam ter de importante ou desafiador: são colocados entre parênteses, juntamente com quaisquer opiniões [...].[39]

A redução fenomenológica é necessária para que se possa examinar o conteúdo "puro" da consciência, a qual, para a Fenomenologia, é a fonte de significado para o mundo. Esta busca da essência carece de toda referência que não seja a de sua pureza enquanto fenômeno, de modo que outros componentes – por exemplo, de natureza histórica – estão eliminados. Husserl denomina de redução fenomenológica (ou *epoché* ou redução transcendental) "a suspensão, a colocação entre parênteses das crenças e proposições sobre o mundo natural", correspondendo à descrição dos atos mentais, livres de teorias e pressuposições ("suspensão do julgamento").[40]

A análise intencional conduz à redução fenomenológica. A análise intencional concebe uma correlação original entre objeto e consciência. Husserl entende que, para ter acesso a essa dimensão primordial, é necessário que a consciência efetue uma conversão, suspendendo sua crença na realidade do mundo exterior; nas "certezas positivas ingênuas" que povoam a consciência.

4.4.6.4 Redução Eidética

Sendo a fenomenologia uma ciência das essências, como alcançá-las? Nesse sentido, vale destacar ainda um outro tipo de redução que compõe o método fenomenológico: a redução eidética (*eidos* significa "forma", em grego). A redução eidética é a forma pela qual nos movemos da consciência de objetos individuais concretos para o domínio transempírico das essências puras. Embora o mundo real afete os sentidos de diversas maneiras e na consciência do homem forme uma multiplicidade de variações do que é dado, há uma essência que se mantém durante o processo de variação.

O exame de consciência por si só não é suficiente para que se alcance a essência dos fenômenos: "para atingir as essências, torna-se necessário depurar o fenômeno de tudo o que não seja essencial, ou seja, é preciso promover a redução eidética". Assim, a redução eidética tem por objetivo separar do fenômeno tudo o que não lhe é necessário, para atingir apenas sua estrutura essencial (o *eidos*). São eliminados todos aqueles aspectos que são regulares nos fenômenos, mas não necessários, bem como aqueles tão somente acidentais. "Deixamos nossa imaginação correr livre, e vemos que elementos podemos remover da coisa antes que ela deixe de ser o que é." Um objeto pode ter várias imagens possíveis, porém, todas elas significando a mesma coisa, o que constitui a sua essência, ou seja, todas elas redutíveis ao mesmo significado.[41]

O método fenomenológico consiste na busca da essência do fenômeno, tal qual o mesmo se apresenta à consciência do pesquisador, mediante a intuição deste. Ou seja, é a exploração do fenômeno tal como é dado à consciência, livre de qualquer crença e de qualquer juízo. Isso deriva da busca do verdadeiro conhecimento, que, para alcançar a essência, deve ser feita através de método que não seja influenciado por conhecimentos prévios e nem da forma como o fenômeno se apresente. Portanto prescinde da existência física e real do fenômeno (objeto). Na busca pela essência do fenômeno, parte-se da redução das características subjetivas a invariante do objeto de pesquisa. Ou seja, o fenômeno é reduzido à sua essência através da desnudação de sua forma, persistindo, portanto, somente sua essência. Este processo é denominado de redução eidética.

4.4.6.5 Intuição

O instrumento de conhecimento da fenomenologia é a intuição, a qual representa a visão intelectual do fenômeno, ou objeto do conhecimento. Isto é, não se trata de duvidar da existência do mundo, mas saber a maneira pela qual o conhecimento do mundo acontece como intuição, o ato pelo qual a pessoa apreende imediatamente o conhecimento de alguma coisa com que se depara. Relaciona-se ao modo de consciência do fenômeno. Um fenômeno só pode ser conhecido por meio de um correlato ato de consciência. Segundo Husserl,[42] a intuição é: "[...] a visão direta, não meramente uma visão sensível, empírica, mas a visão em geral, como forma de consciência na qual se dá originalmente algo; qualquer que seja essa forma, é o fundamento último de todas as afirmações racionais". Ou seja, a intuição ou visão é a forma de consciência na qual uma coisa se dá originalmente. Na sequência o autor ressalta que "a intuição é possível pela intencionalidade da consciência".

A intencionalidade é um outro conceito relevante quando se estuda a fenomenologia. A palavra *intencionalidade* se origina de *intensio*, o qual significa "dirigir-se a algo". Nesse sentido, Husserl denomina de referência intencional ou intencionalidade a propriedade da consciência de se referir a algo como a seu objeto, apresentando uma correlação entre o sujeito que se refere ao objeto e o respectivo objeto a que se faz referência. Ou seja: todo ato de perceber, julgar, imaginar ou amar é forma de intencionalidade, pois pressupõe um objeto ao qual o sujeito se refere. A questão da fenomenologia não é o mundo existente, mas o modo como o conhecimento do mundo se dá ou se realiza, tendo em vista que o objeto não precisa necessariamente existir, haja vista os fenômenos psíquicos, que independem da existência de sua réplica no mundo real.

A essência se experimenta numa intuição vivida: "a visão das essências". Para ilustrar essa ideia, Husserl propõe dirigirmos nosso olhar para uma macieira em um jardim. Não partiremos da macieira em si, nem da sua representação na nossa consciência de uma macieira correspondente à real. Partiremos das "coisas mesmas", isto é, da macieira enquanto percebida. Como a consciência é sempre "consciência de alguma coisa" e o objeto é sempre "objeto para a consciência", é inconcebível sair dessa correlação. "Assim se encontra delimitado o campo de análise da fenomenologia: ela deve elucidar a essência dessa correlação na qual não somente aparece tal ou qual objeto, mas se estende o mundo inteiro."[43]

4.4.6.6 Método Fenomenológico de Pesquisa

Diversos autores dispõem que "fazer fenomenologia" não é aplicar um conjunto de regras preestabelecidas, mas se dirigir ao fenômeno como o que se mostra a si mesmo. Ou seja, não há "o" ou "um" método fenomenológico, mas uma atitude do homem de abertura para compreender aquilo que se mostra, livre de conceitos predefinidos. A atitude fenomenológica é a atitude de retornar um caminho que conduza a enxergar o existir assim como ele se mostra. Isto é, trata-se de reorientar o olhar, a fim de desvendar o fenômeno além da aparência: "o método fenomenológico não se limita a uma descrição passiva. É simultaneamente tarefa de interpretação (tarefa de hermenêutica) que consiste em pôr a descoberto os sentidos menos aparentes, os que o fenômeno tem de mais fundamental".[44]

O enfoque fenomenológico não tem o propósito de invalidar os resultados das pesquisas baseadas no empirismo, mas sim de chamar a atenção para suas limitações e lacunas. A limitação mais visada é a da suposta neutralidade e objetividade do pesquisador. A fenomenologia remonta àquilo estabelecido como critério de certeza e questiona seus fundamentos; busca o retorno às próprias coisas, à essência dos fenômenos. A fenomenologia quer atingir a essência dos fenômenos. A visão das essências faz com que a redução fenomenológica se desloque para a "redução eidética" (*eidos*: essência, forma, ideia). A distinção entre fenômeno e fato positivo é que a característica deste último é de permanecer exterior à consciência, enquanto o fenômeno é o modo de aparição interna das coisas na consciência. A essência designa "o conjunto das condições, o conjunto das necessidades *a priori* que a existência de um certo tipo de fenômeno pressupõe".[45]

Descrição em fenomenologia é "um caminho de aproximação do que se dá, da maneira que se dá e tal como se dá. Refere-se ao que é percebido do que se mostra (ou do fenômeno). Não se limita à enumeração dos fenômenos como o positivismo, mas pressupõe alcançar a essência do fenômeno".[46]

Estudiosos do método fenomenológico de pesquisa propõem três questões, que, caso positivas, podem orientar a prática deste método:

a) Existe uma necessidade de maior clareza no fenômeno selecionado? Talvez exista pouca coisa publicada, ou o que exista precise ser descrito em maior profundidade.

b) Será que a experiência vivida compartilhada é a melhor fonte de dados para o fenômeno de interesse? Desde que o método básico de coleta é a voz da pessoa que vive um dado fenômeno, o pesquisador deve determinar se esta abordagem lhe dará os dados mais ricos e mais descritivos.

c) Em terceiro lugar o pesquisador deve considerar os recursos disponíveis, o tempo para o término da pesquisa, a audiência a quem a pesquisa será apresentada e o próprio estilo pessoal do pesquisador e sua habilidade para se engajar em um método de forma rigorosa.

Além das considerações expostas acima, autores sugerem algumas características do método fenomenológico:

a) É um método derivado de uma atitude, que presume ser absolutamente sem pressupostos, tendo como objetivo proporcionar ao conhecimento filosófico as bases sólidas de uma ciência de rigor, com evidência apodítica.

b) Analisa dados inerentes à consciência e não especula sobre cosmovisões, isto é, funda-se na essência dos fenômenos e na subjetividade transcendental, pois as essências só existem na consciência.

c) É descritivo, conduzindo a resultados específicos e cumulativos, como no caso de investigações científicas; não faz inferências nem conduz a teorias metafísicas.

d) Como conhecimento fundado nas essências, é um saber absolutamente necessário, em oposição ao conhecimento fundado na experiência empírica dos fatos contingentes.

e) Conduz à certeza e, por conseguinte, é uma disciplina *a priori*.

f) É uma atividade científica no melhor sentido da palavra, sem ser, ao mesmo tempo, esmagada pelas pressuposições da ciência e sofrer suas limitações.

As características do método fenomenológico podem ser agrupadas em sete passos supostamente sequenciais:[47]

1. Investigação de fenômenos particulares.
2. Investigação de essências gerais.
3. Apreensão de relações fundamentais entre as essências.
4. Observação dos modos de dar-se.
5. Observação da constituição dos fenômenos na consciência.

6. Suspensão da crença na existência dos fenômenos.
7. Interpretação do sentido dos fenômenos.

4.4.6.7 Círculo Hermenêutico

O método fenomenológico não se limita a uma descrição passiva do fenômeno observado. É simultaneamente uma tarefa de interpretação que consiste em pôr a descoberto os sentidos menos aparentes, os que o fenômeno tem de mais fundamental. Na pesquisa fenomenológica a apropriação do conhecimento se dá através do ciclo hermenêutico, ou seja, através do processo de compreensão-interpretação-nova interpretação.

Assim, uma pesquisa fenomenológica parte da compreensão de nosso viver (não de definições ou conceitos), da compreensão que orienta a atenção para aquilo que se vai investigar. Ao percebermos novas características do fenômeno, ou ao encontrarmos, no outro, interpretações, ou compreensões diferentes, surge para nós uma nova interpretação que levará a outra interpretação. O método fenomenológico é adequado quando se pretende empreender pesquisas sobre fenômenos humanos vividos e experenciados. O empreendimento se concretiza pela descrição, interpretação e compreensão de experiências de sujeitos que experienciam os fenômenos objeto de estudo.

4.4.6.8 Contribuições e Aplicações da Fenomenologia

Entre as contribuições da fenomenologia para as ciências sociais, são destacados o questionamento feito aos conhecimentos do positivismo, a elevação da importância do sujeito na construção do conhecimento e a discussão de pressupostos considerados óbvios. Essa abordagem garantiu às ciências humanas a existência e especificidade de seus objetos, ao introduzir a noção de essência ou significação como um conceito que permite diferenciar uma realidade de outras.[48]

Sob certos aspectos, ainda que permaneça como um domínio de psicólogos e profissionais da saúde, a abordagem fenomenológica vem ganhando reconhecimento nos mais variados campos, como Marketing, Recursos Humanos, desenvolvimento organizacional etc. A fenomenologia é apropriada principalmente para as questões relacionadas à experiência de vida das pessoas, tais como: ser um gerente ou um líder, experiência das pessoas em um determinado ambiente ou instituição, qualidade de vida etc.

4.4.6.9 Críticas à Fenomenologia

As críticas à fenomenologia apontam que esta abordagem metodológica: é fundamentalmente orientada por descrições, não se preocupando em compreender o como e o porquê certos fatores são legitimados sobre os demais; não relaciona o fenômeno estudado com uma realidade mais ampla; preocupa-se com o objeto em si, geralmente realidades menores, microssociais; na prática não leva em conta transformações sociais nem tampouco contextualização histórica.

4.4.6.10 Sobre a Prática da Fenomenologia

Para alguns autores, a fenomenologia se situa, no processo científico, no nível da elaboração conceitual e não tem caráter "operatório". Consideram que a fenomenologia é um "processo discursivo" ou método geral que impregna com a sua lógica as abordagens do pesquisador. A reflexão fenomenológica guia o pesquisador na colocação de problemas, hipóteses, ao destacar conceitos com vistas à elaboração teórica, podendo contribuir para a fecundidade da pesquisa.[49]

Outros autores concebem a ideia de um método fenomenológico *stricto sensu*, embora admitam a dificuldade envolvida nesse processo, indicando que a passagem de um método da filosofia para a pesquisa empírica, por se tratar de campos de reflexão tão diferentes, não poderia se realizar de forma simples, sem concessões e adaptações. Além disso, conceitos fundamentais do método fenomenológico, em nível filosófico, poderiam perder sentido se transpostos para um referencial empírico.[50]

O desafio da aplicação da abordagem fenomenológica à pesquisa também se deve às próprias características dessa concepção filosófica. A fenomenologia está ainda no início da sua história, na produção de uma metodologia de pesquisa em Ciências Humanas, e, "[...] por isso mesmo, não possui paradigmas prontos que dão origem a métodos a serem usados, prontos-à-mão". Os fenomenólogos devem buscar os mesmos aspectos básicos da pesquisa clássica, porém introduzindo dimensões novas nos procedimentos adotados.[51]

Os fenômenos mais apropriados para a pesquisa fenomenológica são aqueles em que a experiência vivida é a sua melhor fonte de dados. Um ponto de discussão nesse contexto é que a fenomenologia pressupõe o estudo direto do fenômeno pelo pesquisador; no entanto, na pesquisa empírica em geral, a experiência é vivida pelo sujeito de pesquisa, e não pelo pesquisador. Isso leva ao questionamento sobre a possibilidade ou não de a fenomenologia entrar no mundo do outro.

O fato é que a fonte básica de informações ou as descrições nas quais se baseiam as pesquisas fenomenológicas atuais são frequentemente representadas pelos relatos dos sujeitos. Assim, tem-se assumido "[...] que é possível uma percepção direta da outra pessoa como pessoa, pelo menos de alguma forma rudimentar".[52] O argumento empregado para justificar a possibilidade de estudar as vivências é o de que, embora cada pessoa tenha suas peculiaridades, relacionadas ao seu próprio modo de existir, todos são seres humanos semelhantes, vivendo em um mesmo mundo; "[...] é essa estrutura comum que permite compreendermo-nos e conhecermo-nos uns aos outros".[53]

Existem tendências filosóficas "dominantes e sucessivas (às vezes superpostas)" na fenomenologia. Dentre elas, as que mais influenciam a pesquisa nas ciências humanas e sociais são a fenomenologia descritiva e a fenomenologia hermenêutica. A primeira é o tronco, a partir do qual se desenvolveram os demais ramos. Quando se fala simplesmente em método fenomenológico, é à fenomenologia descritiva que se está referindo. Já a fenomenologia hermenêutica caracteriza-se como um método de interpretação.[54]

Embora se possa dizer que existe apenas uma abordagem fenomenológica, ela admite diversas variantes. Estas não decorrem apenas da aplicação do método a diferentes áreas do conhecimento, mas também variam de autor para autor. O método de Giorgi, um dos mais conhecidos e utilizados, pode ser enunciado, de forma simplificada, por meio de quatro passos fundamentais:[55]

> I. Leitura geral das descrições coletadas (supondo-se que elas já foram transpostas na forma escrita), de forma a familiarizar-se com o texto que descreve a experiência vivida. O pesquisador procura colocar-se no lugar do sujeito e tentar viver a experiência experimentada por ele, buscando chegar aos significados atribuídos vivencialmente.
>
> II. Nova leitura a partir do início do texto, com o objetivo de discriminar "unidades de sentido" dentro da perspectiva de interesse – psicológica, sociológica etc. – sempre com foco no fenômeno estudado. Essa não é uma fase rígida, com prescrições a serem seguidas, pois é possível que diferentes pesquisadores considerem diferentes significados.
>
> III. Análise de todas as unidades de sentido, expressando, de uma forma mais direta, o que elas contêm, atentando principalmente para as mais reveladoras do fenômeno considerado.
>
> IV. Síntese das unidades de sentido, consolidando-as em uma declaração consistente da experiência descrita.

4.4.6.11 Exemplos: Abordagem Fenomenológica-hermenêutica

Exemplo 1:

Os autores Fonseca e Mello em artigo publicado nos anais do XXIX EnANPAD (2005) informam a condução de pesquisa visando a compreensão da identidade relacional entre marca e consumidor. Como afirmam no texto, "dentre as várias tradições interpretativas, a abordagem fenomenológica nos parece a mais apta". Continuam dizendo que o método escolhido é conveniente para clarificar os fundamentos do conhecimento da vida cotidiana, sendo uma abordagem descritiva que não busca resultados imediatos, mas propõe um voltar às origens do fenômeno, ou um "retorno às coisas mesmas" por meio de como os sujeitos, através de suas experiências de vida, intencionam as coisas no plano da consciência. Optaram pela escolha da marca de *fast-food* McDonalds. Decidiram optar pelos gerentes como copesquisadores, já que esses funcionários vivenciam o fenômeno organizacional no seu cotidiano de vida, sendo conscientes de suas relações com os consumidores, e representam a organização. O número de copesquisadores foi constituído por meio do critério de saturação das respostas dos seus discursos. Foram entrevistados cinco gerentes do McDonalds de uma grande capital brasileira, no período de outubro a novembro de 2003. Foram realizadas entrevistas semiestruturadas, técnica adequada pois possibilita ao pesquisador ter acesso à subjetividade dos interlocutores, por meio das objetivações que os mesmos realizam sobre os fenômenos (experienciados) de seu vivido cotidiano. Após análises das falas dos respondentes foram construídas seis grandes categorias universalizantes que revestiam a maneira pela qual o gerente do McDonalds intenciona a identidade da relação marca-consumidor. Para garantir a qualidade e consistência dos achados, os pesquisadores informam que as entrevistas foram conduzidas pelos dois pesquisadores, sendo um trabalhando como "auditor".

Exemplo 2:

Para estudar as influências que um curso de pós-graduação *lato sensu* tem sobre a aprendizagem de gerentes, Grohmann (2005), em texto publicado no XXIX EnANPAD, conduziu um estudo longitudinal com adoção de uma abordagem interpretativa. Apresenta algumas explicações sobre a opção metodológica: "é o estudo da experiência vivida; é o estudo das essências; é a explicação do fenômeno assim como ele se apresenta à consciência; é o estudo humano científico do fenômeno; é a prática atenta da reflexão [...] propõe-se a descrever e interpretar os significados importantes da pesquisa de uma forma profunda e rica, não lidando com relações estatísticas, mas descobrindo significados vividos". Foram escolhidos oito gerentes com semelhantes experiências. A coleta de dados foi orientada por entrevista em três tempos, segundo a autora, também denominada de entrevista fenomenológica em profundidade, que combina a entrevista focada na história de vida e a entrevista em profundidade. Para cada participante foi realizada uma série de três entrevistas de cerca de 60 minutos ao longo do processo: no caso uma no início do curso, uma no final e outra um mês após o término do curso. A análise dos dados – busca do texto fenomenológico – foi antecedida por análise dos discursos dos entrevistados, identificando os temas, as categorias e inferências para construção dos resultados, isto é: as explicações pretendidas pela investigação.

4.4.7 Abordagem Crítico-Dialética

Em sua origem, na Grécia Antiga, a dialética era entendida como a "arte da discussão" ou "a arte do diálogo" (do grego *dialektiké*: discursar, debater). A partir de Heráclito de Éfeso (aproximadamente 540 a.C.), a acepção já incorpora o seu sentido mais moderno, associado à ideia da compreensão da realidade como essencialmente contraditória e em permanente transformação. Os idealistas alemães (séculos XVIII e XIX) tiveram um papel importante na evolução da dialética. A contribuição mais importante é atribuída a Hegel, identificado como o criador de uma doutrina dialética que considerava o desenvolvimento do mundo como um processo em constante mudança e transformação, resultado da interação de forças opostas.[56] Marx e Engels elaboraram o materialismo dialético e as concepções básicas do materialismo histórico sobre as bases da dialética hegeliana, mas com uma concepção materialista do mundo. O materialismo dialético é a base filosófica do marxismo, que tem como propósito fundamental o estudo das leis mais gerais que regem a natureza, a sociedade e o pensamento. Já o materialismo histórico é a ciência filosófica do marxismo, que estuda as leis sociológicas que caracterizam a vida da sociedade, de sua evolução histórica e da prática social dos homens, no desenvolvimento da humanidade.[57]

Engels[58] define as leis da dialética baseando-se em Hegel, embora considerando que estas existem objetivamente, isto é, não são expressões subjetivas da consciência humana, mas extraídas da natureza e da história da sociedade humana:

- Lei da Interpenetração de Contrários – A fonte do desenvolvimento da realidade está relacionada a elementos ou forças internas, embora não se rejeitem as causas externas como condições acidentais das mudanças. Os elementos se opõem – são contrários – mas não podem existir um sem o outro. Por isso, o fato de esta lei também ser chamada de "unidade e luta dos contrários". Essa contradição é que produz o movimento e a transformação dos fenômenos.

- Lei da transformação da quantidade em qualidade e vice-versa – A quantidade e a qualidade são características de todos os fenômenos e objetos, e estão inter-relacionadas. O processo de desenvolvimento passa por períodos de pequenas mudanças quantitativas e por períodos de aceleração, que geram mudanças qualitativas ou "saltos".

- Lei da negação da negação – Explica a relação entre o antigo e o novo no processo de desenvolvimento. Na luta dos contrários, o novo não elimina completamente o velho. Toda transformação está constituída por graus de desenvolvimento, nos quais um é a negação do outro – o novo também envelhece e é negado por outro fenômeno. Esse é um traço característico do desenvolvimento que apresentam os organismos vivos e os fenômenos sociais.

Para efeito de compreensão e organização didática, distinguem-se três dimensões da dialética materialista histórica: uma concepção de mundo, um método de investigação da realidade e uma práxis. A postura dialética da realidade situa-se no plano histórico "sob a forma da trama de relações contraditórias, conflitantes, de leis de construção, desenvolvimento e transformação dos fatos". O método está vinculado a essa concepção de mundo: "romper com o modo de pensar dominante é uma condição para instaurar-se um método dialético". A práxis, por sua vez, expressa a "unidade indissolúvel de duas dimensões distintas, diversas no processo de conhecimento: a teoria e a ação".[59] A reflexão teórica realiza-se em função da ação. O questionamento fundamental da abordagem dialética recai sobre a visão sincrônica da realidade. A postura marcadamente crítica das pesquisas dialéticas expressa o desejo de desvendar, mais que o "conflito das interpretações", o "conflito dos interesses". Há um interesse marcadamente transformador das situações e dos fenômenos estudados.[60]

A aplicação dos pressupostos da abordagem dialética no processo de pesquisa é complexa e exige conhecimentos específicos do pesquisador. Dentre outras formulações encontradas na literatura, uma delas destaca cinco momentos fundamentais, em um esquema simplificado:[61]

1. No início da pesquisa, geralmente não se tem um problema, mas uma problemática. Na sua definição já deve aparecer o inventário crítico do investigador – que consiste na reconstituição das categorias abstratas fornecidas pela teoria face aos objetos reais a serem investigados. Essa postura delineia as questões básicas que direcionam a investigação.

2. Consiste no resgate crítico da produção teórica existente sobre a problemática definida. O conhecimento já produzido é revisitado no sentido de processar-se tanto as rupturas quanto as superações julgadas necessárias. A partir daí, inicia-se a pesquisa dos diversos elementos relacionados com o problema a investigar.

3. Discussão dos conceitos e categorias que permitem organizar os tópicos e questões prioritárias, bem como orientar a análise e exposição do material obtido a partir do levantamento realizado.

4. A análise dos dados representa o esforço em realizar conexões, mediações e contradições dos fatos que constituem a problemática investigada. Neste ponto, são estabelecidas as relações entre a totalidade e as partes.

5. A síntese da investigação é a "exposição orgânica, coerente, concisa das 'múltiplas determinações' que explicam a problemática investigada". Na síntese é mostrado o avanço obtido em relação ao conhecimento anterior, as questões pendentes e a própria redefinição das categorias, conceitos etc. Além disso, são discutidas as implicações para a ação concreta, repondo-se o ciclo da práxis.

Frigotto (2000) adverte que é fundamental definir os limites de uma discussão sobre o tema: "[...] propor-se falar de dialética é expor-se a um conjunto de riscos dos quais o fundamental é o da banalização ou simplificação".

Alguns autores concebem a dialética como um método geral, que impregna, com a sua lógica, as abordagens do pesquisador. De acordo com Bruyne et al. (1991, p. 68-70), o caráter operatório crítico da dialética não se daria no nível teórico, no nível morfológico ou no nível técnico, mas no nível epistemológico, do qual esses "métodos gerais" se avizinhariam. Argumentam que a "[...] dialética não explica, não dá esquemas de explicação; ela apenas prepara quadros de explicação". Como admitem os referidos autores, esse não é um entendimento unânime. Baseados no pressuposto da ligação entre teoria e prática – aspecto fundamental para a dialética – há aqueles que consideram essa concepção metodológica pertinente no nível operatório do polo técnico.

Notas

[1] KAPLAN, Abraham. *A conduta na pesquisa*: metodologia para as ciências do comportamento. São Paulo: EDUSP, 1975.

[2] DEMO, Pedro. *Metodologia científica em ciências sociais*. 3. ed. São Paulo: Atlas, 1995.

[3] HEGENBERG, L. Op. cit.

[4] CHALMERS, A. F. *O que é ciência afinal?* São Paulo: Brasiliense, 1993.

[5] POPPER, K. R. *A lógica da pesquisa científica*. 5. ed. São Paulo: Cultrix, 1993.

[6] BRUYNE, P. et al. *Dinâmica da pesquisa em ciências sociais*: os polos da prática metodológica. 5. ed. Rio de Janeiro: Francisco Alves, 1991.

[7] GAMBOA, S. A. S. *Epistemologia da pesquisa em educação*: estruturas lógicas e tendências metodológicas. Campinas, 1987. 229 p. Tese (Doutorado) – Faculdade de Educação da Universidade de Campinas.

[8] DEMO, P. Op. cit.

[9] TRIVIÑOS, A. N. S. *Introdução à pesquisa em ciências sociais*: a pesquisa qualitativa em educação. São Paulo: Atlas, 1992.

[10] DEMO, P. Op. cit.

[11] DEMO, P. Op. cit.

[12] OLIVA, A. (org.). *Epistemologia*: a cientificidade em questão. Campinas: Papirus, 1990.

[13] OLIVA, A. Op. cit.

[14] HEGENBERG, L. Op. cit.

[15] COMTE, A. Curso de filosofia positiva. *Os pensadores*. São Paulo: Abril Cultural, 1978. p. 4.

[16] COMTE, A, Op. cit. p. 5.

[17] TRIVIÑOS, A. N. S. Op. cit.

[18] TRIVIÑOS, A. N. S. Op. cit.

[19] DEMO, P. Op. cit.

[20] HEGENBERG, L. Op. cit.

[21] BERTALANFFY, L. V. *Teoria geral dos sistemas*. 3. ed. Petrópolis: Vozes, 1977. p. 249.

[22] DEMO, P. Op. cit.

[23] BERTALANFFY, L. V. Op. cit.

[24] BERTALANFFY, L. V. Op. cit.

[25] DEMO, P. Op. cit.

[26] DEMO, P. Op. cit.

[27] LÉVI-STRAUSS, C. *Antropologia estrutural*. Rio de Janeiro: Tempo Brasileiro, 1991.

[28] LEPARGNEUR, H. *Introdução aos estruturalismos*. São Paulo: Herder/Edusp, 1972. p. 5.

[29] PIAGET, J. *O estruturalismo*. São Paulo: DIFEL, 1979.

[30] POUILLON, J. et al. *Problemas do estruturalismo*. Rio de Janeiro: Zahar, 1968. p. 8-15.

[31] POUILLON, J. et al. Op. cit. p. 14-15.

[32] LÉVI-STRAUSS. Op. cit.

[33] MERLEAU-PONTY, M. *Fenomenologia da percepção*. São Paulo: Martins Fontes, 1999. p. 3.

[34] HUSSERL, E. *A filosofia como ciência do rigor*. Coimbra: Atlântica, 1975. p. 33-34.

[35] ASTI VERA, A. *Metodologia da pesquisa científica*. Trad. Maria Helena Guedes e Beatriz Marques Magalhães. Porto Alegre: Globo, 1976.

[36] MERLEAU-PONTY. Op. cit. p. 2.

[37] DARTIGUES, A. *O que é a fenomenologia?* 2. ed. São Paulo: Eldorado, 1992.

[38] HUSSERL, E. Op. cit.

[39] MOREIRA, D. A. *O método fenomenológico na pesquisa*. São Paulo: Pioneira Thomson, 2002. p. 88.

[40] MOREIRA, D. A. Op. cit.

[41] MOREIRA, D. A. Op. cit. p. 90-91.

[42] HUSSERL, E. Op. cit.

[43] DARTIGUES, A. Op. cit. p. 24-26.

[44] MASINI, E. F. S. Enfoque fenomenológico de pesquisa em educação. In: FAZENDA, Ivani (org.). *Metodologia da pesquisa educacional*. 6. ed. São Paulo: Cortez, 2000.

[45] BRUYNE, P. et al. Op. cit. p. 76.

[46] MASINI, E. F. S. Op. cit. p. 63.

[47] SPIEGELBERG apud MOREIRA, Op. cit. p. 97.

[48] CHAUÍ, M. *Convite à filosofia*. 11. ed. São Paulo: Ática, 1999.

[49] BRUYNE, P. et al. Op. cit.

[50] MOREIRA, D. A. Op. cit. p. 107.

[51] MARTINS, J.; BICUDO, M. A. V. *A pesquisa qualitativa em psicologia*: fundamentos e recursos básicos. São Paulo: Moraes/Educ, 1989. p. 93.

[52] MOREIRA, D. A. Op. cit. p. 103-105.

[53] FORGHIERI, Y. C. *Psicologia fenomenológica*: fundamentos, método e pesquisas. São Paulo: Pioneira, 1993. p. 60.

[54] MOREIRA, D. A. Op. cit. p. 73.

[55] MARTINS, J.; BICUDO, M. A. V. Op. cit. p. 94-95.

[56] KONDER, L. *O que é dialética*. 28. ed. São Paulo: Brasiliense, 1998.

[57] TRIVIÑOS, A. N. S. *Introdução*. Op. cit.

[58] ENGELS, F. *Dialética da natureza*. 4. ed. Rio de Janeiro: Leitura, 1985.

[59] FRIGOTTO, G. O enfoque da dialética materialista histórica na pesquisa educacional. In: FAZENDA, Ivani. (org.). *Metodologia da pesquisa educacional*. 6. ed. São Paulo: Cortez, 2000. p. 74.

[60] GAMBOA, S. A. S. Op. cit.

[61] FRIGOTTO, G. Op. cit. p. 87-89.

5 Polo Técnico – Estratégias de Pesquisas

5.1 Estratégias de Pesquisas

A discussão sobre os aspectos técnicos da pesquisa é aqui realizada com base na concepção de *design* (delineamento, planejamento, esboço, ou mesmo desenho). O *design* envolve os meios técnicos da investigação; corresponde ao planejamento e estruturação da pesquisa em sua dimensão mais ampla, compreendendo tanto a diagramação quanto a previsão de coleta e análise de informações, dados e evidências.[1]

O termo *delineamento*, bastante utilizado na literatura, é muitas vezes associado apenas às pesquisas com planejamentos rígidos, típicos das ciências naturais – uso dos clássicos planejamentos experimentais. Consideramos mais apropriado o uso da expressão *estratégias de pesquisa* para designar as diferentes maneiras de abordar e analisar dados empíricos no contexto das Ciências Sociais Aplicadas.

São encontradas diferentes propostas de classificação para os delineamentos (Festinger e Katz;[2] Kidder;[3] dentre outros). Em geral, essas concepções são baseadas nos experimentos – referidos como os "delineamentos genuínos" – e, em alguns casos, incluem planejamentos menos convencionais, como os baseados na Observação Participante, técnica que será explicada na próxima seção deste capítulo.

Os estudos experimentais são considerados, muitas vezes, como o paradigma da pesquisa científica:

"[...] a pesquisa experimental pode ser considerada o ideal da ciência porque as respostas a questões de pesquisa obtidas em experimentos são no total mais claras e menos ambíguas do que as respostas obtidas em pesquisas não experimentais".[4]

Dentro dessa perspectiva, Festinger e Katz[5] consideram, em sua proposta de classificação, quatro "ambientes de pesquisa", que são analisados ao longo de uma série contínua. O elemento escolhido para comparação é o número de pessoas estudadas em cada um dos ambientes. A análise é iniciada pelos levantamentos, por estes envolverem, em regra, grande número de pessoas, e se estende até os experimentos de laboratório, geralmente compostos de um número pequeno de pessoas, em ambientes restritos. Entre essas duas categorias, são listados os estudos, ou trabalhos de campo, típicos das pesquisas sobre temas técnico-sociais.

Uma análise das estratégias de pesquisas sob uma perspectiva compreensiva é também encontrada em Kidder.[6] Como indica a autora, delineamentos são tão diferentes entre si quanto o são os meios de transporte. Cruzar o país de carro ou de avião – cada tipo de transporte dá uma perspectiva diferente do que seja o país. Assim também ocorre com os planejamentos de pesquisas. Cada um fornece uma perspectiva diferente do mundo social, e alguns aspectos do mundo social só podem ser atingidos com um determinado tipo de estratégia. A autora examina as diversas estratégias de pesquisas, elegendo a análise causal como ponto comum para comparação entre elas. Justifica indicando que as relações de causa e efeito, ponto forte das pesquisas experimentais, deixam de ser o aspecto mais relevante nos demais tipos de delineamentos, embora permaneçam como uma preocupação presente em todos eles.

A seguir, são apresentadas e explicadas as estratégias de pesquisas – delineamentos – para condução de pesquisas científicas cujos objetos e propósitos de estudo a elas se ajustem.

5.1.1 Pesquisa Bibliográfica

Trata-se de estratégia de pesquisa necessária para a condução de qualquer pesquisa científica. Uma pesquisa bibliográfica procura explicar e discutir um assunto, tema ou problema com base em referências publicadas em livros, periódicos, revistas, enciclopédias, dicionários, jornais, *sites*, CDs, anais de congressos etc. Busca conhecer, analisar e explicar contribuições sobre determinado assunto, tema ou problema. A pesquisa bibliográfica é um excelente meio de formação científica quando realizada independentemente – análise teórica – ou como parte indispensável de qualquer trabalho científico, visando à construção da plataforma teórica do estudo.

Desenvolvendo uma pesquisa bibliográfica

Material de pesquisa bibliográfica

Definido o tema/problema que será investigado, o pesquisador deve iniciar a busca do material, consultando, primeiramente, obras de referência: dicionários especializados, enciclopédias, manuais, índices remissivos etc. Além de informações gerais sobre o tema, as referências iniciais, obtidas em obras de referência, irão remeter o pesquisador às obras, geralmente clássicas (os clássicos não envelhecem!) que abordam e desenvolvem amplamente o assunto. Localizado o primeiro livro, a partir das obras de referência, convém proceder-se a uma leitura de reconhecimento, examinando folha de rosto, prefácio, orelhas do livro, sumário, introdução, capítulos que tratam do tema e, particularmente, a bibliografia. Ainda com respeito ao primeiro livro, é possível adotar as orientações do consagrado autor Umberto Eco:

obter uma xerox da bibliografia desse primeiro livro, pois será mais uma pista de identificação das fontes, isto é, dos documentos primários: matéria-prima da pesquisa. Será necessário repetir tais operações, avaliando outros livros. É aconselhável não procurar ler, na primeira assentada, todos os livros e textos encontrados, mas apenas fazer um rápido exame e selecionar uma bibliografia básica. Para conhecimento de estudos atualizados e recentes, convém procurar artigos em revistas e periódicos. Se necessitar de notícias da atualidade, procurar as seções dos jornais.

A fim de evitar perdas de informações, é recomendável fazer um registro completo de cada obra: título, autor, editora, ano, local de publicação e demais informações que possam, seguramente, orientar a localização do documento. No caso de obras consultadas na Internet, é preciso registrar o endereço do *site* e anotar a data de acesso à página. Essas informações serão necessárias para compor as referências bibliográficas do futuro relatório da pesquisa.

As cópias xerox das bibliografias dos primeiros livros consultados irão, possivelmente, revelar os diversos enfoques dados ao assunto, os principais autores que escreveram sobre o tema, as épocas em que foram escritos, as editoras etc., enfim, irão "enturmar" o pesquisador no tema sob investigação.

Tomada de apontamentos

Uma vez selecionado o material preliminar, pode-se iniciar a tomada de apontamentos. Isto é: para cada (livro, artigo etc.), registrar informações e afirmações que julgar convenientes para a construção da pesquisa bibliográfica, propriamente dita, ou da formação da plataforma teórica de uma investigação com outra estratégia de pesquisa. Nessa etapa, é importante saber distinguir o essencial do acessório. Deve-se evitar o acúmulo de material excessivo, construindo apontamentos com reflexão e sobriedade.

Não convém tomar nenhuma nota antes de realizar uma leitura reflexiva e crítica de cada texto. Inicialmente, caso ainda não se tenha feito, é necessário apresentar o autor, referenciando, integralmente, a obra. Em seguida, evidenciar o enfoque dado ao tema e os objetivos do trabalho. Esses dados e informações geralmente se encontram na introdução, resumo ou prefácio. É interessante resumir o enfoque e os objetivos do texto sob análise. O próximo passo é expor a estruturação das ideias do autor, ou seja, o encadeamento dado ao tratamento do tema. Normalmente o sumário (relação ordenada dos títulos, seções, subseções) do livro revela a estruturação e o encadeamento dado ao assunto. Após o resumo, deve-se redigir uma crítica pessoal às ideias e ao desenvolvimento dado ao tema. Convém redigir opiniões e comentários, construir paráfrases – escrever com suas palavras, sem alterar o significado, conceitos e posicionamentos de um determinado autor. Transcrever trechos com as mesmas palavras do autor pesquisado, compondo assim as citações. Qualquer pesquisa bibliográfica ou plataforma teórica de qualquer investigação científica ganha robustez, qualidade e reconhecimento quando apresentar paráfrases e citações expressivas que garantam a segurança do desenvolvimento da pesquisa. Citar e interpretar dão força ao texto. Convém utilizar-se das paráfrases e citações com certa frequência: as paráfrases em boa medida; as citações, na medida certa, sem excessos. Parafrasear e citar é dialogar com autores que conhecem o tema. Conversar com seus parceiros autores evidencia conhecimento sobre o assunto/tema que está sendo investigado. Cuidado para não citar obviedades – ideias, definições, conceitos etc. que já integram o senso comum. Identificar, no discurso do autor, aspectos considerados positivos e os aspectos interpretados como negativos. Justificar o porquê das críticas e depois articular ideias que possam superar os pontos negativos. Esse exercício intelectual, com certeza, melhorará a qualidade da pesquisa.

O objetivo da interpretação de uma ideia ou conceito é levar o autor a dizer explicitamente o que está dito de forma implícita, mas que não deixaria de dizer explicitamente se alguém lhe perguntasse. Em outras palavras: mostrar como, confrontando várias afirmações, podemos formular nossa resposta nos termos do pensamento estudado. O autor talvez não o tenha dito de forma clara por parecer-lhe demasiado óbvio, ou porque jamais tratara da questão sob o ângulo enfocado na pergunta.

A ordem dos apontamentos de cada texto é cronológica: as informações são registradas à medida que a leitura avança. Um bom apontamento deve ser claro e preciso, não deixando dúvidas sobre seu significado. Deve possuir todos os dados necessários para se voltar rapidamente a sua fonte original. Um bom apontamento é o que é feito com o pensamento de que o material será incorporado ao trabalho que está sendo construído. O mérito do trabalho, em muito, depende da qualidade dos apontamentos. Não é aconselhável, nem tampouco produtivo, entender que o apontamento de uma obra encerra-se na marcação de textos. Transcreva trechos, construa citações, paráfrases, comentários, opiniões etc. Enfim, aproveite, da melhor maneira possível, as conversas com cada autor consultado.

5.1.2 Pesquisa Documental

A Estratégia de Pesquisa Documental é característica dos estudos que utilizam documentos como fonte de dados, informações e evidências. Os documentos são dos mais variados tipos, escritos ou não, tais como: diários; documentos arquivados em entidades públicas e entidades privadas; gravações; correspondências pessoais e formais; fotografias; filmes; mapas etc. Alguns tipos de estudos empregam exclusivamente fontes documentais; outros estudos combinam fontes documentais com outras, tais como entrevistas e observação.

A pesquisa documental tem semelhanças com a pesquisa bibliográfica. A principal diferença entre elas decorre da natureza das fontes: a pesquisa bibliográfica utiliza fontes secundárias, isto é, materiais transcritos de publicações disponíveis na forma de livros, jornais, artigos etc. Por sua vez, a pesquisa documental emprega fontes primárias, assim considerados os materiais compilados pelo próprio autor do trabalho, que ainda não foram objeto de análise, ou que ainda podem ser reelaborados de acordo com os propósitos da pesquisa.

Nas ciências sociais, diversas são as possibilidades de realização de estudos com emprego da estratégia documental.

Exemplo

Em artigo apresentado no 1º Congresso USP de Controladoria e Contabilidade, e publicado na *Revista Contabilidade e Finanças*, Siqueira e Soltelinho (2001) realizaram um estudo visando traçar o perfil do profissional de Controladoria, a partir da análise de anúncios publicados na seção de classificados de empregos do *Jornal do Brasil*, ao longo de várias décadas.

As fontes documentais, além de permitirem a análise do perfil do profissional ao longo do tempo, evitaram vieses que poderiam surgir caso se buscassem as informações diretamente nas empresas. Já os documentos – anúncios de empregos do jornal – continham, efetivamente, os principais requisitos exigidos pelas empresas para contratação de *controllers*, ao longo do período estudado.

5.1.3 Pesquisa Experimental

De orientação marcadamente positivista, o experimento é uma estratégia de pesquisa que busca a construção de conhecimentos através da rigorosa verificação e garantia de resultados cientificamente comprovados – conhecimentos passíveis de apreensão em condições de controle, legitimados pela experimentação e comprovados pelos níveis de significância das mensurações.

Os experimentos são os estudos que melhor se adaptam ao propósito de identificação de relações causais entre variáveis. Um traço que distingue o experimento dos demais tipos de estratégias, e concorre para a consecução do intento de análise causal, é que os experimentadores podem controlar as variáveis cujos efeitos desejam estudar, ou podem controlar quem é exposto a elas. As variáveis estranhas ao experimento também podem ser controladas, o que pode ser conseguido mantendo-as constantes. Por exemplo, uma pesquisa poderia investigar a influência de dois tipos de propaganda política de televisão sobre o comportamento dos eleitores. Caso não se desejasse levar em conta o efeito de elementos como sexo, religião e escolaridade, essas variáveis poderiam ser controladas escolhendo-se para o experimento, por exemplo, apenas homens católicos com formação secundária.[7]

Esse procedimento, comumente aplicado nas ciências naturais, contribui de forma importante para o propósito de identificação da relação de causa e efeito entre as variáveis selecionadas para análise. Ocorre, contudo, que, ao condicionar a variação das condições de estudo a poucas variáveis, pode-se limitar o intento de generalização dos resultados da pesquisa. A alternativa para obter-se o controle dos efeitos das outras variáveis, sem limitar a generalidade dos resultados, é a distribuição aleatória dos sujeitos pelas condições experimentais. Esse procedimento chega a ser citado como uma das características definidoras dessa estratégia de pesquisa: um experimento é "[...] uma pesquisa onde se manipulam uma ou mais variáveis independentes e os sujeitos são designados aleatoriamente a condições experimentais".[8]

Os sujeitos são as unidades experimentais – que podem ser, por exemplo, grupos de pessoas. No exemplo dos efeitos da propaganda política, caso se desejasse estudar sujeitos de pesquisa (eleitores) com diferentes tipos de escolaridade, sexo e religião, eles poderiam ser distribuídos, aleatoriamente, pelas condições experimentais (os dois tipos de propaganda), de forma que os grupos não diferissem entre si antes do experimento. Isso faria com que o pesquisador se sentisse razoavelmente seguro de que as diferenças surgidas após o tratamento experimental seriam dele decorrentes e não devidas às diferenças antes existentes entre os grupos.

Embora sejam os estudos que melhor se adaptam às análises de causa e efeito entre variáveis, os experimentos não chegam a produzir relações causais incontestáveis. Mesmo a distribuição aleatória dos sujeitos pode não ser suficiente para gerar grupos diferentes entre si, como desejado. Mas é certo que os experimentadores podem ficar mais seguros do que a maioria dos outros pesquisadores quanto às suas inferências causais.[9]

A experimentação é, primeiramente, um processo de observação feita em uma situação planejada de tal forma a atender à finalidade proposta. O astrônomo Herschel dizia que o experimento não passa de uma "observação ativa", o que fica bem claro dentro do campo da astronomia. De qualquer forma, nenhum experimento é totalmente passivo, já que sempre haverá a interferência do cientista, antes ou durante o processo de observação.

Intensamente utilizado nas investigações em Ciências Naturais – Física, Química, Biologia –, o experimento não é tão comum para orientar pesquisas em Ciências Sociais Aplicadas.

5.1.3.1 Estrutura de um Experimento

Uma das principais limitações apontadas para os experimentos é que eles não representam fielmente os processos naturais. Isso é especialmente verdadeiro nos casos de experimentos fortemente controlados. É preciso considerar, contudo, como pondera Kidder,[10] que o fato de ser artificial não é necessariamente uma desvantagem. Em algumas situações, os análogos artificiais das variáveis do mundo real são mais efetivos, tornando as pesquisas mais convincentes. Um exemplo disso é a reprodução em laboratório dos ruídos urbanos para estudo do estresse: podem-se recriar artificialmente, em um curto espaço de tempo, efeitos que são produzidos em semanas, meses ou anos de convívio em tensões urbanas.

Trata-se de pesquisa em que uma ou algumas variáveis são manipuladas (variáveis independentes) – possíveis causas – e observados possíveis efeitos sobre uma variável (dependente). O pesquisador interfere na realidade, fato ou situação estudada através da manipulação direta de variáveis. A condução de um estudo experimental é orientada por um delineamento do experimento (*design*), isto é, um plano sobre a estrutura e desenvolvimento da investigação.

O delineamento experimental refere-se à moldura conceitual e prática dentro da qual o experimento é conduzido. Dá oportunidade para comparações requeridas pelas hipóteses da pesquisas e possibilita, por meio de análises estatísticas, interpretações inteligíveis dos resultados. O delineamento é a estrutura, ou a forma e procedimentos, para se conduzir o experimento de maneira a garantir que efeitos de outros possíveis fatores sobre a variável de estudo sejam mantidos constantes.

Uma pesquisa experimental pode ser desenvolvida tanto em campo (situação real) quanto em laboratório, onde o ambiente é rigorosamente controlado. Um dos grandes desafios do investigador é planejar e executar o experimento de tal forma que interferências de outros fatores sobre a variável dependente – variável de estudo – sejam minimizadas, de forma que os efeitos das variáveis independentes possam ser corretamente avaliados.

São raros os experimentos de laboratório nas pesquisas da área de Ciências Sociais Aplicadas. Estudos de problemas sociais, organizacionais, psicológicos, educacionais etc., cuja estratégia seja a abordagem experimental, são orientados por pesquisa experimental em campo, em situação real, em que uma ou mais variáveis são manipuladas pelo investigador, sob condições controladas, com o máximo cuidado permitido pela situação. No experimento de campo o controle das interferências de outras fontes que podem contaminar o experimento é bem mais difícil do que experimentos realizados em laboratórios.

Além de outros procedimentos, são características básicas de uma pesquisa experimental:

Grupo Experimental: é aquele sobre o qual será efetuada a manipulação de variáveis (causas) e, posteriormente, medidos os efeitos. É também denominado grupo de teste.

Grupo de Controle: é o grupo que não receberá nenhum estímulo intencional (manipulação) e servirá de padrão para comparação com o grupo experimental.

Distribuição (Designação) Aleatória ou Causalização: é a designação aleatória (geralmente através de sorteios) dos sujeitos que irão compor os grupos de controle e de teste. A aleatoriedade assegura que a composição das características individuais dos grupos seja praticamente idêntica em todos os aspectos. A causalização dá garantias de que as fontes de "contaminação" sejam minimizadas, pois os membros dos dois grupos, aparentemente, terão as mesmas características, só diferenciando por possíveis reações devido à manipulação de alguma variável.

Pré-teste: é a realização de medições para se conhecer o estado inicial dos grupos (experimental e de controle) que serão analisados com a intenção de comparações após o experimento.

Pós-teste: medições realizadas após o experimento.

Variável Independente: é a variável que será manipulada, ou seja, é aquela sobre a qual se produzirão estímulos.

Variável Dependente: é a variável que será medida após a manipulação, ou seja, é aquela sobre a qual se observam as consequências da manipulação.

5.1.3.2 Modalidades de Pesquisa Experimental

a) **Pré-experimento**: sua característica básica é a ausência de aleatoriedade na escolha dos sujeitos que irão compor os grupos de controle (quando existir) e de teste. O grau de controle é mínimo.

b) **Experimento autêntico**: é o experimento por definição. Há aleatoriedade para formação dos grupos de controle e experimental, bem como pré e pós-teste.

c) **Quase-experimento**: é a aplicação do método experimental (experimento) em situações em que não é possível atingir o mesmo grau de controle dos delineamentos experimentais autênticos.

5.1.3.3 Principais Delineamentos Experimentais

Pré-experimento

Estudo com uma única medição

Consiste em administrar um estímulo ou tratamento – um filme, um texto, um discurso, um comercial de TV etc. – a um grupo, e depois medir uma ou mais variáveis para compreender os efeitos do estímulo utilizado.

Este desenho não cumpre os requisitos de um verdadeiro experimento. Não há grupo de controle nem tampouco conhecimento prévio do estágio do grupo sobre as variáveis que se deseja entender, isto é, pré-teste.

Estudo de um único grupo com pré e pós-testes

Para um grupo se aplica uma prova prévia (pré-teste) ao tratamento experimental, ou estímulo, depois se administra o tratamento e, finalmente, se aplica uma prova posterior (pós-teste) ao tratamento, comparando-se os resultados do pré e pós-testes.

Trata-se de desenho que oferece melhores condições do que o anterior, todavia deve ser considerado com restrições. Não há grupo de comparação (grupo controle). Várias fontes de ruídos podem estar agindo, sem nenhum controle. Entre a prova prévia e a prova posterior podem ocorrer muitos acontecimentos capazes de gerar mudanças mais intensas do que o tratamento propriamente dito. Esta modalidade não é adequada para o estabelecimento de relações entre variáveis dependente e independente. Constitui interessante ensaio para o planejamento de outros experimentos com maior controle.

Experimento autêntico

Desenho com pós-teste e grupo de controle

Formam-se, aleatoriamente, dois grupos: um recebe tratamento experimental (grupo experimental) e o outro não (grupo de controle). Depois de concluído o tratamento – período experimental –, os dois grupos são submetidos a testes, medidas, questionário, observação etc. (medição da variável dependente). A comparação entre os resultados do pós-teste dos dois grupos indicará se houve, ou não, efeito devido à manipulação.

O teste estatístico t para igualdade entre duas médias poderá ser utilizado para se verificar a significância, ou não, da diferença entre as médias do grupo de controle e do grupo experimental.

Desenho com pré e pós-teste e grupo de controle

Formam-se, aleatoriamente, dois grupos: um recebe tratamento experimental (grupo experimental) e o outro não (grupo de controle). Os elementos dos dois grupos são submetidos a testes, medidas, questionário, observação etc. (medição da variável dependente) antes e depois do tratamento. A comparação entre os resultados do pós-teste dos dois grupos indicará se houve, ou não, efeito devido à manipulação.

O teste estatístico t para igualdade entre duas médias poderá ser utilizado para se verificar se há significância, ou não, da diferença entre as médias do grupo de controle e grupo experimental.

A consideração do pré-teste oferece duas vantagens: as pontuações dos pré-testes podem ser utilizadas para fins de controle do experimento. A comparação entre elas para os dois grupos é um forte indicador da aleatoriedade (da causalização); a segunda vantagem reside na possibilidade de se analisar a diferença entre as pontuações do pré-teste e pós-teste.

5.1.3.4 Exemplos – Pesquisa Experimental

Exemplo 1

Matos e Veiga (2003) realizaram um estudo apresentado no ENANPAD que relata a realização de um experimento de campo no qual se comparam quatro diferentes respostas a dois tipos de publicidade negativa. Por meio de um processo de amostragem por quota, um total de 288 usuários de celular participaram desse experimento fatorial 2x4. Desses participantes, 70,8% possuíam a marca de celular afetada pela publicidade negativa. Como resultados, verificou-se que a resposta mais eficaz por parte da empresa depende de a publicidade negativa estar ligada aos atributos do produto ou aos valores da empresa. A influência dessa interação foi mais evidente nas variáveis "imagem da empresa" e "imagem do produto". De forma geral, observou-se que, embora não houvesse diferença entre os tipos de reações da empresa quando a notícia estava ligada aos atributos do produto, a estratégia de ação corretiva se diferiu das outras quando a notícia era sobre a empresa.

Exemplo 2

Os pesquisadores Giraldi e Carvalho (2005) conduziram uma pesquisa experimental que comparou os grupos de foco (*focus group*) tradicionais e *on-line* com respeito ao grau de revelação dos participantes sobre temas sensíveis: número de ideias geradas durante a discussão e o nível de profundidade da revelação. Aleatoriamente foram formados oito grupos de foco unissex com quatro participantes cada, sendo quatro deles *on-line* e quatro tradicionais. Realizou-se um estudo de grupo de controle somente pós-teste, com harmonização dos grupos por atribuição aleatória de elementos às unidades de teste.

5.1.4 Pesquisa Quase-Experimental

Em certas situações, não é viável a distribuição aleatória das unidades pelas condições de estudo, ou não há condições plenas para isolar totalmente possíveis interferências de outras variáveis que não estão sendo consideradas no experimento. Em tais condições não se realizam experimentos genuínos. As investigações desenvolvidas nestas situações são coletivamente denominadas Pesquisas, ou Delineamentos, Quase-Experimentais.

Embora não se tenha total controle sobre as principais variáveis do estudo, esta estratégia permite análises entre as causas e efeitos sobre o fenômeno investigado. O pesquisador define, em sua programação de procedimentos de coleta de dados, "quando e quem medir", embora lhe falte o pleno controle da aplicação dos estímulos experimentais.[11]

Nos Delineamentos Quase-Experimentais, geralmente, a distribuição dos sujeitos, pelas condições do estudo (tratamentos), ocorrem naturalmente, sem a intervenção do pesquisador. A comparação entre os tratamentos e não tratamentos é feita com grupos não equivalentes ou com os mesmos sujeitos antes e depois da intervenção. Diversas intervenções sociais – como programas de moradia, drogas, impostos – são estudadas por meio de quase-experimentos. Também os determinantes sociais e econômicos de grandes aglomerados sociais, como crises econômicas, desenvolvimento de estruturas políticas etc., levam a esse tipo de delineamento.[12]

5.1.4.1 Principais Delineamentos Quase-Experimentais

Desenho com pós-teste e dois grupos

Utilizam-se dois grupos: um recebe tratamento experimental e o outro não. Os grupos são comparados pelos resultados de pós-testes para se avaliar se o experimento teve efeito sobre a variável dependente. Não há causalização, escolha aleatória dos elementos dos dois grupos. Diferenças entre os resultados dos grupos podem ser atribuídas à variável independente. Este planejamento deve ser adotado com os devidos cuidados. O desenho quase-experimental deste tipo poderá se estender para mais de dois grupos.

Desenho quase-experimental de séries cronológicas

Para um grupo único se administram vários pré-testes, depois se aplica o tratamento experimental, e finalmente vários pós-testes. A comparação entre os resultados dos pré e pós-testes indicará se houve efeitos decorrentes do experimento. Por exemplo: um administrador poderia medir as vendas de um produto, durante vários meses, introduzir uma campanha promocional para o produto e depois medir as vendas nos meses subsequentes.

Pesquisa ex post facto

Seguramente, a estratégia de pesquisa *ex post facto* é a mais comum das investigações sobre o "mundo" das Ciências Sociais Aplicadas. Diversas são as possibilidades de estudos que visam a relações entre variáveis cujos delineamentos são realizados após os fatos (*ex post facto*). Por exemplo, estudos sobre os efeitos da informação contábil sobre o comportamento do preço de ações, os reflexos das informações gerenciais sobre os tomadores de decisão etc.

Em um "mundo científico perfeito", "[...] os pesquisadores deveriam poder extrair amostras aleatórias, manipular variáveis independentes e designar sujeitos a grupos aleatoriamente". Na pesquisa *ex post facto*, as duas últimas condições jamais serão possíveis.[13] As variáveis independentes chegam ao pesquisador como estavam, já feitas. Já exerceram os seus efeitos, se é que existiam. Como indica o referido autor, tanto em pesquisa experimental quanto na *ex post facto* (a que ele também denomina de "não experimental"), fazem-se inferências e tiram-se conclusões. Ambas têm a mesma lógica de investigação. Uma das diferenças fundamentais entre essas estratégias está na natureza das variáveis. As pesquisas *ex post facto* lidam com variáveis que, por sua natureza, não são manipuláveis, tais como as "características de gente", denominadas "variáveis de *status*" ou demográficas, classe social, ansiedade, valores etc.

5.1.4.1.1 Exemplos – Pesquisa quase Experimental

Exemplo 1

Em pesquisa para avaliar a efetividade do processo de incubação de empresas de base tecnológica (EBT), Andino e Fracasso (2005) realizaram investigação através do estudo de múltiplos casos em um desenho quase-experimental. A incubação atuando como variável independente ou tratamento experimental, sendo as EBTs pós e não incubadas as unidades de análise. As capacidades de inovação, financeira e gerencial foram as variáveis dependentes que medem os efeitos da variável independente sobre as unidades de análise. Neste sentido se buscou medir os efeitos da incubação de empresas em EBTs pós e não incubadas nas diferentes capacidades, medidas por indicadores relativos à capacidade de inovação, capacidade financeira e capacidade gerencial. Foram escolhidas EBTs do setor de informática com características similares: setor e tipo de negócios, tempo de funcionamento, tamanho em relação a seu faturamento bruto anual e número de funcionários. As empresas estavam estabelecidas na região metropolitana de Porto Alegre. Foram divididas em dois grupos de oito empresas. O primeiro formado por oito empresas pós-incubadas (Grupo experimental), egressas de quatro diferentes incubadoras. As quatro incubadoras tinham normas similares e se propunham a providenciar, além de espaço físico, assessoria tecnológica e gerencial. O segundo grupo foi formado também por oito empresas que não haviam passado pelo processo de incubação (Grupo de Controle). A coleta de dados foi realizada em duas etapas: a primeira através de uma entrevista com o principal sócio da empresa por meio de perguntas abertas para contextualizar a situação de cada negócio. A segunda etapa foi por meio de um questionário de perguntas fechadas preenchido pelo proprietário, sócio ou principal diretor da empresa. Foi utilizado o teste de Mann-Whitney para comparar os dois grupos de empresas.

Exemplo 2

Dantas, Medeiros e Lustosa (2006) desenvolveram um estudo publicado na *Revista Contabilidade e Finanças*, no qual buscam relacionar as variáveis "alavancagem operacional" e "comportamento do retorno das ações". O estudo utiliza um delineamento próprio de uma Pesquisa Quase-Experimental, do tipo *Ex Post Facto*. A investigação segue a lógica dos estudos que buscam a relação entre informações contábeis e mercado de ações, sendo a alavancagem operacional uma variável pouco analisada nesses tipos de pesquisas. O estudo focou as companhias listadas na Bolsa de Valores de São Paulo (Bovespa) que integram os setores econômicos de petróleo e gás, materiais básicos, bens industriais, construção e transporte, consumo não cíclico. O período estudado está compreendido entre o segundo semestre de 2001 e o terceiro trimestre de 2004.

5.1.5 Levantamento

Os levantamentos são próprios para os casos em que o pesquisador deseja responder a questões acerca da distribuição de uma variável ou das relações entre características de pessoas ou grupos, da maneira como ocorrem em situações naturais. Embora os levantamentos possam ser planejados para estudar relações entre variáveis, inclusive as de causa e efeito, são estratégias mais apropriadas para a análise de fatos e descrições.

Os problemas de pesquisa tratados através dessa estratégia requerem uma sistemática de coleta de dados de populações ou de amostras da população por meio de variadas técnicas. As denominações *levantamento* (*survey*) e *levantamento por amostragem* (*sample survey*) são também empregadas para identificar essa estratégia de pesquisa, em que normalmente se estudam, respectivamente, todos ou parte dos sujeitos da pesquisa.

Diferentemente do que ocorre com os experimentos, em que são controladas as variáveis e simplificados os fenômenos, nas pesquisas de levantamento uma multiplicidade de influências pode interferir nos processos estudados. Outra característica marcante dos levantamentos é que neles são estudados fenômenos que ocorrem naturalmente. A análise dos processos tal como ocorrem se opõe à maneira como são tratados os fenômenos nos experimentos, nos quais, muitas vezes, as condições do estudo afastam-se bastante das situações da vida real.[14]

A versatilidade dos levantamentos não se restringe à variedade das populações às quais se aplicam, mas se estende às alternativas de planos disponíveis e a toda a gama de dados possíveis de serem obtidos. O conteúdo das perguntas de levantamento cobre quatro áreas fundamentais de conteúdo: dados pessoais, dados sobre comportamento, dados relativos ao ambiente (circunstâncias em que os respondentes vivem) e dados sobre nível de informações, opiniões, atitudes, mensurações e expectativas. Os levantamentos que objetivam o estudo conjunto desses dados, quando possível, são muito mais produtivos do que os que pretendem focar apenas um desses aspectos.[15]

Algumas pesquisas de levantamento buscam ir além do relato de distribuições e relações, e procuram realizar a sua explicação e interpretação. Em um desses tipos de estudos, em vez de se estudar a distribuição de comportamentos e atitudes de toda a amostra, esta é dividida em vários grupos, de forma que possam ser determinadas as diferenças entre eles. São comparados os comportamentos, opiniões e atitudes de grupos de pessoas que são diferentes quanto a idade, grau de instrução, renda etc.[16]

Há também os estudos que buscam correlação entre comportamento e atitudes de grupos. Por exemplo, as atitudes em relação à empresa por parte de operários antes separados em dois grupos: um de baixa e outro de alta produção. Um outro caso em que se recorre às correlações é no estudo das motivações. Como indicam os referidos autores, muitos aspectos predominantes nas motivações podem não ser lembrados ou reconhecidos pelas pessoas como tendo contribuído para suas decisões. Em um exemplo em que se questionam as razões da compra de um carro novo, por exemplo, provavelmente poucos apontariam o aumento da renda. A correlação dos que compraram carros com os que tiveram aumento de renda pode revelar a importância desse fator.

A dificuldade em interpretar os resultados desses tipos de estudos está na possibilidade de haver outras diferenças entre os grupos. Existem três critérios para inferir relações que se aproximam de causa e efeito: 1. que as variáveis covariem; 2. que uma variável preceda a outra no tempo; e 3. que não haja hipóteses alternativas para as diferenças entre os grupos. As pesquisas de levantamento quase sempre atendem apenas ao primeiro desses critérios. É importante considerar, contudo, que, embora a correlação não seja indicativa de relações de causa e efeito, ela empresta crédito a uma hipótese causal envolvendo as variáveis. Cada um desses casos envolvendo correlação funciona como um teste de hipóteses que poderia refutar a hipótese causal.[17]

Algumas pesquisas de levantamento são empregadas com o propósito de identificar fortes relações entre variáveis. As inferências causais desses estudos, contudo, nunca poderão ser feitas com a mesma certeza das realizadas nas pesquisas experimentais.

A contribuição dos levantamentos pode ser melhor avaliada por meio de programas contínuos de pesquisa do que a partir de resultados de estudos isolados. O valor desses programas não está principalmente na habilidade de repetir as mesmas observações em diferentes momentos do tempo. O mais importante é a oportunidade de aplicação de um sistema teórico a diversas situações da realidade, para sua revisão progressiva e desenvolvimento de hipóteses de trabalho.[18]

Exemplo – Levantamento

Em um estudo realizado por Souza e Collaziol (2006), publicado na *Revista Contabilidade e Finanças*, foi utilizada a Estratégia de Pesquisa de Levantamento para verificar o nível de aderência de empresas no que se refere à adoção efetiva das práticas de planejamento e gestão de custos sob o enfoque dos desenvolvimentos teóricos verificados na literatura e quanto ao previsto na norma ISO 9004:2000. Enviaram-se questionários a 98 empresas de grande e de médio porte certificadas pela norma e integrantes do cadastro da Fundação para o Prêmio Nacional da Qualidade (FPNQ), base de agosto de 2004. Os questionários foram endereçados ao responsável pela gestão do sistema de qualidade nas empresas.

5.1.6 Estudo de Caso

É cada vez mais frequente a condução de pesquisas científicas orientadas por avaliações qualitativas: pesquisas qualitativas, como são geralmente denominadas. A avaliação qualitativa é caracterizada pela descrição, compreensão e interpretação de fatos e fenômenos, em contrapartida à avaliação quantitativa, denominada pesquisa quantitativa, onde predominam mensurações. A estratégia de pesquisa Estudo de Caso pede avaliação qualitativa, pois seu objetivo é o estudo de uma unidade social que se analisa profunda e intensamente. Trata-se de uma investigação empírica que pesquisa fenômenos dentro de seu contexto real (pesquisa naturalística), onde o pesquisador não tem controle sobre eventos e variáveis, buscando apreender a totalidade de uma situação e, criativamente, descrever, compreender e interpretar a complexidade de um caso concreto. Mediante um mergulho profundo e exaustivo em um objeto delimitado – problema da pesquisa –, o Estudo de Caso possibilita a penetração na realidade social, não conseguida plenamente pela avaliação quantitativa.

No campo das Ciências Sociais Aplicadas há fenômenos de elevada complexidade e de difícil quantificação, como, por exemplo, a supervisão de funções administrativas dentro de uma organização, estratégias de uma organização não governamental, políticas governamentais etc. Nestes casos, abordagens qualitativas são adequadas, tanto no que diz respeito ao tratamento contextual do fenômeno, quanto no que tange à sua operacionalização. O tratamento de eventos complexos pressupõe um maior nível de detalhamento das relações dentro das organizações, entre os indivíduos e as organizações, bem como dos relacionamentos que estabelecem com o meio ambiente em que estão inseridos. De um modo geral, pode-se afirmar que avaliações quantitativas são mais adequadas ao processo de testar teorias, enquanto as avaliações qualitativas são mais aplicáveis em situações onde se deseja construir teorias (*Grounded Theory*), enfoque de pesquisa orientada por um Estudo de Caso.

O trabalho de campo de uma pesquisa orientada pela estratégia de um Estudo de Caso é precedido pela exposição do problema de pesquisa – questões orientadoras – do enunciado de proposições – teses – que compõem a teoria preliminar que será avaliada a partir dos achados da pesquisa; de uma plataforma teórica; de um detalhado planejamento de toda a investigação, destacando-se a construção de um protocolo do caso, contendo descrição dos instrumentos de coleta de dados e evidências, estratégias de coleta e análise dos dados, possíveis triangulações de dados, prováveis encadeamentos de evidências e avaliações da teoria previamente admitida, com a finalidade de se construir uma teoria (*Grounded Theory*) para explicação do objeto de estudo: o caso. Considerações sobre critérios que possam garantir confiabilidade e validade ao estudo são fundamentais para se ter qualidade e segurança quanto aos achados do estudo e de possíveis intervenções.

Estudos epistemológicos sobre a produção científica no campo das Ciências Sociais Aplicadas têm mostrado que um grande número de pesquisas orientadas por Estudo de Caso apresenta sérias deficiências: análises intuitivas, primitivas e impressionistas, não conseguindo transcenderem a simples apresentações de relatos históricos, obviamente, muito afastados do que se espera de um trabalho científico. A construção de uma pesquisa a partir de um Estudo de Caso exige mais atenção e habilidades do pesquisador do que a condução de uma pesquisa com abordagem metodológica convencional. Como os procedimentos de um Estudo de Caso não são rotinizados, as habilidades do pesquisador devem ser maiores, isto porque se faz necessário controlar vieses potenciais que surgem em grande intensidade ao longo de todo o processo de construção do estudo. Uma das maiores limitações da estratégia de pesquisa de um Estudo de Caso é a possibilidade de contaminação do estudo pelas "respostas do pesquisador", isto é, a forte possibilidade de o pesquisador ter uma falsa sensação de certeza sobre suas próprias conclusões. Como o pesquisador, em geral, conhece profundamente o fenômeno em estudo, ou melhor, pensa que o conhece totalmente, poderá, deliberadamente, enviesar os dados e evidências de forma a comprovar suas pressuposições iniciais. Reforçando: um dos maiores riscos da condução de um Estudo de Caso é utilizar a investigação para comprovar posições preconcebidas.

Quando um Estudo de Caso escolhido é original e revelador, isto é, apresenta um engenhoso recorte de uma situação complexa da vida real cuja análise-síntese dos achados têm a possibilidade de surpreender, revelando perspectivas que não tinham sido abordadas por estudos assemelhados, o caso poderá ser qualificado como importante, e visto em si mesmo como uma descoberta: oferece descrições, interpretações e explicações que chamam atenção pelo ineditismo.

Desenvolvendo um Estudo de Caso

Uma pesquisa construída a partir de um Estudo de Caso ganhará *status* de uma investigação exemplar se a delimitação do problema de pesquisa revelar criatividade, assim como a clara definição do objeto do estudo e, prioritariamente, se forem enunciadas e defendidas, com engenhosidade, as proposições – teses – a partir de uma sólida plataforma teórica e dos achados empíricos da pesquisa. É de extrema importância a seleção criteriosa de um tema-problema de pesquisa. Uma escolha infeliz pode tornar a pesquisa inviável e, o que é pior, provocar atitudes desfavoráveis do seu autor em relação ao trabalho de condução de uma pesquisa científica. É, então, necessário levantar, selecionar e julgar criticamente o material e as interpretações existentes, antes que se defina por um tema. Para evitar o desconforto de carregar um pesado fardo, durante vários meses, dedique um bom tempo para a escolha de seu tema e proposições que serão discutidas em função das evidências coletadas. Não inicie o trabalho orientado por vagas ideias, ou propostas simplórias, às vezes ingênuas, quando não triviais.

Será preciso enunciar com detalhes o protocolo que orientou o estudo: plataforma teórica que sustentou a pesquisa, proposições – teses – orientadoras da investigação, ou seja, a teoria preliminar que se tem sobre o caso. Minucioso planejamento de todo o desenvolvimento do caso, da coleta dos dados, das estratégias dos trabalhos de campo e conjunto de questões que refletiram as necessidades da pesquisa, com possíveis fontes de evidências, a fim de garantir que outro pesquisador, utilizando os critérios e ações enumeradas no protocolo, encontre resultados e evidências assemelhadas, quando do desenvolvimento de um caso de mesma natureza teórico-empírica.

O sucesso de um Estudo de Caso, em muito, depende da perseverança, criatividade e raciocínio crítico do investigador para construir descrições, interpretações, enfim, explicações originais que possibilitem a extração cuidadosa de conclusões e recomendações. Neste sentido, o pesquisador deve apresentar encadeamentos de evidências e testes de triangulação de dados que orientaram a busca dos resultados alcançados. Deverá ganhar a confiança do leitor de que, de fato, conhece o assunto com o qual está trabalhando. Convencê-lo de que o trabalho de campo foi realizado pessoalmente, com afinco e perseverança. Conforme a situação, demonstrar procedimentos que evidenciem isenção, portanto não contaminação, pelo fato de, possivelmente, trabalhar no local onde foi desenvolvido o Estudo de Caso e, portanto, de conhecer as pessoas que prestaram esclarecimentos, opiniões e informações.

Conforme o exposto, o autor de um estudo desta natureza não deve abarrotar a apresentação com informações de apoio secundário, como, por exemplo, um detalhado, portanto extenso, histórico da organização e outros antecedentes dispensáveis. É falsa a expectativa de que um grande volume de informações irá influenciar e agradar o leitor. Pelo contrário, excesso de informações acabará por chateá-lo. Reforçando o que já foi dito, o Estudo de Caso se tornará exemplar se revelar análises em profundidade, não em extensão.

Um caso suficiente é aquele em que os limites, isto é, as fronteiras entre o fenômeno que está sendo estudado e seu contexto, estão claramente delimitados, evitando-se interpretações e descrições indevidas, ou não contempladas pelo estudo. O estudo deve mostrar de maneira convincente que foram coletadas e avaliadas as evidências relevantes e que os encadeamentos de evidências são criativos e lógicos. A robustez analítica, lógica das conclusões e defesa das proposições sobre o caso, com certeza, irão lhe garantir suficiência pela construção de uma teoria que consiga explicar o recorte da realidade explorado no Estudo de Caso. Além desses quesitos, a completude de um Estudo de Caso poderá ser mostrada pelo cumprimento integral do planejamento do estudo dentro do tempo e espaço necessários. Em suma: será necessário que o pesquisador demonstre que, dentro do recorte realizado, o tema-problema foi tratado com rigor científico, dando plena conta dos propósitos da pesquisa.

5.1.6.1 Sobre as Questões Orientadoras

Provavelmente o passo mais importante a ser considerado em qualquer estudo científico é a definição da questão da pesquisa. Deve-se reservar paciência, muito tempo e bastante perseverança para a realização dessa tarefa. É crucial: uma questão mal formulada poderá comprometer todo o estudo. Geralmente, quando um pesquisador considera a alternativa de estudar apenas uma organização, ou um setor de uma empresa, por exemplo, ele possui algumas indicações de que contará com o apoio dos responsáveis da unidade para desenvolver o estudo. A aquiescência prévia da direção da organização é de fundamental importância para os propósitos do pesquisador, todavia, se o caso não for abordado a partir de questões criativamente formuladas, corre-se o risco de não se concluir a pesquisa, e, obviamente, de se perder a oportunidade de realização de uma pesquisa empírica orientada por um Estudo de Caso.

5.1.6.1.1 Exemplos de Questões/Objetivos de Pesquisas para Estudos de Caso

Em uma dissertação de mestrado, Varela[19] assim coloca uma questão orientadora:

> Como são utilizados os indicadores sociais e as informações no processo de planejamento e orçamento do setor público municipal de saúde?

Segundo a autora, o trabalho foi construído por meio de uma abordagem empírico-analítica com a condução de um Estudo de Caso no município de Brumadinho/MG.

Para estudar "a interiorização da variável ecológica na organização das empresas industriais", Donaire[20] coloca como propósito de um Estudo Multicasos:

> Descrever quais as atividades que as empresas estão implementando ao nível de sua organização para responder à crescente preocupação da sociedade relativa à variável ecológica.

Propõe ainda o mesmo autor:

> [...] estabelecer um modelo referencial teórico que possa ser seguido por outras organizações que pretendam criar essa atividade/função dentro de sua estrutura organizacional.

Segundo Andrade e outros,[21] o objetivo de uma pesquisa que se "utilizou da estratégia metodológica intitulada 'estudo de caso'" foi assim expresso:

> [...] analisar o processo de regulação de conflitos socioambientais à luz da abordagem teórica institucionalista, particularmente no que diz respeito ao tratamento/descarte dos efluentes líquidos produzidos pelo Complexo Turístico Costa de Sauípe, localizado na Área de Proteção Ambiental do Litoral Norte da Bahia (APA-LN).

5.1.6.2 Construção da Plataforma Teórica

Definido o tema e colocadas as questões orientadoras da pesquisa, enunciadas as proposições para o estudo, o investigador deverá efetuar uma revisão bibliográfica, ou seja, construir a plataforma teórica da pesquisa, procedendo a um levantamento de referências que deem suporte e fundamentação teórico-metodológica ao caso que pretende estudar. Evidentemente, referências que o ajudaram a definir as questões orientadoras e proposições (teses) deverão integrar o arcabouço teórico da pesquisa. Um grave defeito que se nota no desenvolvimento de diversos Estudos de Caso é a falta de uma plataforma teórica que aponte o que investigar, como demonstrar as proposições do estudo e oriente a abordagem e aproximação com o fenômeno propriamente dito. Nestas situações observa-se que o pesquisador, equivocadamente, admite que os dados falam por si só, o que é um grande erro, pois desprovido de uma base teórica um Estudo de Caso não passa de um relatório ingênuo sobre manifestações dos dados. Como nos lembram diversos pesquisadores experimentados: os dados só falam através de teorias.

5.1.6.3 Planejamento de um Estudo de Caso

Diferentemente de outras estratégias de pesquisa, para um Estudo de Caso não se desenvolveu um conjunto fixo de etapas para conduzi-lo. Não há uma sistematização de um projeto de pesquisa de um caso. Lembrando de uma expressão do senso comum: cada caso é um caso. Todavia, é possível compor um plano de ação – projeto *ad hoc* –, sequência lógica de procedimentos a partir das questões orientadoras iniciais, passando pela coleta de evidências, compondo e analisando os resultados, validando-os, até se chegar às conclusões, condições para possíveis inferências e o relatório final: um artigo; uma monografia, uma dissertação ou uma tese. Um projeto bem elaborado de um Estudo de Caso possibilitará garantias de lógica interna, evitando, por exemplo, que evidências levantadas não se remetam aos objetivos colimados. Um projeto bem construído permitirá evidências de confiabilidade e validade dos achados da pesquisa, condição fundamental de um estudo científico. Em síntese, o planejamento de um Estudo de Caso deve tratar de todo o processo de construção de uma pesquisa: questões a responder, proposições (teses) do estudo, fixação dos parâmetros, elaboração de detalhado protocolo, estratégia para coleta de dados e evidências, como analisar os resultados, como dar significância ao estudo e aos achados, redação, edição e formatação do relatório sobre o caso estudado. Apesar das restrições quanto ao formato único de um projeto, é necessário atentar para o que nesta seção é apresentado.

5.1.6.4 Proposições do Estudo

Questões de pesquisa, por mais bem formuladas que sejam, não apontam a direção correta do que se deve estudar. As proposições – teses expostas para serem demonstradas e defendidas – permitem a correta direção para o desenvolvimento de um Estudo de Caso. As proposições, no contexto de um Estudo de Caso, refletem explicações teóricas formuladas a partir de algum conhecimento do caso e reflexões do pesquisador. As proposições (teses) podem ser entendidas com uma teoria preliminar, criada pelo autor, que buscará, ao longo do trabalho, defender e demonstrar. Ou seja, a explicitação de uma teoria acerca do caso, anterior à coleta de qualquer dado ou evidência. Necessariamente, em um Estudo de Caso buscam-se condições para explicar, demonstrar uma teoria específica sobre o caso a partir dos resultados obtidos. Contrariamente ao que ocorre na maioria das pesquisas convencionais, teórico-empíricas, onde o pesquisador busca elementos para testar uma teoria já conhecida, em uma particular situação – escopo do seu estudo. Em um Estudo de Caso, parte-se de uma teoria preliminar, que pode ser aperfeiçoada ao longo do desenvolvimento do estudo, buscando evidências e dados da realidade (do caso) que possam demonstrar, e defender, dentro dos limites das avaliações qualitativas, raramente avaliações quantitativas, as teses previamente formuladas. A formulação e defesa de proposições constituem exercício intelectual que distingue um Estudo de Caso exemplar. Proposições orientam corretamente o estudo, contribuindo para a objetividade do trabalho. Quanto mais proposições específicas um estudo contiver, mais ele permanece dentro de limites exequíveis. No planejamento e condução de um Estudo de Caso as proposições – teorias preliminares, teses – substituem os objetivos e as hipóteses normalmente formuladas nas pesquisas convencionais. Enquanto em uma pesquisa convencional o investigador testa a adequação de uma realidade à uma teoria, em um Estudo de Caso buscam-se elementos e evidências para demonstrar uma teoria – construir uma teoria – (*Grounded Theory*) – sobre o caso, ou seja, ao invés de testar teoria, tenta-se construir teoria.

5.1.6.5 Plano de Coleta de Dados

Se a coleta de dados não for corretamente planejada, todo o trabalho de pesquisa do Estudo de Caso poderá ser posto em risco, e tudo o que foi feito anteriormente estará perdido. Para condução de um estudo dessa natureza exige-se muito mais perspicácia e atenção do pesquisador do que outras estratégias de pesquisa. Os procedimentos de coleta de dados não são procedimentos que seguem uma rotina previamente estabelecida. Não se aconselha a colaboração de assistentes de pesquisa para a coleta dos dados, ou de se terceirizar o trabalho de campo. Essas atividades devem ser realizadas pelo pesquisador, após algum treinamento, aliado a uma forte dose de disposição e perseverança. Somente um pesquisador mais experiente será capaz de tirar vantagens de oportunidades inesperadas, e se resguardar de procedimentos potencialmente viesados. O pesquisador-autor terá mais condições de, continuamente, estar pensando e agindo na busca de relações entre a questão da pesquisa que se deseja responder, as proposições (teoria preliminar) que carecem de demonstrações e a coleta dos dados e evidências. O pesquisador deve ser capaz de fazer boas perguntas, isto é, fazer-se entender, e interpretar as respostas obtidas. Uma postura atenta e indagadora é pré-requisito básico para uma proveitosa coleta de dados. A coleta deve ser pautada por um plano formal, todavia informações relevantes para o estudo podem ser coletadas mesmo não sendo previsíveis. Como os jovens costumam dizer: "o pesquisador precisa estar ligado em tudo", trabalho cansativo necessário à boa qualidade da pesquisa. O pesquisador deve ser um bom ouvinte, e não se enganar devido às suas ideias e preconceitos. Deve ser capaz de assimilar novas informações sem necessariamente acrescentar perguntas. O investigador deve ter um comportamento adaptável e flexível, de maneira a transformar situações imprevistas em oportunidades para melhor compreender o fenômeno sob estudo. Ser capaz de, tranquilamente, absorver ideias e opiniões contrárias aos seus pontos de vista, e mostrar sensibilidade a provas contraditórias. Por mais rigor no planejamento do trabalho de coleta, geralmente, a realidade acaba por surpreender, e diante das situações não previstas, o pesquisador precisará mostrar habilidades para reverter o ocorrido em favor da pesquisa.

Como já se disse, na condução da coleta de dados para um Estudo de Caso o pesquisador não é apenas um registrador de informações, como acontece em trabalho de campo de outras estratégias de pesquisa. Em um estudo dessa natureza, o pesquisador precisa ser um detetive, capaz de compreender, interpretar as informações que estão sendo coletadas e, imediatamente, avaliar se há contradições ou convergências, bem como necessidade de evidências adicionais.

5.1.6.6 Construindo o Protocolo para um Estudo de Caso

No contexto de um Estudo de Caso o protocolo é um instrumento orientador e regulador da condução da estratégia de pesquisa. O protocolo constitui-se em um forte elemento para mostrar a confiabilidade de uma pesquisa. Isto é, garantir que os achados de uma investigação possam ser assemelhados aos resultados da replicação do Estudo de Caso, ou mesmo de um outro caso em condições equivalentes ao primeiro, orientado pelo mesmo protocolo.

O ponto central do protocolo, que deve ser construído a partir do início do projeto, é um conjunto de questões que, de fato, refletem a investigação real. As questões são feitas ao próprio pesquisador e funcionam como um *chek-list* para que o investigador fique atento e se lembre de todas as ações para condução do trabalho, particularmente, no levantamento das informações que precisam ser coletadas e as razões de coletá-las. As questões e prévios avisos registrados no protocolo ajudam o pesquisador a se manter no rumo correto à medida que a coleta avança. Cada questão deve vir acompanhada de uma lista de prováveis fontes de evidências e do instrumento de coleta que poderá ser utilizado, como, por exemplo: nomes de possíveis entrevistados, tipos de documentos a serem consultados, observações de determinados fatos, roteiros de entrevistas, questionários, agendamentos etc. Com essas anotações o pesquisador estará seguro, pois a homogeneidade de procedimentos será garantida pelo uso do mesmo *script*.

O protocolo também poderá incluir planilhas de coleta de dados a serem preenchidas durante todo o levantamento. As planilhas, geralmente, tabelas de dupla entrada, deverão conter as categorias de informações, permitindo análises cruzadas, bem como exatas identificações dos dados que estão sendo procurados, além de possibilitar melhor compreensão do que será feito com os dados quando da análise dos resultados.

Até onde for possível, o protocolo deve conter um esquema básico do relatório final do Estudo de Caso, uma vez que análises parciais são realizadas paralelamente à coleta de dados. É preciso reforçar o diferencial desta estratégia de pesquisa: não são distintas as etapas de coleta e de análise conforme ocorre nas outras estratégias convencionais. Acrescente-se que o material bibliográfico também poderá ser utilizado, consultado para sustentar análises e resultados preliminares ao longo de todo o trabalho de campo, bem como para reorientar ou ampliar a coleta de dados e informações que não foram previstos. Sendo feita ao longo do trabalho de coleta, a redação do futuro relatório permite compreensões e interpretações com melhores níveis de consistência dos achados, bem como possíveis alterações de conduta ao longo do estudo. A necessária flexibilização da estratégia de um Estudo de Caso, quando adequadamente utilizada, traz extraordinárias vantagens ao investigador e oferece qualidade ao produto da pesquisa.

5.1.6.6.1 Exemplos de Protocolos

Em um Estudo de Caso para analisar o uso de indicadores sociais no processo orçamentário do setor público municipal de saúde, Varela[22] assim construiu o protocolo do estudo:

a) Procedimentos Iniciais

Agendamento inicial da visita de campo: dia 22/07/2003

Contato Inicial: Sra. Cléa – Secretaria Adjunta de Saúde do Município de Brumadinho. Objetivo: Obtenção de informações gerais do município e da prefeitura e verificação dos procedimentos para obtenção dos dados necessários ao Estudo de Caso.

Informações Gerais: Dados Gerais do Município: (1) confirmação dos dados obtidos no *site* da Assembleia Legislativa do Estado de Minas Gerais, (2) levantamento de publicações em periódicos sobre o município. Dados da Administração Municipal: (1) conhecer as principais autoridades do município e apresentar a proposta de trabalho, (2) Estrutura Administrativa – organograma da administração, locais de funcionamento, (3) Funcionamento da Secretaria Municipal de Saúde.

Verificação dos procedimentos para coleta dos dados: Autorização para obtenção dos dados: (1) acesso a documentos e a banco de dados – autorização formal das autoridades do município para recebimento dos dados. Disponibilidade dos funcionários para atendimento das demandas; (2) Quais funcionários deveriam ser entrevistados sobre os processos de coleta de dados do SUS? (3) Quais funcionários deveriam ser entrevistados sobre o processo de planejamento e orçamento, inclusive na secretaria de saúde? (4) Existe a possibilidade de observar a coleta dos dados? Onde? Quando? (5) Alguma restrição quanto ao uso do gravador? Contrapartida da pesquisa: (1) discussão das questões relacionadas ao caso de Brumadinho na Universidade de São Paulo, na banca de qualificação da dissertação de mestrado, (2) Relatório de Pesquisa e apresentação para os profissionais da prefeitura, (3) troca de experiências com a pesquisadora, (4) possibilidade de publicação do caso em congressos ou revistas da área contábil. Disponibilidade de recursos: veículos para locomoção no município, xerox, computador para acesso às bases de dados (quais horários?), disquetes ou cd's para cópia dos bancos de dados, impressão de documentos.

b) Questões para o Estudo de Caso

A segunda parte, essência do Protocolo do Estudo de Caso, foi constituída por um conjunto de questões que refletem com detalhes as proposições da pesquisa, construídas por meio da revisão teórica sobre o tema abordado e que foram utilizadas como fonte de orientação para a pesquisadora:

Gestão da Saúde

- Qual a concepção de saúde adotada pelo município? O que inclui a função saúde?
- Quais as secretarias envolvidas na prestação de serviços relacionados à função saúde?
- Quais os objetivos dos diversos programas incluídos na função saúde? Existe a tendência de simplificação dos objetivos que por natureza são complexos?
- Os planos de saúde apresentam alternativas de ação para atingir os objetivos? Ou justificam uma posição preconcebida, como a utilização das alternativas de ação formuladas pelo governo federal (exemplo – Programa Saúde da Família)?
- Quais são os bens móveis e imóveis destinados à função saúde (hospitais, policlínicas, aparelhos de diagnóstico e tratamento, móveis direcionados às atividades de apoio)? Existem bens utilizados em conjunto com outras funções?

Processo Orçamentário

- Qual a visão e compreensão dos secretários de saúde e fazenda sobre o orçamento público (tradicional ou orçamento-programa)?
- Qual a visão e compreensão das pessoas responsáveis pela elaboração do orçamento público (tradicional ou moderna)?
- O orçamento público é utilizado como base para a tomada de decisão?
- Quais os tipos de classificação que são enfatizados na elaboração do orçamento público?
- Os programas vêm descritos em termos de metas físicas e financeiras, relacionando insumos/produtos finais (índices de produtividade) e insumos/produtos intermediários (índices de rendimento)?
- Existe a designação de gestor responsável para cada programa de governo?

Sistemas de Informações em Saúde

- Quais são os sistemas de informações que obrigatoriamente devem ser alimentados pelos municípios?
- Quais são os sistemas de informações com alimentação facultativa?
- Verificar: (1) forma de coleta e conferência dos dados; (2) periodicidade; (3) confiabilidade das informações; (4) geração de relatórios; (5) geração de indicadores; (6) utilização do banco de dados no TAB-WIN, em relação aos seguintes sistemas de informações:

[...] A autora relaciona 12 sistemas de informações; além disso formula três questões sobre *Indicadores de Saúde*, além de cinco perguntas sobre a *Inter-relação entre informações e indicadores da saúde, planos de saúde e instrumentos do processo de planejamento e orçamento municipal,* complementando com uma questão sobre a proporção do gasto municipal no gasto total com a saúde.

c) Possíveis Fontes de Evidências

- Entrevistas.
- Documentos: Plano Plurianual, Lei de Diretrizes Orçamentárias, Lei Orçamentária Anual, Relatórios de Execução Orçamentária, Plano Municipal de Saúde, Agenda Municipal de Saúde e Relatório de Gestão.

- Bases de Dados: Secretaria Municipal de Saúde e DATASUS.

Para estudar a interiorização da variável ecológica na organização das empresas industriais, Donaire[23] elaborou um protocolo para a condução de um estudo multicaso. Em síntese, o documento continha:

- Propósito: descrição dos objetivos do estudo.
- Aspectos-chave do Estudo: relação das fontes de evidências: entrevista pessoal, documentação e observação direta.
- Organização do Plano: dissertação sobre o tipo de estudo de caso e sobre os ramos industriais que, potencialmente, serão estudados.
- Procedimentos: relação dos procedimentos para a condução das entrevistas e observações.
- Base de dados para o estudo de casos: caracterização da organização; caracterização da atividade/função ligada à variável ecológica; identificação da influência da variável ecológica nas estratégias e objetivos da organização; identificação da repercussão da variável ecológica em outras unidades administrativas; percepção da observação direta; Plano de análises e relatório final.

5.1.6.7 Trabalho de Campo e Estratégias para Análise dos Achados de um Estudo de Caso

Preferencialmente a coleta de dados para um Estudo de Caso deve se basear em diversas fontes de evidências. As evidências e a coleta de dados podem ser obtidas através de diversas técnicas apresentadas logo a seguir neste Capítulo: Observação, Observação Participante, Entrevista, *Focus Group*, Análise de Conteúdo, Questionário e Escalas Sociais e de Atitudes, Pesquisa Documental e Registros em Arquivos, Pesquisa Etnográfica e Análise do Discurso, permitindo-se combinações de técnicas. Confiar em apenas uma técnica de coleta de dados para construção de um Estudo de Caso não é recomendado, salvo casos extraordinários, onde o pesquisador obtém elementos suficientes para demonstrar suas proposições (teses), responder às questões orientadoras do estudo e mostrar resultados que possam surpreender. Naturalmente o uso de diversas técnicas de coleta de dados e evidências impõe a necessidade de mais tempo para o trabalho de campo, fato que deve ser avaliado quando do planejamento do estudo. O processo de coleta para um Estudo de Caso é mais complexo e trabalhoso do que os utilizados em outras estratégias de pesquisa. O pesquisador de um Estudo de Caso deve ser versátil e ao mesmo tempo atentar a certos procedimentos formais para garantir o controle de qualidade durante o processo de coleta, evitando contaminações e conclusões apressadas. Nesta fase de execução o plano para coleta dos dados se mostrará fundamental, podendo comprometer o trabalho de campo e análises, ou possibilitar a condução de um levantamento de dados consequente e fértil para as conclusões do estudo. O planejamento é indispensável, já que orientará o trabalho de campo do estudo e análises dos dados e evidências levantadas.

5.1.6.7.1 Triangulação

Como já se disse, a confiabilidade de um Estudo de Caso poderá ser garantida pela utilização de várias fontes de evidências, sendo que a significância dos achados terá mais qualidade ainda se as técnicas forem distintas. A convergência de resultados advindos de fontes distintas oferece um excelente grau de confiabilidade ao estudo, muito além de pesquisas orientadas por outras estratégias. O processo de triangulação garantirá que descobertas em um Estudo de Caso serão convincentes e acuradas, possibilitando um estilo corroborativo de pesquisa.

A literatura apresenta e discute quatro tipos de triangulação: (1) de fontes de dados – triangulação de dados – alternativa mais utilizada pelos investigadores; (2) de pesquisadores – avaliadores distintos colocam suas posições sobre os achados do estudo; (3) de teorias – leituras dos dados pelas lentes de diferentes teorias; (4) metodológica – abordagens metodológicas diferentes para condução de uma mesma pesquisa.

Quando há convergência de diversas fontes de evidências, tem-se um fato que poderá ser tratado como uma descoberta e devida conclusão, ou considerado como uma evidência que será juntada a outras, visando a melhor compreensão e interpretação de um fenômeno.

5.1.6.7.2 Encadeamento de Evidências

Um agente investigador, ou um detetive, segue vestígios, faz diligências, indaga, pesquisa, examina com atenção, esquadrinha situações para achar as causas de um fato e assim elucidar um fenômeno. Terá êxito se houver consistência entre as etapas (encadeamento de evidências) das conclusões para as questões iniciais, ou, inversamente, das questões para as conclusões. Analogamente, um pesquisador científico precisa construir um encadeamento de evidências a fim de aumentar a confiabilidade das informações de seu Estudo de Caso. O leitor do relatório, por exemplo, poderá notar que evidências provenientes de questões iniciais da pesquisa levem às conclusões finais do estudo, e que há consistência se o caminho for inverso – das conclusões para as questões iniciais. Não se notam ideias tendenciosas por parte do pesquisador, ou interesses escusos de se comprovar posições preconcebidas. Há lógica e sintonia entre os elementos do plano, da execução e das conclusões da pesquisa.

5.1.6.7.3 Construção de Teoria (Grounded Theory)

As proposições idealizadas pelo pesquisador quando do início de uma investigação de um Estudo de Caso – sua teoria preliminar – precisam ser colocadas para testes e demonstrações a partir das evidências empíricas coletadas e da plataforma teórica admitida. Ou seja, o pesquisador envidará esforços para construir uma teoria, a partir das proposições iniciais sobre perspectivas consideradas no Estudo de Caso. A *Grounded Theory*, GT, visa desenvolver uma teoria sobre a realidade que se está investigando – nesta situação um Estudo de Caso –, a partir de dados coletados pelo pesquisador, sem considerar hipóteses preconcebidas.

Busca-se a construção de teoria à medida que o trabalho de campo se desenvolve. A teoria indutivamente derivada dos dados é a teoria substantiva, ou seja, aquela representativa da realidade dos sujeitos e situações estudadas. O pesquisador deve começar a pesquisa com um modelo parcial de conceitos – proposições iniciais – ou seja, conceitos que indicam aspectos principais da estrutura e processos da situação que será avaliada – teoria preliminar. A GT é construída através da coleta seletiva de dados, da categorização de dados e da saturação teórica. A *Grounded Theory* é discutida com detalhes, neste Capítulo.

5.1.6.8 Sobre Análises dos Resultados

Não há um roteiro único para se analisar os resultados de um estudo desta natureza. Conforme já dito, cada caso é um caso. A maior parte da avaliação e análise dos dados é realizada paralelamente ao trabalho de coleta. As triangulações de dados e os encadeamentos de evidências, eventualmente realizadas junto com o trabalho de campo, irão dar força, confiabilidade e validade aos achados da pesquisa e às conclusões formuladas. Em um Estudo de Caso não são estanques e distintas as etapas que compõem a abordagem metodológica. Se o planejamento e o protocolo foram elaborados com detalhes, pontos para análises foram marcados, e dessa maneira cada pesquisador deve começar seu trabalho com uma estratégia analítica geral. É bem provável que as avaliações sejam quantitativas e qualitativas (como dizem alguns autores – pesquisas quantitativas e pesquisas qualitativas), com preponderância para esta última. De modo geral, a análise de dados consiste em examinar, classificar e, muito frequentemente, categorizar os dados, opiniões e informações coletadas, ou seja, a partir das proposições, teoria preliminar e resultados encontrados, construir uma teoria que ajude a explicar o fenômeno sob estudo. O uso de técnicas quantitativas – estatísticas – é menos frequente. Não se deve também esquecer o uso do material bibliográfico e de outras naturezas que compõem a plataforma teórica do estudo, para sustentar análises, comentários, classificações, categorizações, teorizações e conclusões.

A análise de um Estudo de Caso deve deixar claro que todas as evidências relevantes foram abordadas e deram sustentação às proposições que parametrizaram toda a investigação. A qualidade das análises será notada pelo tratamento e discussão das principais interpretações – linhas de argumentação – concorrentes, bem como pela exposição dos aspectos mais significativos do caso sob estudo e de possíveis laços com outras pesquisas assemelhadas.

Cuidados especiais devem ser tomados para se evitar estratégia analítica desenvolvida exclusivamente em descrição do caso. Relatórios vindos a partir dessa orientação, geralmente, constituem-se em enfadonhos textos.

5.1.6.9 Composição do Texto de um Estudo de Caso

Como se pôde observar em seções anteriores, ao longo da construção de uma pesquisa orientada por um Estudo de Caso, o pesquisador vai relatando (escrevendo) sobre diversas etapas do trabalho, enunciando questões, formulando proposições, compilando citações, paráfrases, planejando ações, anotando dados coletados, evidências conseguidas, análises preliminares, resultados obtidos, enfim, registrando o diário da pesquisa. Obviamente esse material será o conteúdo do relatório da pesquisa: uma monografia, um artigo, uma dissertação e mesmo uma tese.

Assim como as demais etapas, descritas anteriormente, não se tem uma hierarquia e independência entre as fases de construção de uma investigação desta natureza, razão pela qual não é preciso escrever apenas quando se termina o trabalho de coleta dos dados. A composição do texto deve ser entendida como uma oportunidade singular para se expor uma contribuição importante ao conhecimento e à prática da pesquisa.

Os capítulos, as seções, subseções e outras partes integrantes de um relatório devem ser organizados de alguma maneira, e essa organização constitui a estrutura do relatório. São diversas as alternativas de estruturas. Aqui são apresentadas três delas: (1) Estrutura analítica linear – trata-se de uma abordagem padrão orientada por uma sequência de tópicos que inclui o tema, a questão ou problema que está sendo estudado, uma revisão da literatura, ou seja, exposição da plataforma teórica do estudo, as técnicas de coleta utilizadas, as descobertas obtidas, conclusões e recomendações. Constitui-se em uma alternativa ortodoxa, comum e quase obrigatória quando se empreendem as clássicas estratégias de pesquisa. (2) Estrutura cronológica – trata-se de uma abordagem orientada por uma sequência de capítulos e de seções que relatam a história do Estudo de Caso. Cuidados devem ser dados às ênfases equilibradas entre os momentos iniciais, intermediários e finais, evitando-se exagero em alguma das partes. (3) Estrutura de "incertezas" – trata-se de uma abordagem que inverte a abordagem analítica. As respostas ou os resultados de um Estudo de Caso são apresentados no capítulo inicial, sendo que o restante do estudo, e suas partes mais incertas, são relatados nos capítulos e seções subsequentes.

Processo de um Estudo de Caso

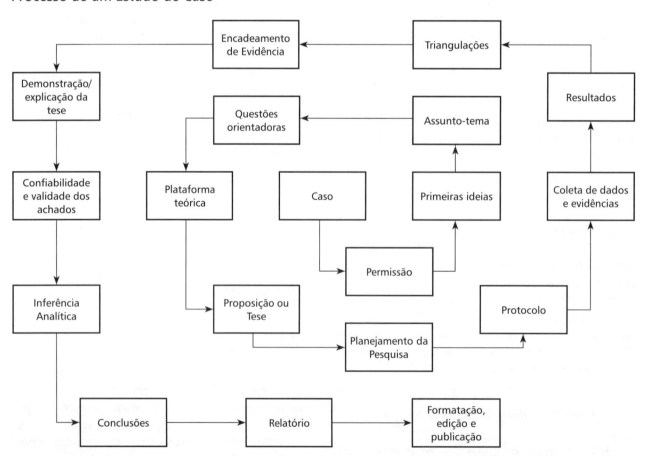

5.1.6.10 Exemplos – Estudo de Caso

Exemplo 1

Em artigo da *Rausp*, Kruglianskas e Giovannini[24] assim se expressam quanto à metodologia adotada:

> O objetivo da pesquisa será perseguido [...], buscando-se evidências de que haja alguma relação entre as características organizacionais do SGQ (Sistema de Gestão da Qualidade) propostas e os indicadores de eficácia adotados. [...]

Além disso, como é característica específica dos estudos de caso, espera-se poder entender como e por que essa relação ocorre. [...] O roteiro básico utilizado foi o de visitas às instalações das empresas, entrevistas com pessoas de diversos níveis hierárquicos do SGQ e de outras áreas ligadas, análise de documentos e registros das empresas e de entidades patronais e a análise de dados socioeconômicos. Como se pode perceber, foram utilizadas múltiplas fontes de evidência.

Exemplo 2

Artigo de Carvalho e outros autores,[25] na *Rausp*, assim expressa a metodologia da investigação:

> A abordagem metodológica de estudo de caso foi utilizada para elaborar uma análise comparativa dos modelos de maturidade e apresentar a estruturação da área (unidade de análise) de projetos em uma organização. Os critérios para seleção do caso foram a importância estratégica da atividade de projetos, a organização da atividade da empresa ou da área ser estruturada por projetos e os investimentos crescentes na atividade de projetos.
>
> A empresa selecionada para o estudo de caso foi uma companhia aérea brasileira, especificamente sua Diretoria de Tecnologia da Informação (TI). [...] baseou-se em entrevistas e análise de documentos corporativos realizadas em 2002. O estudo de campo foi feito em duas etapas distintas de levantamento de dados: na primeira foram realizadas 15 entrevistas estruturadas por questionários com os funcionários da área de TI e, na segunda, analisaram-se os documentos relacionados aos processos e projetos, além de terem sido feitas novas rodadas de entrevistas com roteiro de entrevista aberto com os três gerentes funcionais. O perfil dos funcionários entrevistados na primeira fase foi composto por técnicos, coordenadores e gerentes de projetos.
>
> Os instrumentos de coleta de dados visaram estabelecer o nível de maturidade em projetos da organização, contemplando o roteiro de diagnóstico proposto por Kerzner (2001) e um roteiro elaborado com base na premissa do OPM3 e do CMM. A análise de documentos visou validar as informações obtidas no questionário, além de suportar a avaliação das funções do modelo PMO adotadas na prática pela companhia para depois enquadrá-lo nos modelos teóricos de Dinsmore (1999).

Exemplo 3

Em trabalho apresentando no XXIX ENANPAD – Encontro Nacional dos Programas de Pós-Graduação em Administração –, Souza e Passolongo[26] assim descreveram a metodologia da pesquisa:

> A pesquisa compreendeu a realização de três estudos de casos em empresas (M.A. Falleiros, Noma e Indel) que utilizam SICs como ferramenta de suporte a suas decisões. A análise de casos múltiplos é importante porque, além de verificar similaridades ou diferenças entre os casos estudados, permite estabelecer que um estudo de caso seja complementar ao outro, favorecendo uma melhor análise dos dados. Considerou-se a condução de três estudos de casos suficiente para atingir os objetivos inicialmente estabelecidos, especialmente porque esta pesquisa é uma replicação de outras realizadas anteriormente com os mesmos objetivos ou objetivos bastante similares. Essa replicação também contribui para o que Yin (2001, p. 54) chama de "generalização analítica". Nesse tipo de generalização, "o pesquisador está tentando generalizar um conjunto particular de resultados a alguma teoria mais abrangente". Para que a generalização analítica ocorra, é necessário "testar uma teoria através da replicação das descobertas em um segundo ou mesmo terceiro local, nos quais a teoria supõe que deveriam ocorrer os mesmos resultados". [...] A coleta dos dados primários

> foi realizada por meio de entrevistas semiestruturadas, questionários autopreenchidos, observação não participante e pesquisa documental. [...] O roteiro de entrevista utilizado foi adaptado de Zanoteli (2001), Cardoso (2001) e Kuwabara (2003). [...] O questionário utilizado foi do tipo fechado. [...] Os dados coletados foram submetidos a diversas técnicas de análise, incluindo: análise de conteúdo (qualitativa e quantitativa – análise categorial), técnica de triangulação e modelagem.
>
> Apesar de algumas imperfeições quanto ao entendimento da generalização analítica e teste de teoria, nota-se o esforço dos autores quanto à correta prática da estratégia de um Estudo Multicaso.

5.1.7 Pesquisa-Ação

Diversos termos têm sido utilizados, às vezes indistintamente, para denominar estilos participativos de pesquisa, tais como: observação participante, pesquisa participante, pesquisa participativa, investigação-ação, pesquisa-ação, dentre outros. Não existe uma única maneira de definir essas atividades, uma vez que elas provêm de raízes distintas, teorias e estratégias metodológicas diversas.[27]

As estratégias de pesquisa participativa representam uma reação ao "modelo clássico" de ciência. Os pesquisadores alinhados com pesquisas onde a participação do investigador é intensa com os atores do estudo apontam diversas críticas ao que denominam "modelo clássico" ou "modelo tradicional" de pesquisa, questionando sua aplicabilidade às ciências humanas e sociais. Dentre os pontos de crítica, destacam aspectos como o excessivo rigor científico, a simplificação da realidade, a objetividade e a neutralidade da ciência. Trataremos nesta seção da Pesquisa-Ação (PA). Há outras estratégias orientadas pela participação do investigador junto aos sujeitos da pesquisa, destacando-se a Pesquisa Participante (PP) – estratégia de investigação que em muito se assemelha à Pesquisa-Ação.

A Pesquisa-Ação tem sido definida como um tipo de investigação participante que tem como característica peculiar o propósito de ação planejada sobre os problemas detectados. Na Pesquisa-Ação os atores envolvidos "[...] participam, junto com os pesquisadores, para chegarem interativamente a elucidar a realidade em que estão inseridos, identificando problemas coletivos, buscando e experimentando soluções em situação real".[28] Consideram-se "atores" pessoas que dispõem de capacidade de ação coletiva consciente em um determinado contexto social, organizadas tanto em grupos informais como em grupos formalmente constituídos.

A aplicação da PA nos estudos das organizações abrange particularmente a área de Administração de Pessoas e fatores relacionados com características culturais e sociais da tecnologia e da inovação técnica. Essa modalidade de pesquisa não se destina a ser aplicada na solução quotidiana de pequenos problemas gerenciais ou administrativos; ao contrário, é destinada a tratar questões complexas, especialmente em situações insatisfatórias ou de crise, que têm características de diagnóstico e de consultoria.

São diferentes os pontos de vista dos autores sobre a imbricação entre Pesquisa-Ação e Ciência. Para uma corrente de seus partidários, a ação ou a participação seriam suficientes – conhecimento e ação estariam fundidos, não havendo lugar autônomo para a ciência. Outros autores, no entanto, defendem a necessidade da inserção da PA dentro de um paradigma científico. Como destaca Thiollent:[29] "[...] um grande desafio consiste em fundamentar a inserção da PA dentro de uma perspectiva de investigação científica, concebida de modo aberto e na qual 'ciência' não seja sinônimo de 'positivismo', 'funcionalismo' ou de outros 'rótulos'".

O autor pondera que, embora, na linha alternativa, as formas de raciocínios sejam mais flexíveis do que na pesquisa convencional, elas não devem excluir recursos hipotéticos, inferenciais e comprobatórios. Indica que a lógica formal, com suas formulações binárias (como verdade/falsidade), não é própria para basear conhecimentos de características informais, obtidos em situação interativa. A estrutura de raciocínio subjacente à Pesquisa-Ação contém elementos do tipo inferencial (não limitados às inferências lógicas e estatísticas) e processos argumentativos ou discursivos entre os vários participantes. Essa estrutura lógica objetiva proporcionar ao pesquisador melhores condições de tratamento do material qualitativo gerado na pesquisa, que é feito, essencialmente, de linguagem.

Segundo seu criador Kurt Lewin, Pesquisa-Ação se constitui em um ciclo de análise, fato achado, concepção, planejamento, execução e mais fato-achado ou avaliação. E então, uma repetição deste círculo inteiro de atividades, realmente uma espiral de tais círculos. A realização de uma PA é facilitada nas organizações de cultura democrática, quando já existe o reconhecimento e participação de todos os grupos. Em um Estudo de Caso a autorização dos responsáveis pela organização que se pretende realizar a pesquisa, em tese, possibilita a condução de uma Pesquisa-Ação. Entender a participação como algo que possa ser imposto é ingênuo e suspeito.

Características de uma PA

a) Há uma ampla e explícita interação entre o pesquisador e pessoas implicadas na situação investigada.

b) Da interação resulta a ordem de prioridade dos problemas a serem pesquisados e das soluções a serem encaminhadas sob a forma de ação concreta.

c) O objeto da investigação não é constituído pelas pessoas e sim pela situação social e pelos problemas de diferentes naturezas encontrados.

d) O objetivo de uma PA consiste em resolver ou, pelo menos, em esclarecer problemas da situação observada.

e) Há, durante o processo, um acompanhamento das decisões, das ações, e de todas as atividades intencionais dos atores da situação.

f) A pesquisa não se limita a uma forma de ação (risco de ativismo): pretende aumentar o conhecimento do pesquisador sobre o nível de consciência das pessoas e dos grupos considerados.

Segundo Thiollent:[30]

> Pesquisa-ação é um tipo de pesquisa social com base empírica que é concebida e realizada em estreita associação com uma ação ou com a resolução de um problema coletivo e no qual os pesquisadores e os participantes representativos da situação ou problema estão envolvidos de modo cooperativo ou participativo.

O autor da pesquisa e os atores sociais se encontram reciprocamente implicados: os atores na construção e resultados da pesquisa e o autor nas ações que irão orientar a pesquisa e seus achados. Autor e atores tendem a identificarem-se em uma só instância de planejamento e operações. Os atores de um Estudo de Caso deixam de ser simplesmente objeto de observação, de explicação ou de interpretação. Eles tornam-se sujeitos e parte integrante da pesquisa, de sua concepção, de seu desenvolvimento, de seus resultados e de sua redação. É fundamental conjugar interesses do pesquisador com as expectativas dos atores.

Uma Pesquisa-Ação comporta três aspectos simultâneos, se analisada como pesquisa inserida na ação:[31]

a) Pesquisa SOBRE os atores sociais, suas ações, transações, interações – seu objetivo é a explicação.

b) Pesquisa PARA dotar de uma prática racional as práticas espontâneas – seu objetivo é a aplicação.

c) Pesquisa POR, ou melhor, PELA ação, isto é, assumida por seus próprios atores tanto em sua concepção, como em sua execução e seus acompanhamentos – seu objetivo é a implicação.

A concepção de uma Pesquisa-Ação é vista como uma estrutura de interação clientes/pesquisador ou consultor, com procedimentos em cinco fases:

1. Diagnóstico para identificar um problema na organização.

2. Planejamento do estudo considerando as ações alternativas para resolver o problema.

3. Execução das ações planejadas com seleção de roteiros e estratégias.

4. Avaliação das consequências de cada ação.

5. Aprendizagem específica e identificação dos ensinamentos da experiência, com retorno ao ponto de partida para evidenciar o conhecimento generalizável adquirido sobre o problema.

Embora não se tenha uma forma totalmente predefinida, pode-se dizer que existem quatro grandes fases na condução de um projeto de PA:

Fase exploratória

A exploração se pratica essencialmente pela discussão em grupo com membros da organização na identificação do problema proposto pelo pesquisador que possa ser cientificamente solucionado pela ação do autor e atores envolvidos, podendo iniciar-se sob a forma de simples conversação e prolongar-se em entrevistas individuais, coletivas ou em seminários.

As principais atividades relacionadas com as entrevistas da fase exploratória são:

1. Preparação do roteiro de entrevista.
2. Preparação do trabalho da equipe de entrevistadores, ou do próprio pesquisador.
3. Aplicação do roteiro de entrevista.
4. Análise e interpretação das respostas.
5. Relatório de análise das entrevistas.
6. Retorno do relatório aos entrevistados.

Fase da pesquisa aprofundada

Nesta fase o pesquisador e participantes se reúnem em um seminário para direcionar a investigação, com auxílio de grupos de estudos de coleta de dados. Quando da aplicação de uma PA em organização empresarial o grupo permanente é composto dos promotores da pesquisa, de membros da gerência representativa de diversas áreas e, eventualmente, de consultores ou pesquisadores externos. Entre as principais atribuições do grupo permanente destacam-se: entendimento dos temas e problemas prioritários; compreensão da problemática, das proposições e eventuais hipóteses da pesquisa; coordenação das atividades; centralização das informações provenientes das diversas fontes; interpretação dos resultados; busca de soluções e propostas de ação; acompanhamento das ações implementadas e avaliação dos resultados; divulgação dos resultados por meio de canais adequados, com estilo de redação adequado aos públicos leitores.

Fase de ação

A fase de ação tem como objetivo difundir os resultados, que, além de informativos, devem ser conscientizadores. O processo de divulgação pode ser concebido de dois modos: centralizado por equipe dotada de autonomia ou descentralizado em função da própria estrutura da organização.

Uma vez processados os resultados da pesquisa é aberta uma ampla discussão entre os membros da organização e diversas propostas são encaminhadas em termos de aperfeiçoamentos e/ou mudanças.

Fase de avaliação

As ações implementadas são objeto de profunda avaliação acompanhada por grupos conjuntos e sintetizadas em seminários nos quais podem ser convidados avaliadores externos.

Como aspectos da pesquisa que podem ser objeto de avaliação destacam-se:

- Pontos estratégicos.
- Capacidade de mobilização.
- Capacidade de geração de propostas.
- Continuidade de projeto.
- Participação.
- Qualidade do trabalho em equipe.
- Efetividade das atividades de formação.
- Conhecimento e informação.
- Comunicação.
- Atividades de apoio.

Algumas críticas à PA

- Diz-se que uma PA poderá ser uma pesquisa com pouca ação, ou ação com pouca pesquisa.
- Autores entendem que a PA apresenta pouco rigor científico, e consequentemente limitada contribuição ao corpo de conhecimentos.
- A PA aborda problemas complexos que podem se alterar antes da conclusão da pesquisa.
- A PA encontra dificuldades e entraves em estruturas burocráticas e pouco democráticas.
- Por envolver atores com diversos níveis de escolaridade, torna-se difícil a comunicação e entendimento de todas as fases da pesquisa a todos os participantes.

Exemplo – Pesquisa-Ação

Com objetivo de conceber, testar e demonstrar a aplicabilidade de um modelo informacional que possibilite a gestão integrada das operações da cadeia de suprimentos para indústrias geograficamente dispersas – também denominadas indústrias multiplanta –, Dias e Joia[32] empreenderam uma Pesquisa-Ação na empresa Rio Doce Manganês S.A., subsidiária da Cia. Vale do Rio Doce. Os autores eram funcionários da referida empresa.

5.1.8 Pesquisa Etnográfica

A etnografia, o mesmo que etnologia, é uma das disciplinas do tronco sociológico/antropológico e tem por objeto os modos de vida de grupos sociais. Foi originalmente utilizada em estudos com populações primitivas e minorias culturais na área da Antropologia. A pesquisa etnográfica refere-se à descrição de um sistema de significados culturais de um determinado grupo. A etnografia se caracteriza fundamentalmente pela procura de fontes múltiplas de informações, dados e evidências, para com isso obter diferentes perspectivas sobre a situação pesquisada, e coleta de informações, dados e evidências através da Observação Participante. A técnica etnográfica consiste na inserção do pesquisador no ambiente, no dia a dia do grupo investigado. Os dados são coletados no campo, por meio da Observação Participante, possivelmente entrevistas, quase sempre semiestruturadas, e outras técnicas de coleta. Possibilita uma compreensão mais ampla da atuação dos indivíduos no ambiente social, organizacional, ao fornecer uma noção da realidade formal e informal dos diversos níveis da sociedade ou da organização. Exige do pesquisador um esforço intenso para minimizar os riscos de omissão ou da revelação de dados distorcidos por parte do grupo investigado. Também exige do pesquisador muita sensibilidade para atuar no trabalho de campo, para ouvir, observar e reconhecer os momentos mais adequados para perguntar, dialogar, enfim, agir.

A Observação Participante proporciona o grande diferencial da pesquisa etnográfica, por propor a imersão do pesquisador no meio de vida dos pesquisados, fugindo assim dos ambientes artificiais de laboratórios. A condução de entrevistas em profundidade surge como uma forte alternativa de coleta de informações, dados e evidências complementares, em que se exercita a escuta ativa – entender a versão dos entrevistados sobre seus próprios mundos – visões que serão confrontadas com as observações de campo e outras evidências coletadas ao longo do estudo. Esses procedimentos permitem descobrir, aos poucos, o simbolismo dos comportamentos que nem sempre estão expressos de modo consciente no discurso dos informantes.

A investigação etnográfica pode ser identificada por terminologias como pesquisa *on-site*, *naturalistc* ou *contextual research*. Além da tradicional Observação Participante, o pesquisador pode utilizar *videotapes*, filmes e instrumentos assemelhados para registrar atitudes, ações, comportamentos *in loco*. A falta de profissionais qualificados para a realização do trabalho de campo etnográfico, conforme proposta da tradição antropológica, constitui forte restrição à prática dessa abordagem.

Uma variante à prática da pesquisa etnográfica é levantar e caracterizar os códigos e repertórios presentes nos discursos sobre determinado evento: *etnography of speaking*. Nestes casos, o trabalho etnográfico do campo antropológico tem capacidade de revelar tanto as estruturas inconscientes da linguagem (análise do discurso), quanto o modo específico em que o discurso é atualizado pelos atores sociais em situações determinadas.

Em uma pesquisa qualitativa com abordagem etnográfica as seguintes características se fazem presentes:

a) São enunciadas questões e proposições preliminares, provisórias. A teoria preliminar é alterada e/ou confirmada no campo.

b) O trabalho de campo deve ser realizado, pessoalmente, pelo investigador quando este revelar experiências para tal prática.

c) A prática etnográfica exige uma longa e intensa imersão na realidade do grupo social que se deseja estudar.

d) O conhecimento de outros grupos, e de referenciais teóricos, é fundamental para o entendimento e explicações dos significados que o grupo atribui às suas experiências.

e) São diversas as técnicas de coleta de informações, dados e evidências que podem ser utilizados em estudos etnográficos: observação direta; observação participante; entrevista; pesquisa documental; questionário; histórias de vida; testes atitudinais; fotografias; vídeos etc.

f) O relatório etnográfico necessariamente não se amolda ao convencional. Poderá ser expresso por um filme, um texto em prosa e verso, um texto de formato não ortodoxo etc.

São mais frequentes na área social os estudos etnográficos sobre subculturas e pequenos grupos. Na área de Marketing, por exemplo: pode-se conduzir estudo etnográfico sobre o consumo de um grupo de adeptos de atividades de lazer de alto risco, praticantes do paraquedismo etc.

Há pesquisadores que defendem a *netnography* (netnografia ou etnografia *on-line*) como uma técnica de pesquisa privilegiada para alcançar o entendimento de valores e símbolos que norteiam as diversas subculturas do ambiente tecnológico criado pelos meios de comunicação de massa, particularmente a Internet. Buscam-se entendimentos sobre comunidades virtuais, ou seja, peculiaridades das interações *on line* das *e-tribes*.

A pesquisa etnográfica é fundamentalmente politizada: a observação participante de um grupo, o compromisso e a confiança estabelecidos com os informantes, os dilemas surgidos durante a pesquisa mostram claramente a necessidade da ética no trabalho etnográfico.

Em um contexto histórico de pós-modernidade, em que se observa a proliferação de microidentidades, estilos de vida, culto ao *self*, autoconceito (*self-concept*) e os *realities*, os estudos etnográficos se constituem em abordagem investigativa promissora.

5.1.8.1 Exemplos – Pesquisa Etnográfica

Exemplo 1

Um exemplo ilustra a prática dessa alternativa: foi realizado um estudo que investigou um grupo de consumidores denominados *new bikers*, representado pelos proprietários de motocicletas *Harley Davidson*. O grupo marcava sua diferença por comungar de uma mesma atividade e estilo de vida singular, e compartilhar da adoração por um produto de uma marca específica. A diversidade de valores identificados em subgrupos não fragmentava o grupo pela existência de valores que atravessavam os diferentes subgrupos: a devoção à marca *Harley Davidson*, a liberdade, o patriotismo e a afirmação do mundo masculino.

Exemplo 2

Para compreender e explicar "a percepção subjetiva do tempo e os processos de mudança organizacional, uma análise crítica da implantação de uma ferramenta de Gestão de Competências em uma Multinacional do setor de aromas e fragrâncias", as autoras Vasconcelos et al. (2005) empreenderam uma estratégia de pesquisa etnográfica. Justificam a opção pois "os papéis regulam a interação entre indivíduos e lhes fornecem expectativas recíprocas tendo em vista os diversos contextos sociais que vivenciam em sua vida cotidiana [...] Considera-se que cada grupo ou subgrupo social tem a sua forma particular de interagir, debater e negociar, criando um verdadeiro 'mundo ou mini-mundo cultural' que lhe é próprio. Cada mundo social possui práticas e hábitos sociais particulares e também formas de luta e negociação política características". A organização, lugar de intersecção entre vários mundos sociais distintos, é uma verdadeira arena política complexa onde se podem observar diversas formas de debate e ação, no caso, o objeto do estudo aqui cuja metodologia aqui se sumariza. As pesquisadoras ficaram quatro meses na empresa pesquisada realizando observações diversas, analisando documentos da organização. Além disso, neste período, realizaram 15 entrevistas semiestruturadas e efetuaram um diário de pesquisa que preencheram com todas as experiências e observações realizadas no campo, dia após dia.

5.1.9 Construção de Teoria (*Grounded Theory*)

A GT surgiu nos Estados Unidos, na década de 60, concebida por Barney Glaser e Anselm Strauss, com a obra *The Discovery of Grounded Theory*, de 1967, como mais uma alternativa às avaliações qualitativas. Busca-se a construção de teoria à medida que o trabalho de campo se desenvolve. A teoria indutivamente derivada dos dados é a teoria substantiva, ou seja, aquela representativa da realidade dos sujeitos e situações estudadas. O pesquisador deve começar a pesquisa com um modelo parcial de conceitos – proposições iniciais –, ou seja, conceitos que indicam aspectos principais da estrutura e processos da situação que será avaliada – teoria preliminar. Contrariamente ao que acontece quando são utilizadas estratégias convencionais de pesquisa, neste caso, o pesquisador não deve ir a campo com um modelo teórico acabado. Segundo os referidos autores, se o pesquisador se compromete exclusivamente com uma teoria específica, pode tornar-se doutrinário e não conseguir olhar além dos limites impostos pelas regras da teoria escolhida, limitando os processos de coleta e análise dos dados. A GT é construída através da coleta seletiva de dados, da categorização de dados e da saturação teórica.

A coleta seletiva de dados (*theoretical sampling*) consiste no processo de coletar dados para gerar teoria. Essa coleta seletiva tem como ponto de partida a decisão inicial da coleta de dados, a qual é baseada apenas em uma perspectiva sociológica geral da área ou dos sujeitos a serem pesquisados, ou seja, a decisão inicial não é baseada em uma estrutura teórica preconcebida. Dessa maneira o pesquisador coleta, codifica e analisa seus dados. Com base na análise dos primeiros casos, decide qual o próximo dado a coletar e onde encontrá-lo. Na medida em que o pesquisador compara vários casos, a teoria vai emergindo (Glaser e Strauss).[33]

A teoria emergente aponta para os próximos passos a serem pesquisados. Dessa forma, o pesquisador é guiado pelas questões de pesquisa definidas inicialmente e pelas lacunas que emergem na teoria que ele está gerando. Portanto, a questão básica, na coleta seletiva dos dados, é: quais são os próximos grupos ou subgrupos a serem pesquisados, e para preencherem qual lacuna teórica? Em resumo, como selecionar múltiplos grupos de comparação? As possibilidades de múltipla comparação são infinitas, e assim, os grupos devem ser escolhidos de acordo com o critério teórico. O critério básico que orienta a seleção dos grupos de comparação é a sua relevância para promover a emergência de categorias.

O pesquisador escolhe alguns grupos que irão ajudar a gerar, na extensão mais plena, tantas propriedades de categorias quanto possível que irão ajudar a relacionar categorias umas às outras e às suas propriedades. As comparações entre os grupos são conceituais, e são feitas comparando-se similaridades ou diferenças e não comparando-se as evidências propriamente ditas.

Para comparar grupos e gerar teoria, o pesquisador deve utilizar a sua sensibilidade teórica (*theoretical sensitivity*). Essa sensibilidade tende a aumentar com a experiência do pesquisador. Ela envolve a sua capacidade, o seu temperamento, as suas habilidades de pesquisador, de reconhecer *insights* teóricos em sua área de pesquisa, combinada com sua habilidade de elaborar teoricamente esses *insights*. O desenvolvimento dessas aptidões aguça a sensibilidade do pesquisador e possibilita que ele construa um "arsenal" de categorias e conjecturas.

Ao escolher grupos por relevância teórica, duas questões estratégicas surgem: a primeira, sobre o número de grupos com os quais trabalhar. E a segunda, até que grau os dados devem ser coletados em cada grupo. Para Glaser e Strauss (1967), responder a essas questões requer ponderações sobre saturação teórica (*theoretical saturation*) e, como decorrência dela, sobre tipos diferentes de dados (*slices of data*) e sobre profundidade da amostra teórica (*depth of theoretical sampling*).

O pesquisador não pode definir, *a priori*, quantos grupos irá pesquisar durante o seu trabalho. O critério para julgar quando parar de pesquisar os diferentes grupos relacionados a uma categoria é a saturação teórica. Saturação significa que nenhum dado adicional, que contribua para a compreensão da categoria, e consequentemente para a teoria substantiva, está sendo encontrado.

A saturação teórica é conseguida a partir de tipos diferentes de dados. Para a GT, nenhuma técnica para coleta de dados é necessariamente a mais apro-

Quadro 1 *Critérios para avaliação da teoria substantiva.*

CRITÉRIOS	DESCRIÇÃO	CONTRIBUIÇÃO
Grau de coerência (fit)	As categorias da teoria devem ser derivadas dos dados e não de preconceitos.	Confere credibilidade à teoria e permite que seja entendida por terceiros que não participaram do estudo.
Funcionalidade	A teoria deve explicar as variações encontradas nos dados e as inter-relações dos construtos, de forma a fornecer capacidade preditiva acerca do fenômeno explicado.	Uma teoria substantiva funcional deve ser entendida como teoria útil para os envolvidos.
Relevância	A teoria deve emergir fruto da sensibilidade teórica do pesquisador, que deve ser de identificar a categoria central mais relevante para explicar o fenômeno.	A relevância é verificada pelo reconhecimento imediato do significado da categoria central pelos envolvidos.
Flexibilidade	A teoria deve ser passível de modificação, permitindo que novos casos a enriqueçam com a introdução de novas propriedades e categorias.	Uma teoria substantiva deve estar aberta para o aprimoramento da sua capacidade de generalização.
Densidade	A teoria deve possuir poucos elementos-chaves e grande número de propriedades e categorias relacionadas.	A densidade confere maior validade aos constructos da teoria.

priada. Tipos diferentes de coleta de dados dão ao analista diferentes visões, a partir das quais ele vai construir, ou resgatar de outros estudos, categorias e desenvolver suas propriedades. Essas visões diferentes que devem ser comparadas e integradas teoricamente chama de *slices of data*.[34]

A profundidade da amostra teórica se refere à quantidade de dados coletados em um grupo e em uma categoria. A GT não prevê que se levantem todas as categorias e todas as propriedades de todos os grupos, exceto no começo da pesquisa, quando as principais categorias ainda estão emergindo. A ideia geral é que o pesquisador deve se aprofundar em uma categoria até chegar à sua saturação. Mas, para isso, existem ênfases diferentes. Todas as categorias não são igualmente relevantes. Categorias teóricas que têm maior poder explanatório (*core categories*) devem ser saturadas o mais completamente possível. Os esforços para saturar as categorias teóricas menos relevantes não devem ser feitos ao mesmo custo de saturar as categorias principais. Na medida em que desenvolve sua teoria substantiva e a torna integrada, o pesquisador conclui que existem categorias que requerem maior ou menor saturação, e que algumas devem ser deixadas de lado. Assim, o pesquisador gera sua própria coleção de categorias para se aprofundar no desenvolvimento de sua teoria.[35]

Na medida em que o pesquisador consegue apreender e sistematizar variabilidades (dispersões) encontradas nos dados, ele avança na construção de uma teoria substantiva com forte poder explicativo e também coloca à prova sua teoria preliminar, ou seja, proposições (teses) previamente enunciadas. Não é o número de dados investigados que garante a geração de uma teoria substantiva, mas o entendimento e compreensão da variabilidade revelada pelos dados.

A análise dos dados continua até que ganhos marginais no poder explicativo da teoria sejam praticamente nulos. Isto é, o aumento de observações quase nada altera o padrão de dispersão alcançado. Esta situação é denominada de saturação teórica.

O Quadro 1 mostra critérios para avaliação da teoria substantiva, descrição e contribuição de cada critério.

Conforme explicado, os resultados de uma investigação orientada pela GT devem ser entendidos como provisórios, passíveis de modificações à medida que novas variações forem incorporadas à teoria (substantiva) anteriormente construída.

Quando do planejamento e da elaboração do protocolo de um Estudo de Caso, as etapas da *Grounded Theory* devem ser detalhadamente relatadas.

5.1.9.1 Exemplo: *Grounded Theory*

Os pesquisadores Correa e Luce,[36] em texto divulgado no EnAnpad, conduziram estudo com objetivo de construir um modelo e proposições para implementação de estratégias de marketing. Para tanto realizaram um intenso esforço de revisão de literatura, além de uma série de *rounds* de entrevistas com profissionais de marketing e consultores de grandes empresas, sendo as informações e dados analisados à luz da *Grounded Theory*.

Com vistas à contemplação do objetivo proposto, conduziu-se uma pesquisa em três estágios para a construção de um modelo. No primeiro estágio, realizou-se um esforço de pesquisa bibliográfica através de uma varredura de artigos relacionados à implementação de estratégias de marketing. Desenvolveu-se um modelo holístico integrativo dos *insights* dos dados de campo com a literatura existente, tendo-se uma interação dialética entre observações de campo e o que a teoria aponta. No segundo estágio, realizaram-se diversos *rounds* de entrevistas em profundidade com diretores, gerentes de marketing e assistentes de marketing. A duração média das entrevistas foi de 75 minutos. Com cada respondente foram realizados pelo menos três *rounds* de entrevistas até que se obtivesse suficiente clareza acerca da realidade investigada e do posicionamento do entrevistado. Afirmaram os autores: "As entrevistas foram gravadas, transcritas, e sujeitas aos círculos de codificação aberta, axial e seletiva prescrita nos pressupostos da *grounded theory*. Aproximadamente dez círculos de codificações foram conduzidos em vários níveis de abstração para identificar as variáveis e os relacionamentos chaves e para desenvolver um modelo integrativo." No último estágio, foram conduzidas entrevistas com acadêmicos de marketing com experiência gerencial e docente na área, como etapa do processo de validação do modelo (*theory*) construído. Foram realizadas três codificações: aberta, axial e seletiva. Segundo explicações dos autores, a codificação aberta é um processo analítico, através do qual os conceitos são identificados e desenvolvidos em termos de suas propriedades e dimensões. Os procedimentos analíticos básicos do processo são a formulação de questões sobre os dados e a realização de comparações por similaridades e diferenças entre cada incidente, evento ou outra instância do fenômeno. Através de uma constante comparação, os eventos e incidentes similares são nomeados e agrupados para formarem categorias. A codificação axial abrange um conjunto de procedimentos através dos quais os dados são reagrupados em novas formas, através da realização de conexões entre uma categoria e suas subcategorias. Na codificação axial, procura-se relacionar os dados em categorias e subcategorias mais específicas, em termos dos referenciais: condições, contexto, estratégias de ação e interação e consequências, visando refinar, desenvolver e relacionar categorias e conceitos, enquanto a codificação seletiva consiste no processo de selecionar a categoria central e, sistematicamente, relacioná-la com as outras categorias, validando esses relacionamentos e complementando categorias que necessitam de maiores refinamentos e desenvolvimento.

5.1.10 Discurso do Sujeito Coletivo

O Discurso do Sujeito Coletivo (DSC) é uma estratégia de pesquisa desenvolvida pelos colegas da Faculdade de Saúde Pública da Universidade de São Paulo (FSP/USP), Fernando Lefèvre, Ana Maria Cavalcanti Lefèvre e Jorge Juarez Vieria Teixeira, apresentada no livro *O discurso do sujeito coletivo: uma nova abordagem metodológica em pesquisa qualitativa*, publicado no ano de 2000.

A partir do conjunto de respostas dos entrevistados é construído um discurso coletivo, ou seja, uma síntese dos pensamentos encadeados discursivamente sobre o tema que se pretendeu compreender. O conjunto desses discursos constitui as representações sociais – entidades sociais complexas que preenchem uma série de funções para guiar, orientar e justificar ações do cotidiano sobre um tema em estudo. O conjunto das representações forma o imaginário existente sobre um dado tema. Um modo de conceber as representações sociais consiste em entendê-las como a expressão do que pensa determinada população sobre determinado tema. Este pensar, por sua vez, pode se manifestar, dentre outros modos, através do conjunto dos discursos verbais emitidos por pessoas dessa população. Assim é que indivíduos pertencentes a diversos conjuntos sociais são inquiridos, individualmente, a fim de se conhecer de modo sistemático as representações sociais acerca do assunto/tema sob investigação.[37]

O significado e a intencionalidade aparecem mais clara e naturalmente nos discursos das pessoas que, situadas em uma dada posição em determinado campo social, são identificáveis como uma categoria na medida em que detêm *habitus* e representações semelhantes, que se traduzem em determinadas práticas sociais e modalidades de discursos que as expressam. Fica claro concluir que abordagens qualitativas desta natureza permitem a compreensão mais aprofundada dos campos sociais e dos sentidos neles presentes, possibilitando interpretações e explicações do fenômeno que é "colocado entre parênteses".[38]

A coleta de dados geralmente é orientada pela aplicação de entrevistas semiestruturadas, permitindo, através dos discursos dos depoentes, o acesso a dados da realidade de caráter subjetivo – ideias, crenças, opiniões, sentimentos, comportamentos etc. Entrevistas podem valorizar a presença do investigador, oferecendo condições para que o depoente alcance a liberdade e a espontaneidade necessárias à captação das dimensões desejadas na investigação. A peculiaridade do conteúdo discursivo de cada entrevistado impõe a necessária seleção de diversas e variadas entrevistas, a fim de que se possa compor um quadro global, o discurso coletivo, para que sejam atingidas a compreensão e interpretação do objeto sob estudo.

A construção do DSC se dá pela consideração de quatro figuras metodológicas indispensáveis à análise e interpretação dos depoimentos. São elas:

- **Ancoragem**: traços linguísticos explicativos de teorias, hipóteses, conceitos, ideologias, significações etc. existentes na sociedade e na cultura que estão internalizados no indivíduo que discursa.
- **Ideia central**: afirmações que permitem evidenciar o essencial do conteúdo discursivo.
- **Expressões-chaves**: são transcrições literais de partes dos depoimentos, correspondendo a uma espécie de prova discursivo-empírica do entendimento das ideias centrais e das ancoragens identificadas nos conteúdos discursivos.
- **O discurso do sujeito coletivo**: trata-se de uma alternativa que supera os limites de análises das alternativas das questões fechadas e também das categorias construídas para entendimento das respostas às questões abertas. O DSC tenta romper com a lógica quantitativa-classificatória, buscando resgatar o discurso como signo de conhecimentos dos próprios discursos.

As falas e manifestações dos respondentes não se reduzem a um número ou categoria. Pelo contrário, a partir dos pedaços dos discursos individuais busca-se a construção de um dado pensar ou representação social. Busca-se construir um imaginário a partir das representações sociais oriundas do DSC, ou seja: o discurso de todos como se fosse o discurso de um.[39]

A organização dos depoimentos é orientada pela análise e compreensão do conteúdo do texto originado de cada entrevista a fim de identificar as diferentes ideias centrais e suas respectivas expressões-chave. Os DSCs são obtidos pela soma das ideias centrais e/ou expressões chaves manifestadas pelos depoentes. Acredita-se que o pensamento de uma comunidade pode ser melhor representado pelo seu imaginário, resgatado através do conjunto dos discursos nela existentes sobre uma dada representação social. Os DSCs são elaborados com trechos selecionados literalmente dos depoimentos individuais. O conteúdo de um DSC é composto por aquilo que um dado sujeito individual falou e também por aquilo que poderia ter falado e que seu companheiro de coletividade atualizou por ele, já que o pressuposto sociológico de base é que o DSC é a expressão simbólica do campo social a que ambos pertencem, e da posição que ocupam nesse campo, ou nessa cultura organizacional.[40] Nestes termos o DSC é uma coletividade discursivada – os indivíduos pertencentes à coletividade geradora da representação social se incorporam em um dos vários pedaços que compõem o discurso do sujeito coletivo.

Os propósitos metodológicos da abordagem do DSC sugerem composição de amostras intencionais de cada estrato social investigado, cuidando-se de garantias para se ter variabilidade e diversidade de entendimentos sobre a temática abordada.

5.1.11 Pesquisa de Avaliação

A pesquisa de avaliação é uma estratégia de investigação aplicada para avaliar programas, projetos, políticas etc. É uma investigação empírica que pesquisa fenômenos dentro de seu contexto real (pesquisa naturalística). Os resultados da pesquisa de avaliação são usados, muitas vezes, imediatamente, para decidir se os programas devem parar ou continuar, ou se os recursos devem ser aumentados ou diminuídos, e demais decisões, com base na efetividade e no atendimento do programa para o qual foi planejado. Há dois tipos de pesquisas de avaliação: pesquisas de avaliação dos resultados e pesquisa de avaliação do processo. A avaliação de resultados tem como propósito determinar a efetividade de intervenções e ações humanas (programas, políticas etc.), enquanto o propósito da avaliação de processo é o aperfeiçoamento de intervenções e ações humanas. Das conclusões de uma pesquisa de avaliação de resultados esperamos um julgamento do programa, enquanto das conclusões de uma pesquisa de avaliação do processo aguardamos recomendações para melhoramentos.

A pesquisa de avaliação deve ser orientada por rigorosa abordagem metodológica que contemple: definição clara do problema que se pretende investigar, plataforma teórica e documentação detalhada do planejamento do programa a ser avaliado, bem como registros de diagnósticos prévios à execução do programa, caracterização precisa do que será avaliado; escolha de técnicas para levantamento e/ou coleta de dados, plano de análise dos resultados encontrados (avaliações quantitativas e qualitativas), estabelecimento de critérios de avaliação, procedimentos de comparações etc.

Eis alguns exemplos de propostas para a condução de pesquisas de avaliação:

a) Avaliar o volume de vendas antes e depois de determinada campanha da propaganda.
b) Avaliar o desempenho de funcionários antes e depois de um programa de treinamento.
c) Avaliar a produtividade de um setor antes e depois da implantação de um programa de qualidade.
d) Avaliar um novo processo de seleção e recrutamento.
e) Avaliar programas de descentralização.
f) Avaliar políticas de terceirização.
g) Avaliar um novo sistema de auditoria interna.
h) Avaliar a reformulação da estrutura de distribuição de uma empresa.
i) Avaliar a reestruturação organizacional.
j) Avaliar os investimentos.

5.1.12 Proposição de Planos e Programas

Trata-se de uma estratégia de pesquisa que tem por objetivo apresentar soluções para problemas organizacionais já diagnosticados. Busca-se, por meio de uma pesquisa empírico-analítica, um estudo de viabilidade de planos alternativos (concepção e implementação) para a solução de problemas.

Nesses estudos, o autor, preferencialmente, deve propor a aplicação de modelos a situações práticas. São valorizadas a engenhosidade e a criatividade quanto às adaptações do modelo teórico a uma situação específica.

Idealmente, o relatório deve conter comentários e resultados da implementação do plano sugerido. Além de outras fontes, a plataforma teórica para esse tipo de pesquisa deve contemplar publicações que tratam de metodologias sobre planejamentos e obras que apresentam o modelo teórico a ser aplicado.

Eis alguns exemplos de proposição de planos, programas e sistemas:

a) Elaboração de um Plano de Marketing.
b) Planejamento financeiro.
c) Elaboração de um Sistema de Administração de Materiais.
d) Plano de reestruturação organizacional de uma empresa comercial.
e) Estruturação de um Sistema de Informações de Marketing.
f) Controle de sistemas.
g) Sistema de avaliação contínua de treinamento.
h) Implantação de um novo método de produção.
i) Sistema de informações gerenciais.
j) Programa de fidelização de clientes.

5.1.13 Pesquisa Diagnóstico

Pesquisa Diagnóstico é uma estratégia de investigação aplicada que se propõe explorar o ambiente, levantando e definindo problemas. A rigor, qualquer mudança organizacional deveria ser precedida de uma fase de diagnóstico, todavia, como todos sabemos, há muitos casos em que tal procedimento não ocorre.

Além do diagnóstico de determinados setores, ou de toda a organização, outros projetos de Pesquisa Diagnóstico podem voltar-se para o ambiente externo da organização, como a Pesquisa de Mercado, a Análise Competitiva e os Projetos de *Benchmarking*, dentre outros.

A opção para o desenvolvimento de uma Pesquisa Diagnóstico é extremamente adequada ao pesquisador-consultor, possibilitando a produção de uma investigação que mostre todo o desenvolvimento de uma consultoria do tipo médico-paciente, em que o consultor define problemas e apresenta soluções para a organização. O pesquisador-consultor que pretenda desenvolver uma pesquisa dessa natureza deve cuidar para não apresentar, como resultado, um enfadonho relatório. Pelo contrário, deve esforçar-se para mostrar aspectos de seu profissionalismo, engenhosidade e competência, no desempenho de suas funções de consultor e de pesquisador.

Eis alguns exemplos para a condução de uma Pesquisa Diagnóstico:

a) Informatização de sistemas.
b) Introdução de programas de qualidade.
c) Introdução de uma nova tecnologia de produção.
d) Racionalização de processos.
e) Adoção de uma nova política de relacionamento com os fornecedores.
f) Implantação de um novo sistema de custos.
g) Adequação do marketing *mix*.
h) Novos canais de distribuição.

5.1.14 Pesquisa Historiográfica

O campo da historiografia pode ser dividido entre os paradigmas tradicional e a nova história. O Quadro 2, a seguir, mostra comparações entre essas concepções:

Quadro 2 *Comparação entre História Tradicional e Nova História.*

HISTÓRIA TRADICIONAL	NOVA HISTÓRIA
O estudo da História diz respeito essencialmente à política, sendo os outros tipos de história marginalizados.	História diz respeito a toda atividade humana. Propõe uma história total, baseada em uma realidade social ou culturalmente constituída (relativismo cultural).
A história é uma narrativa dos acontecimentos.	A história é uma análise das estruturas.
É concentrada nos grandes feitos dos grandes homens, apresentando uma "visão de cima".	Está preocupada com as opiniões das pessoas comuns e com suas experiências de mudança social, a história "vista de baixo".
Baseada em documentos oficiais, escritos.	Apresenta diversas evidências históricas e diversas abordagens metodológicas.
Preocupação com ações individuais.	Preocupação com movimentos coletivos, ações individuais, tendências e acontecimentos.
Cabe ao historiador apresentar os fatos. A narrativa deve ser objetiva e imparcial.	Relativismo cultural aplica-se tanto à escrita da história quanto aos seus objetos.

As fontes oficiais, escritas e documentadas são as preferidas pelos pesquisadores que se orientam pelo paradigma tradicional. Tais fontes são precisas na forma, têm precisão cronológica, servindo de base para uma narrativa estruturada, da qual o historiador (investigador) pode abstrair seus argumentos.

Os historiadores (pesquisadores) que se orientam pela nova história, ao fazerem outros tipos de perguntas sobre o passado, e ao escolherem novos objetos de estudo, têm que recorrer a outras fontes e evidências de estudo para suplementar os documentos oficiais. Entre essas novas fontes podem-se citar: análise de séries temporais; evidências das imagens, ou iconografias; releitura dos registros oficiais (documentos), procurando neles a "voz" das pessoas e a história oral, dentre outras.

As fontes orais também podem ser utilizadas para se estabelecer uma relação dialética entre as fontes orais e o que dizem os documentos.

Os dados orais podem ser oriundos de depoimentos ou de histórias de vida. No caso da história de vida há o relato de um narrador sobre sua existência através do tempo, buscando transmitir experiências e reconstruindo acontecimentos que vivenciou.

Nos depoimentos, a entrevista é direcionada pelo pesquisador, uma vez que ele busca obter apenas o essencial para sua investigação.

A partir de depoimentos, entrevistas em profundidade, histórias orais etc. são construídas categorias que auxiliam as explicações do historiógrafo sobre o assunto/tema proposto. Em seções deste livro o pesquisador encontrará procedimentos para a condução de entrevistas, aplicação de questionários, prática de história oral, pesquisa documental, análise de conteúdo etc.

Dentre outros se destacam dois cuidados quando da empreitada de uma pesquisa historiográfica: evidências sobre a veracidade dos documentos levantados e indicadores de validade e confiabilidade das categorias construídas para a explicação do fenômeno sob investigação.

5.2 Validação em Diferentes Estratégias de Pesquisas

Considerando a validade em vista das diferentes estratégias de pesquisa,[41] temos que a principal força dos experimentos é a sua validade interna: quanto mais controle o pesquisador tem sobre os sujeitos e variáveis que podem influenciar o resultado, maior a validade interna. Essa mesma característica que garante a validade interna pode prejudicar a validade externa: é que, quanto mais as condições do experimento diferirem das situações reais, menos natural será o estudo e mais difícil será generalizar os seus resultados. Para ampliar as possibilidades de generalização dos resultados da pesquisa, uma alternativa é considerar outras variáveis no estudo. Como antes comentado, a distribuição aleatória dos sujeitos pelas condições experimentais é o procedimento indicado quando se deseja controlar os efeitos das outras variáveis, sem limitar a generalidade dos resultados.

Os quase-experimentos apresentam menor validade interna do que os experimentos porque os processos de seleção não aleatórios, como os que eles empregam, tornam difícil evitar efeitos rivais. Por outro lado, a validade externa nos quase-experimentos é aumentada em relação aos experimentos, uma vez que as situações neles estudadas são mais próximas dos fenômenos do mundo real. Os quase-experimentos são menos intrusivos que os delineamentos experimentais justamente por envolverem processos de seleção natural.

Nas pesquisas de levantamento, uma estratégia frequentemente adotada é a de não formular afirmações causais. Essa postura procura evitar, e não enfrentar, o problema da validade interna. Existem circunstâncias, contudo, em que se tem o propósito de fazer inferências causais e a pesquisa de levantamento é a alternativa lógica. É preciso aumentar a validade interna dessas pesquisas. Algumas estratégias podem ser usadas para esse fim, tais como produzir hipóteses rivais a partir de revisão bibliográfica de várias abordagens teóricas e buscar eliminar essas hipóteses utilizando controles estatísticos apropriados. Já a validade externa dos levantamentos é forte devido ao uso da amostragem probabilística e consequente possibilidade de extrapolação dos resultados do estudo. Nenhuma outra estratégia de pesquisa se iguala ao potencial de obtenção de validade externa dos levantamentos.

Os estudos de caso são questionados, muitas vezes, em razão da suposta falta de rigor do seu delineamento. Nota-se, contudo, a preocupação de autores com aspectos lógicos atinentes à validação e fidedignidade dessa estratégia de pesquisa. Assim como acontece com todo tipo de pesquisa empírica também os estudos de caso devem ser submetidos aos testes lógicos de avaliação. Conforme a ideia de que a validade interna é uma preocupação pertinente apenas às pesquisas causais ou explanatórias, apenas os estudos de caso explicativos deveriam considerar esse teste lógico. A verificação da validade interna deve, contudo, ser precedida da definição por parte do pesquisador de uma estratégia analítica geral para o estudo; uma estratégia que norteie a análise das evidências da pesquisa.

A análise das evidências é um dos aspectos menos explorados e mais complexos ao realizar estudos de caso. Existem sugestões no sentido de tornar os dados do estudo de caso propícios à análise estatística ou de usar técnicas analíticas, tais como classificar os dados em tabelas de frequências e matrizes de categorias. Embora se reconheça o valor dessas abordagens, o mais importante é o pesquisador possuir uma estratégia analítica geral. O objetivo é "[...] tratar as evidências de maneira justa, produzir conclusões analíticas irrefutáveis e eliminar interpretações alternativas".[42]

Duas estratégias gerais são apontadas para fundamentar os métodos de análise. A primeira delas é seguir as proposições teóricas que sustentam o estudo de caso. Presume-se que o projeto e os objetivos do estudo de caso se baseiem em proposições dessa natureza, que por sua vez refletem as questões de pesquisa. As orientações teóricas servem de guia de análise dos estudos de caso, dão forma ao plano de coleta de dados e ajudam a definir explanações alternativas a serem analisadas. Embora essa estratégia geral seja preferível, existe uma segunda alternativa para buscar organizar o estudo, que consiste em desenvolver uma descrição do caso. O emprego de uma abordagem descritiva pode ajudar a identificar as ligações causais a serem analisadas.

No que se refere à validade externa os estudos de caso não permitem generalizações estatísticas baseadas em amostragens, como é próprio dos levantamentos. A exemplo dos experimentos, eles baseiam-se em generalizações analíticas nas quais se busca generalizar um conjunto particular de resultados a uma teoria mais abrangente. A generalização não é imediata. É necessário que se proceda à replicação das descobertas a outros casos em que, supostamente, deveriam ocorrer os mesmos resultados. Essa lógica de replicação é a mesma utilizada nos experimentos, e permite aos cientistas generalizarem de um experimento para outro.

Na literatura sobre pesquisa-ação, questões relacionadas à validação dos resultados são, em geral, pouco discutidas. Não obstante, é possível reunir argumentos usados na discussão sobre a cientificidade desses estudos, que podem ser utilizados para refletir sobre aspectos atinentes à sua validação. É comum recusar-se a estrutura tradicional de pesquisa, baseada na formulação de hipóteses e na busca da sua comprovação ou refutação. De modo geral, o papel da teoria fica pouco claro, existe falta de sistematização, raramente são formuladas hipóteses de trabalho, ou mesmo indicadas as mudanças que se espera atingir como resultado da implementação da experiência. Uma corrente menos numerosa de pesquisadores, contudo, entende que a pesquisa-ação deve operar a partir de determinadas instruções ou diretrizes que, embora possuam caráter bem menos rígido que as hipóteses, desempenham uma função semelhante. Dessa forma, não se abandona o raciocínio hipotético. As possíveis soluções para o problema de pesquisa são consideradas suposições que orientam a busca de informações e as argumentações pertinentes. Na pesquisa-ação, não há um único tipo de comprovação: a comprovação observacional e quantificada das ciências da natureza. De outra maneira, as previsões, feitas a partir de uma base argumentativa, estabelecem as condições de êxito das ações e avaliam subjetivamente as probabilidades de ocorrência dos acontecimentos. No âmbito da pesquisa-ação, não se verifica a persecução rigorosa da validação: "[...] muitas vezes, basta uma boa refutação verbal ou uma boa argumentação que leve em conta testemunhas e informações empíricas e permita que os participantes compartilhem uma noção de suficiente objetividade, convicção e justeza".[43]

Embora se atenuem os requisitos de prova, isso não corresponde a uma despreocupação com a validação. Alguns aspectos são valorizados com vistas a cuidar da cientificidade da pesquisa, tais como:

> I. As informações coletadas devem passar pelo crivo da crítica dos pesquisadores e de outros participantes da pesquisa.
>
> II. Faz-se necessário atentar para as distorções que se possam verificar na apreensão dos dados, especialmente os advindos de fontes sujeitas a envolvimento emocional com a pesquisa.
>
> III. O contexto de captação das informações deve ser perfeitamente identificado e a constatação dos fatos controvertidos, controlada pelos pesquisadores.
>
> IV. Embora se privilegiem dados de natureza qualitativa, isso não significa que devem ser desprezados procedimentos quantitativos, quando esses puderem contribuir para maior confiabilidade dos dados.
>
> V. Deve-se cuidar para conter a interferência ideológica excessiva, prejudicial à consistência dos dados obtidos.

Quanto à validade externa, as dificuldades de generalização da pesquisa-ação se devem ao seu caráter de pesquisa social. Reconhece-se que, em pesquisas de cunho local, como no caso da pesquisa-ação, as generalizações possam ser progressivamente elaboradas a partir da discussão dos resultados de diversas pesquisas realizadas em diferentes situações.

Notas

[1] KIDDER, L. H. (org.). *Métodos de pesquisa nas relações sociais*. 2. ed. São Paulo: EPU, 1987.

[2] FESTINGER, L.; KATZ, D. *A pesquisa na psicologia social*. Rio de Janeiro: FGV, 1984.

[3] KIDDER, L. H. (org.). Op. cit.

[4] KERLINGER, F. N. *Metodologia da pesquisa em ciências sociais*: um tratamento conceitual. São Paulo: EPU/EDUSP, 1991. p. 120.

[5] FESTINGER, L.; KATZ, D. Op. cit.

[6] KIDDER, L. H. (org.). Op. cit.

[7] KIDDER, L. H. (org.). Op. cit.

[8] KERLINGER, F. N. Op. cit. p. 94.

[9] KERLINGER, F. N. Op. cit.

[10] KIDDER, L. H. (org.). Op. cit.

[11] CAMPBELL, D. T.; STANLEY, J. C. *Delineamentos experimentais e quase-experimentais de pesquisa*. São Paulo: EPU/EDUSP, 1979.

[12] KIDDER, L. H. (org.). Op. cit.

[13] KERLINGER, F. N. Op. cit. p. 133.

[14] KIDDER, L. H. (org.). Op. cit.

[15] FESTINGER, L.; KATZ, D. Op. cit.

[16] FESTINGER, L.; KATZ, D. Op. cit.

[17] KIDDER, L. H. (org.). Op. cit. p. 50-52.

[18] FESTINGER, L.; KATZ, D. Op. cit.

[19] VARELA, P. S. *Indicadores sociais no processo orçamentário do setor público municipal de saúde*: um estudo de caso. São Paulo, 2004. Dissertação (mestrado) – Faculdade de Economia, Administração e Contabilidade da Universidade de São Paulo.

[20] DONAIRE, Denis. A utilização do estudo de caso como método de pesquisa na área de administração. *Revista IMES São Caetano do Sul*, maio/ago. 1997.

[21] ANDRADE, J. C. S. et. al. Regulação de conflitos sócio-ambientais na área de proteção ambiental do litoral norte da Bahia: restrição ao acesso à matéria-prima para o artesanato local. In: ENANPAD – Encontro da Associação Nacional dos Programas de Pós-Graduação em Administração, XXIX, 2003, Atibaia. *Anais... XXIX ENANPAD – Encontro da Associação Nacional dos Programas de Pós-Graduação em Administração*, Atibaia, 2003. 1 CD-ROM.

[22] VARELA, P. S. Op. cit.

[23] DONAIRE, D. Op. cit.

[24] KRUGLIANSKAS, I.; GIOVANINI, F. Eficácia organizacional: um estudo multicasos de sistemas de gestão de qualidade. *RAUSP-Revista de Administração*, v. 40, n. 1, jan./mar. 2005.

[25] CARVALHO, M. M. et al. Equivalência e completeza: análise de dois modelos de maturidade em gestão de projetos. *RAUSP-Revista de Administração*, v. 40, n. 3, jul./set. 2005.

[26] SOUZA, A. A.; PASSOLONGO, C. Avaliação de sistemas de informações contábeis: estudo de casos múltiplos. In: ENANPAD – Encontro da Associação Nacional dos Programas de Pós-Graduação em Administração, XXIX, 2005, Brasília. *Anais... XXIX – ENANPAD – Encontro da Associação Nacional dos Programas de Pós-Graduação em Administração*, Brasília, 2005. 1 CD-ROM.

[27] GAJARDO, M. *Pesquisa participante na América Latina*. São Paulo: Brasiliense, 1986.

[28] THIOLLENT, M. *Pesquisa-ação nas organizações*. São Paulo: Atlas, 1997. p. 14.

[29] THIOLLENT, M. *Metodologia da pesquisa-ação*. 11. ed. São Paulo: Cortez, 2002. p. 20.

[30] THIOLLENT, M. Op. cit. 2002.

[31] THIOLLENT, M. Op. cit. 2002.

[32] DIAS, R. M.; JOIA, L. A. Um Modelo Informacional para Planejamento e Controle de Operações em Indústrias Multiplanta. In: ENANPAD – Encontro da Associação Nacional dos Programas de Pós-Graduação em Administração, XXIX, 2005, Brasília. *Anais... XXIX ENANPAD – Encontro da Associação Nacional dos Programas de Pós-Graduação em Administração*, Brasília, 2005. 1 CD-ROM.

[33] GLASER, B.; STRAUSS, A. L. *The discovery of grounded theory*: strategies for qualitative research. New York: Aldine de Gruyter, 1967.

[34] GLASER e STRAUSS. Op. cit.

[35] GLASER e STRAUSS. Op. cit.

[36] CORREA, D. K. A.; LUCE, F. B. Cultura Organizacional e Estratégias de Marketing: o Desenvolvimento de um Modelo e de Proposições de Pesquisa para a Implementação dos Esforços de Marketing. ENANPAD – Encontro da Associação Nacional dos Programas de Pós-Graduação em Administração, XXIX, 2005, Brasília. *Anais... XXIX ENANPAD – Encontro da Associação Nacional dos Programas de Pós-Graduação em Administração*, Brasília, 2005. 1 CD-ROM.

[37] LEFRÈVE, F.; LEFRÈVE, A. M. C.; TEIXEIRA, J. J. V. *O discurso do sujeito coletivo:* uma nova abordagem metodológica em pesquisa qualitativa. Caxias do Sul: EDUCS, 2000. p. 13.

[38] LEFRÈVE, LEFRÈVE e TEIXEIRA. Op. cit. p. 15.

[39] LEFRÈVE, LEFRÈVE e TEIXEIRA. Op. cit. p. 19.

[40] LEFRÈVE, LEFRÈVE e TEIXEIRA. Op. cit. p. 25.

[41] KIDDER, L. H. (org.). *Métodos de pesquisa nas relações sociais*. 2. ed. São Paulo: EPU, 1987.

[42] YIN, R. K. Op. cit. p. 133.

[43] THIOLLENT, Michel. *Metodologia da pesquisa-ação*. 11. ed. São Paulo: Cortez, 2002. p. 31.

6 Polo técnico – técnicas de coleta de informações, dados e evidências

6.1 Introdução

Quando a abordagem metodológica ou o tipo de estudo envolver análises de informações, dados e evidências empíricas, o investigador deverá escolher técnicas para coleta necessárias ao desenvolvimento e conclusões de sua pesquisa. Em uma pesquisa com estratégia convencional, a coleta de dados ocorre após a definição clara e precisa do tema-problema, composição da plataforma teórica, abordagem metodológica definida, bem como escolhidas as opções por técnicas para coleta de dados e evidências. Nos casos de investigações orientadas por estratégias não convencionais, como, por exemplo, Estudo de Caso, Pesquisa-Ação, a coleta de dados poderá ser desenvolvida concomitantemente com outras etapas da pesquisa.

São denominados primários os dados colhidos diretamente na fonte. Em contraste, os dados secundários são aqueles já coletados que se encontram organizados em arquivos, banco de dados, anuários estatísticos, relatórios etc. Neste capítulo é discutido o processo de construção e aplicação das principais técnicas para coleta de informações, dados e evidências.

Antes de iniciar a construção de um instrumento para coleta de informações, dados e evidências, é interessante avaliar a possibilidade do uso de um instrumento já desenvolvido e aplicado que se ajuste às necessidades do estudo. O uso de instrumento já testado poderá garantir confiabilidade e validade às medidas a serem obtidas. O estágio inicial da produção científica nacional, na área das humanidades, constitui barreira para encontrar instrumentos de coleta de dados e evidências já testados. Conforme ocorre em alguns outros países, não se dispõe de bancos de instrumentos de coleta que possam ser avaliados, exceção de testes psicológicos de entidades classistas.

Dependendo do objeto de estudo – características e natureza do tema sob investigação –, o pesquisador-autor poderá dar mais ênfase à avaliação quantitativa, e assim procurará mensurar, ou medir, variáveis. Por outro lado, o enfoque da avaliação poderá ser qualitativo, e nesse caso buscará descrever, compreender e explicar comportamentos, discursos e situações. Geralmente, os estudos comportam tanto avaliação quantitativa quanto avaliação qualitativa. É falsa a dicotomia entre pesquisa quantitativa e pesquisa qualitativa. Conforme dito anteriormente, em função da natureza e objetivos da pesquisa, pode-se necessitar de diversas técnicas de coleta de informações, dados e evidências.

De maneira geral, o procedimento para construção de um instrumento para coleta deve atender aos seguintes passos:

a) Listar as variáveis que se pretende medir ou descrever.

b) Revisar o significado e a definição conceitual de cada variável listada.

c) Revisar como, operacionalmente, cada variável foi definida. Isto é, como será medida, ou descrita.

d) Escolher uma técnica e iniciar a construção do instrumento de coleta.

A seguir, são apresentadas opções de técnicas para coleta de informações, dados e evidências que poderão ser avaliadas quando da condução de uma pesquisa científica. Evidentemente, combinações de técnicas são permitidas visando a melhor qualidade da investigação.

6.2 Observação

As técnicas observacionais são procedimentos empíricos de natureza sensorial. A Observação, ao mesmo tempo em que permite a coleta de dados de situações, envolve a percepção sensorial do observador, distinguindo-se, enquanto prática científica, da observação da rotina diária. Pode-se, com certeza, afirmar que o planejamento e execução de trabalhos de campo onde o investigador interage com os sujeitos de sua pesquisa não pode desconsiderar a Observação como uma das técnicas de coleta de informações, dados e evidências. Aliás, na maioria dos estudos dessa natureza, tudo tem início com atentas observações sobre o que se pretende investigar.

A Observação consiste em um exame minucioso que requer atenção na coleta e análise das informações, dados e evidências. Para tanto, deve ser precedida por um levantamento de referencial teórico e resultados de outras pesquisas relacionadas ao estudo. Formalmente é desejável a construção de um protocolo de observação. Observar não é apenas ver. A validade – será que se está observando aquilo que de fato se deseja observar? E a confiabilidade, ou fidedignidade – será que sucessivas observações do mesmo fato ou situação oferecerão resultados semelhantes? Poderão ser alcançadas se a Observação for, rigorosamente, controlada e sistemática. Implicará em um planejamento cuidadoso do trabalho e preparação do observador. O plano delimitará o fenômeno a ser estudado, indicará o que se deve observar, as maneiras de se observar, a duração, a periodicidade, o modo de registros e controles para garantia da validade e confiabilidade do material levantado.

O observador deve ter competência para observar e obter informações, dados e evidências com imparcialidade, sem contaminá-los com suas próprias opiniões e interpretações. Paciência, imparcialidade e ética são atributos necessários ao observador. Quando possível, os cientistas utilizam instrumentos que lhes aumentam o alcance, que lhes possibilitam maior precisão e os ajudam a medir com rigor os diversos fenômenos observados. A técnica da Observação apresenta formas diferentes em função do envolvimento do observador com o fenômeno e o ambiente pesquisado.

Reforçando, a Observação é uma técnica de coleta de informações, dados e evidências que utiliza os sentidos para obtenção de determinados aspectos da realidade. Toda Observação deve ser precedida de alguma teoria que lhe dê fundamentos e embasamento suficiente para que a técnica seja adequadamente aplicada aos propósitos do estudo. Trata-se de técnica de uso comum nas pesquisas sobre Ciências Naturais, por exemplo, na Biologia, com o uso de microscópio, na Astronomia, com a utilização de telescópio.

Observação é, antes de tudo, algo feito, um ato realizado pelo cientista e, por isso, é a observação algo visto como um produto do processo em que se empenha o cientista. A observação científica é busca deliberada, elaborada com cautela e predeterminação, em contraste com as percepções do cotidiano, geralmente casuais e, em grande parte, passivas. Muito da predeterminação presente na observação científica tem o propósito de tornar acessível o que, de outra maneira, poderia não ser visto ou, sendo visto, poderia não ser notado. Cautela especial se toma para assegurar que o cientista terá condições para ver o que ele está procurando, se o algo que ele está procurando estiver ali para ser visto. Somente quando esta condição for satisfeita os resultados negativos, que têm elevada importância, adquirem significado científico.

Exemplo: Entrevistas em Profundidade, *Focus Group* e Observação

Os pesquisadores Parente, Barki e Kato (2005), procurando desvendar as motivações no varejo de alimentos de consumidores de baixa renda, realizaram 14 entrevistas em profundidade para identificação dos determinantes de escolha de uma loja por parte dos consumidores, avaliando a linguagem utilizada, valores e percepção de ideal de loja. As informações levantadas nas entrevistas foram valiosas para orientar a construção do roteiro de duas sessões de *focus group* com consumidores com renda entre R$ 600 e R$ 1.200 da região de estudo. As percepções do consumidor em relação ao varejo foram confrontadas com as observações dos pesquisadores, realizadas nas lojas pesquisadas.

6.3 Observação Participante

A Observação Participante (OP) é uma técnica comum de pesquisa para coleta de informações, dados e evidências nos estudos sobre Antropologia, originada a partir de experiências de campo de Malinowski, autor clássico desse campo de conhecimento. O pesquisador-observador torna-se parte integrante de uma estrutura social, e na relação face a face com os sujeitos da pesquisa realiza a coleta de informações, dados e evidências. O papel do observador-participante pode ser tanto formal como informal, encoberto ou revelado, pode ser parte integrante do grupo social ou ser simplesmente periférico em relação a ele. A OP é uma modalidade especial de observação na qual o pesquisador não é apenas um observador passivo. Ao contrário, o pesquisador pode assumir uma variedade de funções e de fato participar dos eventos e situações que estão sendo observados. O observador-pesquisador precisará ter permissão dos responsáveis para realizar o levantamento e não ser confundido com elementos que avaliam, inspecionam ou supervisionam atividades. O grande desafio do investigador é conseguir aceitação e confiança dos membros do grupo social onde realiza o trabalho de campo. Para tanto, o êxito de uma coleta dessa natureza dependerá da capacidade do investigador de, harmoniosamente, integrar-se ao grupo. O pesquisador-observador formal e revelado será parte do contexto que está sendo observado/investigado, e ao mesmo tempo modifica o contexto e por ele é modificado. O trabalho de coleta de informações, dados e evidências deverá ser precedido pela colocação do problema de pesquisa, proposições orientadoras de estudo, e por algum esquema teórico, assim como no caso de qualquer outra técnica de coleta. Estar consciente do que se deseja levantar é básico, pois, do contrário, não se consegue ganhar confiança, nem tampouco obter elementos que permitam análises e reflexões. A significância de um trabalho dessa natureza é evidenciada pela riqueza, profundidade e singularidade das descrições obtidas. Aliás, esse é o grande desafio intelectual para os pesquisadores que buscam avaliações qualitativas. É grande o risco de se produzir um relatório do quotidiano sem nada de novo e, geralmente, especulativo. O risco será atenuado pela orientação de um referencial teórico, ao longo do processo de observar e participar, e fundamentalmente pela execução das tarefas em acordo com o planejamento e protocolo do estudo. Impressões, vagas sensações, projeções psicológicas etc. são características distanciadas de uma OP cientificamente praticada.

Trata-se de se alocar o investigador no contexto físico a ser estudado, e de criar condições para a coleta de informações, dados e evidências através dos olhos e percepções do pesquisador. O papel do observador participante requer, ao mesmo tempo, desprendimento e envolvimento pessoal. A extrema flexibilidade da OP constitui-se em oportunidades e ameaças. Fatores de contaminação podem provocar distorções sobre as interpretações dos fenômenos sob estudo pelo viés sociocultural do observador, ou seja, o viés de partilhar seus valores e perspectivas da sua cultura. Bem como o viés profissional-ideológico, que induz à seletividade da observação, além dos vieses decorrentes do relacionamento interpessoal, viés emocional e também viés normativo acerca da natureza do comportamento humano.

Exemplo: Observação Participante

Em 2003, a revista *CartaCapital* publicou matéria em que um psicólogo da USP mergulhou no mundo dos garis da Universidade. O disfarce não durou um dia, é claro. Logo, os novos colegas desconfiaram que o estudante não entendia do riscado e o universitário teve que abrir o jogo. Em vez de ser colocado em situações vexatórias, como seria comum em um ambiente de trabalho mais competitivo, ocorreu justamente o contrário. No lugar do serviço mais pesado da pá, da enxada ou da vassoura escangalhada, o estudante foi tratado com reverência pelos colegas. Dentro das limitações da atividade, recebeu do bom e do melhor. Depois de oito meses de Observação Participante com os garis, o estudante elaborou sua tese de doutorado e a defendeu na Faculdade de Psicologia.

6.4 Pesquisa Documental

Para se compor uma plataforma teórica de qualquer estratégia de investigação são conduzidas pesquisas bibliográficas – levantamento de referências expostas em meios escritos ou em outros meios. A pesquisa documental se assemelha à pesquisa bibliográfica, todavia não levanta material editado – livros, periódicos etc. –, mas busca material que não foi editado, como cartas, memorandos, correspondências de outros tipos, avisos, agendas, propostas, relatórios, estudos, avaliações etc. Pesquisas documentais são frequentes nos estudos orientados por estratégias participativas: Estudo de Caso, Pesquisa-Ação etc.

Um estudo pode ser desenvolvido com emprego exclusivo de pesquisa documental. Conforme o desenvolvimento de uma investigação, a pesquisa documental poderá ser uma fonte de dados e informações auxiliar, subsidiando o melhor entendimento de achados e também corroborando evidências coletadas por outros instrumentos e outras fontes, possibilitando a confiabilidade de achados através de triangulações de dados e de resultados. Buscas sistemáticas por documentos relevantes são importantes em diversos planejamentos para coleta de informações, dados e evidências.

Um dos grandes desafios da prática da pesquisa documental é o grau de confiança sobre a veracidade dos documentos, fato que poderá ser atenuado, quando possível, através de análises cruzadas e triangulações com resultados de outras fontes.

6.4.1 Exemplos – Pesquisa Documental

Exemplo 1: Pesquisa Documental

Descontados alguns equívocos metodológicos quanto ao entendimento do que são dados primários, secundários, bem como instrumento de coleta, o exemplo abaixo mostra uma aplicação da pesquisa documental.

Em artigo da *RAUSP* que relata pesquisa sobre "Contribuições da teoria de agência ao estudo dos processos de cooperação tecnológica universidade-empresa", Segatto-Mendes e Rocha (2005) assim colocam a metodologia da pesquisa:

> Este estudo é predominantemente exploratório, uma vez que se observou a necessidade de ampliação da compreensão do fenômeno para que se identificasse a existência de condições para a aplicação da teoria de agência. Dessa forma adotou-se uma pesquisa documental, em que o método para levantamento de dados é a coleta de documentos de primeira ou segunda mão, ou, ainda, dados primários e dados secundários. O instrumento de coleta de dados adotado foi o contrato de cooperação tecnológica; portanto, documento de primeira mão. A análise desses documentos – contratos relativos a diferentes acordos de cooperação entre universidades e empresas – tornou possível identificar especificidades, características, similaridades e relações existentes nas distintas pesquisas cooperativas [...].

Exemplo 2: Pesquisa Documental e Análise de Conteúdo

Em relatório de pesquisa apresentado no XXIX ENANPAD, em 2005, Ivo, F. B. e Oliveira, T. R. buscaram a identificação das representações sociais presentes em uma empresa mineira de gestão familiar. A coleta de dados foi realizada por meio de pesquisa documental delimitada ao jornal de circulação interna da empresa. A periodicidade do jornal era mensal, sendo coletados os fascículos de maio de 2002 até dezembro de 2004. Para a análise dos dados foi utilizada Análise de Conteúdo através da seleção temática.

6.5 Entrevista

Trata-se de uma técnica de pesquisa para coleta de informações, dados e evidências cujo objetivo básico é entender e compreender o significado que entrevistados atribuem a questões e situações, em contextos que não foram estruturados anteriormente, com base nas suposições e conjecturas do pesquisador.

Exige habilidade do entrevistador, sendo o processo de coleta demorado e mais custoso do que, por exemplo, a aplicação de questionário. Diz-se que a entrevista é estruturada quando orientada por um roteiro previamente definido e aplicado para todos os entrevistados. Por outro lado, na condução de uma entrevista não estruturada o entrevistador busca obter informações, dados, opiniões e evidências por meio de uma conversação livre, com pouca atenção a prévio roteiro de perguntas. A entrevista semiestruturada é conduzida com uso de um roteiro, mas com liberdade de serem acrescentadas novas questões pelo entrevistador. Denomina-se em profundidade uma entrevista não estruturada em que o respondente é abordado por um entrevistador, altamente treinado, para obtenção de informações detalhadas sobre tema específico, a fim de levantar motivações, crenças, percepções e atitudes em relação a certa situação e/ou objeto de investigação. Como antes enfatizado, tanto o roteiro de entrevista como orientações para uma conversação objetiva devem estar ancorados em referencial que está dando suporte teórico ao estudo, e obviamente em acordo com os propósitos do estudo. Em entrevistas, um clima amistoso deverá permanentemente ser mantido pelo pesquisador, possibilitando perguntas a respondentes-chave e também solicitação de opiniões sobre determinados fatos, bem como indicações de outros membros da organização que poderão ser entrevistados. Os informantes-chave são fundamentais, pois fornecem ao pesquisador percepções e interpretações de eventos, como também podem sugerir fontes alternativas para corroborar evidências obtidas de outras fontes, possibilitando, conforme a situação, o encadeamento de evidências: achado básico para uma investigação com qualidade. Uma entrevista pode oferecer elementos para corroborar evidências coletadas por outras fontes, possibilitando triangulações e consequente aumento do grau de confiabilidade ao estudo. Além disso, uma entrevista pode oferecer perspectivas diferentes sobre determinado evento, por falas, e olhos, de distintos entrevistados. O uso de gravador deve ser avaliado, evidentemente, com aquiescência do entrevistado.

6.5.1 Outras Considerações sobre o Processo de Entrevistas

a) Planejar a entrevista, delineando cuidadosamente o objetivo a ser alcançado.

b) Quando possível, obter algum conhecimento prévio sobre o entrevistado.

c) Atentar para os itens que o entrevistado deseja esclarecer, sem manifestar opiniões.

d) Obter e manter a confiança do entrevistado.

e) Ouvir mais do que falar.

f) Evitar divagações.

g) Registrar as informações, dados e evidências durante a entrevista.

h) Com a concordância do entrevistado, usar gravador.

i) Se necessário, formular questões secundárias: O que o faz pensar assim? Fale mais sobre isso. O que você parece estar dizendo/sentindo é que...

6.5.2 Exemplos de Entrevista, Questionário e Observação Participante

Em artigo publicado na revista *Educação e Pesquisa*, Leão (2006) relata uma pesquisa realizada com jovens moradores da periferia da região metropolitana de Belo Horizonte, atendidos em um programa federal de inclusão social. Numa primeira fase da pesquisa, foi aplicado um questionário sobre perfil socioeconômico aos jovens e seus familiares, com todos os participantes do Programa. Em uma segunda fase, foram realizadas entrevistas semiestruturadas com 13 jovens, 5 pais e 11 profissionais (gestores, instrutores e coordenadores). Uma terceira fase da pesquisa compreendeu ainda a aplicação de um questionário junto aos egressos do Programa um ano após a sua conclusão, o que compreendeu 27 jovens.

Exemplo 2: Roteiro de Entrevista

Em pesquisa de mercado sobre o comportamento do comprador de livros, adotou-se o seguinte roteiro semiestruturado para condução de entrevistas:

1. Você costuma comprar livros? Que tipo?
2. Com que frequência você compra livros por prazer (que não tenham finalidade didática)?
3. O que o leva a comprar livros? Quando e onde suas motivações para comprar um livro geralmente surgem? Muito antes da compra, no momento da compra, em casa, em uma livraria?
4. O que você espera de um livro ao comprá-lo?
5. Quais os principais fatores que interferem na compra de um livro, positiva e negativamente?
6. Você lembra de alguma situação na qual você tenha ficado arrependido de ter comprado algum livro? Conte como foi.

6.6 Laddering

Trata-se de técnica utilizada em entrevista através de uma série de perguntas do tipo: "por que isto é importante para você?" É uma técnica adequada à avaliação qualitativa que auxilia o investigador na compreensão de significados, atitudes e comportamentos de entrevistados. Orienta-se pela interpretação cognitiva dos comentários e posicionamentos do entrevistado a partir de suas abstrações e significações sobre atributos, consequências e valores do conteúdo de cada resposta. Na entrevista de *laddering* o respondente é estimulado, por meio de perguntas repetidas e interativas, a se aprofundar sobre as razões que o levaram a reconhecer determinado atributo, consequências advindas de cada opção e valores pessoais envolvidos.

Utilizada com maior frequência em pesquisas de Marketing sobre comportamento de consumidores, essa técnica pode ser utilizada para se compreender como as pessoas traduzem atributos de produtos em associações com seus próprios significados, orientados pela teoria de cadeias: meios-fins. O modelo de meios-fins une sequencialmente, em uma hierarquia de valor, atributos de um produto (A) às consequências de uso do produto (C) e aos valores pessoais dos indivíduos (V), formando uma cadeia A-C-V. Os atributos, características ou aspectos de produtos ou serviços são divididos em concretos e abstratos – características físicas diretamente observáveis em um produto (atributos concretos) e características relativamente intangíveis (atributos abstratos). As consequências, benefícios ou custos percebidos associados a atributos específicos são divididos em funcionais e psicológicos – e os valores pessoais em instrumentais e terminais. A técnica *laddering* auxilia o pesquisador no levantamento dos atributos, consequências de uso e valores dos entrevistados.

Exemplo: *Laddering*

Foram entrevistadas trinta e oito consumidoras para identificação dos principais motivadores de escolha, emocionais e racionais, e fatores de influência do comportamento frente às distintas opções de marcas no segmento de produtos alimentícios. Para cada entrevista foram feitas perguntas do tipo "por que isto é importante para você?" Começa com os atributos de um produto e marca, cuja função é fazer com que a entrevistada consiga inserir-se, a cada nova pergunta, em um grau de abstração tal que seja possível determinar as ligações existentes de *means-end chains* (cadeias atributo-valor), ou seja, as conexões entre atributos (A), consequências ou benefícios (C) e valores (V), admitindo-se que o entendimento/conhecimento das consumidoras sobre um produto ou marca e como estas conexões influenciam as decisões de escolha, compra ou posicionamento de consumidoras. Essa pesquisa foi realizada por Serralvo e Ignácio (2005), publicada nos Anais do ENANPAD.

6.7 Painel

Trata-se de um tipo especial de entrevista em que um grupo fixo de respondentes é entrevistado, em períodos regulares, com iguais perguntas, a fim de estudar as evoluções das variáveis de um estudo. Exemplo clássico dessa modalidade são os "painéis de consumidores".

6.8 *Focus Group*

Trata-se de um tipo de entrevista em profundidade realizada em grupo. Tem como objetivo a discussão de um tópico específico. O *Focus Group* é também chamado de entrevista focalizada de grupo, entrevista profunda em grupos e reuniões de grupos. Kotler, destacado autor sobre marketing, a denomina de grupo de foco; outros chamam-na de grupo focal.

Os participantes influenciam uns aos outros pelas respostas às ideias, às experiências e aos eventos colocados pelo moderador, e dessa maneira são registradas as opiniões-síntese das discussões estimuladas/orientadas por um mediador, geralmente um Psicólogo ou mesmo o próprio pesquisador auxiliado por assistentes. As características gerais do *Focus Group* são o envolvimento dos participantes, as séries de reuniões, a heterogeneidade demográfica do grupo e a geração de dados e informações necessárias aos objetivos da investigação. Essa técnica tem sido muito utilizada em Pesquisas de Mercado.

A integração espontânea dos participantes propicia riqueza e flexibilidade na coleta de informações, dados e evidências não comuns quando se aplica um instrumento individualmente. O *Focus Group* poderá auxiliar os estudos conduzidos por intermédio da Observação Participante, uma vez que sua aplicação, antes da OP, possibilitará o conhecimento das percepções dos membros do grupo a respeito da investigação, bem como indicará ao pesquisador situações alternativas para serem observadas. Quando realizado após a OP, o *Focus Group* subsidiará comparações e análises com as observações já registradas. O *Focus Group* também poderá ser utilizado para coleta de informações que possam favorecer a concepção de testes, de questionários, de roteiros de entrevistas e de escalas de atitudes.

Os *insights* que emergem das provocações e estímulos de um *Focus Group* podem ajudar o pesquisador a refinar seus conceitos e entendimentos sobre o assunto/tema pesquisado.

6.8.1 Planejamento e condução de um Focus Group

Os propósitos do estudo devem estar claros e precisos para o moderador, ensejando reflexões sobre o objetivo das reuniões: sequência lógica das ações que possam resultar em informações importantes para a pesquisa.

- É desejável a formação de pelo menos um grupo constituído de seis a doze pessoas.
- A escolha dos participantes deve ser feita de acordo com os propósitos da pesquisa. A premissa básica para a escolha é que o participante tenha algo a dizer sobre as questões levantadas pelo moderador e sentir-se confortável ao expressar opiniões para os outros membros do grupo.
- É recomendável que os participantes tenham nível sociocultural semelhante quanto aos aspectos de interesse da pesquisa.
- O nível de envolvimento do moderador é função direta do ritmo do grupo – há alto envolvimento quando o moderador controla a dinâmica da discussão e os tópicos que são tratados.
- Para a condução das sessões deve ser elaborado um roteiro de entrevista logicamente ordenado, constituído de palavras-chaves, que lembrem ao moderador os tópicos de interesse. Utilizado em todas as sessões, o roteiro poderá assegurar a devida cobertura dos tópicos, formulações de sínteses, e, fundamentalmente, garantirá a riqueza de análises e interpretações das informações obtidas.
- Os registros de todas as falas são gravados, se possível filmados, e também anotados pelo moderador e/ou assistente. Cada sessão deverá começar com uma breve apresentação do moderador e, em seguida, a autoapresentação de cada participante.
- Tipicamente, uma entrevista de *Focus Group* incluirá aproximadamente doze questões, discutidas entre uma e duas horas.
- As reuniões devem ser realizadas em locais confortáveis, e os participantes, acomodados ao redor de uma mesa, dispostos na forma de *u*, ficando o moderador sentado à cabeceira. O nome de cada participante deverá ficar visível para os demais.
- O moderador deverá ter a necessária habilidade para coordenar o processo de discussão em grupo, devendo colocar as questões do roteiro e, ao mesmo tempo, memorizar o ponto de vista de cada participante. O moderador não poderá fazer julgamento sobre as respostas, tomando cuidado com a linguagem para não comunicar aprovação ou reprovação.
- Extrema atenção deve ser dada à análise e interpretação das informações, dados e evidências obtidos com o *Focus Group*. Normalmente, criam-se categorias por meio da similaridade de conceitos das palavras, frases, sínteses etc. Quando possível, utilizam-se categorias já construídas.

Outras características gerais

- Envolvimento dos participantes: a pesquisa é desenvolvida com plena integração dos participantes, em condições ambientais propícias para que se manifestem com naturalidade e, portanto, se envolvam fortemente com o assunto em pauta.
- Reuniões em série: a metodologia de trabalho sugere a realização de algumas sessões, com o mesmo objetivo, roteiro de entrevista e moderador, porém com participantes diferentes em cada reunião.
- Geração de dados e informações: o conteúdo deve ser compatível e suficiente para atingir os objetivos da pesquisa.

- Natureza qualitativa: a pesquisa não se pauta em métodos quantitativos, mas nos aspectos qualitativos do tema e objeto investigado.
- As reuniões devem ser gravadas (idealmente, filmadas) e posteriormente analisadas, uma vez que o contexto das discussões e as reações dos debatedores são de grande interesse à pesquisa. Os resultados auxiliam a tomada de decisões estratégicas, delineamento de perfis ou outros aspectos característicos.

6.8.2 Focus Group pela Internet

O *Focus Group* pode também ser realizado pela Internet. Pessoas interessadas pelo tema são convidadas a partir de uma lista *on-line*. Normalmente o grupo é menor do que o grupo face a face, em torno de 4 a 6 participantes. Os participantes recebem informações e instruções antes do início do *Focus Group on-line*. O grupo compõe uma sala de *chat* e seus elementos acessam o endereço do *Focus Group* informando a sala do participante. Na sala de *chat* permanecem os participantes e o moderador, que se comunicam ao mesmo tempo. Na literatura de marketing encontram-se experiências de aplicação da técnica com o uso da Internet. Há empresas que realizam o "campo" de *Focus Group* pela Internet.

6.8.3 Constituem limitações à prática do Focus Group:

- Menor controle sobre os dados gerados.
- A interação do grupo pode não refletir o comportamento individual dos seus participantes.
- Os dados coletados podem apresentar alto grau de dificuldade de análise, uma vez que a interação do grupo forma um ambiente social e os comentários decorrentes têm de ser interpretados nesse contexto.
- O processo exige moderador capaz e treinado.
- Dificuldades em reunir grupos para as reuniões.
- As discussões devem ser conduzidas em ambiente que propicie diálogo.

Dentre outros, o *Focus Group* pode contribuir de maneira acessória:

- Para orientar a construção das questões de entrevistas e questionários.
- Para, preliminarmente, fornecer bases à seleção de indivíduos para entrevistas mais detalhadas (entrevistas em profundidade).
- Precedendo a Observação Participante, e dessa maneira revelando possíveis alternativas para a sua condução.
- Após a Observação Participante, visando comparações das observações registradas.
- Para pré-testar outros instrumentos de coleta de dados.

Exemplos extraídos dos Anais do XIX ENANPAD, realizado em 2005.

6.8.4 Exemplos: Focus Group

Exemplo 1: *Focus Group* e Entrevista por telefone

Com propósito de validar um modelo de satisfação – *American customer satisfaction index* (ACSI) – a pesquisadora Moura (2005) conduziu pesquisa no âmbito do setor de telefonia móvel. Conforme explicações da autora, a pesquisa abrangeu duas fases: exploratória e descritiva. A etapa exploratória teve por finalidade analisar a possível adaptação do modelo ao setor pesquisado, sendo utilizados como técnica de coleta de dados seis grupos de foco, com análise de conteúdo/análise temática dos relatos dos participantes dos *Focus Group* – fase qualitativa da investigação. Na fase quantitativa foi consultada uma amostra de 606 usuários de celular através do sistema CATI – *Computer Assisted Telephone Interview*.

Exemplo 2: Grupos de Foco

Em estudo sobre Marketing de Relacionamento, Gosling, Matos e Diniz (2005) construíram um questionário para avaliar a percepção de contratantes de serviços educacionais. Objetivando a obtenção de indicadores de confiabilidade e validade do instrumento de coleta, realizaram quatro sessões de grupos de foco, sendo um para cada grupo previamente identificado. O material coletado nas quatro sessões de grupos de foco foi avaliado por Análise de Conteúdo, construindo-se o questionário, que foi pré-testado por um grupo de 30 indivíduos. O instrumento de coleta foi modificado segundo a direção apontada no pré-teste, e após as alterações foi enviado para 3.006 possíveis respondentes.

Exemplo 3: Entrevistas em Profundidade, Grupos de Foco e *e-Survey*

Com objetivo de estudar a aplicação de um Índice Europeu de Satisfação de Clientes a uma empresa brasileira fornecedora de ERP, Leite, Elias e Sundermann (2005) conduziram pesquisa através da coleta de informações, dados e evidências por entrevistas em profundidade, grupo de foco e um *e-survey*. Para as entrevistas em profundidade foram escolhidas dez, das vinte, organizações que mantinham os mais altos contratos de manutenção vigentes, ligados à matriz da empresa. As entrevistas foram feitas com Gerentes de Informática e/ou tomadores de decisão. Os roteiros das entrevistas foram elaborados com base na literatura, privilegiando aspectos histórico-discursivos e descritivos dos fatos referentes ao relacionamento entre essas empresas e a fornecedora de ERP. Objetivou-se listar os itens que deveriam constar no questionário. Após a análise dos dados, um questionário inicial foi desenvolvido e submetido a um grupo de foco exploratório, composto por doutores, mestres e profissionais da área que propuseram mudanças no questionário. Em seguida foi conduzido e analisado um pré-teste com 50 respondentes. Finalmente os itens de operacionalização dos construtos foram estabelecidos. Após essas etapas, foi conduzido um levantamento – *e-survey* – com clientes da organização, incentivados a responder ao questionário por meio de sorteios de diversos brindes.

6.9 Questionário

O questionário é um importante e popular instrumento de coleta de dados para uma pesquisa social. Trata-se de um conjunto ordenado e consistente de perguntas a respeito de variáveis e situações que se deseja medir ou descrever. O questionário é encaminhado para potenciais informantes, selecionados previamente, tendo que ser respondido por escrito e, geralmente, sem a presença do pesquisador. Normalmente, os questionários são encaminhados pelo correio tradicional, correio eletrônico (*e-mails*), ou por um portador. É recomendável que, quando do seu encaminhamento, sejam fornecidas explicações sobre o propósito da pesquisa, suas finalidades e, eventualmente, seus patrocinadores, tentando despertar o interesse do informante para que ele responda e devolva o questionário. Em pesquisas orientadas pela intensa participação do pesquisador com o grupo pesquisado, a aplicação de questionário não é tão comum, visto que o trabalho de levantamento de informações, dados e evidências é realizado pelo próprio pesquisador, que, na maioria das vezes, opta por alternativas que possibilitem uma maior interação com os sujeitos da pesquisa. Obviamente, dependendo da situação, e evidentemente dos propósitos do estudo, o questionário poderá ser um dos instrumentos de coleta de dados e evidências.

6.9.1 Tipos de perguntas

Questões fechadas:

a) dicotômicas – uma pergunta com duas respostas possíveis.

Exemplo: *Atualmente você está estudando?*
☐ Sim   ☐ Não

b) múltipla escolha – uma pergunta com várias alternativas de resposta.

Exemplo: *Qual é o seu maior grau de instrução?*
☐ Ensino Fundamental
☐ Ensino Médio
☐ Ensino Superior
☐ Pós-Graduação

Há questões fechadas, de múltipla escolha, em que o respondente pode escolher mais do que uma opção de resposta.

c) outros tipos:

- Oferecer um conjunto de opções e pedir ao respondente que as ordene, ou as hierarquize: 1º lugar; 2º lugar etc.
- Oferecer um conjunto de opções e pedir que o respondente atribua a cada uma delas uma nota de 0 (zero) a 10 (dez).

- Usar escalas tipo Likert e/ou Diferencial Semântico (técnicas que serão explicadas na seção 6.10).

Questões abertas:

a) Totalmente desestruturadas – perguntas que conduzem o informante a responder livremente com frases e orações.

> Exemplo: *Qual sua opinião sobre a atual Constituição?*

b) Associação de palavras – qual a primeira palavra que vem à sua mente quando você ouve, ou lê, o seguinte...?

> Exemplo: *Qual a primeira palavra que vem à sua mente quando você ouve a palavra TAM?*

c) Complemento de frase – apresenta-se uma frase incompleta para ser preenchida pelo respondente.

> Exemplo: *Quando desejo comprar bebidas, vou...*

Características das perguntas:

- Devem ser claras e compreensíveis para os respondentes.
- Não devem causar desconforto aos respondentes.
- Devem abordar apenas um aspecto, ou relação lógica, por vez.
- Não devem induzir respostas.
- A linguagem utilizada deve ser adequada às características dos respondentes.

Outras considerações sobre a construção de um questionário:

- Elaborar instruções claras e precisas para o preenchimento do questionário.
- Antes da versão final, submeter o instrumento a sessões de pré-testes.
- Conforme a natureza da variável que se pretenda medir, é comum propor algumas perguntas para avaliar a mesma variável, e assim obter um indicador de consistência das respostas obtidas.
- Um mesmo questionário poderá apresentar perguntas de diversas naturezas: abertas, fechadas, complemento de frase etc.
- Será preciso revisar o instrumento para dar ordem e sequência às questões, iniciando pelas perguntas mais fáceis.
- Quando necessário, juntar uma carta explicando as razões do estudo, garantindo a confidencialidade das informações prestadas; alternativamente, essas informações podem ser inseridas, de forma sintética, no cabeçalho do questionário.
- Não há regra que oriente o tamanho de um questionário. Será necessário restringi-lo à exata dimensão das variáveis do tema que está sendo tratado.
- Para as questões abertas, será necessário estabelecer algum critério para codificação de respostas similares.
- Os questionários podem ser aplicados de diversas maneiras: autoadministrado, por entrevista pessoal, por entrevista telefônica, enviado por correio postal, correio eletrônico, ou serviço de mensageiro.

6.9.2 Pré-Teste

Depois de redigido, o questionário precisa passar por testes antes de sua utilização definitiva, escolhendo-se uma pequena amostra de 3 a 10 colaboradores. A análise dos dados coletados, como resultado desse trabalho, evidenciará possíveis falhas, inconsistências, complexidade de questões formuladas, ambiguidades, perguntas embaraçosas, linguagem inacessível etc. Verificadas falhas, o questionário é reformulado, ampliando-se ou reduzindo-se itens, modificando a redação, reformulando-se ou transformando-se perguntas. O que se deseja no pré-teste, que pode ser aplicado mais de uma vez, é o aprimoramento e o aumento da confiabilidade e validade, ou seja, garantias de que o instrumento se ajuste totalmente à finalidade da pesquisa: mede ou descreve o que se pretende medir e descrever, bem como apresenta garantias de que serão obtidos os mesmos resultados se forem aplicados aos mesmos respondentes.

6.9.3 Questionário Eletrônico

Cada vez mais frequente no processo de coleta de informações, dados e evidências, o questionário eletrônico (via *Internet*) deve ser construído atendendo a todas as sugestões e recomendações expostas para a elaboração de um questionário tradicional. Constituem vantagens para o uso de um questionário eletrônico: menores custos (materiais, fotocópias, postagem, *input* de dados, tratamento de dados, deslocamentos etc.); maior velocidade; possibilidade de se distribuir (enviar) para um grande número de potenciais respondentes etc. Por outro lado, o questionário eletrônico apresenta desvantagens: pode ter custos elevados (construção de *site*, *software*, treinamento etc.); limita-se a potenciais respondentes que tenham acesso e se utilizam da *Internet*; dificulta possíveis respostas múltiplas de um mesmo informante; cuidados para com os anti-*spams*, antivirus, *firewalls* etc. O *software Form Site* é uma opção para construção de um questionário eletrônico. Um estrangeirismo: alguns pesquisadores denominam essa prática por *e-research* – *tipo on-line social survey*.

6.9.4 Questionário com Trade-Off

A utilização do questionário tipo *trade-off* é adequada para averiguar dentre duas opções quais as que o pesquisado prefere. Tais questionários forçam o respondente a fazer escolhas, possibilitando saber, em condições conflituosas, o que o respondente valoriza. A aplicação do questionário *trade-off* requer a atribuição de notas cuja soma sempre vale 10, isto é: (A + B) = 10. O pesquisado compara duas variáveis por vez, geralmente colocadas "frente a frente", atribuindo notas A e B indicando sua preferência. O questionário requer que o respondente responda a todas as questões. As opções de escolha são dadas em função da quantidade (n) de quesitos considerados no estudo. Assim o produto $(n-1)n/2$ dá o número possível de comparações (opções).

6.10 Escalas Sociais e de Atitudes

Quando da tarefa de coleta de informações, dados e evidências, diversas são as variáveis que, em um estudo, devem ser avaliadas. Dois tipos principais, quanto à natureza, podem ser verificados pelo pesquisador: variáveis quantitativas e variáveis qualitativas. As quantitativas são aquelas que envolvem algum caráter numérico, como, por exemplo, os lucros auferidos por uma companhia em um período, as cotações de ações negociadas em bolsa de valores etc. Já as variáveis qualitativas, além de possuírem um certo grau de subjetividade, normalmente não envolvem fatores numéricos, sendo, portanto, de difícil mensuração por parte dos pesquisadores. Exemplos de variáveis qualitativas: a aceitação de um produto pelo cliente, o desempenho de um aluno, o nível de informações desejadas por um investidor etc.

Quando necessário, variáveis qualitativas podem ser trabalhadas, isto é, adaptadas para representar uma série quantitativa. As escalas sociais e de atitudes tornam possível essa "transformação", viabilizando possíveis mensurações de diversos fenômenos sociais expressos por meio de variáveis qualitativas, as quais não possibilitariam medições.

Vamos imaginar que um pesquisador deseje saber qual é a aceitação e a utilização de informações contábeis divulgadas no mercado de capitais. Esta é uma tarefa que envolve subjetivismo, pois não se consegue mensurar diretamente tal variável. Para realizar a coleta de dados, ele poderá, por exemplo, compor uma série de enunciados, de modo que cada enunciado enfatize o uso da informação contábil em uma escala crescente. Poderá atribuir um peso para cada enunciado, e assim avaliar como o investidor lida com as informações contábeis.

As escalas surgem com o intuito de facilitar a análise de dados qualitativos categorizados ao longo de uma escala, que pode ser construída através de uma sequência de enunciados. Ao atribuir pesos para cada enunciado, o pesquisador estará transformando uma variável qualitativa em quantitativa. Construir escalas não é tarefa fácil e pressupõe conhecimento profundo do assunto que se pretende pesquisar a fim de se estabelecer um contínuo entre um extremo desfavorável e outro favorável, entre um forte grau de concordância e um forte grau de discordância, ou seja, evitar a colocação de itens não relacionados ao tema sob avaliação, provocando dificuldades aos respondentes. Confiabilidade, validade e ponderação adequada são características fundamentais para uma escala que se pretenda eficiente e eficaz. Uma escala é confiável quando, aplicada a uma mesma amostra, produz sistematicamente os mesmos resultados. A validade está ligada ao fato de a escala realmente medir aquilo que se propõe medir.

As escalas sociais e de atitudes consistem basicamente em uma série graduada de itens (enunciados) a respeito de uma situação, objeto ou representação simbólica. Solicita-se ao respondente que assinale o grau que melhor represente sua percepção a respeito do objeto de análise para cada item que compõe o instrumento. Como o objetivo das escalas sociais é possibilitar o estudo de opiniões e atitudes de forma precisa, o principal problema é transformar fatos habitualmente entendidos como qualitativos em quantitativos. As principais escalas são: Likert, Diferencial Semântico, Escalas de Importância e Escalas de Avaliação.

6.10.1 Escalas para medir atitudes

Atitude é uma predisposição apreendida pelo sujeito para responder consistentemente, de maneira favorável ou desfavorável, a respeito de um objeto ou representação simbólica. Os seres humanos têm atitudes diversas em relação a objetos e símbolos, como, por exemplo: atitude quanto ao aborto, à política econômica, à família, a um gerente, a um professor, sobre o trabalho etc. A atitude está relacionada com o comportamento do sujeito em relação ao objeto, símbolo ou situação que lhe é exposta. Se a atitude de um sujeito em relação ao Carnaval é desfavorável, provavelmente ele não participará de bailes carnavalescos. As atitudes são indicadores de condutas. A atitude é uma semente que, sob certas condições, pode germinar um comportamento. As atitudes têm diversas propriedades; entre elas, destacam-se: direção (positiva ou negativa) e intensidade (alta ou baixa), e tais propriedades constituem objeto de medições, como a seguir explicado.

6.10.1.1 Escala tipo Likert

Foi desenvolvida por Rensis Likert, no início dos anos 30. Trata-se de um enfoque muito utilizado nas investigações sociais. Consiste em um conjunto de itens apresentados em forma de afirmações, ante os quais se pede ao sujeito que externe sua reação, escolhendo um dos cinco, ou sete, pontos de uma escala. A cada ponto, associa-se um valor numérico. Assim, o sujeito obtém uma pontuação para cada item, e o somatório desses valores (pontos) indicará sua atitude favorável, ou desfavorável, em relação ao objeto, ou representação simbólica que está sendo medida.

As afirmações qualificam positivamente ou negativamente o objeto de atitude que está sendo medido e devem expressar somente uma relação lógica entre um sujeito e um complemento.

> Exemplo:
> Objeto de atitude a ser medido: o voto
> Afirmação: Votar é obrigação de todo cidadão responsável

As alternativas de respostas – pontos da escala – indicam quanto se está de acordo com a afirmação correspondente.

Alternativas de Escalas Likert

Alternativa 1

"AFIRMAÇÃO"

☐ Concordo totalmente

☐ Concordo

☐ Nem concordo nem discordo

☐ Discordo

☐ Discordo totalmente

Alternativa 2

"AFIRMAÇÃO"

☐ Definitivamente sim

☐ Provavelmente sim

☐ Indeciso

☐ Provavelmente não

☐ Definitivamente não

Alternativa 3

"AFIRMAÇÃO"

☐ Completamente verdadeira

☐ Verdadeira

☐ Nem falsa, nem verdadeira

☐ Falsa

☐ Completamente falsa

As afirmações podem ter direção favorável (positiva) ou desfavorável (negativa). Por exemplo, em uma pesquisa que investiga a posição das pessoas sobre a adoção da pena de morte, a afirmação positiva pode ser enunciada como: "a pena de morte deve ser adotada"; por sua vez, uma afirmação negativa pode ser expressa como: "a pena de morte não deve ser adotada".

A direção é fundamental para se saber como serão codificadas as alternativas das respostas.

Comumente, quando a afirmação é positiva (favorável), utilizam-se os seguintes valores (pesos):

5 para a alternativa: ( ) Concordo totalmente
4 para a alternativa: ( ) Concordo
3 para a alternativa: ( ) Nem concordo, nem discordo
2 para a alternativa: ( ) Discordo
1 para a alternativa: ( ) Discordo totalmente

Por outro lado, quando a afirmação é negativa (desfavorável), utilizam-se os seguintes valores (pesos):

1 para a alternativa: ( ) Concordo totalmente
2 para a alternativa: ( ) Concordo
3 para a alternativa: ( ) Nem concordo, nem discordo
4 para a alternativa: ( ) Discordo
5 para a alternativa: ( ) Discordo totalmente

Há casos em que pesquisadores utilizam valores de 0 a 4 (0, 1, 2, 3, 4) ou (4, 3, 2, 1, 0) ou de –2 a +2 (–2, –1, 0, 1, 2) ou (2, 1, 0, –1, –2), observando, é claro, o sentido das afirmações.

Uma pontuação é considerada alta, ou baixa, segundo o número de itens e os valores atribuídos a cada ponto da escala. Por exemplo, se uma escala contém 10 afirmações que foram codificadas de 1 a 5, a pontuação mínima possível será 10 = (1 + 1 + 1 + 1 + 1 + 1 + 1 + 1 + 1 + 1) e a máxima 50 = (5 + 5 + 5 + 5 + 5 + 5 + 5 + 5 + 5 + 5). Nesse exemplo, atitudes favoráveis a determinado objeto seriam marcadas por somas próximas de 50, enquanto atitudes desfavoráveis estariam próximas de 10.

Existem duas formas básicas para se aplicar uma escala Likert. A primeira é autoadministrada: entrega-se a escala ao respondente e este assinala, para cada item (enunciado/afirmação), a opção que melhor descreve sua resposta. A segunda maneira é a entrevista: o entrevistador lê cada uma das afirmações e alternativas de respostas, anotando a opção do entrevistado para cada item. Geralmente, no caso da entrevista, cartões com as alternativas de respostas são entregues ao entrevistado, que informa sua opção após ouvir a leitura do texto de cada item. Para chegar-se à versão final de uma escala Likert, é preciso realizar algumas sessões de pré-teste, a fim de aperfeiçoar o instrumento.

6.10.1.2 Escala de Diferencial Semântico

A escala de diferencial semântico foi desenvolvida por Osgood, Suci e Tannenbaum (1957) para explorar as dimensões do significado de objetos, símbolos ou representações sociais. Atualmente, porém, consiste em uma série de adjetivos extremos que qualificam um objeto de atitude, ante o qual se solicita a reação do respondente. Isto é, o sujeito tem que qualificar o objeto de atitude em um conjunto de adjetivos bipolares, entre os quais se apresentam várias opções.

Exemplo de escala bipolar:

Objeto de atitude: gerente "A"

Justo: ___:___:___:___:___:___:___ : Injusto

O respondente coloca um X em uma das sete opções.

Exemplos de adjetivos bipolares:

forte – fraco	vivo – morto
grande – pequeno	jovem – velho
bonito – feio	rápido – lento
alto – baixo	gigante – anão
claro – escuro	perfeito – imperfeito
quente – frio	agradável – desagradável
caro – barato	acima – abaixo
ativo – passivo	útil – inútil
seguro – perigoso	favorável – desfavorável
bom – mau	agressivo – tímido
profundo – superficial	poderoso – impotente

Os pontos, ou categorias, da escala podem ser codificados de +3 a –3 ou de 7 a 1.

Assim:

Adjetivo   Adjetivo
favorável: ___:___:___:___:___:___:___ : desfavorável
       +3 +2 +1   0 –1 –2 –3
ou   7   6   5   4   3   2   1

Nos casos em que os respondentes têm menor capacidade de discriminação, podem-se reduzir as categorias para cinco opções. A apuração da atitude favorável, ou desfavorável, é semelhante à utilizada na escala Likert, somando-se os pontos de cada par de adjetivos. Para se chegar à versão final de uma escala de diferencial semântico, será preciso realizar algumas sessões de pré-teste, ou piloto, a fim de proceder-se às correções e ajustes necessários.

6.10.1.3 Escala de Importância

Trata-se de uma variação da escala tipo Likert. Classifica a importância de algum atributo.

> Exemplo: Atributo: ....
>
> ☐ Extremamente importante
> ☐ Muito importante
> ☐ Indiferente
> ☐ Pouco importante
> ☐ Totalmente sem importância

6.10.1.4 Escala de Avaliação

É uma variação da escala tipo Likert. Avalia algum atributo.

> Exemplo: Atributo: ....
>
> ☐ Excelente
> ☐ Bom
> ☐ Regular
> ☐ Ruim
> ☐ Péssimo

6.11 História Oral e História de Vida

O que caracteriza um levantamento como História Oral (HO) é que o relato transcrito, o documento produzido, se transforma em fonte de pesquisa. A História Oral é um meio em que o discurso do ator é registrado em fita com suas palavras precisas, emoções, tonalidades, ênfases, omissões, silêncios etc. Todas as fontes de dados primários, gravados ou transcritos: discursos, conversas telefônicas, depoimentos etc. referem-se à História Oral.

No caso da História de Vida o pesquisador procura reconstruir toda a história do ator através de consulta e análise de conteúdos de diários, memórias, autobiografias e, particularmente, de história oral. A História de Vida produz uma descrição da experiência individual, bem como de representações sociais, levantando, dessa forma, tanto expressões conscientes quanto determinantes inconscientes da vida social e da ação histórica do indivíduo.

A História Oral de Vida é a parte que revela o todo. Quem pronuncia a palavra faz a palavra. O sujeito acontece como pensamento, fala e ação, por isso a palavra é um ato de existência, e a História Oral de Vida convida para os experimentos e o desafio do encontro que vai além do conhecimento superficial, para descobrir os significados dos seres humanos pela transferência de conhecimento profundo e sensibilizado. Como explicado na seção 6.13, que trata da Análise do Discurso, buscam-se compreensões dos contextos onde ocorrem, ou ocorreram, as falas. Caminho para se chegar ao estado de compreensão que permite ver o mundo como ele é: transitório, dinâmico e contraditório.

As informações obtidas pela HO podem ser questionadas quanto à validade devido a possíveis deficiências de memória ou tendenciosidade do informante. Para minimizar essas possíveis limitações, podem-se contrastar os registros com outras técnicas de levantamento. A técnica da História Oral pode ser utilizada quando se deseja proceder a alguma reconstituição sobre algum evento específico. Dessa forma, deve-se definir: tema, qualificação da equipe de entrevistadores, escolha dos entrevistadores, tipo de entrevista (biográfica ou temática), organização do roteiro de entrevista, contato com os entrevistados, agendamentos, registros em fitas, transcrições das fitas, aprovação pelo entrevistado, possível revisão e catalogação.

6.12 Análise de Conteúdo

A Análise de Conteúdo (AC) é uma técnica para se estudar e analisar a comunicação de maneira objetiva e sistemática. Buscam-se inferências confiáveis de dados e informações com respeito a determinado contexto, a partir dos discursos escritos ou orais de seus atores e/ou autores. A Análise de Conteúdo pode ser aplicada virtualmente a qualquer forma de comunicação: programas de televisão, rádio, artigos da imprensa, livros, material divulgado em *sites* institucionais, poemas, conversas, discursos, cartas, regulamentos etc. Por exemplo, pode servir para analisar traços de personalidade, avaliando escritos; ou as intenções de uma campanha publicitária pela análise dos conteúdos das mensagens veiculadas. Geralmente a aplicação desta técnica acontece após, ou em conjunto, com uma pesquisa documental, ou mesmo após a realização de entrevistas.

A Análise de Conteúdo busca a essência de um texto nos detalhes das informações, dados e evidências disponíveis. Não trabalha somente com o texto de *per se*, mas também com detalhes do contexto. O interesse não se restringe à descrição dos conteúdos. Deseja-se inferir sobre o todo da comunicação. Entre a descrição e a interpretação interpõe-se a inferência. Buscam-se entendimentos sobre as causas e antecedentes da mensagem, bem como seus efeitos e consequências.

A Análise de Conteúdo é descrita por Bardin[1] como:

> (...) um conjunto de instrumentos metodológicos, cada vez mais sutis em constante aperfeiçoamento que se aplicam a discursos (conteúdos e continentes) extremamente diversificados. O fator comum destas técnicas múltiplas e multiplicadas – desde o cálculo de frequências que fornece dados cifrados, até a extração de estruturas traduzíveis em modelos – é uma hermenêutica controlada, baseada na dedução: a inferência. Enquanto esforços de interpretação, a análise de conteúdo oscila entre dois polos do rigor da objetividade e da fecundidade da subjetividade.

Os antecedentes da Análise de Conteúdo são a hermenêutica, entendida como a arte de interpretar textos sagrados, interpretações de sonhos, exegese religiosa, retórica e lógica. A Análise de Conteúdo tem seu início nas primeiras décadas do século XX, contemporânea ao início do *behaviorismo* (estudo do comportamento humano) nos EUA.

A Análise de Conteúdo presta-se tanto aos fins exploratórios, ou seja, de descoberta, quanto aos de verificação, confirmando, ou não, proposições e evidências. Grandes quantidades de dados podem ser tratadas com auxílio de programas de computador. No mercado existem *softwares* que auxiliam a prática da Análise de Conteúdo.

Principais usos da Análise de Conteúdo

- Descrever tendências no contexto das comunicações.
- Comparar mensagens, níveis e meios de comunicação.
- Auditar conteúdos de comunicações e compará-los com padrões, ou determinados objetivos.
- Construir e aplicar padrões de comunicação.
- Medir a clareza das mensagens.
- Descobrir estilos de comunicação.
- Identificar intenções, características e apelos de comunicadores.
- Desvendar as ideologias dos dispositivos legais.

A Análise de Conteúdo compreende três etapas fundamentais:

- Pré-análise: coleta e organização do material a ser analisado.
- Descrição analítica: estudo aprofundado do material, orientado pelas hipóteses e referencial teórico. Escolha das unidades de análises (a palavra, o tema, a frase, os símbolos etc.). Essas unidades são juntadas segundo algum critério e definem as categorias. Por exemplo, um discurso poderia ser classificado como otimista ou pessimista, como liberal ou conservador. As categorias devem ser exaustivas e mutuamente excludentes. Das análises de frequências das categorias surgem quadros de referências.
- Interpretação inferencial: com os quadros de referência, os conteúdos (manifesto e latente) são revelados em função dos propósitos do estudo.

Assim como qualquer técnica de levantamento de dados e informações – questionário, entrevista, observação participante etc. –, a Análise de Conteúdo adquire força e valor mediante o apoio de um referencial teórico, particularmente, para a construção das categorias de análises.

A categorização é um processo de tipo estruturalista e envolve duas etapas: o inventário (isolamento das unidades de análise: palavras, temas, frases etc.) e a classificação das unidades comuns, revelando as categorias (colocação em gavetas). Dependendo do assunto/tema, sob Análise de Conteúdo pode-se adotar categorização já testada em estudos com objetivos assemelhados.

Enquanto o objeto de estudo da Linguística é a língua, isto é, o aspecto coletivo e virtual da linguagem, o objeto de estudo da Análise de Conteúdo é a palavra, em seus aspectos individual e atual. A Linguística está interessada no estudo da palavra de maneira isolada, enquanto a Análise de Conteúdo preocupa-se com o contexto em que a palavra é usada.

6.13 Análise do Discurso

Ao perseguir o desafio de construir interpretações, a Análise do Discurso (AD) parte do pressuposto de que em todo discurso há um sentido oculto que pode ser captado, o qual, sem uma técnica apropriada, permanece inacessível. A busca da significação oculta não implica a crença em um único sentido, em uma única verdade. O foco de interesse é a construção de procedimentos capazes de transportar o olhar-leitor a compreensões menos óbvias, mais profundas através da desconstrução do literal, do imediato. São frequentes as necessidades de compreender depoimentos falados e escritos de atores de um estudo, daí o interesse pela Análise do Discurso. A AD permite conhecer o significado tanto do que está explícito na mensagem quanto do que está implícito – não só o que se fala, mas como se fala. Permite também identificar como se dá a interação entre os membros de uma organização: as manifestações de poder, a participação e o processo de negociação. Tem-se uma interpretação do discurso produzido por outros, logo, é necessário considerar-se a subjetividade do pesquisador. Para analisar um discurso, é importante levar em consideração os aspectos verbais, como também os paraverbais – pausas, entonação, hesitação etc. – e os não verbais: os gestos, os olhares etc.

Quando da edição do relatório de pesquisa é comum a inclusão de trechos do material analisado, para ilustrar a interpretação do pesquisador. Embora não busque aprofundar conhecimentos que se inserem no campo da Linguística, a seguir apresenta-se uma síntese das fundamentações teóricas da AD. Com o intuito de clarificar o campo de atuação da AD, inicia-se com a segmentação esquemática das duas grandes correntes que integram esta disciplina. Esta divisão metodológica delimita orientações distintas tanto no campo teórico quanto no campo prático. Em seguida toma-se como ponto de partida a fundamentação teórica da AD, as superadas, porém clássicas, contribuições de Saussure. Posteriormente, as Teorias de Atos de Fala, também designadas de pragmáticas, assim como as Teorias de Enunciação e o conceito de destinaridade, são brevemente explorados como forma de se construir um referencial que melhor permita compreender a premência de se submeter o discurso da área social aplicada às indiscretas lentes da AD. Dados os objetivos propostos de desmascarar os implícitos, os silêncios e pluralizar as compreensões, o enfoque qualitativo da AD, alicerçado na orientação foucaultiana, é apontado como o tipo de análise mais apropriado.

6.13.1 As grandes linhas da AD

A AD pode ser dividida em duas amplas linhas que, embora apresentem diferenças metodológicas e teóricas, surgem, ambas, da necessidade imposta pela Linguística de definir uma nova unidade de análise que ultrapasse os limites da frase: o texto. Na linha anglo-saxã, ao contrário do que ocorre na corrente europeia, a AD não é afetada pela dicotomia saussuriana língua e fala e constitui, assim, uma mera extrapolação da gramática. Por ter um enfoque intralinguístico, essa corrente da AD privilegia as interseções entre os níveis sintático e semântico. Suas investigações tendem a enfocar de modo descritivo a questão da coesão e coerência textual. Nesta perspectiva, a AD apoia-se nos enfoques interacionistas e etnometodológicos e tem como objeto central de estudo a conversação ordinária.

A linha europeia da AD segue a tradição, mais especificamente francesa, de atrelar uma perspectiva histórica ao estudo reflexivo dos textos. Neste sentido, a AD não se evidencia originalmente como uma disciplina de saber, mas como fruto de uma prática escolar, voltada para a explicação de textos, exercida na conjuntura intelectual dos anos 60, a articulação, sob o paradigma estruturalista, da Linguística, do Marxismo e da Psicanálise em torno da escritura. Desta forma, a AD europeia, ao englobar em sua evolução questões filosóficas, políticas e ideológicas, constitui domínio não apenas de linguistas, mas também de psicólogos e historiadores.

As principais contribuições de Saussure

Em uma perspectiva histórica, as origens da AD remontam aos estudos do suíço Ferdinand de Saussure (1857–1913), considerado um divisor de águas no estudo científico da linguagem. Como extensão de sua personalidade perfeccionista, Saussure empenhou-se em delimitar metodologicamente o campo dos estudos linguísticos, tarefa, segundo ele, necessariamente anterior ao trabalho científico de desenvolvimento de teorias de alcance universal. Superar o descenso, a imprecisão e a subjetividade da terminologia linguística foi o seu ponto de partida. Esta preparação preliminar visava estabelecer uma linguagem unívoca, um padrão linguístico, uma metalinguagem indispensável à elaboração racional do estudo linguístico.

A Teoria do Signo Linguístico, na qual os dois elementos interdependentes e inseparáveis *significante* (imagem acústica) e *significado* (sentido ou conceito) constituem o signo e a dicotomia *Langue/Parole* (língua e fala) são as contribuições mais marcantes de Saussure, para quem a língua é um sistema de signos constituídos pela "união do sentido e da imagem acústica". Sua doutrina centra-se em visões dicotomizadas, em dualidades, como ele mesmo ressaltou: "(...) o fenômeno linguístico apresenta perpetuamente duas faces que se correspondem e das quais uma não vale senão pela outra".[2] Dentre suas noções bipolares, língua/fala, sincronia/diacronia, sistema/não sistema, relações sintagmáticas/paradigmáticas, os dois primeiros pares mostraram-se de extrema relevância nos estudos linguísticos posteriores. A dicotomia língua/fala relaciona-se à oposição social/individual e encontra o seu respaldo na sociologia. A dicotomia sincronia/diacronia relaciona-se ao uso da língua em seu momento atual em oposição a seu uso em termos das fases de sua evolução histórica. Tendo estabelecido a língua como um sistema autônomo, a obra de Saussure pode ser vista como uma "bomba epistemológica" de efeito retardado montada desde 1916, mas detonada apenas nos meados da década de 1960 com o advento do estruturalismo e a inserção do enfoque descritivo em substituição ao enfoque normativo tradicionalmente utilizado pela Linguística.

A Análise do Discurso pode demonstrar que aquilo que é lido não é a realidade, mas apenas um relato da realidade propositadamente construído de um determinado modo, por um determinado sujeito. Através do destrinchamento do funcionamento dos textos e da consequente observação de sua articulação com as formações ideológicas, ela permite desvendar, no contexto da sociedade, o confronto de forças, as relações de poder, os domínios do saber. A AD considera essencial a relação da linguagem com a exterioridade, que pode ser compreendida como as condições de produto do discurso. Nessas condições estão incluídos não apenas o falante e o ouvinte, mas também o contexto histórico-social e ideológico da comunicação. Embora parta de conceitos estritamente técnicos advindos da Linguística, a AD enquanto técnica de pesquisa não é uma abordagem hermética, de domínio exclusivo dos linguistas. Ela engloba e pressupõe uma variedade de conhecimentos de áreas afins, como a Psicologia, a Sociologia e a Filosofia.

O conceito de discurso advém originalmente da dicotomia saussuriana língua/fala. Se por um lado a língua constitui um sistema independente do indivíduo e tem caráter coletivo, por outro lado, a fala diferencia-se por ser a transformação e a atualização deste conjunto de regras sistematizadas para a esfera individual. As combinações seletivas que o sujeito falante faz ao utilizar o código da língua para comunicar-se constituem a fala. Essa fala seria o próprio discurso.

6.13.2 *As Teorias de Enunciação e as Teorias Pragmáticas*

Os modos como a língua através da fala é atualizada deram origem às Teorias da Enunciação e às Teorias Pragmáticas, que constituem, de certo modo, uma continuidade e não uma ruptura com Saussure. É através da enunciação que o sujeito se apropria da língua e então se posiciona. E são as pragmáticas que se preocupam com as condições de produção da enunciação. A Análise do Discurso consolida-se então como um novo espaço de reflexão sobre a linguagem. Constitui-se de hipóteses, princípios e procedimentos que, de um certo modo, estabelecem um confronto com uma dada tradição de trabalhar o campo da Linguística. Ao mesmo tempo, a AD apresenta-se como uma continuidade e alimenta-se de contribuições de diversas áreas do conhecimento, tais como a Filosofia e a Sociologia. Embora tenha incorporado o trabalho dos linguistas neste processo de continuidade, a AD propõe um modelo de análise linguística no qual os fatos são necessariamente relacionados com o uso da linguagem em situações históricas determinadas e por sujeitos concretos. Neste contexto, há desenvolvimentos diversos com metodologias diferenciadas. A AD não é, pois, uma abordagem única. Assim como o seu objeto, o discurso, ela é plural e varia conforme diferentes pontos de vista. Ademais, o produto dos esforços de pesquisa da AD serve de subsídio para uma variedade de ciências, dentre elas a Administração, a Antropologia e a Sociologia.

As condições de produção do discurso, a situação, mais do que o próprio sujeito falante, são determinantes do sentido produzido. O contexto revela os implícitos. Para a AD, a enunciação implica uma referência de um estado de coisa da qual se está falando e transporta o receptor além dos limites linguísticos dos elementos da fala, de forma que o seu decodificador deve considerar não apenas aquilo que é enunciado, mas também o contexto da enunciação.

A enunciação, como ato, deu origem às pragmáticas. Ela confunde-se com o ato. O discurso é a língua assumida pelo homem que fala na condição de subjetividade. Surge, então, a noção de performatividade. Dizer é fazer. Um performativo é um tipo especial de enunciação. O uso de verbos performativos, verbos que realizam, esclarece esta perspectiva. O emprego de tais verbos na primeira pessoa implica a realização de um ato desde que existam certas condições sociais. Este tipo de ato realiza-se pela própria enunciação. Por exemplo, a enunciação (abro a seção) é em si um ato, desde que o sujeito enunciador esteja em posição legítima. Da mesma forma, "eu juro" é um ato, enquanto "ele jura" é a descrição de um ato.

6.13.3 A Destinaridade e a Teoria da Argumentação

Mais do que passar informação, o objetivo do discurso é obter a adesão através da utilização da linguagem como forma de persuadir, seja de forma conspícua ou não. Trabalhando o não dito, o latente, o implícito, o discurso argumentativo faz-se sedutor. Assim como a pragmática leva em consideração o outro e o contexto (seu e do outro), a argumentação estabelece o discurso com o outro no intuito de mudar esse outro. Desta forma, além de ser um processo de comunicação, o discurso, reconhecendo a relevância crítica da destinaridade, se organiza como um processo intencional de ação sobre o outro (BALLAI, 1989). A proposta argumentativa é um corolário da destinaridade do discurso. A argumentação é montada em função de um dado público-alvo, de um auditório particular. Dado que todo discurso visa convencer aquele a quem se destina, a dimensão argumentativa é essencial à linguagem.

O sentido das palavras de um discurso varia conforme as posições que ocupam aqueles que as empregam. Ademais, o sentido depende do contexto, que, por sua vez, inclui um saber anterior. Logo, o sentido é um lugar dialético, plural, portanto indeterminado e vulnerável a subjetividades. Uma certa compreensão do que seja a relação entre discurso e subjetividade estará sempre presente, acionando e instrumentalizando as lentes e as escutas analíticas. A AD coloca-se como uma metodologia eficaz e factível para o trabalho investigativo de desconstrução e reconstrução dos discursos, quer no circuito acadêmico, quer no circuito das relações de produção e trabalho, tanto na esfera linguística, quanto na esfera histórico-social e político-ideológica. Ela torna evidente o fato de que o discurso pode funcionar como uma armadura que se presta, a um só tempo, a um papel duplo de defesa e de ataque, conforme as exigências ou interesses da ocasião.

6.13.4 Exemplos – Análise do Discurso

Exemplo 1

Publicado pela *Revista de Administração Contemporânea*, em dez./2004, o artigo "Dimensões dos Discursos em uma Empresa Têxtil Mineira", de autoria de Saraiva, Pimenta e Corrêa, constitui um bom exemplo de estudo de uma empresa com aplicação de pesquisa documental, entrevista e análise de discurso. Assim é o resumo:

> O objetivo deste artigo é discorrer sobre o que são e como se caracterizam os discursos empresariais e analisar sua relação com as práticas de gestão no contexto empresarial da década de noventa. Teoricamente os discursos empresariais foram explorados no que diz respeito à sua concepção, origens e usos no meio organizacional, o que contribui para caracterizá-los como alguns dos principais componentes da gestão contemporânea. Foi adotada uma *estratégia metodológica qualitativa* para a consecução dos objetivos do trabalho, incluindo análise documental e entrevistas com gestores e trabalhadores de uma empresa têxtil de Minas Gerais. Os principais resultados revelam uma dinâmica complexa, na qual frequentemente o discurso é absorvido pelos empregados de forma parcial, diferente dos propósitos organizacionais, o que, de forma contraditória, fortalece a empresa em um quadro de enfraquecimento dos trabalhadores. As divergências encontradas, em uma organização ao mesmo tempo conservadora e inovadora, tal qual o ambiente que a circunda, revelam um espaço para a análi-

se das possíveis formas locais de desenvolvimento da gestão.

Exemplo 2

Visando à compreensão do valor "sentimento de apego", Leão e Mello (2005) conduziram uma análise dos discursos expressos nas respostas dadas em entrevistas. Lembrando que o princípio da AD é o de que um enunciado nem sempre quer dizer a mesma coisa, mas é dependente do contexto em que é dito, em que condições do exercício da função enunciativa são sempre determinadas no tempo e no espaço. Nenhum pronunciamento é neutro ou isento de valor. Os autores seguiram as orientações de Gill[3] (2002), que reconhece a existência de pelo menos 57 diferentes variedades para condução de AD. Assim é que são sugeridas as seguintes etapas: formulação das questões iniciais de pesquisa com base em um dado tema; escolha dos textos a serem analisados; leitura cética dos textos; codificação dos mesmos; análise dos dados; e, por fim, teste desses dados.

Quinze entrevistas foram lidas pelo menos quatro vezes, em ordem e dias diferentes, para que cada leitura não fosse influenciada pela anterior e, sobretudo, para possibilitar diferentes formas de (re)leitura dos textos.

6.14 Exemplos – Uso de Técnicas de Coleta de Informações, Dados e Evidências

Exemplo 1: Pesquisa Única com Utilização de Diversas Técnicas

Para identificar as dimensões da personalidade de marca e analisar a adequação da escala de Aaker (1997) ao contexto brasileiro, Muniz e Marchetti (2005) percorreram oito etapas a seguir sintetizadas:

- Tradução reversa dos itens/características utilizados na escala americana e os itens totais utilizados na pesquisa que originou as escalas japonesa e espanhola. A escala foi traduzida por dois professores com domínio da língua inglesa, e residentes no Brasil. As duas traduções foram executadas de maneira independente e as expressões que apresentaram discrepâncias foram discutidas em uma segunda etapa.

- A segunda etapa compreendeu a realização de entrevistas em profundidade com pesquisadores e profissionais, visando ao entendimento do construto da personalidade de marca no contexto brasileiro. Com aplicação da análise do conteúdo das respostas e comentários obtidos foram definidos os traços de personalidade validados pelos especialistas.

- Na terceira etapa, a unificação dos traços gerados após a tradução reversa, somando-se os traços adicionados pelos entrevistados e algumas características pesquisadas pelos autores em dicionários de traços de personalidade humana, geraram uma relação com 174 traços.

- A quarta etapa foi dedicada à diminuição do total de traços. Para tanto um questionário foi aplicado junto aos profissionais e professores com experiência e atuação na área de Marketing. Foi utilizada uma escala de 7 pontos (1 = essa característica não descreve em nada uma marca; e 7 = essa característica descreve totalmente uma marca). Com 24 questionários válidos, optou-se em fazer um corte após o segundo quartil dos traços que melhor descrevem as marcas. A lista final foi composta por 87 traços.

- A etapa cinco envolveu o procedimento de coleta de dados junto ao consumidor. Para obter uma amostra em nível nacional, e tendo em vista as limitações de tempo e financeiras do projeto, optou-se pela construção de um questionário na Internet, com a aquisição de domínio específico e estruturação profissional do *site* em termos de *design* e base de dados. A divulgação do *site* foi executada nacionalmente por meio de *e-mail* marketing e *banners* em *sites* apoiadores. Foram selecionadas 24 marcas de 12 categorias de produtos e serviços. Ao acessar a página, o respondente avaliava duas marcas não concorrentes. Nessa fase foram utilizadas escalas de 10 pontos (1 = a característica não descreve em nada a marca; 10 = a característica descreve totalmente a marca). Para incentivar a participação, tendo em vista o extenso questionário, os respondentes concorreram a vales-compra no valor de R$ 40,00.

- Análises dos 1.302 questionários respondidos sugeriram a eliminação de 5 traços, chegando-se a 82.
- Na etapa oito foram fatoradas as 82 variáveis, obtendo-se cinco dimensões para a definição da personalidade da marca.

Práticas de Técnicas de Coleta de Informações, Dados e Evidências em Estudos de Casos

Exemplo 1

Em estudo multicaso, Donaire (1997) usou três fontes de evidências. Assim se expressou no protocolo do estudo:

> Entrevista pessoal a ser feita com o responsável pela atividade/função ligada à variável ecológica (caso se justifique, poderão ser incluídos outros protagonistas nessa entrevista, notadamente da área que tenha uma interface grande com o tema da pesquisa).
> Documentação: servirá de apoio para constatar as modificações ocorridas no comportamento da organização em relação à variável ecológica: memorandos, comunicados, circulares, organogramas, reuniões, participação em simpósios, seminários etc.
> Observação Direta: de importância secundária no contexto desta pesquisa, serve apenas como complemento adicional das fontes anteriores, a ser feita pelo investigador quando de sua visita à empresa, que servirá para constatar a importância da atividade/função na organização através de seus símbolos exteriores, tais como quantidade e qualidade das instalações, dos recursos humanos etc.

Exemplo 2

Em estudo de caso realizado em Brumadinho/MG, Varela (2004) assim resumiu as fontes para obtenção de dados e informações:

- documentos: relatórios de planejamento, orçamentos, relatórios de gestão. Pacto dos indicadores da atenção básica, prestações de contas, leis e normas sobre funcionamento de programas na área de saúde, organograma do município, normas expedidas pelo Ministério da Saúde e pelo Estado, matérias de revistas e jornais sobre o município, entre outros;
- registros em arquivos: banco de dados e sistemas de informações na área da saúde, dados contábeis, dados do cadastro nacional dos usuários do SUS, orçamentos etc.;
- entrevistas com os profissionais da prefeitura;
- observação do processo de obtenção dos dados de saúde através de visitas nas unidades de prestação de serviço ou mesmo acompanhando os profissionais responsáveis pela coleta dos dados.

Exemplo 3

Em dezembro de 2004, Galvão da Silva, R., e Fischer, F. M., publicaram artigo no *Caderno de Pesquisa em Administração* da FEA/USP relatando o processo de Auditoria Interna do Sistema de Gestão da Segurança e Saúde no Trabalho em uma empresa da cidade de Santos, em São Paulo. Eis algumas considerações de procedimentos, técnicas e abordagem metodológica:

> Optou-se por realizar um estudo de caso único, considerando-se que essa estratégia de pesquisa é adequada e preferida quando se colocam questões do tipo "como" e "por que" (como e por que as auditorias internas do sistema de gestão da SST são realizadas?). Ao se optar por tais questões, pretendeu-se aprofundar o conhecimento sobre o objeto da pesquisa, ainda mais por se tratar de assunto contemporâneo.
> A coleta dos dados de campo foi feita utilizando-se os seguintes meios: (a) formulário contendo perguntas abertas e fechadas para entrevista com os responsáveis pela função de auditoria [...] (b) documentos e registros da empresa relativos ao sistema de gestão da SST e ao processo de auditoria de sistema, tais como o procedimento para realização das auditorias internas, modelos de relatórios da auditoria, matriz de responsabilidade sobre o sistema e cronograma das auditorias internas.

À medida que os entrevistados relatavam os fatos, o pesquisador registrava as palavras e informações exatas, e procurava captar aspectos emocionais e o contexto em que os entrevistados estavam envoltos, identificando as posições tendenciosas de superestimação dos aspectos positivos e de desvio dos pontos que ainda careciam de melhoria.

Durante todas as etapas do estudo, o pesquisador procurou estar atento para não assumir posições preconcebidas. O registro dos dados coletados foi feito de forma imparcial; da mesma forma, a análise dos dados buscou garantir a isenção de posições pessoais, ou seja, o exame crítico realizou-se com base nas evidências coletadas. Assim, houve a preocupação do pesquisador em processar corretamente as descobertas contrárias ao esperado.

Notas

[1] BARDIN, Laurence. *Análise de conteúdo*. Lisboa: Edições 70, 1997.

[2] SAUSSURE F. de. *Curso de linguística geral*. São Paulo: Cultrix, 1987.

[3] GILL, R. Análise de discurso. In: BAUER, M.; e GASKELL, G. *Pesquisa qualitativa com texto, imagem e som*: um manual prático. Petrópolis: Vozes, 2002. p. 244-270.

7 Polo sobre avaliação quantitativa e qualitativa

7.1 Introdução

O homem, visando entender a realidade, promove pesquisa – processo de estudo, construção, investigação e busca – que relaciona e confronta informações, fatos, dados e evidências visando à solução de um problema sobre a realidade social. Dessa forma, o pesquisador procura encontrar nexos entre diversas variáveis relacionadas ao seu objeto de estudo. Para melhor entender o que é uma pesquisa qualitativa – uma avaliação qualitativa –, é importante também saber o que é uma pesquisa quantitativa – avaliação quantitativa. As pesquisas quantitativas são aquelas em que os dados e as evidências coletados podem ser quantificados, mensurados. Os dados são filtrados, organizados e tabulados, enfim, preparados para serem submetidos a técnicas e/ou testes estatísticos. A análise e interpretação se orientam através do entendimento e conceituação de técnicas e métodos estatísticos. Uma pesquisa tradicional sobre intenção de voto, por exemplo, é uma pesquisa quantitativa. No entanto, em função de propósitos de certas pesquisas e abordagens metodológicas empreendidas, os tipos das informações, dados e evidências obtidas não são passíveis de mensuração. Pedem descrições, compreensões, interpretações e análises de informações, fatos, ocorrências, evidências que naturalmente não são expressas por dados e números. Nestes casos, as técnicas de coleta são mais específicas, como, por exemplo: entrevistas; observações; análise de conteúdo; observação participante etc. Têm-se aí as características de uma pesquisa qualitativa, alternativa frente ao positivismo quantitativista, tão expressivo nas pesquisas das Ciências Naturais. O fato de apresentarem características avaliativas distintas não impede que pesquisas científicas adotem avaliações quantitativas e qualitativas. É descabido o entendimento de que possa haver pesquisa exclusivamente qualitativa ou quantitativa. Investigações científicas contemplam ambas.

7.2 Técnicas para avaliação quantitativa – pesquisa quantitativa

Durante o processo de construção de um trabalho científico, o pesquisador, dependendo da natureza das informações, dos dados e das evidências levantadas, poderá empreender uma avaliação quantitativa, isto é: organizar, sumarizar, caracterizar e interpretar os dados numéricos coletados. Para tanto poderá tratar os dados através da aplicação de métodos e técnicas da Estatística. Neste capítulo serão expostos e explicados os métodos e técnicas estatísticas mais comuns para condução de avaliações quantitativas.

Diariamente somos expostos a uma grande quantidade de informações numéricas através dos jornais, revistas, informativos, telejornais etc. Dependendo de situações, ora somos consumidores de informações numéricas dessa natureza (*data housers*), ora precisamos produzi-las (*data producers*), caso particular da condução de um trabalho científico. Assim, necessitamos de conhecimento e capacitação para compreendermos informações numéricas produzidas por outros, bem como nos habilitarmos a construí-las. Os procedimentos, técnicas e métodos estatísticos são fundamentais para auxílio à execução dessas tarefas. Sinteticamente, **estatística é a ciência dos dados** – uma ciência para o produtor e o consumidor de informações numéricas. Ela envolve coleta, classificação, sumarização, organização, análise e interpretação de dados. Ou seja: métodos e técnicas para busca de sínteses e interpretações de um conjunto de dados numéricos.

Historicamente o desenvolvimento da estatística pode ser entendido a partir de dois fenômenos distintos – a necessidade de governos coletarem dados censitários e o desenvolvimento da teoria do cálculo das probabilidades. Dados têm sido coletados através de toda a história. Nas civilizações Egípcia, Grega e Romana, dados primários eram coletados com propósitos de taxações e finalidades militares. Na Idade Média, igrejas registravam dados e informações sobre nascimentos, mortes e casamentos. Nos Estados Unidos, a Constituição de 1870 determinava a realização de censo a cada dez anos. No Brasil são realizados censos a cada dez anos. Atualmente, informações numéricas são necessárias para cidadãos e organizações de qualquer natureza, e de qualquer parte do globo.

7.2.1 Estatística Descritiva

Como o próprio nome sugere, a organização, sumarização e descrição de um conjunto de dados é chamada estatística descritiva. Através da construção de gráficos, tabelas, e do cálculo de medidas a partir de uma coleção de dados numéricos, por exemplo, idades dos alunos de uma classe, pode-se melhor compreender o comportamento da variável expressa no conjunto de dados sob análise. Os procedimentos, técnicas e métodos da estatística descritiva serão apresentados neste capítulo.

7.2.2 Estatística Inferencial

O início da formulação matemática da teoria das probabilidades se deu a partir de investigações sobre jogos de azar, durante a Idade Média, século XVII, através de correspondências entre o filósofo Pascal e o jogador Chevalier de Mere. Outros matemáticos, como Bernoulli, DeMoivre e Gauss, estabeleceram as bases da estatística inferencial. Contudo, somente no início do século XX é que os métodos e técnicas da estatística inferencial foram desenvolvidos por estatísticos como Pearson, Fisher, Gosset, entre outros. Pode-se definir **estatística inferencial** como métodos que tornam possível a estimação de características de uma população baseadas nos resultados amostrais. Para melhor entendimento dos propósitos da inferência estatística, são necessárias as seguintes definições:

Uma **população** é a totalidade de itens, objetos, ou pessoas sob consideração. Uma **amostra** é uma parte da população que é selecionada para análise.

Um exemplo facilitará o entendimento do processo de inferência estatística. Suponha que o diretor de sua faculdade deseja conduzir uma pesquisa, junto aos alunos, para conhecer suas percepções sobre a qualidade de vida no *campus*. A população, ou universo, neste exemplo será o conjunto de todos os alunos matriculados, enquanto a amostra será formada pelos estudantes selecionados para participar da pesquisa. O objetivo da investigação será o de descrever várias atividades, ou características, da população, ou seja, conhecer os parâmetros populacionais. Pode-se atingir tal objetivo utilizando-se estatísticas obtidas, a partir da amostra de estudantes, para estimar as atitudes e características do total de alunos da Escola. O aspecto mais importante da estatística inferencial é o processo de obter conclusões sobre parâmetros da população a partir de estatísticas amostrais. A necessidade de métodos de inferência estatística deriva da amostragem. Como a população, geralmente, é constituída de um elevado número de itens, de objetos, ou de pessoas, torna-se muito custoso, e demanda muito tempo, obter informações e dados de toda a população. Decisões sobre características da população são baseadas em informações contidas em uma amostra dessa população. A teoria da probabilidade provê, regula, a possibilidade de acerto de que os resultados obtidos a partir da amostra refletem os resultados da população.

A lembrança da condução de uma pesquisa eleitoral ilustra o processo da inferência estatística e o papel da probabilidade. O pesquisador, impossibilitado de entrevistar todos os eleitores (população), seleciona uma amostra de votantes e indaga-os sobre suas preferências eleitorais. Baseado nas respostas amostrais, conclui sobre todo o conjunto dos eleitores. Junto com suas conclusões o pesquisador informa a probabilidade de confiança de que seus resultados amostrais refletem o comportamento de todos os eleitores (população).

7.2.3 Sobre os Softwares Estatísticos

Durante os últimos 20 anos, o campo da estatística sofreu uma extraordinária mudança pelo desenvolvimento de *softwares* especialmente construídos para análises estatísticas. Atualmente dispõe-se, dentre outros, do **SAS**, **SPSS** e **MINITAB**, além do **Excel**. Cada vez mais tem se tornado comum o uso desses pacotes entre administradores, estudantes e pesquisadores. O propósito deste capítulo é dar condições para que o leitor/pesquisador tenha segurança quando da escolha do procedimento, técnica ou método estatístico de análise de dados, e interprete com correção e criatividade as **saídas** de qualquer pacote estatístico.

7.2.4 Coleta de Dados – Amostragem Aleatória Simples

Dentre as diversas maneiras para coletar dados a amostragem é mais frequente, particularmente, nas pesquisas sobre fenômenos sociais e econômicos. Na seção 7.2.11 adiante discute-se, com mais detalhes, o dimensionamento de amostras e critérios para composição. Aqui é apresentado o processo mais comum e útil para a condução de investigações empíricas: **seleção de uma amostra aleatória simples**.

Uma amostra é probabilística quando os elementos amostrais são escolhidos com probabilidades conhecidas. Na **amostragem aleatória simples** todos os elementos da população têm igual probabilidade de compor a amostra, e a seleção de um particular indivíduo, ou objeto, não afeta a probabilidade de qualquer outro elemento ser escolhido. Uma amostra em que a probabilidade de se escolher qualquer dos N elementos em uma única prova é igual a $1/N$ é uma amostra aleatória. Isto implica que **grupos** de elementos tenham a mesma chance de serem incluídos na amostra que **outros grupos do mesmo tamanho**. Embora possa não parecer óbvio, a extração de toda uma amostra de uma só vez equivale à amostragem sem reposição. Na amostragem com reposição, é possível extrair o mesmo elemento mais de uma vez, o que não é possível quando se extrai toda a amostra de uma só vez. Se a população é infinita, como, por exemplo, toda a produção futura de uma máquina, podemos considerá-la como um processo probabilístico, compondo a amostra aleatória na ordem em que ocorrem. Enquanto o processo se mantiver estável faremos nossas observações admitindo que a probabilidade de cada possível resultado se mantenha constante. Exemplos de processos dessa natureza são: chamadas telefônicas, veículos que cruzam determinada avenida, produção, tempo de atendimento em caixas de supermercado etc.

Se a população é finita, tal como os livros de uma biblioteca, estudantes de uma faculdade, automóveis de um município, empresas de certa região etc., a escolha de uma amostra aleatória envolve a **compilação de uma lista de todos os elementos da população**, e a realização de **sorteios** para escolher os itens que irão compor a amostra.

Uso da **Tabela de Dígitos Aleatórios** para gerar uma amostra aleatória de tamanho n de uma população de N elementos.

As tabelas de dígitos aleatórios contêm os dez algarismos 0,1,2,...,8,9, **dispostos aleatoriamente** em colunas e linhas. Parte de uma tabela de dígitos aleatórios é apresentada a seguir.

Os pacotes estatísticos têm procedimentos para geração de números aleatórios e, consequentemente, de amostras aleatórias.

Um exemplo irá ilustrar o processo para a seleção de uma amostra aleatória simples, utilizando a Tabela de Dígitos Aleatórios. Suponhamos que uma grande empresa queira selecionar, aleatoriamente, 40 funcionários dos seus 700 empregados. Os funcionários poderiam ser listados alfabeticamente, ou relacionados, pelos números de seus registros, ou organizados por outro critério qualquer. Vamos supor que o rol dos funcionários foi numerado de 001 a 700. Como a identificação de cada funcionário exige números de três algarismos, será necessário lermos números de três algarismos em uma tabela de números aleatórios. Para tanto basta escolhermos, arbitrariamente, qualquer posição (linha ou coluna) e a partir daí iniciarmos o processo de escolha-sorteios. Por exemplo, escolhemos o 1º elemento da tabela.

(1ª linha e 1ª coluna): **492** 808 892 **435**
779 **002** 838 **116 307** 275 898 **630**
234 861 870 **416 570** 746 808 **612**
980 839 734 920 775 **450** 914 **389** 865
923 **250** 786 612^((*)) 978 **496** 976 **539**
155 008 078 629 939 **391 230 454**
845 985 **609 520 664 128** 726 **464**
733 850 **585 555 143** 885 **507** 718
657 948 876 783 **317 089 340 033**
648 847 **204 334**

(*) o elemento com número 612 foi descartado, pois já havia sido escolhido (veja o 6º elemento da segunda linha).

Logo os funcionários identificados pelos números assinalados em negrito irão compor a amostra. Quando o número sorteado superar o maior número da população, no caso 700, o descartamos, continuando o processo. Descartamos também as repetições. Neste exemplo o processo continuou até se completar o 40º elemento.

7.2.5 Estatística Descritiva

Como explicado na introdução deste capítulo, os objetivos da estatística descritiva envolvem a organização, sumarização e descrição de dados.

Nesta seção, mostra-se como se podem construir tabelas e gráficos, particularmente, a determinação de medidas que oferecem entendimento de conjuntos de dados quantitativos – populações e amostras – provenientes de variáveis que se tem interesse em estudar.

7.2.6 Obtenção de Dados

Existem várias fontes para obter dados e informações:

- Dados publicados pelo governo, indústria ou indivíduos.
- Dados oriundos de experiências (experimentos).

Tabela 1 *Representação de parte de uma tabela de dígitos aleatórios.*

Linha	\multicolumn{8}{c}{Coluna}							
	12345	67890	12345	67890	12345	67890	12345	67890
1	49280	88924	35779	00283	81163	07275	89863	02348
2	61870	41657	07468	08612	98083	97349	20775	45091
3	43898	65923	25078	86129	78496	97653	91550	08078
4	62993	93912	30454	84598	56095	20664	12872	64647
5	33850	58555	51438	85507	71865	79488	76783	31708
6	97340	03364	88472	04334	63919	36394	11095	92470
7	70543	29776	10087	10072	55980	64688	68239	20461
8	89382	93809	00796	95945	34101	81277	66090	88872
9	37818	72142	67140	50785	22380	16703	53362	44940
10	60430	22834	14130	96593	23298	56203	92671	15925
11	82975	66158	84731	19436	55790	69229	28661	13675
12	39087	71938	40355	54324	08401	26299	49420	59208
13	55700	24586	93247	32596	11865	63397	44251	43189
14	14756	23997	78643	75912	83832	32768	18928	57070
15	32166	53251	70654	92827	63491	04233	33825	69662
16	23236	73751	31888	81718	06546	83246	47651	04877
17	45794	26926	15130	82455	78305	55058	52551	47182
18	09893	20505	14225	68514	46427	56788	96297	78822
19	54382	74598	91499	14523	68479	27686	46162	83554
20	94750	89923	37089	20048	80336	94598	26940	36858
21	70297	34135	53140	33340	42050	82341	44104	82949
22	85157	47954	32979	26575	57600	40881	12250	73742
23	11100	02340	12860	74697	96644	89439	28707	25815
24	36871	50775	30592	57143	17381	68856	25853	35041
25	23913	48357	63308	16090	51690	54607	72407	55538

- Dados oriundos de pesquisa.
- Dados oriundos de observações de comportamentos, atitudes etc.

São considerados dados secundários aqueles já coletados que se encontram organizados em arquivos, bancos de dados, anuários estatísticos, publicações etc., enquanto são denominados dados primários aqueles colhidos diretamente na fonte das informações, dados e evidências.

7.2.7 Níveis de Mensuração

É indispensável que o pesquisador tenha claro o nível de mensuração da variável que pretende analisar, pois dependem do nível de mensuração da variável as possíveis operações aritméticas entre seus valores e consequente técnica estatística permitida para análise.

7.2.7.1 Nível Nominal

O nível nominal de mensuração envolve simplesmente o ato de **nomear**, **rotular** ou **classificar** um objeto, pessoa ou alguma característica, através de números ou outros símbolos. Neste nível a variável pode assumir duas ou mais categorias. As categorias não têm ordem ou hierarquia. O que se mede é colocado em uma ou outra categoria, indicando somente diferenças com respeito a uma ou mais características. Os números eventualmente utilizados têm função puramente de classificação e não podem ser operados aritmeticamente. Por exemplo, a religião é uma variável nominal. Se pretendermos operá-la aritmeticamente, teremos situações inusitadas, como esta:

1 = católico
2 = judeu
3 = protestante
4 = muçulmano
5 = outros

1 + 2 = 3
um católico + um judeu = protestante (?)

Quando variáveis nominais assumem duas categorias, elas são chamadas variáveis dicotômicas, e se assumirem três ou mais categorias, denominam-se **variáveis categóricas**.

São exemplos de variáveis com nível de mensuração nominal: sexo (simbolizado por M e F; 1 e 2 etc.), filiação partidária, profissões, categorias funcionais, estado civil, raça, número de chapas dos veículos etc. Trata-se de um nível de mensuração restritivo em termos de possibilidades do uso de técnicas estatísticas, uma vez que não são possíveis operações aritméticas com seus valores.

7.2.7.2 Nível Ordinal

Dada uma variável com nível de mensuração nominal em que a relação > (maior do que) vale para todos os pares de classes, teremos então uma escala ordinal. Observe que particularmente a relação > poderá incluir mais alto do que, mais difícil do que, mais importante do que, preferível a etc. Neste nível, a variável pode assumir várias categorias, porém essas categorias mantêm uma relação de ordem do menor ao maior. Os símbolos, ou etiquetas, das categorias indicam uma hierarquização.

Por exemplo, o prestígio ocupacional pode ser medido por diversas escalas que ordenam as profissões de acordo com seus prestígios:

Valor na Escala	Profissão
80	Engenheiro Químico
70	Engenheiro de Produção
60	Ator

80 é maior do que 70, 70 é maior do que 60 (os números – símbolos ou categorias – definem posições). Não há dúvida de que as categorias não estão separadas por intervalos iguais (não há um intervalo comum). Não podemos dizer com exatidão que entre um Ator (60) e um Engenheiro de Produção (70) existe a mesma distância – de prestígio – que entre um Engenheiro de Produção (70) e um Engenheiro Químico (80). Aparentemente, nos dois casos a distância é 10, todavia, não é uma distância real. O intervalo 10 não é comum, representa diferentes dimensões, no caso de prestígio das profissões. São exemplos de variáveis com nível de mensuração ordinal: *status* socioeconômico, grau de escolaridade, hierarquização de um conjunto de afirmações, atitudes de pessoas em relação a determinado fato, resultado de testes etc.

7.2.7.3 Nível Intervalar

Neste caso a variável pode assumir várias categorias que mantêm uma relação de ordem, além de intervalos iguais de medição. As distâncias entre categorias são as mesmas em toda a escala. Existe um intervalo constante, ou seja, uma unidade de medida.

Por exemplo: uma prova de Estatística, com 30 questões-testes de igual dificuldade, é aplicada a três garotas. Se Ana resolveu 10, Laura 20 e Breda 30, a distância entre Ana e Laura é igual à distância entre Laura e Breda.

O zero (0) deste nível de mensuração é arbitrário, não é real (designa-se arbitrariamente a uma categoria o valor zero, e a partir deste marco se constrói a escala). Um exemplo clássico em ciências naturais é a temperatura (em graus Centígrados), onde o zero é arbitrário, não implicando que realmente haja zero (nenhuma) temperatura (o zero é uma das categorias dessa escala). Cabe ressaltar que diversas escalas utilizadas em estudos sobre o comportamento humano não são verdadeiramente intervalares (escalas de atitudes), porém são tratadas como tal. Isto se faz porque o nível de mensuração por intervalo permite operações aritméticas básicas (adição, subtração, multiplicação e divisão) e, portanto, das técnicas estatísticas, que de outro modo não poderiam ser utilizadas. Trata-se de uma escala verdadeiramente **quantitativa** com possibilidade de **aplicação a todas as estatísticas paramétricas comuns**.

7.2.7.4 Nível de Razão

Neste nível, além de todas as características do nível intervalar, o zero é real, é absoluto (não é arbitrário). Zero absoluto significa que há um ponto na escala onde não existe a propriedade. São exemplos de escalas razão: peso, altura, renda, custo.

Para o uso de métodos e técnicas estatísticas não se faz distinção entre os níveis intervalar e de razão.

É muito importante identificar o nível de mensuração de **todas** as variáveis de uma investigação, porque dependendo do nível de mensuração da variável se pode escolher uma ou outra técnica estatística.

7.2.8 Gráficos e Tabelas

A organização, sumarização e descrição dos dados pode ser feita através da construção de Gráficos e Tabelas. Não há critérios rígidos para a construção de Gráficos e Tabelas. Os *softwares* oferecem diversas opções – barras horizontais, verticais; lineares; *pizzas* etc. A construção deve ser orientada pelo princípio: o leitor consegue, facilmente, compreender o que está sendo mostrado? Se a resposta for positiva, a opção foi acertada.

7.2.9 Medidas de Posição ou de Tendência Central

Como o próprio título sugere, a pretensão aqui é a determinação e o cálculo de medidas que ofereçam o posicionamento da distribuição dos valores de uma variável que se deseja analisar.

7.2.9.1 Média Aritmética ou Média Amostral

A medida de tendência central mais comum para um conjunto de dados é a **média aritmética**. A **média aritmética** de uma amostra de **n** observações: $x_1, x_2, ..., x_n$, representada pelo símbolo $\bar{x}$ (lê-se x barra), é calculada por:

$$\bar{x} = \frac{\text{Soma dos valores de } x}{\text{número de observações}} = \frac{\sum x_i}{n}$$

Exemplo: Encontrar a média aritmética para o conjunto de observações: 5, 1, 6, 2, 4

Solução: temos cinco observações: $n = 5$, então:

$$\bar{x} = \frac{\sum x}{n} = \frac{5 + 1 + 6 + 2 + 4}{5} = \frac{18}{5} = 3,6$$

Quando os valores de x_i estão agrupados com suas respectivas frequências absolutas, a média aritmética, ou média amostral, é expressa por:

$$\bar{x} = \frac{\sum x_i F_i}{n}$$

Quando são considerados os valores de uma população, utilizam-se as mesmas fórmulas identificadas por μ (lê-se "mi") = média populacional.

Evidentemente os *softwares* estatísticos determinam essa e outras medidas.

7.2.9.2 Mediana

Colocados os valores em ordem crescente, mediana ($\tilde{x}$) é o valor que divide a amostra, ou população, em duas partes iguais. Assim:

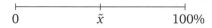

Exemplo/ilustração: Um pesquisador pede a cada respondente que dê uma nota entre 0 e 10 a determinado atributo de qualidade de um produto. Ao final de 90 entrevistas, calcula a mediana para o conjunto de notas, obtendo 8,0. No relatório de sua investigação poderá afirmar, por exemplo, que 50% dos entrevistados (45 pessoas) atribuíram nota igual ou superior a 8,0 ao atributo de qualidade considerado, indicando que esse atributo apresenta forte reconhecimento por parte dos respondentes.

7.2.9.3 Quartis

Os quartis dividem um conjunto de dados em quatro partes iguais. Assim:

```
0%         25%        50%        100%
|-----------|-----------|-----------|
            Q_1        Q_2 = M_d
```

Q_1 = 1º quartil deixa 25% dos elementos.

Q_2 = 2º quartil coincide com a mediana; deixa 50% dos elementos.

Q_3 = 3º quartil deixa 75% dos elementos.

Como se pode observar, os Quartis são medidas separatrizes que dividem a amostra ou população em quatro partes iguais. Trata-se de um refinamento do cálculo da mediana, onde o pesquisador necessita de um maior detalhe quanto à classificação de categorias da variável sob análise.

Exemplo/ilustração: Ao serem processadas 200 rendas familiares, obtiveram como 1º Quartil R$ 1.550,00; mediana igual a R$ 3.600,00; e 3º Quartil R$ 7.000,00. Logo o pesquisador poderá relatar em seu texto científico que, por exemplo, 25% das famílias (50 famílias) investigadas tinham renda de até R$ 1.550,00; que 50% delas informaram rendas superiores a R$ 3.600,00; e que outras 50 famílias possuíam renda superior a R$ 7.000,00.

7.2.9.4 Decis

Continuando o estudo das medidas separatrizes: mediana e quartis, tem-se os **decis**. São os valores que dividem a série em 10 partes iguais.

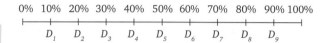

Conforme explicado no caso dos Quartis, os Decis oferecem um refinamento ainda maior ao pesquisador, podendo classificar as categorias de uma variável em 10 partes.

Exemplo/ilustração: Após aplicação de um teste (variação de 0 a 30) para compreensão de determinado evento, um pesquisador encontrou o valor de 25 para o 9º decil e de 15 para o 2º decil. Diante desses resultados ele poderia, por exemplo, informar que 90% dos que se submeteram ao teste tiveram escores menores ou iguais a 25, ou, de outra forma: que 10% obtiveram escores superiores a 25. Complementarmente, poderia afirmar que 20% tiveram notas inferiores a 15, ou que 80% obtiveram notas maiores ou iguais a 15.

7.2.9.5 Percentis

São as medidas que dividem a série em 100 partes iguais.

```
0%  1%  2%  3%  ...  50%  ...  97%  98%  99%
|---|---|---|--------|--------|---|---|---|
    P_1 P_2 P_3      P_50     P_97 P_98 P_99
```

Com os mesmos propósitos das outras separatrizes, os percentis oferecem um refinamento ainda maior para as categorias de uma variável: divide-a em 100 partes.

Exemplo/ilustração: As empresas que possuem índices de liquidez acima do 95º percentil podem ser consideradas muito bem gerenciadas e sólidas, afinal fazem parte das organizações (apenas 5%) que possuem os maiores índices de liquidez.

7.2.9.6 Moda

Dentre as principais medidas de posição, destaca-se a **Moda**. É o valor mais frequente de uma distribuição. Isto é, o valor que aparece mais em uma amostra ou população.

> **Exemplo/ilustração**: Um pesquisador aplicou escalas tipo Likert para medir atitudes das pessoas em relação à gestão pública. Após o cálculo das estatísticas básicas, uma das escalas de sete pontos indicou moda igual a 6,0 (concordo parcialmente). Para a afirmação correspondente, o pesquisador poderá afirmar que a maioria dos respondentes de fato concorda com a assertiva.

7.2.10 Medidas de Dispersão

São medidas estatísticas utilizadas para avaliar o grau de variabilidade, ou dispersão, dos valores em torno da média. Servem para medir a representatividade da média.

Sejam as séries: **(a)** 20, 20, 20
(b) 15, 10, 20, 25, 30

Tem-se: $\bar{x}_a = 20$ e $\bar{x}_b = 20$

Observe: apesar das séries terem médias iguais, a série **a** não apresenta dispersão em torno da média $\bar{x}_a$, enquanto os valores da série **b** apresentam dispersão em torno da média $\bar{x}_b$. Nesta seção são apresentadas medidas estatísticas que avaliam o grau de dispersão, ou variabilidade, de uma variável.

7.2.10.1 Amplitude Total

É uma medida de dispersão dada pela diferença entre o maior e o menor valor da série.

$$R = x_{máx} - x_{mín}$$

Exemplo: Para a série: 10, 12, 20, 22, 25, 33, 38

$$R = 38 - 10 = 28$$

A utilização da **amplitude total** como medida de dispersão é limitada, pois, sendo uma medida que depende apenas dos valores externos, não **capta** possíveis variações entre esses limites.

7.2.10.2 Variância Amostral

Como se deseja medir a dispersão dos dados em relação à média, é interessante **analisar os desvios** de cada valor (x_i) em relação à média $\bar{x}$, isto é: $d_i = (x_i - \bar{x})$. Se os d_i forem baixos, teremos pouca dispersão: ao contrário; se os desvios forem altos, teremos elevada dispersão. É fácil constatar que a soma dos desvios em torno da média **é zero**. Isto é: $\sum d_i = 0$. Para o cálculo da **variância** consideram-se os quadrados dos desvios: d_i^2.

A **variância** S^2 de **uma amostra** de n medidas é igual à soma dos quadrados dos desvios: $\sum d_i^2$, dividida por $(n - 1)$; assim:

$$S^2 = \frac{\sum d_i^2}{n-1} = \frac{\sum (x_i - \bar{x})^2}{n-1}$$

para dados agrupados tem-se:

$$S^2 = \frac{\sum d_i^2 F_i}{n-1} = \frac{\sum (x_i - \bar{x})^2 F_i}{n-1}$$

Desenvolvendo-se o quadrado das diferenças: $(x_i - \bar{x})^2$, e somando-se os termos comuns, encontram-se as seguintes **fórmulas práticas para o cálculo da variância amostral**:

$$S^2 = \frac{1}{n-1} \left[\sum x_i^2 - \frac{(\sum x_i)^2}{n} \right]$$

ou

$$S^2 = \frac{1}{n-1} \left[\sum x_i^2 F_i - \frac{(\sum x_i F_i)^2}{n} \right]$$

Quanto maior o valor de S^2, maior a dispersão dos dados amostrais.

> **Exemplo**: Calcular a variância para as medidas amostrais: 3, 7, 2, 1, 8.
>
> **Solução**: Vamos determinar S^2 pela fórmula básica. Para tanto, é interessante a construção da seguinte tabela:

x_i	$d_i = (x_i - \bar{x})$	$d_i^2 = (x_i - \bar{x})^2$
3	(3−4,2) = −1,2	1,44
7	2,8	7,84
2	−2,2	4,84
1	−3,2	10,24
8	3,8	14,44
Σ 21	0	38,80

A média amostral será:

$$\bar{x} = \frac{\sum x_i}{n} = \frac{21}{5} = 4,2$$

Logo, a variância amostral será:

$$S^2 = \frac{\sum (x_i - \bar{x})^2}{n-1} = \frac{38,80}{4} = 9,7$$

Agora, vamos determinar S^2 pela aplicação da fórmula prática. Para tanto, é interessante a construção da seguinte tabela:

x_i	x_i^2
3	9
7	49
2	4
1	1
8	64
Σ 21	127

Então, a variância amostral será:

$$S^2 = \frac{1}{n-1}\left[\sum x_i^2 - \frac{(\sum x_i)^2}{n}\right] = \frac{1}{4}\left[127 - \frac{(21)^2}{5}\right] = 9,7$$

7.2.10.3 Desvio-Padrão Amostral

Como explicado, o cálculo da variância é obtido pela **soma dos quadrados dos desvios em relação à média**. Assim é que, por exemplo, se a variável sob análise for medida em metros, a variância deverá ser expressa em m² (metros ao quadrado). Ou seja, a variância é expressa pelo quadrado da unidade de medida da variável que está sendo estudada. Para melhor se interpretar a dispersão de uma variável, calcula-se a raiz quadrada da variância, obtendo-se o **desvio-padrão**. Assim:

$$S = \sqrt{S^2}$$

O desvio-padrão das cinco medidas amostrais do exemplo anterior é dado por:

$$S = \sqrt{S^2} = \sqrt{9,7} = 3,1$$

7.2.10.3.1 Interpretação do Desvio-padrão

Regra Empírica

Para qualquer distribuição amostral com média $\bar{x}$ e desvio-padrão **S** tem-se:

- O intervalo $\bar{x} \pm S$ contém entre 60% e 80% de todas as observações amostrais. A porcentagem se aproxima de 70% para distribuições aproximadamente simétricas, chegando a 90% para distribuições fortemente assimétricas.
- O intervalo $\bar{x} \pm 2S$ contém aproximadamente 95% das observações amostrais para distribuições simétricas e aproximadamente 100% para distribuições com assimetria elevada.
- O intervalo $\bar{x} \pm 3S$ contém aproximadamente 100% das observações amostrais.

Teorema de Tchebysheff

Para qualquer distribuição amostral com média e desvio-padrão S tem-se:

- O intervalo $\bar{x} \pm 2S$ contém, no mínimo, 75% de todas as observações amostrais.
- O intervalo $\bar{x} \pm 3S$ contém, no mínimo, 89% de todas as observações amostrais.

Quando se deseja referir à variância da população, usa-se o símbolo σ^2 (lê-se sigma ao quadrado), sendo o desvio padrão expresso por ρ.

7.2.10.4 Coeficiente de Variação de Pearson

Trata-se de uma **medida relativa de dispersão**. Enquanto a amplitude total **(R)**, variância **(S²)** e desvio-padrão **(S)** são medidas absolutas de dispersão, o coeficiente de variação **(C.V)** mede a dispersão relativa. Assim:

$$C.V = \frac{S}{\bar{x}} \times 100$$

onde: S = desvio-padrão amostral
$\bar{x}$ = média amostral

Regras empíricas para interpretações do coeficiente de variação:

Se: **C.V < 15%** tem-se baixa dispersão
Se: **15 < C.V < 30%** tem-se média dispersão
Se: **C.V ≥ 30%** tem-se elevada dispersão

Exemplo: Em uma empresa o salário médio dos homens é de $ 4.000, com desvio-padrão de $ 1.500, e o salário médio das mulheres é de $ 3.000, com desvio-padrão de $ 1.200. A dispersão relativa dos salários é maior para os homens?

Solução: dos dados do problema temos:

Homens: $\bar{x}_H = 4.000$ $S_H = 1.500$

Mulheres: $\bar{x}_M = 3.000$ $S_M = 1.200$

para os homens:

$$C.V = \frac{S_H}{\bar{x}_H} \times 100 = \frac{1.500}{4.000} \times 100 = 37,5\%$$

para as mulheres:

$$C.V = \frac{S_M}{\bar{x}_M} \times 100 = \frac{1.200}{3.000} \times 100 = 40\%$$

Resposta: Os salários das mulheres têm dispersão relativa maior do que os salários dos homens. As duas distribuições apresentam elevada dispersão: ($C.V \geq 30\%$).

7.2.10.5 Escore Padronizado

Outra medida relativa de dispersão é o **escore padronizado**. Para uma medida x_i é dado por:

$$Z_i = \frac{x_i - \bar{x}}{S}$$

Um escore Z_i negativo indica que a observação x_i está à esquerda da média, enquanto um escore positivo indica que a observação está à direita da média.

Exemplo: São dadas as médias e os desvios padrões das avaliações de duas disciplinas:

Português $\bar{x}_P = 6,5$ $S_P = 1,2$
Matemática $\bar{x}_M = 5,0$ $S_M = 0,9$

Relativamente às disciplinas Português e Matemática, em qual delas obteve melhor *performance* um aluno que alcançou 7,5 em Português e 6,0 em Matemática?

Solução: Vamos determinar os escores padronizados para as notas obtidas:

$$Z_i = \frac{x_i - \bar{x}}{S},$$

assim, para Português: $Z_P = \frac{7,5 - 6,5}{1,2} = 0,83$

para Matemática: $Z_M = \frac{6,0 - 5,0}{0,9} = 1,11$

A melhor *performance* relativa se deu na disciplina Matemática, pois, $Z_M > Z_P$. Observe que em termos absolutos o aluno conseguiu melhor nota em Português.

7.2.10.6 *Detectando* Outliers

Nos trabalhos de coleta de dados, podem ocorrer observações que **fogem** das dimensões esperadas – *os outliers*. Para detectá-los pode-se calcular o escore padronizado (Z_i), e considerar **outliers** as observações cujos escores, em valor absoluto (em módulo), sejam **maiores do que 3**.

Exemplo: Os dados de uma pesquisa revelaram média 0,243 e desvio padrão 0,052 para uma determinada variável. Verificar se os dados 0,380 e 0,455 podem ser considerados observações da referida variável.

Solução: tem-se: $\bar{x} = 0,243$ $S = 0,052$
para $x_i = 0,380$

$$Z_i = \frac{0,380 - 0,243}{0,052} = 2,63$$

para $x_i = 0,455$

$$Z_i = \frac{0,455 - 0,243}{0,052} = 4,08$$

Resposta: o dado 0,380 pode ser considerado **normal**; por outro lado, 0,455 pode ser um *outliers*, portanto, descartável.

7.2.10.7 Medidas de Assimetria

Denomina-se **assimetria** o grau de afastamento, de uma distribuição, da unidade de simetria. Em uma distribuição simétrica tem-se igualdade dos valores da média, mediana e moda. Eis uma ilustração gráfica de uma **distribuição simétrica**:

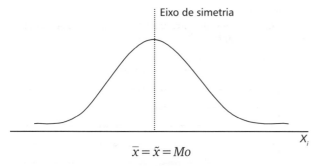
$\bar{x} = \tilde{x} = Mo$

Em uma distribuição **assimétrica positiva, ou assimétrica à direita**, tem-se: $Mo < \tilde{x} < \bar{x}$.

Eis uma ilustração gráfica de uma distribuição **assimétrica positiva**:

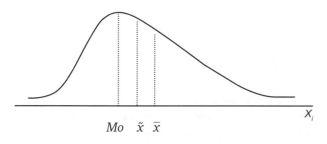
$Mo \quad \tilde{x} \quad \bar{x}$

Em uma distribuição assimétrica negativa, ou assimétrica à esquerda, tem-se: $\bar{x} < \tilde{x} < Mo$.

Eis uma ilustração gráfica de uma distribuição **assimétrica negativa**:

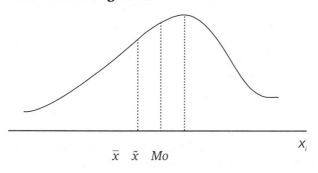
$\bar{x} \quad \tilde{x} \quad Mo$

Todas as medidas de posição, dispersão e assimetria são determinadas por qualquer um dos *softwares* anteriormente citados.

7.2.11 Inferência Estatística: Estimativas por Ponto e Intervalos de Confiança

O processo de inferência estatística busca obter informações sobre a população a partir dos elementos amostrais.

Em seção anterior foi apresentado o estudo descritivo de amostras – representação gráfica, tabelas de distribuições de frequências e medidas características: posição, dispersão e assimetria. A importância desse conteúdo é justificada uma vez que, na maioria das situações práticas, estaremos trabalhando com amostras.

O objetivo da Estatística é o de conhecer populações a partir das informações amostrais. Como as populações são caracterizadas por medidas numéricas descritivas, denominadas parâmetros, a Estatística diz respeito à realização de inferências sobre esses parâmetros populacionais desconhecidos. Parâmetros populacionais típicos são a média (μ), o desvio padrão (σ) e a proporção (p) de determinado evento populacional.

Os métodos para realizar inferências a respeito dos parâmetros pertencem a duas categorias:

- estimação: determinação de estimativas dos parâmetros populacionais;
- testes de hipóteses: tomada de decisão relativa ao valor de um parâmetro populacional.

7.2.11.1 Estimativa por Ponto

Quando a partir dos dados amostrais calcula-se um valor da estimativa do parâmetro populacional, tem-se uma estimativa por ponto do parâmetro considerado.

Assim, o valor da média amostral $(\bar{x})$ é uma estimativa por ponto da média populacional (μ). De maneira análoga, o valor do desvio padrão amostral (S) constitui uma estimativa do parâmetro (σ).

> **Exemplo**: Uma amostra aleatória de 200 alunos de uma universidade de 20.000 estudantes revelou nota média amostral 5,2. Logo: $\bar{x} = $ **5,2 é uma estimativa pontual** da verdadeira nota média (μ) dos 20.000 alunos.

7.2.11.2 Estimativa por Intervalo

Uma estimativa por intervalo para um parâmetro populacional é determinada por dois limites, obtidos a partir dos elementos amostrais, que se espera contenham o valor do parâmetro, com um dado nível de confiança de $(1 - \alpha)\%$. Geralmente $(1 - \alpha)\%$ = 90%, 95%, 97,5%.

Se o comprimento do intervalo for pequeno, tem-se um elevado grau de precisão da inferência realizada. As estimativas dessa natureza são denominadas intervalos de confiança. Os *softwares* referidos neste capítulo oferecem os intervalos para os principais parâmetros populacionais.

> **Exemplos de Estimativas por Intervalo:**
>
> a) O intervalo [1,60 m; 1,64 m] contém a altura média dos moradores do município X, com um nível de confiança de 95%.
>
> b) Com 97,5% de confiança o intervalo [8%; 10%] contém a proporção de analfabetos da cidade Y.
>
> c) O intervalo [37 mm; 39 mm] contém o desvio padrão do comprimento de uma peça, com 90% de confiança.

É importante atentar para o risco do erro quando se constrói um intervalo de confiança. Se o nível de confiança é de 95%, o risco do erro da inferência estatística será de 5%. Assim: se construíssemos 100 intervalos, a partir de 100 amostras de tamanhos iguais, poderíamos esperar que 95 desses intervalos (95% deles) iriam conter o parâmetro populacional sob estudo, enquanto que 5 intervalos (5% deles) não iriam conter o parâmetro. Uma configuração reforçará o conceito da estimativa por intervalo. Seja θ (lê-se teta) um parâmetro populacional. Vamos admitir a seleção de 10 amostras de mesmo tamanho e um nível de confiança de 90%. A Figura a seguir expõe uma possível configuração dos intervalos obtidos: Os segmentos horizontais representam os 10 intervalos, e a reta vertical representa a localização do parâmetro θ. Nota-se que o parâmetro é fixo e que a localização do intervalo varia de amostra para amostra. Por conseguinte, pode se falar em termos da "probabilidade de o intervalo incluir θ", e não em termos da "probabilidade de θ pertencer ao intervalo", já que θ é fixo. O intervalo é aleatório. Na prática somente um intervalo é construído a partir de uma amostra aleatória obtida.

Os principais intervalos de confiança são construídos para:

- A média populacional.
- A variância populacional.
- Uma proporção de evento de uma população.
- A diferença entre duas médias.
- O quociente entre duas variâncias.

Configuração:
Dez Intervalos de Confiança para θ a Partir de 10 Amostras de Mesmo Tamanho e (1 − α)% = 90%

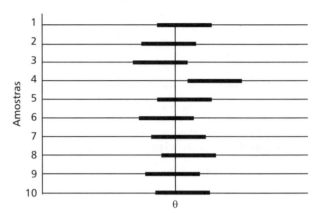

Os *softwares* indicados no início deste capítulo são úteis para a construção desses intervalos.

7.2.12 Amostragem

Geralmente as pesquisas são realizadas através de estudo dos elementos que compõem uma amostra extraída da população que se pretende analisar. O conceito de população é intuitivo. Trata-se do conjunto de indivíduos ou objetos que apresentam em comum determinadas características definidas para o estudo. Amostra é um subconjunto da população.

É compreensível que um estudo de todos os elementos da população possibilite preciso conhecimento das variáveis que estão sendo pesquisadas, todavia, nem sempre é possível obter as informações de **todos** os elementos da população. Limitações de tempo, custo e as vantagens do uso das técnicas estatísticas de inferências justificam o uso de planos amostrais. Torna-se claro que a representatividade da amostra dependerá do seu tamanho e de outras considerações de ordem metodológica. Isto é, o investigador procurará se acercar de cuidados visando à obtenção de uma amostra significativa, ou seja, que de fato represente **o melhor possível** toda a população.

Nesta seção, serão consideradas fórmulas para o cálculo de **n** para populações infinitas e finitas. Geralmente, nos estudos sobre fenômenos organizacionais, as populações são finitas, todavia, quando o número de elementos amostrais for muito grande e desconhecido, admite-se população infinita. Por exemplo: atendimento em um hospital; adultos de uma grande cidade; alunos da rede pública de ensino básico etc. são consideradas populações infinitas.

A seguir serão apresentadas fórmulas para o cálculo de **n** visando à construção de intervalos de confiança para a média **(μ)** e proporção **(p)** a partir de seus respectivos estimadores (média amostral) e **f** = $\hat{p}$ (frequência relativa).

Ao quociente **n/N** denomina-se fração amostral **(f)**, e à expressão **(1 – f) = (1 – n/N)** chama-se fator de correção para população finita.

Quando a variável de estudo é intervalar, geralmente utilizam-se fórmulas para se estimar a média populacional, enquanto, se a variável for nominal ou ordinal, usam-se as expressões para estimar proporções populacionais. Na seção 7.2.4, foi apresentada a técnica de amostragem aleatória simples. Nesta parte complementa-se o estudo sobre amostragens.

7.2.12.1 Tamanho da Amostra para se Estimar a Média de uma População Infinita

Procedimento:

1º) Analise o questionário, ou roteiro da entrevista, e escolha a variável intervalar mais importante para o estudo. Se possível, escolha mais do que uma variável. Calcule o tamanho para cada variável, escolhendo o maior **n**.

2º) Se a variável escolhida for intervalar e a população considerada infinita, você poderá determinar o tamanho da amostra pela fórmula.

$$n = \left(\frac{Z \cdot \sigma}{d}\right)^2$$

onde: **Z** = abscissa da distribuição normal padrão, fixado um nível de (1 – α)% de confiança para construção do IC para a média. Se o nível for 95,5%, **Z** = 2. Se o nível for 95%, **Z** = 1,96. Se o nível for 99%, **Z** = 2,57.

Geralmente utiliza-se **Z** = 2, admitindo-se (1 – α)% = 95,5%.

σ = desvio padrão da população, expresso na unidade variável. Você poderá avaliá-lo de, pelo menos, uma das três maneiras:

- Especificações técnicas.
- Resgatar o valor de estudos semelhantes.
- Fazer conjecturas a partir de amostras piloto.

d = erro amostral expresso na unidade da variável. O erro amostral é a máxima **diferença** que o investigador admite suportar entre μ e a estimativa da média amostral, isto é:

$|\mu - \bar{x}| \le d$, onde μ é a verdadeira média populacional e $\bar{x}$ será a média a ser calculada a partir da amostra.

n = tamanho da amostra aleatória simples a ser selecionada da população.

7.2.12.2 Tamanho da Amostra para se Estimar a Média de uma População Finita

Procedimento:

1º) Analise o questionário, ou roteiro de entrevista, e escolha a variável intervalar mais importante para o estudo. Se possível escolha mais do que uma variável. Calcule o tamanho para cada variável escolhendo o maior **n**.

2º) Se a variável for intervalar e a população finita, você poderá determinar o tamanho da amostra pela fórmula:

$$n = \frac{Z^2 \cdot \sigma^2 \cdot N}{d^2(N-1) + Z^2 \sigma^2}$$

onde: **Z** = abscissa da normal padrão (explicações iguais às da seção anterior).

σ = desvio-padrão da população (explicações iguais às da seção anterior).

N = tamanho da população.

d = erro amostral (explicações iguais às da seção anterior).

n = tamanho da amostra aleatória simples a ser selecionada da população.

7.2.12.3 Tamanho da Amostra para se Estimar a Proporção (p) de uma População Infinita

Se a variável escolhida for nominal ou ordinal e a população considerada infinita, você poderá determinar o tamanho da amostra pela fórmula:

$$n = \frac{Z^2 \cdot \hat{p} \cdot \hat{q}}{d^2}$$

onde: **Z** = abscissa da normal padrão (veja explicação na seção 7.2.12.1).

$\hat{p}$ = estimativa da verdadeira proporção de um dos níveis da variável escolhida. Por exemplo, se a variável escolhida for porte da empresa, p poderá ser a estimativa da verdadeira proporção de grandes empresas do setor que está sendo estudado. Será expresso em decimais. Assim, se $\hat{p}$ = 30%, teremos: $\hat{p}$ = 0,30. Caso não se tenha estimativas prévias para $\hat{p}$, admita $\hat{p}$ = **0,50**, obtendo assim o **maior tamanho de amostra possível** considerando constantes os valores de **d** e **Z**.

$\hat{q} = 1 - \hat{p}$

d = erro amostral expresso em decimais. O erro amostral neste caso será a máxima diferença que o investigador admite suportar entre p e $\hat{p}$, isto é: $|p - \hat{p}| \leq d$, em que **p** é a verdadeira proporção e $\hat{p}$ será a proporção (frequência relativa) do evento a ser calculado a partir da amostra.

n = tamanho da amostra aleatória simples a ser selecionada da população.

7.2.12.4 Tamanho da Amostra para se Estimar uma Proporção (**p**) de População Finita

Se a variável escolhida for nominal ou ordinal e a população finita, tem-se:

$$n = \frac{Z^2 \cdot \hat{p} \cdot \hat{q} \cdot N}{d^2(N-1) + Z^2 \cdot \hat{p} \cdot \hat{q}}$$

onde: **N** = tamanho da população.

Z = abscissa da normal padrão (veja explicação na seção 7.2.12.1).

$\hat{p}$ = estimativa da proporção (veja explicação na seção 7.2.12.1).

$\hat{q} = 1 - \hat{p}$

d = erro amostral (veja explicação na seção 7.2.12.1).

n = tamanho da amostra aleatória simples a ser selecionada da população.

Exemplos:

a) Suponha que a variável escolhida em um estudo seja o peso de certa peça, e que a população é infinita. Pelas especificações do produto o desvio-padrão é de 10 kg. Logo, admitindo-se um nível de confiança de 95,5% e um erro amostral de 1,5 kg, tem-se:

$\sigma = 10$ kg $d = 1,5$ kg

$(1-\alpha)\% = 95,5\%$, ou seja: $Z = 2$

$n = \left[\frac{2 \times 10}{1,5}\right]^2 = 177,77 \cong 178$

Ou seja: com uma amostra aleatória simples de 178 peças tem-se um erro máximo de 1,5 kg para se construir um IC para o peso médio, com nível de confiança de 95,5%.

Admitindo-se os mesmos dados do exemplo anterior e uma população finita de 600 peças.

Logo:

$\sigma = 10$ kg $d = 1,5$ kg

$(1-\alpha)\% = 95,5\%$, ou seja

$Z = 2$ $N = 600$

$n = \frac{2^2 \cdot 10^2 \cdot 600}{1,5^2(600-1) + 2^2 \cdot 10^2} = 137,1 \cong 138$

Assim, uma amostra aleatória simples de 138 peças poderá ser usada para a construção de um IC para a média, com nível de confiança de 95,5% e erro amostral de 1,5 kg.

b) Suponha que a variável escolhida em um estudo seja a proporção de eleitores favoráveis ao candidato X e que o investigador tenha elementos para suspeitar que essa porcentagem seja de 30%. Admita a população infinita, um nível de confiança de 99% e um erro amostral de 2% (ou seja: que a diferença entre a verdadeira proporção de eleitores do candidato X e a estimativa a ser calculada na amostra seja no máximo de 2%). Assim:

$(1-\alpha)\% = 99\%$ $Z = 2,57$ $\hat{p} = 30\% = 30\%$

$\hat{q} = (1 - 0,30) = 0,70$ $d = 2\% = 0,02$

$n = \frac{(2,57)^2 \cdot (0,30)(0,70)}{(0,02)^2} = 3.467,57 \cong 3.468$

Ou seja: consultando, aleatoriamente, 3.468 eleitores, poderemos inferir sobre a verdadeira proporção de eleitores do candidato X, com erro máximo de 2%.

Admita os mesmos dados do exemplo anterior e que a população de eleitores seja finita de 20.000 eleitores. Logo:

$$n = \frac{(2,57)^2 \cdot (0,30)(0,70)(20.000)}{(0,02)^2(20.000-1) + (2,57)^2(0,30)(0,70)}$$

$$= 3.955,33 \cong 2.956$$

7.2.12.5 Amostragem Aleatória Simples

Esse tipo de amostragem, frequentemente utilizado em pesquisas empíricas, foi apresentado na seção 7.2.4 e, sinteticamente, será aqui relembrado. Atribui-se a cada elemento da população um número distinto. Se a população for numerada ou cadastrada, utilizam-se os próprios registros do cadastro. Efetuam-se sucessivos sorteios até se completar o tamanho da amostra **n**. Para realizar os sorteios, são utilizadas tabelas de dígitos aleatórios – sequências de dígitos de **0** a **9**, distribuídos aleatoriamente.

Se, por exemplo, a população tem 1.000 elementos ($N = 1.000$), pode-se numerá-los de 000 a 999. A partir de uma posição de qualquer linha da tabela de dígitos aleatórios, realizam-se sucessivos sorteios, ou seja, retiram-se conjuntos de três algarismos (números sorteados), que irão compor a amostra. Assim, imagine que a sequência de dígitos aleatórios seja 385559555432886... Logo, os elementos de números 385 – 559 – 555 – 432 serão os componentes da amostra.

Se o número sorteado superar o tamanho da população **(N)**, abandona-se o número sorteado prosseguindo o processo. Se o número sorteado for repetido, convém abandoná-lo.

7.2.12.6 Amostragem Sistemática

Trata-se de uma variação da amostragem simples, conveniente quando a população está ordenada segundo algum critério, como fichas de um fichário, listas telefônicas etc.

Calcula-se o intervalo de amostragem **N/n** aproximando-o para o inteiro mais próximo: **a**. Utilizando-se uma Tabela de Dígitos Aleatórios, sorteia-se um número **x** entre **1** e **a**, formando assim a amostra dos elementos correspondente aos números: **x; x + a; x + 2a; ...**

Por exemplo, seja: $N = 1.000$, $n = 200$. Logo:

$$a = \frac{N}{n} = \frac{1.000}{200} = 5$$

Imagine que **3** seja o número sorteado entre 1 e 5. Portanto, os elementos da população numerados por **3**, **8**, **13**, ..., **998** irão compor a amostra.

A amostragem sistemática é frequentemente utilizada em pesquisas de opinião, realizadas em locais públicos, quando não se dispõe de uma relação (cadastro) da população. A amostra é coletada, sistematicamente, entrevistando-se, por exemplo, toda a **5ª** pessoa (ou **10ª** pessoa, ou...) encontrada pelo pesquisador.

7.2.12.7 Amostragem Aleatória Estratificada

No caso de população heterogênea em que se podem distinguir subpopulações mais ou menos homogêneas, denominadas estratos, é possível utilizar o processo de amostragem estratificada. Após a identificação dos estratos e o cálculo dos tamanhos amostrais, selecionam-se amostras aleatórias simples de cada subpopulação (estrato). Se as diversas subamostras tiverem tamanhos proporcionais aos respectivos números de elementos dos estratos e guardarem proporcionalidade com respeito à variabilidade de cada estrato, obtém-se uma estratificação ótima. As variáveis de estratificação mais comuns são: limites geográficos, classe social, idade, sexo, profissão etc.

Eis a notação:

K = número de estratos

N_i = número de elementos do estrato **i**

N = número de elementos da população
  $= N_1 + N_2 + ... + N_k$

n_i = número de elementos, aleatoriamente selecionados, do estrato **i**

n = número total de elementos sorteados
  $= n_1 + n_2 = ... + n_k$

$\bar{x}i$ = média amostral obtida do estrato **i**

$\bar{x} = \frac{1}{N^2}(N_1 \bar{x}_1 + N_2 \bar{x}_2 + ... N_k \bar{x}_k)$, estimador da média populacional μ

S_i^2 = variância amostral obtida do estrato **i**

$S^2 = \dfrac{1}{N^2} \sum_{i=1}^{k} N_i^2 \dfrac{S_i^2}{n_i} \left(\dfrac{N_i - n_i}{N_i} \right)$, estimador da variância populacional σ^2

$\hat{p}_i$ = frequência relativa obtida do estrato i

$\bar{p} = \dfrac{1}{N}(N_1 \bar{p}_1 + N_2 \bar{p}_2 + ... N_k \bar{p}_k)$, estimador da proporção populacional p.

7.2.12.8 Tamanho da Amostra Aleatória Estratificada para se Estimar a Média de uma População Finita

$$n = \dfrac{\sum_{i=1}^{k} \left[\dfrac{N_i^d - \sigma_i^2}{w_i} \right]}{N^2 D + \sum_{i=1}^{k} N_i \sigma_i^2}$$

onde:

σ_i^2 = variância populacional do estrato i. Poderá ser avaliado de, pelo menos, uma das três maneiras:

- especificações técnicas;
- resgatar o valor de estudos semelhantes;
- fazer conjecturas a partir de amostras piloto.

$w_i = \dfrac{N_i}{N}$

$D = \dfrac{d^2}{Z^2}$

sendo:

d = erro amostral, expresso na unidade da variável.

Z = abscissa da distribuição normal padrão, fixado um nível de confiança.

7.2.12.9 Tamanho da Amostra Aleatória Estratificada para se Estimar uma Proporção (p) de População Finita

$$n = \dfrac{\sum_{i=1}^{k} \left[\dfrac{N_i^2 - \hat{p}_i(1-\hat{p}_i)}{w_i} \right]}{N^2 D + \sum_{i=1}^{k} N_i \hat{p}_i(1-\hat{p}_i)}$$

onde:

$\hat{p}_i$ = estimativa da verdadeira proporção do estrato i. Caso não se tenha estimativas prévias para $\hat{p}_i$, admita $p_i = \mathbf{0{,}50}$, obtendo assim o maior tamanho de amostra possível do estrato i, considerando constantes os valores de d e Z.

$w_i = \dfrac{N_i}{n}$

$D = \dfrac{d^2}{Z^2}$

sendo:

d = erro amostral, expresso em decimais.

Z = abscissa da distribuição normal padrão.

Exemplo: Uma estação de TV planeja conduzir uma pesquisa em três cidades para estimar a proporção de moradores que assistem regularmente a determinado programa. Deseja amostras proporcionais às quantidades de residências das três cidades. Vamos encontrar n, n_1, n_2 e n_3, considerando um nível de confiança de 95,5% e erro amostral de 1,5%. São conhecidas as quantidades de residências das cidades.

Cidades	Quantidades de residências
A	48.000
B	12.500
C	6.500

Solução: pelas informações temos:

$K = 3$ $N_1 = 48.000$

$N_2 = 12.500$ $N_3 = 6.500$

$N = 48.000 + 12.500 + 6.500 = 67.000$

$w_1 = \dfrac{48.000}{67.000} = 0{,}71$

$w_2 = \dfrac{12.500}{67.000} = 0{,}19$

$w_3 = \dfrac{6.500}{67.000} = 0{,}10$

$d = 1{,}5\% = 0{,}015$

$(1-\alpha)\% = 95{,}5\%$, ou seja: $Z = 2$

$D = \dfrac{d^2}{z^2} = \dfrac{(0{,}015)^2}{2^2} = 0{,}0000563$

Como não se dispõe das estimativas das proporções de telespectadores do programa nas três cidades, vamos admitir:

$$\hat{p}_1 = \hat{p}_2 = \hat{p}_3 = 0{,}50$$

Assim o tamanho da amostra será:

$$n = \frac{\sum_{i=1}^{3}\left[\frac{N_i^2 \hat{p}_i(1-\hat{p}_i)}{w_i}\right]}{N^2 D + \sum_{i=1}^{3} N_i \hat{p}_i (1-\hat{p}_i)}$$

$$= \left[\frac{(48.000)^2 (0{,}50)^2}{0{,}71} + \frac{(12.500)^2 (0{,}50)^2}{0{,}19} + \frac{(6.500)^2 (0{,}50)^2}{0{,}10}\right]$$

$(67.000)^2 (0{,}0000563) + (48.000)(0{,}50)^2 +$
$12.500 (0{,}50)^2 + 6.500 (0{,}50)^2 = 4140{,}39$
ou $n = 4.140$,

e os tamanhos amostrais dos estratos:

$n_1 = w_1 n = 0{,}71 (4140) = 2.939$
$n_2 = w_2 n = 0{,}19 (4140) = 787$
$n_3 = w_3 n = 0{,}10 (4140) = 414$

Assim, para executar a pesquisa devem ser aleatoriamente escolhidas 2.939 residências da cidade A, 787 da cidade B e 414 da cidade C.

7.2.12.10 Amostragem por Conglomerados (Clusters)

Suponha que desejamos selecionar uma amostra de chefes de famílias de uma cidade e não dispomos de uma relação (cadastro) de todas as residências, o que, aliás, é comum.

Podemos construir uma relação numerando, em um mapa, cada quarteirão da cidade. A lista de todos os quarteirões poderá ser utilizada para a seleção de uma amostra aleatória simples de quarteirões, cada um deles representando um conglomerado (*cluster*) de residências.

Após a amostragem dos conglomerados são entrevistados todos os chefes de famílias dos quarteirões escolhidos. A amostragem por conglomerados é uma amostragem aleatória simples, onde as unidades amostrais são os conglomerados. É menos custosa do que a amostragem aleatória simples.

7.2.12.11 Métodos de Amostragem Não Probabilísticos

São amostragens em que há uma escolha deliberada dos elementos da amostra. Não é possível generalizar os resultados da amostra para a população, pois amostras não probabilísticas não garantem a representatividade da população.

7.2.12.11.1 Amostragem Acidental

Trata-se de uma amostra formada por aqueles elementos que vão aparecendo, que são possíveis de se obter até completar o número desejado de elementos da amostra. Geralmente utilizada em pesquisa de opinião em que os entrevistados são acidentalmente escolhidos.

7.2.12.11.2 Amostragem Intencional

De acordo com determinado critério é escolhido intencionalmente um grupo de elementos que irão compor a amostra. O investigador se dirige, intencionalmente, a grupos de elementos dos quais deseja saber opiniões. Por exemplo, em uma pesquisa sobre preferência por determinado cosmético, o pesquisador se dirige a um grande salão de beleza e entrevista as pessoas que ali se encontram.

7.2.12.11.3 Amostragem por Quotas

Um dos métodos de amostragem comumente usado em levantamentos de mercados e em prévias eleitorais é o método de amostragem por quotas, que envolve três fases:

1ª Classificação da população em termos das propriedades que se sabe, ou se presume, serem relevantes para o estudo.

2ª Determinação da proporção (%) da população para cada característica (propriedade) relevante ao estudo.

3ª Fixação de quotas para cada observador, ou entrevistador, a quem cabe a responsabilidade de selecionar interlocutores, ou entrevistados, de modo que a amostra total observada ou entrevistada contenha iguais proporções de cada característica que está sendo avaliada.

Exemplo: Admitamos que se deseja realizar uma pesquisa sobre intenções de votos em determinado Município com 30.000 eleitores. Busca-se conhecer a intenção de votos dos homens e das mulheres em função dos seus níveis de escolaridade. O tamanho amostral foi dimensionado em 400 eleitores.

Procedimentos:

1º) As variáveis **sexo** e **nível de escolaridade** são relevantes para o estudo.

2º) Através dos registros dos cartórios eleitorais, ou a partir de dados de outras pesquisas, são dimensionadas as porcentagens populacionais para cada um dos níveis das variáveis relevantes ao estudo. Sejam as proporções:

Sexo	%	Escolaridade	%
Masculino	60	Analfabeto	10
Feminino	40	Ensino Básico	50
		2º Grau	30
		Superior	10

3º) Dimensionamento das quotas

Como não se dispõe das porcentagens de homens e mulheres para cada nível de escolaridade, vamos admitir que sejam iguais (60% homens e 40% mulheres) para todos os níveis. Assim: serão escolhidos 240 homens (60% de 400) e 160 mulheres. Dos homens selecionados: 24 deverão ser eleitores analfabetos (10% de 240); 120 com o ensino básico; 72 com o ensino médio; e 24 com o curso superior.

Quanto às mulheres, serão escolhidas: 16 analfabetas, 80 com ensino básico, 48 com ensino médio e 16 com curso superior.

Em síntese o plano amostral será:

	Homens	Mulheres
Analfabetos	24	16
Ensino Básico	120	80
Ensino Médio	72	48
Superior	24	16

Vamos admitir que temos 4 entrevistadores. Logo a **quota** de cada um poderá ser:

	Homens	Mulheres	Soma
Analfabetos	6	4	10
Ensino Básico	30	20	50
Ensino Médio	18	12	30
Superior	6	4	10
Soma	60	40	100

Para que a amostra represente "todo o Município", os quatro entrevistadores poderiam cumprir suas **quotas**, por exemplo, em cada uma das regiões: Norte, Sul, Leste e Oeste.

7.2.13 Testes de Hipóteses

7.2.13.1 Introdução

Nesta seção apresenta-se outro método para fazer inferências sobre parâmetros populacionais. Em vez de se calcular uma estimativa de um parâmetro populacional: pontual ou por intervalo, conforme o exposto anteriormente, vai-se admitir um valor hipotético para um parâmetro populacional, e a partir das informações da amostra realizar um teste estatístico para se aceitar ou rejeitar o valor hipotético. Como a decisão para se aceitar ou se rejeitar uma hipótese será tomada a partir dos elementos de uma amostra, fica evidente que a decisão estará sujeita a erros. Com base nos resultados obtidos em uma amostra não é possível tomar decisões que sejam definitivamente corretas. Entretanto, como mostrado adiante, pode-se dimensionar a probabilidade (risco) da decisão de se aceitar, ou de se rejeitar, uma hipótese estatística.

7.2.13.2 Principais Conceitos

Hipótese Estatística

Trata-se de uma suposição quanto ao valor de um parâmetro populacional, ou quanto à natureza da distribuição de probabilidade de uma variável populacional. Nesta seção serão apresentados os testes referentes aos parâmetros de uma população.

São exemplos de hipóteses estatísticas:

a) A altura média da população brasileira é 1,65 m, isto é: **$H: \mu = 1{,}65$ m**.

b) A variância populacional dos salários vale $ 500², isto é: **$H: \sigma^2 = 500^2$**.

c) A proporção de paulistas com a doença **X** é de 40%, ou seja: **$H: p = 0{,}40$**.

d) **A distribuição de probabilidades** dos pesos dos alunos da nossa faculdade é **normal**.

e) A chegada de navios ao porto de Santos é descrita por uma **distribuição Poisson**.

As hipóteses estatísticas são formuladas pelo pesquisador a partir de suas conjecturas sobre o fenômeno, ou em função de informações teóricas.

Teste de Hipótese

É uma regra de decisão para se aceitar ou se rejeitar uma hipótese estatística com base nos elementos amostrais. São dois os tipos de hipóteses:

Designa-se por H_0, chamada hipótese nula, a hipótese estatística a ser testada, e por H_1 a hipótese alternativa. A hipótese nula expressa uma igualdade, enquanto a hipótese alternativa é dada por uma desigualdade.

Exemplos de Hipóteses para um Teste Estatístico

a) $H_0: \mu = 1{,}65\,m$
$H_1: \mu \neq 1{,}65\,m$ ou $\mu > 1{,}65\,m$ ou $\mu < 1{,}65\,m$

b) $H_0: \sigma^2 = 500^2$
$H_1: \sigma^2 \neq 500^2$ ou $\sigma^2 > 500^2$ ou $\sigma^2 > 500^2$

c) $H_0: p = 0{,}40$
$H_1: p = 0{,}40$ ou $p \neq 0{,}40$ ou $p > 0{,}40$

7.2.13.3 Tipos de Erros

Há dois possíveis tipos de erros quando se realiza um teste estatístico para se aceitar ou se rejeitar H_0. Pode-se **rejeitar a hipótese** H_0 quando ela é **verdadeira**, ou aceitar H_0 quando ela é **falsa**. O erro de se **rejeitar** H_0, sendo H_0 **verdadeira**, é denominado **Erro tipo I**, e a probabilidade de se cometer o Erro tipo I é designada por α.

Por outro lado, o erro de se **aceitar** H_0, sendo H_0 **falsa**, é denominado **Erro tipo II**, e a probabilidade de se cometer o **Erro tipo II** é designada por β.

Os possíveis erros e acertos de uma decisão a partir de um teste de hipótese estatístico estão sintetizados no Quadro 1 abaixo:

Quadro 3 *Possíveis erros e acertos de uma decisão a partir de um teste de hipótese.*

		Realidade	
		H_0 verdadeira	H_0 falsa
Decisão	Aceitar H_0	Decisão correta $(1-\alpha)$	Erro tipo II (β)
	Rejeitar H_0	Erro tipo I (α)	Decisão correta $(1-\beta)$

O **Erro tipo I** só poderá ser cometido quando se **rejeitar** H_0, enquanto o **Erro tipo II** poderá ocorrer quando se **aceitar** H_0. O tomador de decisão deseja, obviamente, reduzir ao mínimo as probabilidades dos dois tipos de erros. A redução simultânea dos erros poderá ser alcançada pelo aumento do tamanho da amostra, evidentemente, com aumento dos custos. Para um mesmo tamanho de amostra, a probabilidade de se incorrer em um erro tipo II aumenta, à medida que diminui a probabilidade do erro tipo I, e vice-versa. Esta relação entre os erros pode ser verificada a seguir.

7.2.13.3.1 Configuração sobre o Mecanismo dos Erros

Para compreender o relacionamento dos erros e suas dimensões, vamos idealizar uma configuração a partir de um exemplo.

Deseja-se testar $H_0: \mu = 20$ contra $H_1: \mu > 20$. Sabe-se que a variância da população vale 16 e que foi retirada de uma amostra de 16 elementos. Ou seja:

$H_0: \mu = 20 \qquad \sigma^2 = 16 \quad n = 16$
$H_1: \mu > 20$

Como $\bar{x}$, estimador de μ, tem distribuição normal, tem-se graficamente:

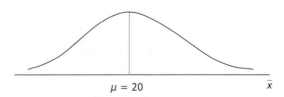

Gráfico 1 *Distribuição da média amostral para se testar $H_0: \mu = 20$.*

Ora, para valores próximos de 20 a hipótese H_0 poderá ser aceita. Como $H_1 : \mu > 20$, deve-se ter um limite crítico à direita para valores de $\bar{x}$. Assim:

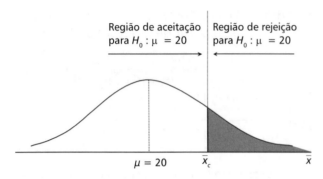

Gráfico 2 *Limite crítico para se aceitar, ou se rejeitar, $H_0 : \mu = 20$.*

A área hachurada à direita corresponde à probabilidade de se **rejeitar** H_0, quando $H_0 : \mu = 20$ é **verdadeira**. Esta área representa a probabilidade de se cometer o **Erro tipo I**, ou seja, a área representa o **risco** α. Para se encontrar um limite crítico $\bar{x}_c$, podem-se atribuir valores para α. Admita que $\alpha = 0,05 = 5\%$. Para se encontrar $\bar{x}_c$, é preciso padronizar a distribuição normal das médias, como explicado a seguir:

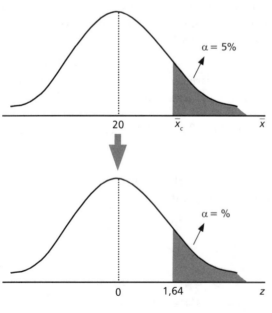

logo: $\bar{x}_c = 21,64$

Assim, a regra de decisão para H_0 será:

Rejeitar H_0, quando > 21,64

Aceitar H_0, quando ≤ 21,64

É fácil constatar, pela observação dos gráficos, que se tem grande probabilidade de aceitar $H_0 : \mu = 20 - 95\%$ - e pouca probabilidade - apenas 5% - de se rejeitar $H_0 : \mu = 20$. Ora, quando se aceita uma hipótese H_0, pode-se estar cometendo o erro tipo II – aceitar H_0, quando H_0 é falsa. No exemplo, essa probabilidade de erro pode ser de 95%, quando $H_0 : \mu = 20$ for falsa, fato extremamente preocupante. Por outro lado, tem-se apenas 5% de chances para rejeitar H_0. Todavia, quando se rejeita H_0 pode-se estar cometendo o erro tipo I – rejeitar H_0, quando H_0 é verdadeira. Como a probabilidade neste caso é relativamente baixa – 5% –, a decisão de rejeitar H_0 é muito mais segura do que a decisão de aceitar H_0. Esta é a lógica do teste de significância:

- Atribuem-se baixos valores para α, geralmente de 1% a 10%.
- Formula-se H_0 com a pretensão de rejeitá-la, daí o nome de **hipótese nula**.
- Se o teste indicar a rejeição de H_0, tem-se um indicador mais seguro para a decisão
- Caso o teste indique a aceitação de H_0, diz-se que, com o nível de significância α, não se pode rejeitar H_0, e nestes casos a decisão não é tão segura quanto a decisão de se rejeitar H_0.

7.2.14 Testes de Significância

Como já foi dito, os testes de significância consideram apenas o erro α. Os *softwares* indicados oferecem soluções para os seguintes testes de significância:

- Para a média de uma população.
- Para a variância de uma população.
- Para a proporção de um evento populacional.
- Para a diferença ou igualdade entre duas médias.
- Para o quociente entre duas variâncias.
- Para a diferença ou igualdade entre duas proporções.

7.2.15 Teste Qui-Quadrado e Outras Provas não Paramétricas

Os testes não paramétricos são particularmente úteis para decisões sobre dados oriundos de pesquisas da área de ciências humanas. Para aplicá-los não é necessário admitir hipóteses sobre distribuições de probabilidade da população da qual tenham sido extraídas amostras para análise. As provas não paramétricas são prioritariamente adaptáveis aos estudos que envolvem variáveis com níveis de mensuração nominal e ordinal, bem como à investigação de pequenas amostras. As **provas não paramétricas** são também denominadas **provas livres de distribuição**, pois ao aplicá-las não é necessário fazer suposições quanto ao modelo de distribuição de probabilidade da população. Estes testes são recomendados para análises de resultados de experimentos com dados **emparelhados** – do tipo **antes-depois** –, para verificar se variáveis são independentes ou relacionadas, e também para o tratamento estatístico de dados oriundos de tabelas com dupla entrada.

7.2.15.1 Teste Qui-Quadrado

O mais popular teste não paramétrico é o teste Qui-Quadrado, ou teste de adequação do ajustamento.

Seja ε um experimento aleatório. Sejam: E_1, E_2, ..., E_K, K eventos associados a ε. O experimento é realizado n vezes.

Sejam: Fo_1, Fo_2, ..., Fo_K as frequências observadas para cada um dos K eventos considerados.

Sejam: Fe_1, Fe_2, ... Fe_K as frequências esperadas, ou frequências teóricas, dos K eventos considerados.

O teste Qui-Quadrado verifica se **há adequação de ajustamento** entre as **frequências observadas** e as **frequências esperadas**. Isto é, se as discrepâncias: $(Fo_i - Fe_i)$, $i = 1,2, ... K$ são devidas ao acaso, ou se de fato existe diferença significativa entre as frequências. A hipótese nula H_0 afirmará não haver discrepância entre as frequências observadas e esperadas, enquanto H_1 afirmará que as frequências observadas e esperadas são discrepantes.

7.2.15.2 Teste Qui-Quadrado para Independência ou Associação entre variáveis

Uma importante aplicação do teste Qui-Quadrado ocorre quando se quer estudar a associação, ou dependência, entre duas variáveis. A representação das frequências observadas é dada por uma tabela de dupla entrada, ou tabela de contingência. O cálculo das **frequências esperadas** fundamenta-se na definição de independência estatística entre dois eventos. Isto é: diz-se que X e Y são independentes se a distribuição conjunta de probabilidades de (X, Y) é igual ao produto das distribuições marginais de probabilidades de X e de Y.

A hipótese testada é H_0: as variáveis são independentes, ou as variáveis não estão associadas; e a hipótese alternativa H_1: as variáveis são dependentes, ou as variáveis estão associadas.

7.2.15.3 Teste das Medianas

O teste das medianas dá informações se é provável que **dois grupos independentes**, não necessariamente do mesmo tamanho, **provenham de populações com a mesma mediana**. O teste deve ser aplicado sempre que os escores dos dois grupos sejam apresentados pelo menos em escala ordinal.

7.2.15.4 Teste de Mann-Whitney

É usado para testar se duas **amostras independentes** foram retiradas de populações com médias iguais. Trata-se de uma interessante alternativa ao teste paramétrico para igualdade de médias (teste t), pois o teste Mann-Whitney não exige nenhuma hipótese sobre distribuições populacionais e suas variâncias. Como foi visto, o teste paramétrico para igualdade de médias exige populações com distribuições normais de mesma variância. Este teste pode ser aplicado para variáveis intervalares ou ordinais. As hipóteses são – H_0: não há diferença entre os grupos e H_1: há diferença entre os grupos.

7.2.15.5 Testes para Dois Grupos Relacionados: Teste dos Sinais

É utilizado para análise de dados emparelhados (o mesmo indivíduo é submetido a duas medidas: **uma antes** e **uma depois**). É aplicado em situações em que o pesquisador deseja determinar se duas condições são diferentes. A variável de estudo poderá ser nominal, ordinal ou intervalar. O nome **teste dos sinais** se deve ao fato de utilizar os sinais **mais (+)** e **menos (−)** em lugar dos dados da experiência. Avalia-se cada par dos dados emparelhados: se houver alteração para **mais**, usa-se **(+)**, se para menos, **(−)**. Não havendo alteração, se atribui (0). Para o teste desconsideram-se os casos de empate, ou seja, os pares em que foram atribuídos zeros. A **lógica** do teste é que as condições **antes** e **depois** podem ser consideradas iguais quando as quantidades de "+" e "−" forem aproximadamente iguais. Isto é, as proporções de sinais "+" e "−" equivalem a 50%, ou seja: $p = 0,5$. As seguintes hipóteses são enunciadas – H_0: não há diferença entre os grupos, ou seja: $p = 0,5$ e H_1: há diferença entre os grupos, ou seja: $p \neq 0,5$.

7.2.15.6 Teste de Wilcoxon – Dois Grupos Relacionados

Trata-se de uma extensão do teste dos sinais. É mais interessante do que aquele, pois leva em consideração a magnitude da diferença para cada par. São enunciadas e testadas as hipóteses – H_0: não há diferença entre os grupos, e H_1: há diferença entre os grupos.

7.2.15.7 Testes para Três ou mais Grupos Independentes

Quando da análise de dados de pesquisa o investigador poderá necessitar decidir se diversas variáveis (três ou mais) independentes podem ser consideradas como procedentes da mesma população. Os valores amostrais quase sempre são diferentes, e o problema é determinar se as diferenças observadas sugerem realmente diferenças entre populações, ou se são apenas variações casuais esperadas entre amostras aleatórias da mesma população.

Neste item são apresentados testes para comprovar a significância de diferenças entre três ou mais grupos independentes, ou seja, para comprovar a hipótese de que as amostras independentes tenham sido extraídas da mesma população, ou de populações idênticas.

A técnica paramétrica usual para testar se diversas amostras independentes provêm da mesma população é a ANÁLISE DA VARIÂNCIA. As suposições para o uso da ANOVA são que as observações tenham sido extraídas, independentemente, de populações normalmente distribuídas, todas com a mesma variância. Exige-se ainda que a mensuração da variável de estudo seja intervalar. Se o pesquisador entende que tais suposições são irreais para os dados de seu problema, ou que a mensuração de sua variável não atinge a escala intervalar, poderá então empregar um dos testes aqui apresentados.

7.2.15.8 Teste Qui-Quadrado

O teste Qui-Quadrado para três ou mais grupos independentes é uma extensão direta da prova Qui-Quadrado para duas amostras independentes apresentada em seção anterior.

7.2.15.9 Teste das Medianas

A extensão do teste das medianas para três ou mais grupos independentes não necessariamente do mesmo tamanho constitui uma alternativa para verificar se três ou mais grupos podem ser considerados provenientes da mesma população, ou de populações com a mesma mediana. A variável de estudo poderá ter nível de mensuração ordinal ou intervalar.

7.2.15.10 Teste Kruskal-Wallis

Trata-se de teste extremamente útil para decidir se K amostras $(K > 2)$ independentes provêm de populações com médias iguais. Poderá ser aplicado para variáveis intervalares ou ordinais. O teste Kruskal-Wallis é uma alternativa não paramétrica à Análise da Variância, indicada nos casos em que o investigador não tem condições de mostrar que seus dados suportam as hipóteses do modelo da ANOVA. São enunciadas as hipóteses H_0: as médias dos K grupos são iguais e H_1: há pelo menos um par diferente.

7.2.16 Análise da Variância – Anova

Nas seções anteriores foram apresentados testes paramétricos e não paramétricos para verificar a igualdade entre duas médias: teste **t** e teste de Mann-Whitney. Foi ainda apresentado o teste Kruskal-Wallis para a igualdade de **K** médias, **K > 2**. Uma alternativa ao teste Krurskal-Wallis, quando a variável sob estudo for intervalar, é o teste paramétrico da **Análise da Variância**. Trata-se de um método estatístico, desenvolvido por Fisher, que, através de um teste de igualdade de médias, verifica se fatores (variáveis independentes) produzem mudanças sistemáticas em alguma variável de interesse (variável dependente – variável de estudo). Os fatores propostos podem ser variáveis quantitativas ou qualitativas, enquanto a variável dependente deve ser quantitativa, intervalar e observada dentro das classes dos fatores – os tratamentos.

Por exemplo, pode-se estar interessado em descobrir variáveis que causam consumo de combustível dos automóveis. A marca do veículo, idade etc. são potenciais fatores. Por meio da análise da variância é possível verificar se a marca e a idade – ou uma combinação desses fatores – produzem efeitos apreciáveis sobre o consumo, ou concluir que tais fatores não têm influência sobre o consumo.

7.2.16.1 Modelo de Classificação Única ou Experimento com um Fator

Trata-se de um modelo aplicado a **projetos experimentais completamente aleatórios**, onde amostras aleatórias independentes são retiradas de **k** populações normais **(k > 2)** com médias: $\mu_1, \mu_2, ..., \mu_k$, respectivamente, e variância σ^2. Por conseguinte, todas as populações são supostas com variâncias iguais. As amostras podem ser de tamanhos diferentes, sendo o número total de observações da experiência igual a $\boldsymbol{n = n_1 + n_2 + ... + n_k}$.

As populações são denominadas tratamentos – categorias ou níveis do fator. Através de um teste estatístico procura-se verificar se um determinado fator é possível **causa** dos **efeitos** observados em certa variável de estudo.

A hipótese nula do teste é de que as médias dos **k** tratamentos são iguais. Isto é:

$$\boldsymbol{H_0 : \mu_1 = \mu_2 = ... = \mu_k}$$

E a hipótese alternativa $\boldsymbol{H_1}$ é a de que pelo menos duas médias sejam diferentes. Caso o teste estatístico indique a rejeição de H_0, podemos concluir, com risco α, que o fator considerado tem influência sobre a variável de estudo.

7.2.16.2 Modelo de Classificação Dupla ou Experimento com Dois Fatores

Trata-se aqui da aplicação da análise da variância para **projetos em blocos aleatórios**. Um projeto em blocos aleatórios com **b** blocos e **K** tratamentos consiste em **b** blocos de **K** unidades experimentais. Os tratamentos são aleatoriamente distribuídos em cada bloco e cada tratamento aparece uma vez em cada bloco. Por exemplo, vamos supor um experimento do tipo estímulo/resposta, envolvendo três tratamentos aplicados a quatro pessoas. Cada pessoa é considerada um bloco, sujeita aos três tratamentos, aleatoriamente administrados. A variável dependente (resposta) foi o período de tempo de reação de cada pessoa, medido em segundos. Os dados gerados estão na tabela a seguir (os números em negrito identificam os tratamentos).

PESSOAS			
1	2	3	4
3	**1**	**1**	**2**
2,1	1,7	0,1	2,2
1	**3**	**2**	**1**
1,5	2,3	2,3	0,6
2	**2**	**3**	**3**
2,6	3,4	0,8	1,6

O interesse será o de verificar se os dados apresentam evidência suficiente de haver uma diferença entre as respostas médias aos estímulos (tratamentos) e entre as respostas médias das pessoas. Temos duas variáveis independentes qualitativas, **blocos** e **tratamentos: dois fatores**. Consequentemente, a variação total $(\boldsymbol{Q_t})$ poderá ser subdividida em três parcelas: a variação devida aos blocos $(\boldsymbol{Q_B})$; devida aos tratamentos $(\boldsymbol{Q_T})$, e a variação devida aos erros (residual): $\boldsymbol{Q_r}$.

Assim:

$$\boldsymbol{Q_t = Q_B + Q_T + Q_r}$$

7.2.16.3 Experimento Fatorial ou Experimento com Dois Fatores e Repetições

Neste caso haverá mais de uma observação para cada célula (interseção dos níveis – tratamentos e blocos dos dois fatores). Admite-se que haja R observações para cada posição (célula). Tem-se **K** colunas (tratamentos); **L** linhas (blocos) e **R** observações para cada interação. Assim, $\boldsymbol{n = KLR}$, sendo o elemento correspondente à coluna de ordem **i**, à linha **j**, e à repetição de ordem **l**, sendo:

$$i = 1, 2, ..., K$$
$$j = 1, 2, ..., L$$
$$l = 1, 2, ..., R.$$

Seguindo a lógica da ANÁLISE DA VARIÂNCIA, a variação total Q_t será parcelada em quatro fontes de variações: variação devido às colunas: Q_{EC}, variação devido às linhas: Q_{EL}, variação devido à interação: Q_I e variação residual: Q_r; assim:

$$\mathbf{Q_t = Q_{EC} + Q_{EL} + Q_I + Q_r}$$

7.2.16.4 Teste de Scheffé

O método de Análise da Variância indica a aceitação ou rejeição da hipótese de igualdade entre médias. Se H_0 for rejeitada, pelo menos uma das médias é diferente das demais. Surge, contudo, a questão: Quais pares de médias devem ser considerados diferentes?

Existem alguns **testes** para a solução desta questão, sendo um deles o **teste de Scheffé**.

Os *softwares* indicados solucionam problemas que envolvam essa técnica.

7.2.17 Correlação entre Variáveis

A busca de associação entre variáveis é frequentemente um dos propósitos das pesquisas empíricas. A possível existência de relação entre variáveis orienta análises, conclusões e evidenciação de achados da investigação. Nesta seção são mostradas medidas de associação, ou correlação entre variáveis.

7.2.17.1 Coeficiente de Correlação Linear de Pearson

Um indicador da força de uma relação linear entre duas variáveis intervalares é o coeficiente de correlação do produto de momentos de Pearson, ou simplesmente coeficiente de Pearson. Trata-se de uma medida de associação que independe das unidades de medidas das variáveis. Varia entre –1 ou +1 ou, expresso em porcentagens, entre –100% e +100%. Quanto maior a qualidade do ajuste (ou associação linear), mais próximo de +1 ou –1 estará o valor do coeficiente **r**; contrariamente, quando não há ajuste (ou associação linear), o coeficiente é próximo de zero. A interpretação do Coeficiente de Correlação como medida da intensidade da relação linear entre duas variáveis é puramente matemática e está completamente isenta de qualquer implicação de causa e efeito. O fato de duas variáveis aumentarem ou diminuírem juntas não implica que uma delas tenha algum efeito direto, ou indireto, sobre a outra. Ambas podem ser influenciadas por outras variáveis de maneira a dar origem a uma forte correlação entre elas.

Na prática, se $r > 70\%$ ou $r < -70\%$, e $n \geq 30$, diremos que há uma forte correlação linear entre as variáveis.

7.2.17.2 Teste de Hipótese para Existência de Correlação

Para se aplicar o teste de hipótese para existência de correlação linear é necessário que as variáveis populacionais (X, Y) tenham distribuição normal bivariada. Quando as amostras forem superiores a 30, a hipótese de normalidade das duas variáveis é razoavelmente atendida. O coeficiente de correlação linear da população (X, Y) é designado por ρ (lê-se rô). Se o teste indicar a rejeição da hipótese $\rho = \mathbf{0}$, pode-se concluir que existe correlação entre as variáveis ao nível de significância admitido.

Os principais *softwares* de análises estatísticas mostram se um coeficiente é ou não significativo da seguinte maneira:

$$\mathbf{S = \alpha = 0{,}001} : \text{significância}$$
$$\mathbf{0{,}7831} : \text{valor do coeficiente}$$

No exemplo, diz-se que o coeficiente de correlação linear entre as variáveis é de 78,31% com um nível de significância $\mathbf{p < 0{,}001}$ ou $\mathbf{p < 0{,}1\%}$.

Quando o coeficiente **r** é elevado ao quadrado, o resultado indica as variâncias dos fatores comuns. Isto é, a porcentagem da variação de uma variável explicada pela outra variável, e vice-versa.

Por exemplo: a correlação entre produtividade e motivação é de 0,80.

$$\mathbf{r = 0{,}80} \qquad \mathbf{r^2 = 0{,}64}$$

Assim, a produtividade explica 64% da variação da variável motivação. Ou a motivação explica 64% da variação da produtividade. Nos artigos de revistas científicas, geralmente são utilizadas as seguintes notações:

$r = 0{,}72**\,p < {,}05$

* O coeficiente $r = 0{,}72$ ou 72% é significativo a um nível de significância menor do que 5%.

7.2.17.3 Medidas de Correlação entre Variáveis com Escalas Nominais ou Ordinais

No caso paramétrico a medida usual de correlação é o Coeficiente de Correlação Linear de Pearson (r). A estatística r exige mensuração intervalar, e o teste para existência de correlação supõe que os dados provenham de uma população normal bivariada. As opções aqui mostradas devem ser consideradas, pelo pesquisador, quando suspeitar que seus dados não satisfazem às suposições para o cálculo e teste do coeficiente r, ou quando as variáveis são medidas em escala nominal ou ordinal.

7.2.17.4 Coeficiente de Contingência

Também chamado Coeficiente de Contingência de Pearson, trata-se de um indicador do grau de correlação entre duas variáveis nominais ou ordinais, submetidas ao teste Qui-Quadrado aplicado a uma tabela de contingência de qualquer tamanho.

O Coeficiente de Contingência é zero quando não existe associação, entre as variáveis, e seu limite máximo depende do tamanho da tabela. Para tabelas 2×2 o limite superior é 0,707, enquanto para tabelas 3×3 alcança 0,816, sendo que para tabelas maiores se aproxima de 1,0. É possível expressar o coeficiente de contingência em porcentagens.

7.2.17.5 Coeficiente *V* de Cramer

O *V* de Cramer é um indicador do grau da associação (dependência) entre duas variáveis que foram submetidas ao teste Qui-Quadrado. A vantagem desta medida sobre o Coeficiente de Contingência de Pearson é o fato de o *V* ter como valor máximo o 1, ou 100%, e como valor mínimo o 0, ou 0%, sendo que o valor máximo não depende das dimensões da tabela da contingência.

7.2.17.6 Coeficiente de Correlação por Postos de Spearman

Trata-se de uma medida da intensidade da correlação entre duas variáveis com níveis de mensuração ordinal, de modo que os objetos ou indivíduos em estudo possam dispor-se por postos, em duas séries ordenadas. O coeficiente ordinal de Sperman foi derivado do coeficiente de correlação linear de Pearson, e é indicado por: **rs**.

$$-1 \le r_s \le 1 \quad \text{ou} \quad 100\% \le r_s \le 100\%$$

Teste de Hipótese para Existência de Correlação por Postos de Spearman

Quando $n > 10$, é possível se empregar o mesmo teste utilizado para o Coeficiente de Correlação Linear de Pearson visto anteriormente. São testadas as hipóteses $-H_0$ = não há correlação ordinal entre as variáveis, e H_1 = há correlação ordinal entre as variáveis.

7.2.17.7 Coeficiente de Correlação por Postos de Kendall

O coeficiente de correlação por postos de Kendall é identificado pela letra grega τ (tau). Assim como o coeficiente de Spearman, o coeficiente τ indicará uma medida do grau de associação, ou correlação, entre dois conjuntos de postos. O coeficiente τ tem variação dada por: $-1 \le \tau \le 1$, ou entre -100% e $+100\%$. Um valor τ próximo de 1 indica a existência de uma concordância bastante acentuada entre as duas classificações. Um valor próximo de -1 indica que as classificações são praticamente opostas. Um valor próximo de zero indica que não existe concordância e nem discordância acentuada entre as duas classificações, e, neste caso, diremos que as duas classificações não são ordenadamente relacionadas.

Há teste de hipótese para existência de Correlação Ordinal de Kendall.

7.2.17.8 Coeficiente de Concordância de Kendall

Enquanto os coeficientes r_s e τ exprimem o grau de associação entre duas variáveis ordinais, o coeficiente de concordância de Kendall – denominado *W* – exprime o grau de associação entre K, ($K > 2$), variáveis ordinais.

7.2.18 Regressão linear simples

Nas seções anteriores a descrição e a inferência estatística foram tratadas em termos de uma ou duas variáveis. Assim, quando, por exemplo, se tem uma amostra de empresas, pode-se considerar uma ou duas variáveis por vez, como o faturamento e número de empregados. Entretanto, quando se tem uma amostra de empresas, há diversas variáveis que podem ser observadas em cada unidade amostrada: faturamento, número de empregados, salários, área etc. No primeiro caso, cada unidade observada estará associada com a medida de uma variável **X**, ou com medidas de duas variáveis; no segundo, cada unidade poderá estar associada com as medidas de diversas variáveis: **X**, **Y**, **W** etc. Para o caso do estudo da Regressão Linear Simples são consideradas duas variáveis: uma dependente, ou de estudo, e outra independente, ou explicativa. Prioritariamente a análise de regressão é usada com o propósito de previsão da variável dependente. O objetivo será o de desenvolver um modelo estatístico que possa ser usado para prever valores de uma **variável dependente (Y)** em função de valores de uma variável *(X)*: **Regressão Linear Simples**, ou de um conjunto de **variáveis independentes: $(X_1, X_2, \ldots X_p)$ – Regressão Linear Múltipla**.

Suponha que se dispõe de uma amostra de **n** unidades, e que para cada unidade se tem um par de valores das variáveis **X** e **Y** (por exemplo: idade da casa e aluguel). O grupo pode ser descrito, separadamente, quanto à variável **X** ou quanto à variável **Y**, através das medidas já discutidas: $\bar{x}$, $\bar{y}$, S_x, S_y. Porém, no contexto da análise de regressão o interesse é estabelecer uma possível relação funcional entre as duas variáveis, e se a relação for boa, usá-la para fazer previsões. No caso do exemplo, o interesse será estabelecer uma relação matemática linear entre as idades das casas *(X)* e os valores de aluguéis *(Y)*, e dessa maneira prever valores de aluguéis em função das idades das casas.

7.2.18.1 Diagrama de Dispersão

Para análise de regressão linear simples é desejável a construção de um gráfico bidimensional denominado diagrama de dispersão. Cada valor é marcado em função das coordenadas de **X** e **Y**.

7.2.18.2 O Modelo de Regressão Linear Simples

Observando-se um diagrama de dispersão – gráfico bidimensional onde são marcados os pontos correspondentes às abscissas e ordenadas –, pode-se ter uma ideia do tipo de relação entre as duas variáveis. A natureza da relação pode tomar várias formas, desde uma simples relação linear até uma complicada função matemática. O modelo de regressão linear simples pode ser representado como:

$$Y_i = \alpha + \beta X_i + \varepsilon_i$$

onde

$\alpha = \boldsymbol{Y}$ é o intercepto da reta

β = Inclinação da reta

ε_i = Erro aleatório de Y para a observação **i**

Assim, a inclinação β representa a mudança esperada de *Y*, por unidade de *X*; isto é, representa a mudança de **Y**, tanto positiva quanto negativa para uma particular unidade de **X**. Por outro lado, α representa o valor de **Y** quando **X = 0**. Enquanto ε_i representa uma variável aleatória que descreve o erro de **Y** para cada observação **i**.

7.2.18.3 Determinação da Equação de Regressão Linear Simples

Será preciso determinar, a partir de uma amostra, a equação de regressão linear simples que melhor se ajuste aos dados amostrais. Isto é, encontrarmos os coeficientes da reta:

$$\hat{Y}_i = a - bX_i$$

onde:

é o valor da previsão de **Y** para uma observação $\boldsymbol{X}_i$

$\boldsymbol{X}_i$ é o valor de **X** para a observação **i**

a é o estimador de α

b é o estimador de β

O problema é determinar os valores dos parâmetros **a** e **b** de modo que a reta se ajuste ao conjunto de pontos, isto é: estimar **a** e **b** de algum modo eficiente. Há vários métodos para encontrar as estimativas de tais parâmetros, sendo mais eficaz o **Método dos Mínimos Quadrados**. Como a reta desejada vai ser usada para fins de previsão, é razoável exigir que ela seja tal que torne pequenos os erros dessa previsão. Um erro de previsão significa a diferença entre um valor observado de **Y** e o valor correspondente de $\hat{Y}$ da reta. Isto é: tornar pequeno o erro: $(Y-\hat{Y})$. Veja a Figura 1:

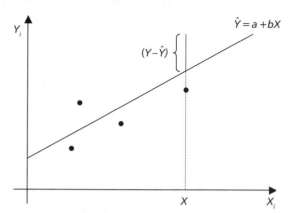

Figura 1 *Desvio entre uma observação e a reta de mínimos quadrados.*

Os pontos acima da reta dão erros positivos e os situados abaixo da reta dão erros negativos. Como a soma dos erros é zero, isto é: $\sum_{i=1}^{k}(Y_i-\hat{Y}_i) = 0$, o método utiliza a soma dos quadrados dos erros, daí o nome Mínimos Quadrados. Assim: $\sum_{i=1}^{k}(Y-\hat{Y}_{ii})^2$ deverá ser minimizada.

Como: $\hat{Y}_i = a + bX_i$, vamos minimizar:

$$\sum_{i=1}^{k}[Y_i-(a+bX_i)]^2$$

para obter os parâmetros **a** e **b**.

Aplicando o referido método, obtêm-se duas equações, denominadas equações normais:

$$I - \sum_{i=1}^{n}Y_i = na + b\sum_{i=1}^{n}X_i$$

$$II - \sum_{i=1}^{n}X_iY_i = a\sum_{i=1}^{n}X_i + b\sum_{i=1}^{n}X_i^2$$

Resolvendo-se o sistema para **a** e **b**, tem-se:

$$b = \frac{S_{XY}}{S_{XX}} \quad \text{e} \quad a = \bar{Y} - b\bar{X}$$

onde:

$$\sum_{i=1}^{h} = \sum, \quad X_i = x \quad Y_i = y$$

$$S_{XY} = \sum xy - \frac{\sum x \sum y}{n}$$

$$S_{XX} = \sum x^2 - \frac{(\sum x)^2}{n}$$

$$\bar{x} = \frac{\sum x}{n} \quad \bar{y} = \frac{\sum y}{n}$$

Exemplo: Deseja-se conhecer uma possível relação linear entre o preço de venda **(Y)** e o valor estimado ou "valor contábil" **(X)** de residências em um determinado bairro. Escolhemos uma amostra de cinco residências que foram vendidas no último ano. Os valores estão em unidades de $ 100.000.

Residências	Valor estimado (x)	Preço de venda (y)
1	2	2
2	3	5
3	4	7
4	5	10
5	6	11

Obs.: Não é comum o uso de amostra tão pequena (**n** = 5).

O exemplo tem a finalidade de ilustrar aplicações da regressão linear simples. O primeiro passo para se encontrar a reta de mínimos quadrados é a construção de tabela auxiliar:

x	y	x²	xy	y²
2	2	4	4	4
3	5	9	15	25
4	7	16	28	49
5	10	25	50	100
6	11	36	66	121
Σ	20	35	90	163	299

O segundo passo consiste em se calcular: S_{XX}; S_{XY}; $\bar{x}$, $\bar{y}$

$$S_{XX} = \sum x^2 - \frac{(\sum x)^2}{n} = 90 - \frac{(20)^2}{5} = 10$$

$$S_{XY} = \sum xy - \frac{\sum x \sum y}{n} = 163 - \frac{(20)(35)}{5} = 10$$

logo, $b = \frac{S_{XY}}{S_{XX}} = \frac{23}{10} = 2,3$

$$\bar{x} = \frac{\sum x}{n} = \frac{20}{5} = 4 \quad \bar{y} = \frac{\sum y}{n} = \frac{35}{5} = 7$$

então: a = $\bar{y} - b\bar{x}$ = 7 – (2,3) (4) = 2,2

portanto a reta estimada é: ŷ = 2,2 + 2,3x

O diagrama de dispersão mostra a nuvem de pontos e a reta obtida:

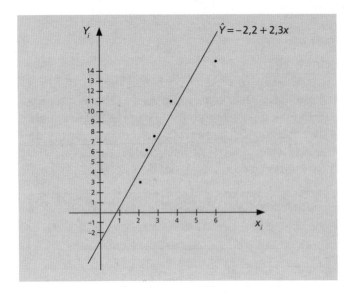

7.2.18.4 Hipóteses sobre o Modelo

Ainda nesta seção serão explicadas técnicas estatísticas para inferência (teste de hipóteses e intervalos de confiança) sobre os parâmetros do modelo de regressão linear. Para validação dessas inferências são necessárias algumas hipóteses sobre o comportamento da variável aleatória que explica os possíveis erros da variável dependente **Y**, no modelo:

$$Y_i = \alpha + \beta X_i + \varepsilon_i$$

São elas:

1. A **média** da distribuição de probabilidade **da variável ε é zero**, isto é:

   $\mu(\varepsilon) = E[\varepsilon] = 0$. Assim, para cada observação **X**, a média dos erros para uma grande série de experimentos é zero.

2. A variância da distribuição de probabilidade da variável ε é constante para todos os valores de **X**, e é igual a σ^2. Isto é: **Var[ε]** = $\sigma^2(\varepsilon) = \sigma^2$.

3. A distribuição de probabilidade da variável ε **é normal**.

4. Os **erros** associados a duas observações quaisquer são **independentes**. Isto é, o erro associado com um valor de **y não afeta** o erro associado com outro valor de **y**.

7.2.18.5 Coeficiente de Explicação

Trata-se de um indicador da qualidade do ajustamento da reta. É expresso por R^2

onde: $0 \leq R^2 \leq 1$ ou $0 \leq R^2 \leq 100\%$. Quanto mais próximo de 100%, melhor o ajustamento. Pode-se demonstrar que o coeficiente de explicação (R^2) é igual ao quadrado do coeficiente de correlação linear de Pearson (r). O R^2 expressa a proporção da variação total que é explicada (devida) à reta de regressão de x sobre **y**.

7.2.18.6 Inferências sobre o Coeficiente β

Teste de Hipótese para a Existência de Regressão Linear

Após o ajustamento da reta pode-se avaliar a qualidade do modelo através da realização de inferências estatísticas sobre seus parâmetros. É possível testar o modelo, isto é: verificar a existência, ou não, de regressão linear entre as variáveis **X** e **Y**. Para tanto se deve colocar à prova a hipótese nula: $H_0 : \beta = 0$ e a hipótese alternativa: $H_1 : \beta \neq 0$. Se o teste indicar a rejeição de H_0, pode-se concluir, com o erro estipulado, que **há regressão de X sobre Y**. Lembrando: o modelo é dado por $Y_i = \alpha + \beta X_i + \varepsilon_i$. Se $\beta \neq 0$, a variável Y poderá ser prevista por X, e se $\beta = 0$, a variável Y não poderá ser prevista por X.

7.2.18.7 Construção de Intervalo de Confiança para o Coeficiente β

Alternativamente ao teste de existência de regressão é possível **construir intervalos de confiança** para o parâmetro β. Quanto menor a amplitude do intervalo, mais significativo o valor do parâmetro, e em consequência a qualidade do ajustamento linear.

7.2.18.8 Uso do Modelo de Regressão para Estimações e Previsões

Se o modelo apresenta elevado coeficiente de explicação e também testado, com êxito, sobre a existência de regressão, ele poderá ser usado para previsões de Y, dado valores de X.

O valor previsto de **y**, obtido pela equação de regressão para um valor específico de **x**, pode ser encarado de duas maneiras:

- Uso do modelo para estimação do valor médio de **y**, $E[y]$, para um específico valor de **x**.

- Uso do modelo para previsão de um particular valor de **y**, para um dado valor de **x**.

No primeiro caso, deseja-se estimar o valor médio de **y** para um grande número de experimentos, dado um valor **x**. Por exemplo, estimar o preço médio de venda para todas as propriedades do local onde foi retirada a amostra, dado um particular valor "contábil" de **x**. No segundo caso deseja-se prever o preço de venda de um particular imóvel cujo valor "contábil" é de **x**.

A análise das expressões dos intervalos de confiança para previsões permite afirmar que a **previsão** da estimativa de Y é tanto **melhor** (mais precisa) quanto:

a) menor for **S**, isto é, quanto menor for a dispersão dos valores observada de **Y** em torno da reta de regressão;

b) maior for o tamanho da amostra;

c) menor for a diferença entre o valor de **x** e a média.

Pode-se então concluir que:

I. o número de observações (n) – tamanho da amostra – deve ser o maior possível;

II. à medida que valores de **x** se afastam da média, ou seja, fogem do range da amostra, as amplitudes dos intervalos aumentam.

Ao se fazer uma extrapolação – previsão –, é necessário considerar ainda um outro problema, provavelmente mais sério que o crescimento da amplitude dos intervalos. Frequentemente, o modelo linear ajustado poderá ser adequado para o intervalo coberto pela amostra, mas ser absolutamente inapropriado para uma extrapolação. A Figura 2 ilustra o que foi dito. As observações da amostra pertencem ao intervalo em que a relação entre **E[Y]** e **X** é aproximadamente linear. Entretanto, se a reta estimada for usada para prever valores à direita desse intervalo, os resultados estarão totalmente **fora do alvo**.

O modelo de regressão poderá ser útil para explicação do comportamento da variável dependente (Y) em função dos valores de X tomados dentro dos limites de variação da amostra, ou seja, para se fazerem interpolações. As extrapolações podem ser feitas com os devidos cuidados, para valores próximos dos limites de variação de **x**.

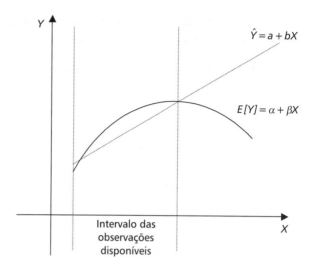

Figura 2 *Configuração: riscos da extrapolação.*

7.2.18.9 Funções que se Tornam Lineares por Transformações

Quando se aplica a análise de regressão ao estudo da relação funcional entre duas variáveis, é preciso especificar a forma matemática da função que será ajustada. Frequentemente se ajusta mais do que um modelo e se escolhe o "melhor" com base nos resultados estatísticos: coeficiente de explicação, testes para existência de regressão, análise dos resíduos etc. Há modelos – funções matemáticas – que se tornam lineares por transformações. A seguir são apresentados os principais modelos:

(I) Função Exponência

$$Y_i = \alpha \beta^{X_i} \varepsilon_i$$

Aplicando logaritmos em ambos os termos da equação, obtém-se:

$$\log Y_i = \log \alpha + X_i \log \beta + \log \varepsilon_i$$

fazendo: $\log Y_i = Z_i$
$\log \alpha = A$
$\log \beta = B$

tem-se: $Z_i = A + BX_i + U_i$

que é o modelo de regressão linear simples de $Z_i = \log Y_i$ em relação a X_i. Caso o erro: $U_i = \log \varepsilon_i$ obedeça às hipóteses do modelo linear, é possível se aplicar à amostra de pares de valores de X_i e Z_i as técnicas de análise de regressão estudadas. Obtidas as estimativas dos parâmetros **A** e **B**, calculam-se os "antelogs" determinando as correspondentes estimativas de α e de β.

(II) Função Potência ou Função de Cobb–Douglas

$$Y_i = \alpha X_i^\beta \varepsilon_i$$

Aplicando logaritmos, obtemos:

$\log Y_i = \log \alpha + \beta \log X_i + \log \varepsilon_i$

ou: $\mathbf{Z}_i = \mathbf{A} + \beta V_i + U_i$

onde: $\mathbf{Z}_i = \log Y_i$

$\mathbf{A} = \log \alpha$

$\mathbf{V}_i = \log \mathbf{X}_i$

$\mathbf{U}_i = \log \varepsilon_i$

A função potência corresponde a um modelo de regressão linear simples dos logaritmos das duas variáveis originais.

(III) Função Hipérbole

$$Y_i = \alpha \frac{\beta}{X_i} + U_i$$

fazendo-se: $V_i = \dfrac{1}{X_i}$

tem-se o modelo de regressão linear simples:

$Y_i = \alpha + \beta V_i + U_i$

7.2.19 Regressão Linear Múltipla e Regressão Logística

Muitas aplicações práticas da análise de regressão exigem modelos mais complexos do que o modelo de regressão linear simples. Por exemplo, um modelo mais realístico para explicar o preço de venda de imóveis – exemplo visto para regressão linear simples – poderia incluir mais variáveis do que o valor "contábil" **x** do imóvel. Outras variáveis, tais como a idade do imóvel, a área construída, o tamanho do terreno etc., poderiam melhor explicar o preço de venda de imóveis **y**. Assim, nesta seção estuda-se a possível incorporação de outras variáveis independentes ao modelo de regressão linear com o objetivo de melhor explicar e prever o comportamento da variável dependente **y**.

O modelo de regressão linear múltipla pode ser representado da seguinte maneira:

$$Y_i = \alpha + \beta_1 X_{1i} + \beta_2 X_{2i} + \ldots \beta_k X_{ki} + \varepsilon_i$$

onde:

Y_i é a variável dependente – variável de estudo

$\mathbf{X}_{1i}, \mathbf{X}_{2i}, \ldots, \mathbf{X}_{ki}$ são as variáveis independentes

β_i determina a contribuição da variável independente $\mathbf{X}_i$

ε_i é o erro aleatório componente do modelo

7.2.19.1 Determinação da Equação de Regressão Linear Múltipla

Para determinação dos estimadores dos coeficientes do modelo de regressão linear múltipla, pode-se aplicar o mesmo método usado para o modelo de regressão linear simples: o Método dos Mínimos Quadrados.

Assim como para o modelo de regressão simples, os *softwares* estatísticos expressam os resultados para análises.

7.2.19.2 Hipótese sobre o Modelo

Para se garantir a validade sobre os resultados obtidos pelo Método dos Mínimos Quadrados, bem como a significância das inferências sobre o modelo de regressão linear múltipla, são necessárias as seguintes hipóteses sobre a componente aleatória do erro associado ao modelo:

H_1 A média da distribuição de probabilidade da variável ε é zero, isto é, $\mathbf{E}[\varepsilon] = \mathbf{0}$.

H_2 A variância σ^2 da distribuição de probabilidade da variável ε é constante para todas as observações das variáveis independentes do modelo.

H_3 A distribuição da probabilidade da variável ε **é normal**.

H_4 Os erros associados a duas observações quaisquer são independentes.

H_5 As variáveis independentes não são correlacionadas.

7.2.19.3 Coeficiente de Determinação Múltiplo

Assim como no caso da regressão linear simples, é possível calcular o coeficiente de determinação para o modelo de regressão linear múltipla. Trata-se de um indicador da qualidade ajustamento.

$$R^2 = 1 - \frac{VR}{VT} = \frac{VE}{VT}$$

$0 \leq R^2 \leq 1$ ou $0\, R^2\, (100\%)$ $0 \leq R^2 \leq 100\%$

O coeficiente mede a porcentagem da variação de Y que é explicada pelo modelo.

O R^2 tende a superestimar o verdadeiro valor do coeficiente de determinação múltipla. Pode-se, quando necessário, ajustá-lo a partir da fórmula:

$$\hat{R}^2 = 1 - \frac{VR}{VT}\left[\frac{n-1}{n-p}\right]$$

onde n é o número de observações e p é o número de coeficientes da função estimada. Para o caso de se considerarem duas variáveis independentes: $Y_i = \alpha + \beta_1 X_{1i} + \beta_2 X_{2i} + \varepsilon_i$, tem-se $p = 3$.

7.2.19.4 Teste de Hipótese para a Existência de Regressão Linear Múltipla

O interesse aqui é testar o modelo visando realizar previsões para Y com certa segurança. Para o teste de um modelo com duas variáveis têm-se as seguintes hipóteses:

$$H_0: \beta_1 = \beta_2 = 0 \text{ e } H_1: \beta_1 \neq 0 \text{ e } \beta_2 \neq 0$$

7.2.19.5 Teste de Hipótese para os Parâmetros β_i

(a) Uma vez obtida a estimação do modelo, pode-se determinar a importância de uma ou mais variáveis independentes. Um modo de fazê-lo é testar hipóteses com respeito aos parâmetros β_i associados com as variáveis independentes que se está avaliando. Assim, é possível testar, por exemplo, a hipótese de que: **$\beta_2 = 0$** (**H_0** : $\beta_2 = 0$) contra (**H_1** : **$\beta_2 \neq 0$**) ou ($\beta_2 > 0$). Ou ainda H_0 : **$\beta_4 = 2$** contra H_1 : $\beta_4 \neq 2$ etc.

7.2.19.6 Regressões que se Tornam Lineares Múltiplas por Transformação

Há diversas funções que podem ser transformadas em um modelo de regressão linear múltipla.

I. Função Quadrática ou Parábola

$$Y_i = \alpha + \beta_1 X_i + \beta_2 X_i^2 + \varepsilon_i$$

pode ser encarada como uma regressão linear múltipla com duas variáveis independentes, fazendo-se $X_i = X_{1i}$ e $X_i^2 = X_{2i}$, e obtendo-se o modelo:

$$Y_i = \alpha + \beta_1 X_{1i} + \beta_2 X_{2i} + \varepsilon_i$$

De maneira análoga, qualquer função polinomial pode ser transformada em um modelo de regressão linear múltipla, procedendo-se da maneira exposta acima para um polinômio do 2º grau.

II. Função Polinomial com Interação

Por exemplo, a função:

$$Y_i = \alpha + \beta_1 X_{1i} + \beta_2 X_{2i} + \beta_3 X_{1i}^2 + \beta_4 X_{1i} X_{2i} + \beta_5 X_{2i}^2 + \varepsilon_i$$

pode ser encarada como uma regressão linear múltipla fazendo-se $X_{3i} = X_{1i}^2$, $X_{4i} = X_{1i} X_{2i}$ e $X_{5i} = X_{2i}^2$; obtendo-se o modelo:

$$Y_i = \alpha + \beta_1 X_{1i} + \beta_2 X_{2i} + \beta_3 X_{3i} + \beta_4 X_{4i} + \beta_5 X_{5i} + \varepsilon_i$$

III. Função Potência Múltipla

$$Y_i = \alpha X_{1i}^{\beta_1} \alpha X_{2i}^{\beta_2} \ldots \alpha X_{Ki}^{\beta_K} \varepsilon_i$$

pode ser encarada como uma regressão linear múltipla tomando-se os logaritmos:

$$\log Y_i = \log \alpha + \beta_1 \log X_{1i} + \beta_2 \log X_{2i} + \ldots + \beta_K \log \varepsilon_i$$

7.2.19.7 Uso de Variável Dummy

As variáveis independentes do modelo de regressão linear múltipla são numéricas. Contudo, há situações em que se necessita considerar variáveis não numéricas como parte do modelo. Por exemplo: em um modelo de previsão de vendas, onde Y = vendas mensais e X = preços, deseja-se considerar a época de ocorrência – 1º ou 2º semestre do ano –, a fim de verificar se tal variável tem influência sobre as vendas.

O uso de variáveis *dummies* possibilita a consideração de variáveis qualitativas como parte do modelo de regressão. Se uma variável apresenta duas categorias, então uma variável *dummy* será necessária para representar as duas categorias. Uma variável *dummy* **(X_d)** pode ser definida como:

$$X_d = \begin{cases} 0 & \text{se a observação foi da categoria 1} \\ 1 & \text{se a observação foi da categoria 2} \end{cases}$$

Para ilustrar o explicado, tem-se o seguinte modelo:

$$Y_i = \alpha + \beta_1 X_{1i} + \beta_2 X_{2i} + \varepsilon_i$$

onde:

Y_i = vendas mensais

X_{1i} = preços

$$X_{2i} = \begin{cases} 0 & \text{se a venda ocorreu no 1º semestre} \\ 1 & \text{se a venda ocorreu no 2º semestre} \end{cases}$$

α = intercepto

β_1 = coeficiente da variável preço, considerando constante o fato de ser do 1º ou 2º semestre

β_2 = efeito incremental pelo fato de as vendas ocorrerem em semestres distintos, considerando constantes os preços

ε_i = erro aleatório de Y (vendas) para a observação *i*

Continuando com a ilustração, vamos admitir que uma amostra de 24 observações (dois anos) revelou:

$$\hat{Y} = 5{,}2 - 0{,}7 X_i + 6{,}2 X_2$$

Então, para previsões de vendas do 1º semestre ($X_2 = 0$), o modelo será:

$$\hat{Y} = 5{,}2 - 0{,}7 X_i$$

Enquanto para previsões de vendas do 2º semestre ($X_2 = 1$), o modelo será:

$$\hat{Y} = 11{,}4 - 0{,}7 X_i$$

Exemplo: Uma amostra de 8 observações das variáveis Y e X_1, apresentadas na tabela a seguir.

Período	Y	X_1
I	8	1
	7	2
	7	3
	6	4
II	6	1
	5	2
	3	3
	2	4

Admite-se que as quatro primeiras observações se referem a um período distinto do período das quatro últimas observações. Assim, por exemplo, **Y** é a quantidade demandada e **X_1** o preço. Os dois períodos poderiam ser inverno e verão, guerra e paz, ou, ainda, antes e depois de uma campanha publicitária. Para avaliar as mudanças de um período para outro, considera-se uma variável binária (*dummy*) **(X_2)** que assume o valor um **($X_2 = 1$)** quando a observação está no período I e o valor zero **($X_2 = 0$)** quando a observação está no período II.

O modelo de regressão, neste caso, será:

$$Y_i = \alpha + \beta_1 X_{1i} + \beta_2 X_{2i} + \varepsilon_i$$

Então, no período I, a relação será:

$$Y_i = (\alpha + \beta_2) + \beta_1 X_{1i} + \varepsilon_i$$

e no período II a relação será:

$$Y_i = \alpha + \beta_1 X_{1i} + \varepsilon_i$$

Como se pode observar, o coeficiente de regressão β_1 é o mesmo nos dois períodos, só mudando o posicionamento da reta (intercepto).

A partir dos dados:

Y	8	7	7	6	6	5	3	2
X_1	1	2	3	4	1	2	3	4
X_2	1	1	1	1	0	0	0	0

Obtém-se a equação de regressão:

$$\hat{Y} = 6{,}5 - x_i + 3 x_2$$

Assim, para o período I, a relação entre a quantidade demandada e o preço será:

$$\hat{Y} = (6{,}5 + 3) - x_i = 9{,}5 - x_1$$

enquanto para o período II será:

$$\hat{Y} = 6{,}5 - x_2$$

Para distinguir mais de dois períodos, basta se acrescentar ao modelo uma variável **dummy** para cada período adicional.

Considere-se, por exemplo, que a relação linear entre **Y** e **X** apresenta a mesma declividade, mas o valor do termo constante da equação (α) varia com a estação do ano. O modelo poderia ser:

$$Y_i = \alpha + \beta_1 X_{1i} + \beta_2 X_{2i} + \beta_3 X_{1i} + \beta_4 X_{4i} + \varepsilon_i$$

onde:

$X_{2i} = 1$ no outono e $X_{2i} = 0$ nas demais estações do ano

$X_{3i} = 1$ no inverno e $X_{3i} = 0$ nas demais estações do ano

$X_{4i} = 1$ na primavera e $X_{4i} = 0$ nas demais estações do ano

Nestas condições tem-se:

α = valor no verão
$(\alpha + \beta_2)$ = valor no outono
$(\alpha + \beta_3)$ = valor no inverno
$(\alpha + \beta_4)$ = valor na primavera

7.2.20 Regressão Logística

Nos modelos de regressão linear simples, ou múltipla, a variável independente (Y) é expressa por uma variável numérica (intervalar ou razão). Contudo, em algumas aplicações, a variável dependente é nominal, expressa por duas categorias (somente dois valores). Nestes casos o método dos mínimos quadrados não oferece estimadores plausíveis. Uma boa aproximação é o uso da regressão logística, que permite o uso de um modelo de regressão para se calcular, prever, a probabilidade de um particular evento, a partir de um conjunto de variáveis independentes que podem ser numéricas ou não.

A regressão logística é baseada na seguinte razão:

$$L = \frac{\text{probabilidade de sucesso}}{(1 - \text{probab. de sucesso}) = \text{probab. de fracasso}}$$

Por exemplo, se a probabilidade de sucesso for 0,5, teremos:

$$L = \frac{0{,}5}{1 - 0{,}5} = 1{,}0 \quad \text{ou} \quad 1 \text{ para } 1$$

Se a probabilidade de sucesso for 0,75:

$$L = \frac{0{,}75}{1 - 0{,}75} = 3{,}0 \quad \text{ou} \quad 3 \text{ para } 1$$

O modelo de regressão logística é baseado nos **logaritmos da razão L**. O método da máxima verossimilhança é usado para desenvolver um modelo de regressão que possa prever o logaritmo da razão L. Este modelo pode ser expresso como:

$$\ln(L) = \beta_0 + \beta_1 X_{1i} + \beta_2 X_{2i} + \ldots + \beta_k X_{ki} + U_i$$

onde k é o número de variáveis independentes do modelo e U_i é o erro aleatório da observação i. Para uma amostra de dados dessas variáveis tem-se:

$$\ln(\text{valor estimado de } L_i) = \beta_0 + \beta_1 X_{1i} + \beta_2 X_{2i} + \ldots + \beta_k X_{ki} + U_i$$

E o valor estimado de L será:

$$L = e^{\ln(\text{valor estimado de } L)}$$

Uma vez obtido L, a probabilidade de sucesso será:

$$\text{Probabilidade estimada de sucesso} = \frac{L}{1 + L}$$

Exemplo: O departamento de Marketing de uma empresa de cartões de crédito pretende lançar uma campanha para que seus usuários, com padrão *standart*, mudem para um padrão mais elevado, oferecendo um desconto para a taxa anual do novo cartão. Para uma amostra de 30 clientes com o padrão *standart* foram medidas as variáveis:

Y: mudaria para o novo cartão: (0 = não, 1 = sim)

X_{1i}: total de gastos no ano anterior: US$

X_{2i}: possui cartão adicional: (0 = não, 1 = sim)

Deseja-se uma estimativa de compra do novo cartão para um cliente com gastos de US$ 36 mil e 1 cartão adicional.

Solução: Com uso do pacote STATISTIX para a regressão logística obtiveram-se as seguintes estimativas:

$b_0 = -6{,}92923$

$b_1 = 0{,}13925$

$b_2 = 2{,}77118$

Considerando-se $X_1 = 36$ e $X_2 = 1$, tem-se:

ln (L = estimativa da razão entre comprar e não comprar) $= -6{,}92923 + (0{,}13925)(36) + (2{,}77118)(1) = 0{,}85495$

logo: $L = e^{0{,}85495} = 2{,}3513$

Então a probabilidade de compra (mudança) será de:

Probabilidade de compra $= \dfrac{2{,}3513}{1 + 2{,}3513} = 0{,}7016$

Ou seja, 70,16% é a probabilidade estimada de compra (mudança) para o novo cartão, de um cliente com gastos de US$ 36.000, que possui um cartão *standart*.

7.3 Técnicas de Avaliação Qualitativa – Pesquisa Qualitativa

7.3.1 Introdução

Lazarsfeld, investigador que deu início às avaliações qualitativas, identifica três situações onde se presta atenção particular a indicadores qualitativos: (a) situações nas quais a evidência qualitativa substitui a simples informação estatística relacionada a épocas passadas; (b) para capturar dados psicológicos e (c) para descobrir e entender a complexidade e a interação de elementos relacionados ao objeto de estudo. Segundo Ludke e André (1986), é possível distinguir duas fases no processo de análise dos dados qualitativos coletados. A primeira delas ocorre durante o trabalho de campo, quando o pesquisador, à medida que coleta informações e evidências, também organiza o material, dividindo-o em partes, relacionando essas partes e procurando identificar tendências e padrões relevantes. Num segundo momento, as tendências, padrões e regularidades encontrados são reavaliados, buscando-se relações e inferências em um nível de abstração mais elevado. Nesse sentido, à medida que as informações e as evidências forem coletadas, o pesquisador deve avaliar a pertinência das questões formuladas inicialmente e, se necessário, redirecioná-las. A análise, durante o processo de coleta e levantamento, é fundamental para obter resultados não enviesados. Contrariamente ao que ocorre na condução de uma pesquisa quantitativa, onde são distintos os momentos de coleta e análise, na construção de uma pesquisa qualitativa, coleta e análise ocorrem simultaneamente. É fundamental o trabalho de campo; coleta, levantamento e análise em uma pesquisa qualitativa requerem habilidade, experiência, perseverança e atenção do pesquisador, pois, caso contrário, corre-se um elevado risco de terminar a coleta com um amontoado de informações difusas e irrelevantes.

Para se atenuar o risco, Bogdan e Biklen (1982), apud Ludke e André (1986), sugerem os seguintes procedimentos:

Delimitação progressiva do foco do estudo – à medida que se desenvolve a coleta de dados, é necessário delimitar progressivamente o foco do estudo. Isto permite uma coleta mais orientada e uma análise mais definida.

A formulação de questões analíticas – questões analíticas são proposições que permitem a articulação entre os pressupostos teóricos do estudo e os dados da realidade, sistematizando a coleta de dados e favorecendo a análise destes.

Aprofundamento da revisão da literatura – relacionar as descobertas feitas durante o estudo com o que já existe na literatura é fundamental para que se possam tomar decisões mais seguras sobre as direções em que vale a pena concentrar esforços e atenção.

Testagem de ideias junto aos sujeitos – é aconselhável que o pesquisador teste suas ideias, percepções e conjecturas junto aos sujeitos informantes para o esclarecimento de pontos obscuros da análise.

Uso extensivo de comentários, observações e especulações ao longo da coleta – o registro de comentários, observações e especulações ao longo da coleta podem ser fundamentais para o relacionamento das diversas variáveis e para o entendimento do fenômeno que está sendo pesquisado.

Ao longo do processo de coleta e ao seu final, geralmente, nos estudos qualitativos, são construídas categorias descritivas, cuja base inicial de conceitos poderá se dar a partir da plataforma teórica da investigação, e nos casos em que não se dispõe de referencial o pesquisador terá o desafio intelectual de definir categorias que possam sintetizar/agrupar conceitos e variáveis que ajudem a compreensão do fenômeno sob investigação. Estes dados classificados – categorizados – são utilizados para formar construtos mais abrangentes e ideias mais amplas. A seguir são elaboradas análises e inferências, onde o pesquisador tentará estabelecer conexões e relações que possibilitem descrições, explicações e interpretações.

7.3.2 Características da Pesquisa Qualitativa

Ambiente natural como fonte de dados e o pesquisador como instrumento chave:

A pesquisa qualitativa também é conhecida como pesquisa naturalística, uma vez que para estudar um fenômeno relativo às ciências humanas e sociais é necessário que o pesquisador entre em contato direto e prolongado com o ambiente no qual o fenômeno está inserido.

Os dados coletados são predominantemente descritivos:

Uma das principais características da pesquisa qualitativa é a predominância da descrição. Descrição de pessoas, de situações, de acontecimentos, de reações, inclusive transcrições de relatos. Um pequeno detalhe pode ser um elemento essencial para o entendimento da realidade.

Preocupação com o processo e não somente com os resultados e o produto:

O comportamento de um determinado fenômeno depende da interação de diversos fatores. Por isso, é importante verificar como ele se manifesta nas atividades, nos procedimentos e em suas interações com outros elementos.

Análise indutiva dos dados:

Em uma pesquisa qualitativa, não se busca comprovar evidências formuladas *a priori*. Os dados são analisados à medida que são coletados. Desse processo, formam-se ou consolidam-se abstrações.

Preocupação com significado:

É importante em uma pesquisa qualitativa que o pesquisador tente capturar a perspectiva dos participantes ou envolvidos com o estudo. Dessa forma, ou seja, ao considerar diversos pontos de vista, o pesquisador será capaz de entender melhor o dinamismo entre os elementos que interagem com o objeto da pesquisa.

A pesquisa qualitativa tem como preocupação central descrições, compreensões e interpretações dos fatos ao invés de medições.

Constituem exemplos de dados qualitativos:

- descrições detalhadas de fenômenos, comportamentos;
- citações diretas de pessoas sobre suas experiências;
- trechos de documentos, registros, correspondências;
- gravações ou transcrições de entrevistas e discursos;
- dados com maior riqueza de detalhes e profundidade;
- interações entre indivíduos, grupos e organizações.

7.3.3 Contrapondo Avaliação Quantitativa e Qualitativa

Quadro 4 Características dos Paradigmas Qualitativo e Quantitativo

PARADIGMA QUALITATIVO	PARADIGMA QUANTITATIVO
1. Preferência por avaliações qualitativas.	1. Preferência por avaliações quantitativas.
2. Preocupado em entender, compreender e descrever os comportamentos humanos através de um quadro de referência.	2. Procura dos fatos e causa do fenômeno social, através de medições de variáveis.
3. Enfoque fenomenológico e enfoque dialético.	3. Enfoque lógico-positivista.
4. Sistemas de descrições não controladas, observação natural.	4. Sistemas de medições controladas.
5. Subjetivo: perspectiva interior perto dos dados.	5. Objetivo: perspectiva externa, distanciamento dos dados.
6. Profundo: orientado para a descoberta, exploratório, descritivo, indutivo.	6. Superficial, orientado para a verificação; reducionista, baseado na inferência hipotético-dedutiva.
7. Orientado para o processo.	7. Orientado para o resultado.
8. Holístico: visa a síntese.	8. Particularizado: visa a análise.

Quando adotar uma abordagem qualitativa ou avaliação qualitativa?

Do ponto de vista teórico, a utilização de uma abordagem qualitativa se justifica quando:

- Dispõe-se de pouca informação a respeito do assunto a ser pesquisado, sendo necessário explorar o conhecimento que as pessoas têm com base em suas experiências ou senso comum.
- O fenômeno específico a ser estudado só pode ser captado através da observação e/ou interação, ou quando o que se quer conhecer é o funcionamento de uma estrutura social, sendo necessário estudo de um processo.
- Deseja-se compreender aspectos psicológicos.

Tipos de estratégias de pesquisa que adotam abordagem qualitativa:

- Pesquisa-Ação.
- *Grounded Theory*.
- Estudo Etnográfico.
- Estudo de Caso.

Técnicas mais usadas:

- Observação.
- Observação participante.
- Entrevista.
- *Focus group*.
- Análise documental.
- Análise de conteúdo.
- Análise de discurso.

Problemas éticos, metodológicos e políticos no uso de abordagens qualitativas:

Em uma pesquisa qualitativa o pesquisador interage intensamente com o ambiente e com seus atores, e em todo o processo se depara com diversas questões éticas, metodológicas e políticas capazes de influenciar os resultados e a validade da pesquisa. Pode-se citar a observação como um exemplo clássico. O pesquisador, com a intenção de não provocar nenhuma alteração na realidade, e com isso prejudicar a validade da pesquisa, realiza observações sem o conhecimento dos observados. Embora possa ser justificada, esta é uma atitude considerada antiética. Além desse exemplo, pode-se citar a garantia de sigilo das informações coletadas e o controle das informações para não se tornarem públicas. O pesquisador deve ser imparcial, ou seja, interpretar os fatos livres de julgamentos pessoais, com olhos de cientista. Ludke e André (1986) sugerem que, "na medida do possível, o pesquisador deve também revelar ao leitor em que medida ele foi afetado pelo estudo, explicitando as mudanças porventura havidas nos seus pressupostos, valores e julgamentos. É importante que o investigador deixe claro os critérios utilizados para selecionar certo tipo de dados e não outros, para observar certas situações e não outras, e para entrevistar certas pessoas e não outras".

Integração entre pesquisa qualitativa e quantitativa:

Sobre a combinação das avaliações "quali" e "quanti", é importante salientar que hoje o pensamento predominante é o de que os limites da pesquisa qualitativa podem ser contrabalançados pelo alcance da quantitativa e vice-versa. Sob essa perspectiva, as duas abordagens não são percebidas como opostas, mas sim como complementares. Ademais, há de se considerar que, mesmo na pesquisa quantitativa, muitas vezes tão reverenciada como paradigma de representatividade, a subjetividade está presente. Afinal de contas, na escolha do tema a ser explorado, dos indivíduos a serem entrevistados, do roteiro de perguntas, da bibliografia consultada e análise do material coletado, existe um autor, um sujeito que decide os passos a serem dados.

7.3.3.1 Análise dos Dados Qualitativos

Em pesquisas qualitativas, as grandes massas de dados são quebradas em unidades menores e, em seguida, reagrupadas em categorias que se relacionam entre si, de forma a ressaltar padrões, temas e conceitos. A análise dos dados em pesquisas qualitativas consiste em três atividades interativas e contínuas:

- *Redução de dados*: processo contínuo de seleção, simplificação, abstração e transformação dos dados originais provenientes das observações de campo.
- *Apresentação de dados*: organização dos dados de tal forma que o pesquisador consiga tomar decisões e tirar conclusões: textos narrativos, matrizes, gráficos, esquemas etc.

- *Delineamento e busca das conclusões*: identificação de padrões, possíveis explicações, configurações e fluxos de causa e efeito, seguida de verificação, retomando às anotações de campo e à literatura, ou ainda replicando o achado em outro conjunto de dados.

7.3.3.2 Validação da Pesquisa Qualitativa

Em pesquisa qualitativa a consistência pode ser checada por meio de exame detalhado entre elementos da plataforma teórica e os achados da investigação. É comum a utilização da triangulação, isto é, empregar métodos diferentes de coleta dos dados e comparar os resultados.

Vários autores defendem a ideia de combinar métodos quantitativos e qualitativos com o intuito de proporcionar uma base contextual mais rica para interpretação e validação dos resultados.

8 Polo formatação e edição de trabalhos científicos

8.1 Formatação

Estrutura de um trabalho técnico-científico

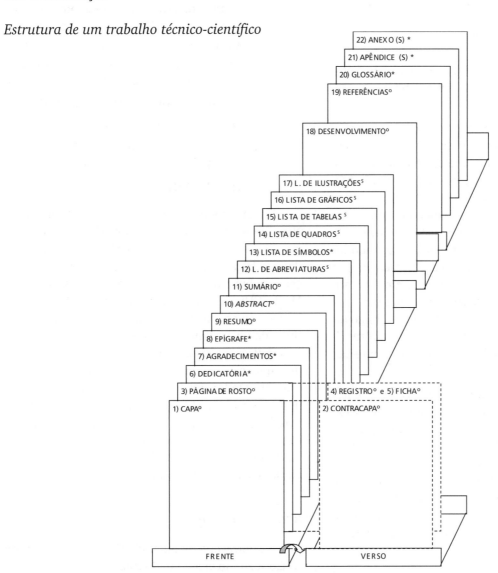

Não há um modelo único para formatação e edição de um trabalho científico. Neste capítulo apresenta-se uma opção construída a partir de um Manual da Coordenação de Pós-Graduação da FEA/USP, orientado por Normas da ABNT.

Elementos de inclusão obrigatória:

    Projeto de Pesquisa: 1), 9), 11), 18) e 19)

    Monografia: 1), 3), 9), 11), 18) e 19)

    Dissertação ou Tese (Programa de Pós-Graduação da FEA-USP): 1), 2), 3), 4), 5), 9), 10), 11), 12)*, 14)*, 15)*, 16)*, 17)*, 18) e 19)

    Dissertação ou Tese: 1), 3), 5), 9), 10), 11), 12)*, 14)*, 15)*, 16)*, 17)*, 18) e 19)

    Artigo: Dependerá das normas do periódico, todavia, os itens 9), 18) e 19) são fundamentais.

* elemento de inclusão obrigatória para 10 ou mais itens

Todos os elementos representados na ilustração serão discutidos neste capítulo. Além disso, as ilustrações ao final do capítulo oferecem esquemas práticos e resumidos das formatações que podem ser seguidas em cada caso.

É recomendável que, antes de iniciar o trabalho em um editor de texto, o autor subdivida-o em três partes para facilitar o processo de numeração de páginas (veja Dica 17 à frente) e de impressão. Assim, em um primeiro arquivo o autor pode alocar os elementos que não devem ser numerados, ou seja, a Capa, a Contracapa, a Página de Rosto, Página de Registro e da Ficha Catalográfica. Em um segundo arquivo, o autor pode trabalhar com a Dedicatória, os Agradecimentos, a Epígrafe, o Resumo e o *Abstract*, que são as folhas que devem ser numeradas por algarismos romanos minúsculos. No terceiro e último arquivo estarão os demais elementos a partir do sumário, que devem ser ordenados sequencialmente por algarismos arábicos.

Apesar das diferenças de formatação existentes entre cada um dos diferentes elementos que serão tratados, é importante destacar que as margens são constantes durante todo o trabalho (veja Dica 14 à frente). A fonte do texto também é sempre a mesma: Times New Roman no tamanho 12 (veja Dica 16 à frente), com espaçamento 1,5, excetuando-se alguns casos que serão registrados adiante. As folhas do trabalho podem ser impressas nas duas páginas (frente e verso de cada folha).

8.2 Elementos Pré-Textuais

Os elementos pré-textuais são aqueles que antecedem o texto com informações que ajudam a identificação, caracterização e utilização do trabalho.

8.2.1 *Capa*

A Capa (ver **Apêndice 1**), que também é chamada de Primeira Capa, é o elemento inicial de um trabalho científico e é indispensável para sua identificação. Nela devem ser apresentadas as seguintes informações, de acordo com a ordem:

a) **Nome da instituição**: por exemplo: Universidade de São Paulo.

b) **Nome da faculdade**: por exemplo: Faculdade de Economia, Administração e Contabilidade.

c) **Nome do departamento**: por exemplo: Departamento de Administração.

d) **Nome do programa de pós-graduação**: por exemplo: Programa de Pós-Graduação em Administração.

e) **Título e subtítulo do trabalho**.

f) **Nome completo do(a) autor(a)**.

g) **Nome do(a) orientador(a)**.

h) **Local**: Por exemplo: São Paulo.

i) **Ano da defesa**.

Na Capa todo o texto deve ser redigido em Times New Roman tamanho 12, em **negrito**, com espaçamento entre linhas de 1,5. A Universidade, a Faculdade, o Departamento e o Programa de Pós-Graduação formam o título superior e têm todas as letras em MAIÚSCULAS, centralizado. Deixando dez espaços em branco abaixo do Programa, deve ser inserido o título da obra seguindo esta mesma formatação. Outros dois espaços em branco devem ser inseridos e, na sequência, devem ser redigidos os nomes do autor e do orientador apenas com as primeiras letras dos nomes em MAIÚSCULAS e alinhados à direita, separados por um espaço em branco. O título inferior, composto pelo local e pelo ano, deve ser alocado nas duas últimas linhas da folha, seguindo a formatação do título superior e do título da obra.

8.2.2 *Contracapa*

A Contracapa ou Segunda Capa (ver **Apêndice 2**) é o segundo elemento do trabalho. Ela é responsável pela indicação dos nomes do Reitor, Diretor, Chefe do Departamento e Coordenador do Programa de Pós-Graduação e seus títulos no momento do depósito do trabalho. Apenas os dois últimos casos (Chefe e Coordenador) variam de acordo com o Departamento e o Programa no qual o aluno está matriculado. Assim, na Segunda Capa devem estar dispostas as seguintes informações: exemplo com informações de julho de 2004, na USP e FEA, de acordo com a ordem:

a) **Nome do(a) reitor(a) da instituição e título:**
Prof. Dr. Adolpho José Melfi
Reitor da Universidade de São Paulo

b) **Nome do(a) diretor(a) da faculdade e título:**
Profa. Dra. Maria Tereza Leme Fleury
Diretora da Faculdade de Economia, Administração e Contabilidade

c) **Nome do(a) chefe de departamento e título:**
Prof. Dr. Eduardo Pinheiro Gondim de Vasconcellos
Chefe do Departamento de Administração, **ou**
Profa. Dra. Elizabeth Maria Mercier Querido Farina
Chefe do Departamento de Economia, **ou**
Prof. Dr. Reinaldo Guerreiro
Chefe do Departamento de Contabilidade e Atuária

d) **Nome do(a) coordenador(a) do programa de pós-graduação e título:**
Prof. Dr. Isak Kruglianskas
Coordenador do Programa de Pós-Graduação em Administração, **ou**
Prof. Dr. José Paulo Zeetano Chahad
Coordenador do Programa de Pós-Graduação em Economia, **ou**
Prof. Dr. Fábio Frezatti
Coordenador do Programa de Pós-Graduação em Ciências Contábeis

Todos os nomes e títulos devem estar formatados em Times New Roman 12 sem negrito, itálico ou sublinhado, somente com as primeiras letras de cada nome em maiúsculas. Os parágrafos devem ter espaçamento simples (1,0) e devem ser alinhados ao centro. O texto deve estar situado na parte inferior da página, em suas últimas linhas. Uma forma prática para alocar o texto na área correta é contar exatamente 39 espaços simples a partir da primeira linha da página.

8.2.3 *Página de Rosto*

A página de rosto (ver **Apêndice 3**) é similar à primeira capa, uma vez que apresenta basicamente as mesmas informações. Entretanto, alguns outros dados devem ser incluídos nesta página para melhor detalhar a obra. Devem ser apresentadas na página de rosto, na seguinte ordem, as informações:

a) **Nome completo do(a) autor(a), sem títulos.**
b) **Título e subtítulo do trabalho.**
c) **Natureza e objetivo do trabalho, através do seguinte texto:**
'**A**' apresentada ao '**B**' da '**C**' da Universidade de (...) como requisito para a obtenção do título de '**D**' em '**E**'.

'**A**' **equivale a**: Monografia, Dissertação, **ou** Tese
'**B**' **equivale ao**: Departamento de (...)
'**C**' **equivale a**: Faculdade de (...)
'**D**' **equivale a**: Especialista, Mestre, **ou** Doutor
'**E**' **equivale a**: Por exemplo: Administração

d) **Nome do(a) orientador(a).**
e) **Local:** Por exemplo: São Paulo.
f) **Ano da defesa:** Por exemplo: 2006.

Na página de rosto, o nome do autor, título do trabalho, local e data devem estar em letras MAIÚSCULAS, em **negrito**, com espaçamento 1,5 alinhados ao centro. Entre o autor e o título do trabalho são 13 espaços de 1,5 em branco. Outro espaço de 1,5 em branco deve ser deixado abaixo do título para então incluir o texto referente à natureza e ao objetivo do trabalho, em letras minúsculas (exceto nomes próprios), sem negrito e com espaçamento simples. O texto deve ter seu alinhamento justificado, mas deslocado à direita da página; para isso, deve haver um recuo à esquerda de 8,0 cm (ver Dica 1). Deixando um espaço de 1,5 em branco abaixo do texto, coloca-se o nome do orientador, em **negrito**, alinhado à direita. O título inferior (local e o ano) deve ser alocado nas últimas linhas da página, assim como na capa.

> *Dica 1 – Configurando o texto da página de rosto (Microsoft Word)*
>
> Para deixar o texto da página de rosto da forma que se pede, o usuário deve selecionar todo o parágrafo do texto, clicar no menu do Word em **Formatar** e selecionar **Parágrafo**. Quando a janela se abrir, o usuário deve então selecionar a pasta **Recuos e Espaçamento**, onde deverá observar as seguintes opções:
>
> - *Alinhamento:* Justificado (selecionar).
> - *Recuo Esquerdo:* 8,0 cm (selecionar).
> - *Recuo Direito:* 0,0 cm (selecionar).
> - *Especial:* Nenhum (selecionar).
> - *Espaçamento antes:* 0 pt (selecionar).
> - *Espaçamento depois:* 0 pt (selecionar).
> - *Espaçamento entre linhas:* Simples (selecionar).
>
> O usuário deve então acionar o botão **ok** e o texto estará configurado.

8.2.4 Registro do Trabalho

Elemento facultativo, obrigatório para os PPGs da FEA/USP

No verso da página de rosto, deve ser incluído no alto da página um quadro com o registro do trabalho (ver **Apêndice 4**). Os objetivos deste registro são o de informar a data da defesa, os componentes da banca examinadora e a homologação da decisão pela Comissão de Pós-Graduação. Como algumas das informações necessárias não são de responsabilidade do autor, o quadro deverá ser apenas inserido e impresso nas diversas cópias do trabalho, para que, após a defesa, a secretaria da CPG possa preencher os campos adequadamente. No quadro, o autor deve apenas inserir:

Descrição da avaliação, através do seguinte texto:

> '**A**' defendida e aprovada no '**B**' da '**C**' da Universidade de São Paulo – '**D**', pela seguinte banca examinadora:

'**A**' equivale a:	Dissertação, **ou** Tese
'**B**' equivale a:	Departamento de Administração, **ou**
	Departamento de Economia, **ou**
	Departamento de Contabilidade e Atuária
'**C**' equivale a:	Faculdade de Economia, Administração e Contabilidade
'**D**' equivale a:	Programa de Pós-Graduação em Administração, **ou**
	Programa de Pós-Graduação em Economia, **ou**
	Programa de Pós-Graduação em Ciências Contábeis

O quadro do registro do trabalho é uma caixa de texto de 10 cm de altura por 12,5 cm de largura, com margens internas inferior e superior de 0,5 cm e margens esquerda e direita de 1,0 cm. Ela deve se localizar centralizada na parte superior da página (ver Dica 2). O texto deve estar com a fonte Times New Roman 12, em letras minúsculas e sem negrito. O espaçamento do parágrafo é simples (1,0) e o alinhamento justificado.

> *Dica 2 – Formatando a caixa do registro do trabalho (Microsoft Word)*
>
> Para inserir a caixa de texto, que será o registro do trabalho, o usuário deve deixar o cursor na primeira linha disponível da página. Então deve clicar no menu do Word em **Inserir** e selecionar **Caixa de Texto**. Após inserir a caixa, o usuário deve então formatá-la. Para isso, deve selecionar a caixa, clicar o botão direito do *mouse* e escolher a opção **Formatar caixa de texto**. Na pasta **Cores e linhas** devem ser observadas as seguintes opções:
>
> - *Preenchimento/cor:* sem preenchimento (selecionar).
> - *Linha/cor:* preta (selecionar).
> - *Linha/tracejado:* contínuo (selecionar).
> - *Linha/peso:* 0,75 pt (selecionar).
>
> Na pasta **Tamanho** devem ser observadas as seguintes opções:
>
> - *Altura:* 10 cm (selecionar).
> - *Largura:* 12,5 cm (selecionar).

Na pasta *Lay out* deve ser observada a seguinte opção:

- *Disposição do texto:* Alinhado (selecionar).

E na pasta **Caixa de texto** devem ser observadas as seguintes opções:

- *Margem interna esquerda:* 1,0 cm (selecionar).
- *Margem interna direita:* 1,0 cm (selecionar).
- *Margem interna superior:* 0,5 cm (selecionar).
- *Margem interna inferior:* 0,5 cm (selecionar).
- *Quebrar texto automaticamente na autoforma:* sim (marcar o quadrado com o tique).

Após clicar **ok**, o usuário deve centralizar a caixa na folha. Para isso, basta selecionar o objeto juntamente com a linha abaixo dele e clicar em **Formatar** (na barra de ferramentas do Word), escolher **Parágrafo** e observar a seguinte opção:

- *Alinhamento:* Centralizado (selecionar).

Após clicar **ok**, a caixa estará posicionada corretamente.

Dentro do quadro, logo abaixo do texto, a CPG deverá inserir uma etiqueta onde constarão as demais informações que compõem o registro, ou seja, os nomes dos examinadores, a data da defesa, a data da homologação e a assinatura de um funcionário.

8.2.5 Ficha Catalográfica

A ficha catalográfica (ver **Apêndice 4**) é o conjunto de dados, sistematicamente ordenados, que têm por objetivo identificar resumidamente o assunto tratado e os aspectos físicos da obra. Como ela deve seguir os padrões estabelecidos pelo AACR2 (Código de Catalogação Anglo-Americano), sua confecção é realizada pelo órgão competente da Faculdade. No caso da FEA/USP, a Seção de Publicações (Biblioteca da FEA).

Apesar de o autor do trabalho não elaborar a ficha, ele tem total responsabilidade por ela, uma vez que deve ceder com antecedência as informações solicitadas e, após recebê-la, imprimir em todas as cópias da obra.

No caso da FEA/USP o processo segue basicamente os seguintes passos: aproximadamente 15 dias úteis antes do depósito da obra, ou seja, com o trabalho praticamente finalizado, o autor deve entrar em contato com as responsáveis da biblioteca.

Pessoalmente, ou por *e-mail*, devem ser prestadas as seguintes informações:

a) **Nome completo do(a) autor(a).**
b) **Título e subtítulo do trabalho.**
c) **Ano de defesa.**
d) **Número de páginas.**
e) **Grau acadêmico:** Dissertação, **ou** Tese.
f) **Nome do Programa de Pós-Graduação:** Programa de Pós-Graduação em Administração, **ou** Programa de Pós-Graduação em Economia, **ou** Programa de Pós-Graduação em Ciências Contábeis.
g) **Local:** São Paulo.
h) **Palavras-chave (3 ou 4).**
i) *E-mails* **e telefones para eventuais dúvidas.**

No caso das palavras-chave, a biblioteca da Faculdade segue o "Vocabulário Controlado da USP" e, por esse motivo, algumas vezes as palavras sugeridas pelo autor não podem ser utilizadas na ficha.

Finalizada a elaboração, a biblioteca enviará para o autor a ficha pronta, via *e-mail*, inclusive com sua formatação própria, que não deve ser alterada. O quadro da Ficha Catalográfica é uma caixa de texto retangular de 7,5 cm de altura por 12,5 cm de largura que deve ser alocada na parte inferior do verso da página de rosto, abaixo do registro do trabalho, centralizada na página. Veja a Dica 3.

Dica 3 – Alinhando a ficha catalográfica (Microsoft Word)

Para alinhar a Ficha Catalográfica, o usuário deve selecionar a caixa juntamente com a linha abaixo e deve clicar o botão direito do *mouse* e escolher a opção **Formatar caixa de texto**. Na pasta *Lay out* deve ser observada a seguinte opção:

> - *Disposição do texto:* Alinhado (selecionar).
>
> Após clicar **ok**, o usuário deve centralizar a caixa na folha. Para isso, basta selecionar o objeto juntamente com a linha abaixo dele e clicar em **Formatar** (na barra de ferramentas do Word), escolher **Parágrafo** e observar a seguinte opção:
>
> - *Alinhamento:* centralizado (selecionar).
>
> Após clicar **ok**, a Ficha estará posicionada corretamente.

8.2.6 Dedicatória

A página de dedicatória (ver **Apêndice 5**) é um **elemento opcional** do trabalho acadêmico no qual o autor oferece a obra, ou presta homenagem a alguém, de forma clara e breve. A frase da dedicatória deve ser alocada na metade inferior da terceira folha do trabalho. Deixando 24 espaços 1,5 em branco a partir da primeira linha da página, ou seja, na 25ª linha, deve ser redigido o texto em Times New Roman, tamanho 12 e em **negrito**, alinhado à direita, sem deixar ultrapassar a metade esquerda da folha. Além disso, a dedicatória também é o primeiro elemento que deve ter indicado o número de folha com algarismo romano em minúscula. (Ver Apêndice 5).

8.2.7 Agradecimentos

A página de agradecimentos (ver **Apêndice 6**) também é um **elemento opcional**, onde o autor dirige palavras de reconhecimento àqueles que contribuíram para a elaboração do trabalho. O conteúdo não deve ultrapassar uma página e, por isso, é necessário que ele seja sucinto e objetivo. O texto em Times New Roman, tamanho 12 e em **negrito**, deve ser alocado na primeira linha da página, junto à margem (ou seja, sem tabulação à esquerda), com espaçamento simples e alinhamento justificado. Os parágrafos não devem ter espaçamento diferenciado entre si e não devem ser deixadas linhas em branco. O título "Agradecimentos" é facultativo.

8.2.8 Epígrafe

O terceiro **elemento opcional** dos pré-textuais é a folha da epígrafe (ver **Apêndice 7**), onde é citada uma sentença escolhida pelo autor, que deve guardar coerência com o tema abordado na obra. Logo após a frase, o nome do autor da citação deve ser incluído, e, se não houver, a palavra *anônimo* deve ser redigida. Deixando 24 espaços 1,5 em branco a partir da primeira linha da página (ou seja, na 25ª linha), a epígrafe de poucas linhas deve ser redigida entre aspas duplas. O texto deve ser formatado em Times New Roman, tamanho 12 e em **negrito**. O nome do autor deve levar o *itálico*. O conjunto da frase e do autor deve ser alinhado à direita, procurando não deixar ultrapassar a metade esquerda da página.

8.2.9 Resumo

O resumo na língua vernácula (ver **Apêndice 8**) é um **elemento obrigatório** que tem como objetivo informar, suficientemente, ao leitor os pontos relevantes do trabalho científico para que possa decidir sobre a conveniência da leitura da obra. Para atingir este objetivo, o texto deve ser preciso e claro, permitindo ao leitor a compreensão do assunto sem dificuldades. Ele deve ser composto por uma sequência de frases correntes, que ressaltem o tema, a finalidade, a metodologia, os resultados e as conclusões do trabalho. Nos resultados, devem-se ressaltar o surgimento de fatos novos, descobertas significativas, contradições a teorias anteriores, relações e efeitos novos verificados. Devem-se descrever as conclusões, ou seja, as consequências dos resultados e o modo como eles se relacionam aos objetivos propostos no documento, em termos de recomendações, aplicações, sugestões, novas relações e hipóteses aceitas ou rejeitadas. No resumo não devem ser usados tópicos, enumerações, quadros, tabelas, gráficos, ilustrações, equações e fórmulas, além de abreviaturas, siglas, símbolos e tampouco citações. Deve-se dar preferência ao uso da terceira pessoa do singular e do verbo na voz ativa. O texto não deve ultrapassar uma página. No topo da página, centrado, coloca-se o título: RESUMO. O texto do resumo deve ser redigido em Times New Roman no tamanho 12, sem negrito, itálico ou sublinhado, com as letras minúsculas. O parágrafo tem alinhamento justificado, deve iniciar junto à margem esquerda (portanto, sem tabulação) e não deve ter recuos para as linhas seguintes. O espaçamento entre linhas deve ser simples.

8.2.10 Abstract

O *Abstract* (ver **Apêndice 9**) é o resumo da obra em língua inglesa, que segue o mesmo conceito e as mesmas regras que o texto em português – o Resumo. Recomenda-se que para o texto do *abstract* o autor apenas traduza a versão do resumo em português. A inclusão deste elemento é **obrigatória**.

8.2.11 Sumário

O Sumário (ver **Apêndice 10**) é um **elemento obrigatório** da parte pré-textual de uma obra e consiste na enumeração de suas principais partes, capítulos, seções, subseções, na mesma ordem e na mesma grafia em que a matéria nela se sucede. Não se deve confundir um sumário com um índice ou uma lista, apesar de até mesmo o próprio Word entender as duas como sinônimos. O objetivo do sumário é organizar e indicar ao leitor a disposição geral da obra de forma sucinta e objetiva, enquanto que índices e listas são específicos e detalhados, tratando de elementos da mesma natureza. Por exemplo: Índice Analítico; Índice Onomástico etc. O Sumário deve identificar para cada divisão o seu respectivo indicativo de numeração, seu título e sua página inicial, exatamente com a mesma grafia e formatação adotada no texto, exceto o negrito. Devem ser incluídas todas as listas apresentadas, os capítulos e as seções do desenvolvimento e os elementos pós-textuais: Referências (antiga Bibliografia) e, se houver, Glossário, capa dos Apêndices e capa dos Anexos. Portanto, todas as partes anteriores ao sumário, incluindo o resumo e o *abstract*, **não** devem ser inseridas no Sumário.

Em uma nova página, o título Sumário deve ser incluído em letras MAIÚSCULAS e **negrito**, alinhado ao centro e sem tabulação alguma. Deixando um espaço 1,5 em branco abaixo deste título, a listagem das seções deve ser iniciada, junto à margem esquerda (e de acordo com a tabulação de cada nível), seguindo a ordem e a numeração em que elas foram apresentadas no texto, cada uma em uma linha, com espaçamento simples entre elas. Para realizar esta atividade da forma solicitada, deve ser utilizada a ferramenta do Word de elaboração de índices (este é o nome utilizado no programa para identificar o sumário), conforme a Dica 4. Entretanto, antes de elaborar o sumário desta forma, é necessário titular corretamente as divisões de todo o trabalho.

Dica 4 – Inserindo o sumário (Microsoft Word)
Após todas as partes estarem devidamente tituladas e com os níveis necessários, de acordo com a formatação específica solicitada (ver Apêndice 10), pode-se então fazer o sumário do trabalho. Caso ocorra qualquer alteração mínima nas divisões (numeração, título ou página), após a sua realização, é necessário atualizar os campos ou realizar novamente esta atividade. Para acrescentar um sumário, primeiramente o usuário deve deixar o cursor no local onde se deseja colocar a listagem. Depois, no menu do Word, deve selecionar **Inserir**, apontar na opção **Referência** e, logo após, clicar em **Índices...**. Na caixa de texto que irá aparecer, deve ser escolhida a pasta **Índice analítico**, e nela devem ser selecionadas as opções:

- *Mostrar números de página:* sim (marcar o quadrado com o tique).
- *Alinhar números de página à direita:* sim (marcar o quadrado com o tique).
- *Preenchimento:* pontos (selecionar).
- *Formato:* clássico (selecionar).
- *Mostrar:* 4 níveis (selecionar).

O usuário deve então acionar o botão **<ok>**, deixando o Sumário visível. Entretanto, é muito importante que o usuário formate a listagem da forma que se pede a seguir.

O sumário elaborado pelo Word utiliza a formatação padrão do programa. Entretanto, é necessário que haja a hierarquização de títulos (tabulação de cada nível) e que ele seja apresentado em espaçamento simples (ver Dica 5).

Dica 5 – Formatando o sumário (Microsoft Word)
Quando o Sumário estiver pronto, deve-se primeiro corrigir o problema do espaçamento. Para isso, o usuário deve selecionar todo o Sumário, clicar com o botão direito do *mouse* e escolher a opção **Parágrafo**. Na caixa que se abrir, na pasta **Recuos e espaçamento**, as seguintes opções devem ser observadas:

- *Alinhamento:* justificado (selecionar).
- *Nível do tópico:* Nível 1 (selecionar).
- *Recuo esquerdo:* 0 cm (selecionar).
- *Recuo direito:* 0 cm (selecionar).
- *Especial:* nenhum (selecionar).
- *Espaçamento antes:* 0 pt (selecionar).

- *Espaçamento depois:* 0 pt (selecionar).
- *Entrelinhas:* simples (selecionar).

Agora, deve-se alterar a tabulação de cada nível para que o leitor possa identificar a sua hierarquia. O **Título pré-textual** não deve ser alterado, uma vez que seu recuo e sua tabulação são nulos. No **Título de nível 1**, deve ser alterada apenas sua tabulação. Para isso, o usuário deve selecionar apenas uma linha do Sumário que contenha este tipo de estilo, clicar com o botão direito do *mouse* e escolher a opção **Parágrafo** novamente. Na caixa que se abrir, o usuário deve clicar no ícone **Tabulação** (localizado na parte inferior à esquerda). Uma nova janela se abrirá e nela deve ser observado o seguinte procedimento:

- *Marca de tabulação:* selecione a marca de menor valor (por exemplo 0,85 cm).
- *Limpar:* clicar no botão para apagar este marcador.
- *Marca de tabulação:* escrever o novo valor de 1,0 cm para o caso do **Título de nível 1>**.
- *Alinhamento:* esquerda (selecionar).
- *Definir:* clicar no ícone para acrescentar este marcador.

Clicando em **ok** e **ok** na caixa **Parágrafo**, a tabulação fica acertada apenas para aquela linha. Para fazer o mesmo com os outros títulos de mesmo nível, basta fazer novamente o mesmo procedimento. Dessa forma o Word entende que o recuo e a tabulação devem sempre ser os mesmos para este estilo.

Agora, vamos modificar o **Título de nível 2**. O usuário deve selecionar apenas uma linha que contenha este estilo, clicar com o botão direito do *mouse* e escolher a opção **Parágrafo** novamente. Na caixa que se abrir, o usuário deve observar a seguinte opção:

- *Recuo esquerdo:* 0,25 cm (selecionar).

O usuário deve então clicar no ícone **Tabulação** e realizar novamente o mesmo procedimento:

- *Marca de tabulação:* selecione a marca de menor valor (por exemplo 0,85 cm).
- *Limpar:* clicar no botão para apagar este marcador.
- *Marca de tabulação:* escrever o novo valor de 1,5 cm para o caso do **Título de nível 2**.
- *Alinhamento:* esquerda (selecionar).
- *Definir:* clicar no ícone para acrescentar este marcador.

Clicando em **ok** e **ok** na caixa **Parágrafo**, a tabulação fica acertada apenas para aquela linha. Para fazer o mesmo com os outros títulos de mesmo nível, basta novamente fazer o mesmo procedimento. Dessa forma o Word entende que o recuo e a tabulação devem sempre ser os mesmos para este estilo.

Este procedimento deve ser efetuado para os demais títulos, ou seja, níveis 3 e 4. A única diferença entre eles é o recuo e a marca de tabulação:

- *Título Nível 3:* recuo à esquerda de 0,5 cm e tabulação à esquerda de 2,0 cm.
- *Título Nível 4:* recuo à esquerda de 0,75 cm e tabulação à esquerda de 2,5 cm.

Por último, deve-se observar a fonte de cada tipo de título para saber se estão de acordo como foram apresentados no desenvolvimento da obra. No caso específico da listagem, o negrito dos títulos deve ser retirado para não poluir o Sumário.

A primeira página de sumário não leva número, mas deve ser contada. A página seguinte deve ter o número obrigatoriamente indicado através de algarismo arábico, situado no topo da página, do lado direito.

8.2.12 Lista de Abreviaturas e Siglas

Apresentado o sumário da obra, devem ser alocadas as diferentes listas específicas do trabalho. Estas listas são elementos de inclusão obrigatória desde que pelo menos 10 itens sejam apresentados no decorrer da obra (no caso de menos de 10 itens, a inclusão da lista é opcional). A primeira dessas listas é a de abreviaturas e siglas (ver **Apêndice 11**). Consiste na relação alfabética deste tipo de item, seguido de seu respectivo significado ou nome por extenso, não sendo necessário indicar as páginas onde se localizam. Em uma página própria, deve ser colocado o título LISTA DE ABREVIATURAS E SIGLAS na primeira linha da página, em Times New Roman 12, letras MAIÚSCULAS e em **negrito**, alinhado ao centro e sem tabulação alguma. Como este título deve constar no sumário da obra, é necessário que ele esteja formatado com o estilo de 'Título Pré-Textual'. Deixando um espaço 1,5 em branco abaixo do título, a listagem alfabética propriamente dita deve ser apresentada. Cada abreviatura ou sigla deve estar em uma linha, com espaçamento simples entre elas. Cada linha tem alinhamento justificado, com a abreviatura iniciando junto à margem esquerda (portanto, sem tabulação). Entre a abreviatura ou sigla e o seu significado por extenso devem ser utilizados os dois pontos como separadores.

8.2.13 Lista de Símbolos

A lista de símbolos é facultativa e similar à anterior (de Abreviaturas), e também depende do mesmo número de itens para ser incluída (no caso de 10 ou mais). Ela consiste na relação de todos os símbolos ou sinais que substituem nomes ou ações durante o trabalho, seguidos de seu devido significado, na ordem em que foram apresentados no desenvolvimento da obra, sem indicar as páginas onde se localizam. Os símbolos usualmente utilizados não necessitam ser indicados. Inicialmente, em uma página própria, deve ser colocado o título LISTA DE SÍMBOLOS na primeira linha da página, em Times New Roman 12, letras MAIÚSCULAS e em **negrito**, alinhado ao centro e sem tabulação alguma. Como este título deve constar no sumário da obra, é necessário que ele também esteja formatado com o estilo de 'Título Pré-Textual'. (ver Apêndice 15). Deixando um espaço 1,5 em branco abaixo do título, a listagem propriamente dita deve ser apresentada seguindo a ordem em que aparece no desenvolvimento da obra. Cada símbolo deve estar em uma linha, com espaçamento simples entre eles. Cada linha tem alinhamento justificado, com o símbolo iniciando junto à margem esquerda (portanto, sem tabulação) e, no caso de o nome por extenso ou significado ocupar duas linhas, o recuo da segunda linha deve ser de 2 cm. A fonte também é Times New Roman 12, mas sem negrito, itálico ou sublinhado e em letras minúsculas (exceto nomes próprios). Entre o símbolo e seu significado por extenso devem ser utilizados dois-pontos como separadores. Relembrando, veja o Apêndice 11.

8.2.14 Lista de Quadros

A Lista de Quadros (ver **Apêndice 12**) tem como objetivo relatar a ocorrência deste tipo de elemento no trabalho. Trata-se de uma listagem com a numeração, o título e a página dos Quadros da obra, exceto aqueles que se localizam nos Apêndices e Anexos. Assim como as listas anteriores, sua inclusão depende de um número mínimo de itens (no caso de 10 ou mais). Em uma página própria deve ser colocado o título Lista de Quadros na primeira linha, em Times New Roman 12, letras MAIÚSCULAS e em **negrito**, alinhado ao centro e sem tabulação alguma. Como este título deve constar no sumário da obra, é necessário que ele esteja formatado com o estilo de 'Título Pré-Textual'. Deixando um espaço 1,5 em branco abaixo do título, a listagem ordenada dos Quadros deve ser inserida, apresentando a numeração sequencial, o título e a página onde se encontra o objeto. Para incluir esta listagem, deve ser utilizada a ferramenta do Word de elaboração de índices de figuras, de acordo com a Dica 6. Antes, entretanto, é necessário que todas as legendas estejam corretamente elaboradas (ver Dica 10).

Dica 6 – Inserindo a lista de quadros (Microsoft Word)

Após todos os quadros estarem com suas respectivas legendas (ver Dica 10), pode-se então fazer o "Índice de figuras". Caso um quadro e/ou legenda seja inserida após a realização deste índice, é necessário atualizar os campos ou realizar novamente esta atividade. Para acrescentar um índice de figuras, primeiramente o cursor deve ser alocado onde se deseja colocar a listagem. Depois, no menu do Word, o usuário deve selecionar **Inserir**, apontar na opção **Referência** e, logo após, clicar em **Índices...**. Na caixa de texto que irá aparecer, deve ser escolhida a pasta **Índice de figuras**, e nela devem ser selecionadas as opções:

- *Mostrar números de página:* sim (marcar o quadrado com o tique).
- *Alinhar números de página à direita:* sim (marcar o quadrado com o tique).
- *Preenchimento:* pontos (selecionar).
- *Formato:* do modelo (selecionar).
- *Nome da legenda:* quadro (selecionar).

> • *Incluir nome e número:* sim (marcar o quadrado com o tique).
>
> O usuário deve então acionar o botão **ok**. Após esta tarefa é necessário que o autor formate a listagem da forma que se pede.

Uma vez inserido o índice, ele deve ser formatado. O espaçamento deve ser simples e o alinhamento justificado, com o texto iniciando junto à margem esquerda (ou seja, sem tabulação) e, no caso de o nome ocupar duas linhas, deve ser deixado um recuo à esquerda de 0,5 cm e um recuo de deslocamento de 2 cm (ver Dica 7). A fonte também é Times New Roman 12, mas sem negrito, itálico ou sublinhado e em letras minúsculas (exceto nomes próprios).

> ### Dica 7 – Formatando um item de duas linhas (Microsoft Word)
>
> Algumas das legendas podem ocupar duas linhas da lista e por isso elas devem ser formatadas adequadamente. Para fazê-lo, o usuário deve selecionar todas as linhas da legenda em questão, clicar no menu do Word em **Formatar** e selecionar **Parágrafo**. Quando a janela se abrir, o usuário deve então selecionar a pasta **Recuos e Espaçamento**, onde deverá observar as seguintes opções:
>
> - *Alinhamento:* justificado (selecionar).
> - *Recuo Esquerdo:* 0,0 cm (selecionar).
> - *Recuo Direito:* 0,5 cm (selecionar).
> - *Especial:* deslocamento (selecionar).
> - *Por:* 2,0 cm (selecionar).
> - *Espaçamento antes:* 0 pt (selecionar).
> - *Espaçamento depois:* 0 pt (selecionar).
> - *Espaçamento entre linhas:* duplo (selecionar).
>
> O usuário deve então acionar o botão **ok** e o item escolhido estará configurado.

8.2.15 Lista de Tabelas

A Lista de Tabelas (ver **Apêndice 13**), analogamente à de Quadros, apresenta a ocorrência deste tipo de elemento no trabalho. Trata-se de uma listagem com a numeração, o título e a página das Tabelas da obra, exceto aquelas que se localizam nos Apêndices e Anexos, e sua inclusão depende de um número mínimo de dez itens. Em uma página própria deve ser colocado o título Lista de Tabelas na primeira linha, em Times New Roman 12, letras MAIÚSCULAS e em **negrito**, alinhado ao centro e sem tabulação alguma. Como este título deve constar no sumário da obra, é necessário que ele esteja formatado com o estilo de 'Título Pré-textual'. Deixando um espaço 1,5 em branco abaixo do título, a listagem ordenada das Tabelas deve ser inserida, apresentando a numeração sequencial, o título do objeto e a página onde ele se encontra. Para incluir esta listagem deve ser utilizada a ferramenta do Word de elaboração de índices de figuras, assim como foi a Lista de Quadros. A única diferença para a Dica 6, descrita anteriormente, é que na opção "Nome da legenda" deve ser selecionada a tabela. Mais uma vez é necessário que todas as legendas estejam corretamente elaboradas (ver Dica 10). Uma vez inserido o índice, ele deve ser formatado. O espaçamento deve ser simples e o alinhamento justificado, com o texto iniciando junto à margem esquerda (ou seja, sem tabulação) e, no caso de o nome ocupar duas linhas, deve ser deixado um recuo à esquerda de 0,5 cm e um recuo de deslocamento de 2 cm. A fonte também é Times New Roman 12, mas sem negrito, itálico ou sublinhado e em letras minúsculas (exceto nomes próprios).

8.2.16 Lista de Gráficos

A lista de gráficos (ver **Apêndice 14**) tem como objetivo relatar apenas a ocorrência deste tipo de elemento no trabalho. Trata-se de uma listagem com a numeração, o título e a página de todos os Gráficos da obra, exceto aqueles que se localizam nos Apêndices e Anexos. Assim como as listas anteriores, sua inclusão depende de um número mínimo de itens (no caso de 10 ou mais). Em uma página própria deve ser colocado o título Lista de Gráficos na primeira linha, em Times New Roman 12, letras MAIÚSCULAS e em **negrito**, alinhado ao centro e sem tabulação alguma. Como este título deve constar no sumário da obra, é necessário que ele esteja formatado com o estilo de 'Título Pré-Textual'. Deixando um espaço 1,5 em branco abaixo do título, a listagem ordenada dos gráficos deve ser inserida, apresentando a numeração sequencial, o título e a página onde se encontra o objeto. Para incluir esta listagem deve ser utilizada a ferramenta do Word de elaboração de índices de figuras, assim como foi a Lista de Quadros ou a de Tabelas. A única diferença para a Dica 6, descrita anteriormente, é que na opção 'Nome da legenda' deve ser selecionado o gráfico. Mais uma vez é necessário que todas as legendas estejam corretamente elaboradas (ver Dica 12). Uma vez inserido o índice, ele deve ser formatado. O espaçamento deve ser simples e o alinhamento justificado, com o texto iniciando junto à margem esquerda (ou seja, sem tabulação), e no caso de o nome ocupar duas linhas, deve ser deixado um recuo à esquerda de 0,5 cm e um recuo de deslocamento de 2 cm (ver Dica 7). A fonte também é Times New Roman 12, mas sem negrito, itálico ou sublinhado e em letras minúsculas (exceto nomes próprios).

8.2.17 Lista das Demais Ilustrações

A última das listas pré-textuais a ser apresentada é a Lista das Demais Ilustrações (ver **Apêndice 15**). Essa lista relaciona todos os desenhos, esquemas, fotografias, mapas, organogramas e demais imagens do trabalho científico que não sejam Quadros, Tabelas ou Gráficos. É uma listagem com a numeração, o título e a página de todos esses elementos da obra, exceto aqueles que se localizam nos Apêndices e Anexos. Como as listas anteriores, sua inclusão depende de um número mínimo de itens (no caso de 10 ou mais). Em uma página própria deve ser colocado o título Lista das Demais Ilustrações na primeira linha, em Times New Roman 12, letras MAIÚSCULAS e em **negrito**, alinhado ao centro e sem tabulação alguma. Como este título deve constar no sumário da obra, é necessário que ele esteja formatado com o estilo de "Título Pré-Textual". Deixando um espaço 1,5 em branco abaixo do título, a listagem ordenada das ilustrações deve ser inserida, apresentando a numeração sequencial, o título e a página onde se encontram. Para incluir esta listagem deve ser utilizada a ferramenta do Word de elaboração de índices de figuras; assim deve ser selecionada a ilustração. Mais uma vez é necessário que todas as legendas estejam corretamente elaboradas (ver Dica 12). Uma vez inserido o índice, ele deve ser formatado. O espaçamento deve ser simples e o alinhamento justificado, com o texto iniciando junto à margem esquerda (ou seja, sem tabulação) e, no caso de o nome ocupar duas linhas, deve ser deixado um recuo à esquerda de 0,5 cm e um recuo de deslocamento de 2 cm (ver Dica 7). A fonte também é Times New Roman 12, mas sem negrito, itálico ou sublinhado e em letras minúsculas (exceto nomes próprios).

Elementos de Apoio ao Texto

Os elementos textuais compõem a obra propriamente dita, expondo e desenvolvendo a matéria, geralmente através de três partes fundamentais: a introdução, o desenvolvimento e a conclusão. Cada uma dessas três partes, assim como suas divisões, abordagens e técnicas de redação, dependem da preferência do autor da obra e da supervisão do orientador. Independentemente das características individuais do autor e de sua obra, alguns expedientes devem ser utilizados para fundamentar o trabalho e servir de apoio para corroborar as ideias do texto. Estes elementos são: as citações, as notas de rodapé, as abreviaturas e siglas, os símbolos, os quadros, as tabelas, os gráficos e as demais ilustrações.

8.2.18 Citações

De forma geral, podem-se definir citações como informações extraídas de outras fontes que objetivam corroborar as ideias desenvolvidas na obra. As citações são informações relacionadas com o tema de estudo, encontradas nas diferentes referências de pesquisa, utilizadas para enriquecer o texto, fundamentando-o, esclarecendo-o ou complementando-o, além de possibilitar análises, sínteses e discussões sobre o tema. Nos trabalhos científicos a citação é um elemento obrigatório, e que deve ser utilizado com seriedade. A qualidade e a quantidade de citações na obra são certamente muito importantes, mas o seu tratamento e sua transcrição merecem atenção especial, uma vez que citar é necessário, mas copiar inadvertidamente é expressamente proibido. O conjunto de uma citação é composto por, necessariamente, três partes. A primeira delas é a "citação" propriamente dita, a segunda é o "sistema de chamada" e a terceira é a "referência".

A citação propriamente dita nada mais é que o texto onde o autor do trabalho científico transcreve as informações que julgou interessantes para o enriquecimento de sua obra, encontradas em outras fontes. As citações podem ser elaboradas de duas maneiras básicas: a citação direta e a indireta.

Orientações Gerais

Antes de se entenderem as diferentes formas de como as citações podem ser indicadas, é fundamental saber como construir uma citação.

a) **Supressões no início ou no meio:** Se o trecho extraído é o início de um período, a reprodução deve manter a letra maiúscula inicial. Entretanto, se for um período já iniciado, a letra minúscula é que deve ser mantida e a supressão indicada. Nas citações diretas e citações de citações são permitidas estas omissões desde que o sentido do texto citado seja mantido, porém, elas devem ser indicadas por reticências, entre colchetes, e sempre dentro das aspas do trecho citado.

Exemplos:

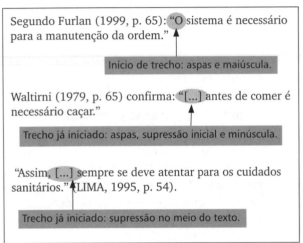

b) **Ponto final:** o ponto final de uma citação deve sempre ficar dentro das aspas, mesmo que o sistema de chamada venha depois (neste caso o sistema também recebe um ponto final).

Exemplos:

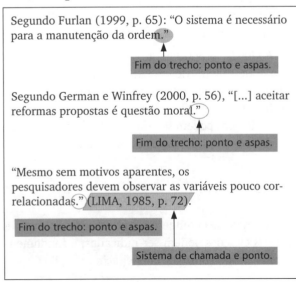

c) **Supressões no final:** As supressões no final devem ser seguidas somente pelas aspas de fechamento, sem ponto final. Para o caso específico em que o sistema de chamada vem após a citação, também não se deve colocar ponto entre o trecho e o sistema.

Exemplos:

Rosental (1979, p. 65) afirma: "Quando se deseja instruir [...] é preciso ser instruído [...]"

Fim do trecho: suspensão final e aspas (sem nenhum ponto).

Mesmo assim, Mullins (1999, p. 45) confirma que "[...] realizar somente projetos de organizações governamentais não é suficiente [...]"

Fim do trecho: suspensão final e aspas (sem nenhum ponto).

"[...] por meio da mesma 'arte de conversação' que abrange tão extensa e significativa parte da nossa existência [...]" (SÁ, 1995, p. 6).

Fim do trecho: aspas (sem ponto), sistema de chamada e ponto.

d) **Erro gramatical ou de conceito:** Caso erro gramatical ou de conceito sejam identificados no texto original, a expressão (sic) (que significa assim mesmo) poderá ser incluída, entre parênteses, logo após o trecho ou período equivocado. Entretanto, recomenda-se muita cautela no uso deste recurso.

e) **Texto traduzido pelo autor:** deve-se incluir após a chamada da citação a expressão "tradução nossa" entre parênteses.

f) **Para enfatizar trechos da citação:** deve-se destacá-los indicando esta alteração com a expressão "grifo nosso" entre parênteses, após a chamada da citação, ou "grifo do autor", caso o destaque já faça parte da obra consultada.

Citação Direta:

As citações textuais, formais ou diretas (*ipsis litteris*) são aquelas onde ocorre a reprodução textual de um trecho de uma obra com todas as suas características originais, como grafia, pontuação e sentido.

a) **Citação de até três linhas:** A citação deve ser inserida no próprio texto, entre aspas duplas. As aspas simples são utilizadas para indicar a ocorrência de aspas duplas no interior de citação.

Exemplos:

> Segundo Barbour (1971, p. 35): "O estudo da morfologia dos terrenos ativos é indispensável [...]"
>
> A humanidade evolui "[...] por meio da mesma 'arte de conversação' que abrange tão extensa e significativa parte da nossa existência [...]" (SÁ, 1995, p. 27).

b) **Citação de mais de três linhas:** A citação deve ser inserida em um parágrafo distinto, sem as aspas duplas, situada a 4 cm da margem do texto normal. O alinhamento do parágrafo é justificado e a fonte é Times New Roman de tamanho 10. O espaçamento do texto da citação deve ser simples, sendo 1,5 antes e depois da citação.

Exemplos:

> [...] apesar de muito eficiente.
>
> > A teleconferência permite ao indivíduo participar de um encontro nacional ou regional sem a necessidade de deixar seu local de origem. Tipos comuns de teleconferência incluem o uso de televisão, telefone, e computador. Através de audioconferência, utilizando a companhia local de telefone, um sinal de áudio pode ser emitido em um salão de qualquer dimensão. (NICHOLS, 1993, p. 181).
>
> A teleconferência vai além com [...]
>
> *Texto em Times New Roman tamanho 10, sem aspas, nem negrito, sublinhado ou itálico. Texto com alinhamento justificado e espaçamento simples.*
>
> *Distância da margem de 2 cm.*
>
> Segundo Martins (2001, p. 255),
>
> > [...] os testes não paramétricos são particularmente úteis para decisões sobre dados oriundos de pesquisas da área de "ciências humanas". Para aplicá-los, não é necessário admitir hipóteses sobre distribuições de probabilidade da população da qual tenham sido extraídas amostras para a análise.
>
> Assim, para a coleta da variável [...]

c) **Quando a citação é em idioma estrangeiro:** Para uma citação em língua estrangeira, além das regras determinadas anteriormente, o trecho deve ser apresentando no texto traduzido para a língua portuguesa e seu original, em uma nota de rodapé.

Exemplo:

> *No texto corrente:*
>
> [...] que seja necessário para o entendimento da situação. Segundo Manlew (1989, p. 21): "A história nos prova que não importa quem você é ou o que você faz para viver, sempre haverá um futuro brilhante à espera de você."[31]
>
> *No rodapé da página:*
>
> ---
> [31] *"History proves us that no matter who you are or what you do to live, there will always be a brilliant future waiting for you."*

Citação Indireta:

As citações livres ou indiretas são aquelas que ocorrem quando o autor do trabalho científico, ao redigir seu texto, baseia-se em ideias e conceitos de outro autor. Elas podem aparecer de duas formas distintas:

a) **Paráfrase:** É a expressão da ideia de outro autor com palavras próprias do autor do trabalho, mantendo a citação aproximadamente do mesmo tamanho da original. A paráfrase, quando fiel à fonte, é geralmente preferível a uma longa citação direta.

Exemplos:

> [...] sempre que possível. A lei não pode ser vista como algo passivo e reflexivo, mas como uma força ativa e parcialmente autônoma, a qual mediatiza as várias classes (GENOVESE, 1974, p. 26).
>
> Segundo Lindt (2003, p. 30), as sociedades devem se administrar de forma independente, sem qualquer tipo de influência externa de países mais poderosos.

b) **Condensação:** É uma frase elaborada pelo autor do trabalho, onde a ideia ou conceito é mantido, mas o texto é sintetizado.

Exemplos:

O futuro desenvolvimento dos sistemas de informação depende exclusivamente da capacidade da habilidade dos recursos humanos das empresas em poder absorver rapidamente as novidades (MARCHEGIANI, 1995, p. 48). Outro fator [...]

[...] conveniência direta. Em *Whigs and Hunters*, E. P. Thompson (1977) analisa a sociedade inglesa dos séculos XVIII e XIX, tenta recuperar o espaço da luta de classes, a estrutura do domínio, o ritual da pena capital e dedica especial atenção à hegemonia que a lei estabelece nesse campo. Nessa mesma abordagem [...]

As citações indiretas de diversos documentos da mesma autoria, publicados em anos diferentes e mencionados simultaneamente, têm as suas datas separadas por vírgula.

As citações indiretas de diversos documentos de vários autores, mencionados simultaneamente, devem ser separadas por ponto-e-vírgula, em ordem alfabética.

8.2.18.1 Sistema de Chamada

O sistema de chamada é a indicação simplificada, no texto, da fonte onde a citação foi obtida. Ela não só indica o autor responsável pela citação como também facilita ao leitor o aprofundamento ou a conferência posterior da referência. Há duas formas de indicar no texto a fonte das citações: o sistema de chamada autor-data e o sistema de chamada numérico. Para os trabalhos acadêmicos da FEA-USP é obrigatório o uso do primeiro, ou seja, o autor-data, lembrando que é necessário que o método seja consistentemente adotado ao longo de todo o trabalho. No sistema autor-data, o sobrenome do autor é grafado em letras MAIÚSCULAS – quando estiver dentro dos parênteses, ou com a primeira letra maiúscula do sobrenome e as demais minúsculas – quando estiver no texto, seguido do ano de publicação e do número da página (quando houver), ambos entre parênteses.

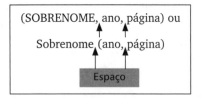

Exemplos:

"Apesar das aparências, a descontrução do logocentrismo não é uma psicanálise da filosofia [...]" (DERRIDA, 1967, p. 293).

Autor em maiúsculas, ano e página, tudo entre parênteses.

Como lembra Martins (1984, p. 56), o futuro desenvolvimento da informação está cada dia mais dependente de um plano unificado de normalização.

Sobrenome do autor em minúsculas, exceto a primeira letra, ano e página entre parênteses.

Dentro deste modelo básico algumas variações podem ser observadas e merecem cuidados especiais. Recomenda-se acompanhar as regras de citações, a seguir, juntamente com as orientações das referências para evitar incongruências no trabalho.

a) **Quando há apenas um autor (ou organizador)**

Exemplos:

A pesquisa anterior já citava a existência de erros (WILLIANSON, 1950, p. 56).

Já dizia Nepomuceno (1976, p. 23) que "A única coisa certa na vida é a morte."

b) **Quando há dois autores (ou organizadores):** Os sobrenomes devem ser separados por ponto-e-vírgula quando dentro dos parênteses e unidos pela letra 'e' quando fora.

Exemplos:

"[...] da dificuldade de poder de barganha no varejo." (SÁ; LIMA, 1980, p. 97).

Segundo Price e Mc Dowell (1995, p. 89) [...]

c) **Quando há três ou mais autores (ou organizadores):** O sobrenome de apenas um deles deve ser redigido, seguindo da expressão *et al* em itálico. Este mesmo sobrenome deverá ser redigido nas Referências.

Exemplos:

[...] dessa possibilidade um tanto quanto factível (CHIRAC et al, 1995, p. 23).

Iudícibus et al (1986, p. 67) afirmam que [...]

d) **Quando há coincidência de sobrenomes de autores:** acrescentam-se as iniciais de seus prenomes; se mesmo assim existir coincidência, colocam-se os pronomes por extenso.

Exemplos:

[...] assim que possível (SILVA, Cláudio, 1958, p. 45).

"A oposição fortalece a democracia."
(SILVA, Caio Prado, 1999, p. 42).

Segundo Roberto Silva (1978, p. 72), é necessário [...]

e) **Quando o autor é uma entidade, sociedade, organização, universidade etc.:** Deve ser indicada a sigla, ou abreviatura, no sistema de chamada e o nome por extenso nas Referências. No caso de não existir uma sigla, o nome deve ser colocado por extenso.

Exemplos:

A Tabela 2 confirma os dados apresentados anteriormente (IBGE, 1999, p. 57).

[...] do marketing social das companhias." (AMERICAN FINANCE ASSOCIATION, 1965, p. 23).

Segundo o IBGE/(2001, p. 32) [...]

f) **Quando o autor é um órgão governamental (como ministérios, secretarias, prefeituras etc.) ou tem uma denominação genérica:** Deve-se indicar apenas o órgão superior ou jurisdição geográfica à qual pertence e, se houver mais de um, em um mesmo ano, deve-se proceder da mesma forma como explicado na alínea g, a seguir.

Exemplos:

"É neste nível de atuação da Universidade que se coloca o problema da produção de conhecimento entre um público mais amplo [...]" (BRASIL, 1981, p. 12).

[...] de acordo com os United States of America (1991d, p. 645), o modelo importado da Europa respondeu às necessidades monetárias americanas.

g) **Quando há duas ou mais obras do(s) mesmo(s) autor(es) com anos iguais:** As obras de mesmo autor são diferenciadas pelas datas de publicação. Caso duas ou mais obras de um mesmo autor ou conjunto de autores sejam de um mesmo ano, letras minúsculas (a, b, c, ...) devem ser acrescentadas ao ano, de acordo com a ordem alfabética das obras (ver item 8.3.1.1, alínea i).

Exemplos:

[...] qualquer que seja ela (WILLIANSON; ROBERTSON, 1986a, p. 23).

De acordo com Willianson e Robertson (1986b, p. 73), "A sociedade [...]"

[...] como pode ser observado na pesquisa (USP, 1999b, p. 87).

"A escolha da carreira é um processo muito traumatizante para os alunos de colegial" (USP, 1999a, p. 18).

h) **Quando há várias obras a serem citadas:** Dentro dos parênteses, as obras devem ser separadas por ponto e vírgula.

Exemplos:

[...] como as pesquisas evidenciam (LAGERLOFF, 1934, p. 27; 1936a, p. 93; 1936b, p. 88).

[...] apesar de Lagerloff (1934, p. 27; 1936a, p. 93; 1936b, p. 88) ter encontrado 22,08% de machos afetados dessa hipoplasia.

Após esse primeiro isolamento, vários casos têm sido descritos em países como Canadá, Noruega, Holanda, Dinamarca e Finlândia (GLAZERBROOK et al, 1973, p. 18; JONES, 1981, p. 92; OLUFSSEN; RASMUNSSEN, 1986, p. 25; 1996, p. 4).

Robinson (1995, p. 78), Furtado e Gonçalves (1998, p. 26; 2003, p. 49) e o IBGE (1999b, p. 43) apontam modelos favoráveis ao emprego das pesquisas de campo.

i) **Quando o autor não pode ser identificado:** a indicação da obra deve ser feita pela primeira palavra do título seguida de reticências, da data de publicação do documento e da(s) página(s) da citação, no caso de citação direta, separadas por vírgula e entre parênteses.

Exemplos:

[...] dos navios negreiros portugueses." (A VIDA DE UM NAVEGADOR, 1901, p. 13).

Segundo *Art for its own sake* (1910, p. 51), não é possível determinar [...]

j) **Quando há uma citação de citação:** As citações de citações ocorrem quando o autor inclui trechos de textos de outras fontes, que já fazem menções a referências bibliográficas de terceiros. Este tipo de citação é um caso muito especial e deve ser somente utilizado na total impossibilidade de acessar o documento original. Deve ser acrescentado o sobrenome do autor do documento não consultado seguido pelo autor do documento efetivamente consultado, com a expressão *apud* (citado por) em itálico. Na referência, as duas obras devem ser indicadas da forma que se pede.

Exemplos:

"[...] sempre que se fizer necessário para os ônibus metropolitanos." (SÃO PAULO, 1970, p. 48 *apud* ZULEIKA, 1988, p. 159).

Niubo (1902, p. 34), citado por Fillol (1919, p. 22), afirma que o centralismo da monarquia [...]

[..] devido à monarquia, de acordo Niubo (1902, p. 34 *apud* FILLOL, 1919, p. 22).

k) **Quando a fonte da citação é um periódico:** Para o caso de artigos, as regras descritas até o momento devem ser seguidas. Para o caso de todo o periódico ter sido consultado e/ou não houver autor, o título deve ser apresentado no sistema de chamada. A página não deve ser indicada.

Exemplos:

[...] apesar do tênue controle fiscal que foi realizado (O ESTADO DE S. PAULO, 2003a).

Segundo o MIT Science Journal (2001), "[...] os computadores muitas vezes prejudicam a eficiência dos trabalhadores no nível de chão de fábrica."

l) **Quando a fonte da citação é um evento:** Para o caso de artigos, as regras descritas até o momento devem ser seguidas. Para o caso de todo o evento ter sido consultado e/ou não houver autor, o nome do evento deve ser apresentado no sistema de chamada. A página não deve ser indicada.

Exemplos:

"[...] a crença na divulgação por meios eletrônicos." (ENEAD, 1989).

Os trabalhos apresentados ao ENEAD (1989) comprovam que as faculdades no país [...]

m) **Expressões em latim:** Para referenciar citações subsequentes no texto, podem ser utilizadas as expressões em latim, desde que redigidas em itálico, sem negrito.

Quadro 1 *Expressões em Latim*

Id. = Idem
Quando a citação seguinte é do(s) mesmo(s) autor(es), mas proveniente de uma obra diferente.

Ibid. = Ibidem
Quando a citação seguinte é do(s) mesmo(s) autor(es) e de uma mesma obra.

Op. cit. = Opus citatum
Quando a citação é do(s) mesmo(s) autor(es) e de uma mesma obra, mas ela não é subsequente.

Passim:
Quando a citação (não necessariamente subsequente) vem de diversas passagens, de várias páginas da obra.

Cf.:
Quando o autor deseja que o leitor confira ou confirme a citação (não necessariamente subsequente) de determinado autor.

Apud
Quando há uma citação de citação (ver alínea *j* desta seção).

***Loco citato* = Loc. cit.**
No lugar citado.

Sequentia* = *et seq.
Seguinte ou que se segue.

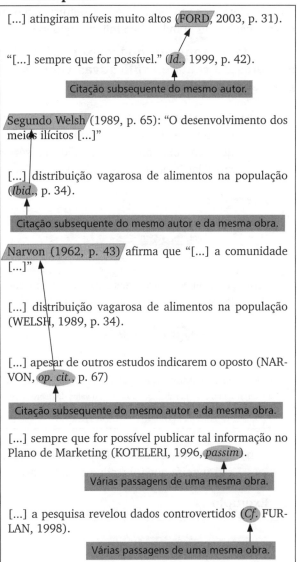

Exemplos:

[...] atingiram níveis muito altos (FORD, 2003, p. 31).

"[...] sempre que for possível." (*Id.*, 1999, p. 42).
Citação subsequente do mesmo autor.

Segundo Welsh (1989, p. 65): "O desenvolvimento dos meios ilícitos [...]"

[...] distribuição vagarosa de alimentos na população (*Ibid.*, p. 34).
Citação subsequente do mesmo autor e da mesma obra.

Narvon (1962, p. 43) afirma que "[...] a comunidade [...]"

[...] distribuição vagarosa de alimentos na população (WELSH, 1989, p. 34).

[...] apesar de outros estudos indicarem o oposto (NARVON, *op. cit.*, p. 67)
Citação subsequente do mesmo autor e da mesma obra.

[...] sempre que for possível publicar tal informação no Plano de Marketing (KOTELERI, 1996, *passim*).
Várias passagens de uma mesma obra.

[...] a pesquisa revelou dados controvertidos (*Cf.* FURLAN, 1998).
Várias passagens de uma mesma obra.

8.2.18.2 Referências

A terceira e última parte componente de uma citação é a referência, ou seja, a informação detalhada da fonte onde o autor retirou a citação. Todas elas devem ser apresentadas na seção Referências, seguindo regras específicas.

8.2.19 Notas de Rodapé

As notas de rodapé são indicações, observações, textos em língua estrangeira, comentários ou esclarecimentos que, segundo julgamento do autor, não podem ser incluídos diretamente no texto, mas que devem ser mencionados por sua importância e relação com o tema tratado. Elas devem ser utilizadas para não interromper a sequência lógica da leitura, em ocasiões especiais, limitando-se ao mínimo necessário.

No texto, **somente podem ser utilizadas as notas de rodapé explicativas com os seguintes propósitos**:

a) Ampliar as afirmações do período, evitando sobrecarregar o texto com observações que, embora importantes, são acessórias em relação ao tema:

Exemplo:

> No texto corrente:
>
> [...] que seja necessário para o entendimento da situação. Este procedimento deve ser realizado sempre que possível, apesar do alto valor contábil do imobilizado.[1]
>
> No rodapé de página:
>
> 1 Definimos "valor contábil", em determinado momento, como sendo a diferença entre o valor de custo do bem e o valor de depreciação acumulada, relativa a este bem, até o citado momento.

b) Expor a versão original do texto em língua estrangeira que foi traduzida no texto:

Exemplo:

> No texto corrente:
>
> E continua ocorrendo, embora já tenha sido chamada a atenção para este fato: "Inglês, portanto, não é uma boa língua para se usar quando se programa. Isto já foi constatado por outros que precisaram transmitir instruções."[22] (TEDD, 1977, p. 29).
>
> No rodapé de página:
>
> 22 *"English, therefore, is not a good language to use when programming. This has long been realized by others who require to communicate instructions."*

c) Indicar a ocorrência de Apêndice ou Anexo:

Exemplo:

> No texto corrente:
>
> [...] apesar de a construção civil ter diminuído sua produção sensivelmente durante o primeiro semestre do ano de 2001.[25]
>
> No rodapé de página:
>
> 25 Ver o Apêndice 5.

Quando se utiliza o sistema autor-data, as notas de rodapé não devem ser utilizadas para indicar as referências de citações. Quando for necessário incluir uma nota, o autor primeiramente deve indicar o número de referência. É muito importante que esta numeração seja única e consecutiva para todo o trabalho (**não** se deve reiniciar os números a cada página ou seção) e que ela seja apresentada no texto corrente em algarismos arábicos sobrescritos em Times New Roman tamanho 12, sempre após o ponto final de um período ou aspas. A nota de rodapé propriamente dita deve ser alocada na parte inferior da folha, separada do texto corrente por uma linha de 5 cm. Seu texto deve ser introduzido pelo número sobrescrito correspondente à nota, sem qualquer recuo à esquerda. O espaçamento do texto da nota deve ser simples, com alinhamento justificado, e a fonte deve ser Times New Roman de tamanho 10, inclusive do algarismo sobrescrito. Para que as notas sigam um mesmo padrão durante toda a obra, obedecendo aos critérios mencionados, deve ser utilizada a ferramenta do Word de elaboração de notas de rodapé, de acordo com a Dica 8 descrita a seguir:

> *Dica 8 – Inserindo notas de rodapé (Microsoft Word)*
>
> Primeiramente, o cursor deve ser alocado no texto, no lugar onde se deseja colocar a nota de rodapé, ou seja, ao final de um período. Depois, no menu do Word, o usuário deve selecionar **Inserir**, apontar na opção **Referência** e, logo após, clicar em **Notas...** Na caixa de texto que irá aparecer, devem ser selecionadas as seguintes opções:
>
> - *Notas de rodapé:* no final da página (selecionar).
> - *Formato do número:* 1, 2, 3 (selecionar).

- *Iniciar em:* 1 (selecionar).
- *Numeração:* contínua (selecionar).
- *Aplicar alterações a:* no documento inteiro (selecionar).

Por último, o usuário deve apenas acionar o botão **Inserir**. Para acrescentar uma nova nota, este procedimento deve ser repetido. Como as opções se mantêm, é desnecessário alterá-las ou verificá-las a cada inserção. Além disso, o programa se encarrega da sequência e da atualização dos números.

8.2.20 Abreviaturas e Siglas

As abreviaturas e siglas são representações de palavras ou expressões através de suas letras ou sílabas iniciais, sendo habitualmente utilizadas em trabalhos científicos. A inclusão destes elementos no texto pode ocorrer a qualquer momento, desde que sejam redigidos em letras maiúsculas, sem negrito, sublinhado ou itálico, na mesma fonte e tamanho do texto corrente. A abreviatura ou sigla deve ter seu significado redigido, entre vírgulas, apenas quando for apresentada pela primeira vez no texto.

Exemplos:

A ABRT, Associação Brasileira de Regras Tecnológicas, foi fundada na cidade de Rio de Janeiro em 1976 [...]

1ª apresentação: significado por extenso redigido.

[...] apesar de a ABRT definir os pré-requisitos mínimos exigidos pelos programas.

Demais apresentações.

8.2.21 Símbolos

Os símbolos são imagens ou sinais que substituem nomes ou ações durante o trabalho e, de certa forma, cumprem uma função similar à exercida pelas abreviaturas e siglas. Sua inclusão no texto pode ocorrer a qualquer momento, desde que os símbolos sejam redigidos, sempre que for possível, sem negrito, sublinhado ou itálico, na mesma fonte e tamanho do texto corrente. Na primeira vez que aparecer no texto, o símbolo deve estar entre parênteses, logo após seu significado ter sido redigido. Nas demais ocasiões, o símbolo poderá ser apresentado individualmente. Os símbolos usualmente utilizados não necessitam ser indicados.

Exemplos:

O coeficiente de risco (ß) foi estudado a partir de 1.346 ações de empresas [...]

1ª apresentação: significado por extenso redigido.

[...] o ß das companhias de eletrônicos evidenciou um grande fator de risco.

Demais apresentações: símbolo no texto

8.2.22 Quadros e Tabelas

Os Quadros e as Tabelas são conjuntos de informações apresentados em colunas e linhas que têm como objetivo principal apoiar as ideias expostas no texto, elucidando, explicando, complementando e/ou simplificando seu entendimento. Nos Quadros as informações expostas são predominantemente qualitativas, isto é, palavras e textos. Por outro lado, as Tabelas apresentam informações predominantemente quantitativas, em forma de números, valores, percentagens, sejam ou não tratados estatisticamente.

Tanto um Quadro quanto uma Tabela podem ser incluídos a qualquer momento no desenvolvimento da obra. A indicação deve ocorrer diretamente no texto, fazendo parte de uma afirmação isolada ou entre parênteses.

Exemplos:

O Quadro 15 evidencia os fatores que são diretamente responsáveis [...]

[...] de acordo com as evidências apresentadas (Tabela 18).

[...] apesar dos valores encontrados na Tabela 41, os distúrbios [...]

Os Quadros e as Tabelas devem ser alocados entre parágrafos sem texto corrente em seus lados, e próximos do trecho ao qual fazem referência. Eles devem estar centralizados na página e com disposição de texto alinhada (ver Dica 9).

Todos os Quadros e Tabelas do desenvolvimento da obra devem se enquadrar nas margens adotadas, não podendo ultrapassá-las. Caso a inclusão de um destes elementos seja indispensável para o trabalho e não possa ser reduzida aos padrões citados, ela poderá ser incluída como um Apêndice ou Anexo, ao final da obra.

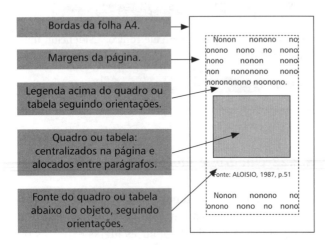

(Figura fora de escala; as linhas em preto representam as bordas de uma folha A4)

Ilustração 1 *Posição dos quadros e das tabelas.*

Dica 9 – Posicionando os quadros e as tabelas (Microsoft Word)

Qualquer Quadro ou Tabela inserido no texto deve ser posicionado de acordo com as orientações. Para realizar esta tarefa, o usuário deve selecionar todas as linhas e colunas, clicar no botão direito do *mouse* e escolher a opção **Propriedades de tabela...**. Na caixa de texto que irá aparecer, na pasta **Tabela**, as seguintes opções devem ser selecionadas:

- *alinhamento:* centralizado (selecionar);
- *recuar a partir da esquerda:* 0 cm (selecionar);
- *quebra automática de texto:* nenhuma (selecionar).

Após clicar **ok**, o Quadro ou a Tabela estará posicionado corretamente.

Os textos e números inseridos tanto nos Quadros quanto nas Tabelas devem ser redigidos em Times New Roman tamanho 10 com espaçamento simples.

Cores de fundo são facultativas, mas sua utilização deve ser moderada. Os demais detalhes estéticos, como bordas, linhas e outros aspectos de formatação, ficam a cargo do autor, desde que esta configuração seja mantida em todos os quadros e tabelas do trabalho. Sempre que se inserir um destes dois elementos no texto a legenda e a referência correspondentes devem ser obrigatoriamente indicadas. A legenda é a apresentação do objeto, descrevendo seu número sequencial dentro da obra e seu título, isto é, o que está representando, onde ocorreu, e quando ocorreu. Deve ser alocada sempre acima do Quadro ou da Tabela. Seu alinhamento também é centralizado, sem recuos ou tabulações, e o espaçamento de seu texto é simples. A numeração da legenda deve seguir a ordem em que os Quadros ou Tabelas são apresentados no texto, com sequências próprias e contínuas, independentemente dos títulos de partes, páginas da obra ou de outras ilustrações (ou seja, Quadros têm uma numeração e Tabelas, outra). A numeração deve ser sempre precedida pela palavra *Quadro* ou *Tabela* e sua apresentação é através de algarismos arábicos, redigidos em Times New Roman tamanho 12, letras minúsculas e em **negrito**. Os Quadros e Tabelas dos Apêndices e Anexos não fazem parte da sequência do desenvolvimento do trabalho. Seguindo o número da legenda, separado por um traço simples, vem o título. Seu texto deve ser breve, porém explicativo, redigido na mesma formatação. Para inserir uma legenda, a ferramenta do Word de elaboração de legendas deve ser utilizada (ver Dica 10).

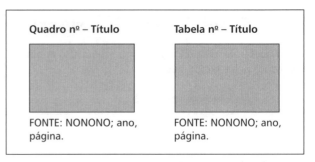

Dica 10 – Inserindo legendas de quadros e tabelas (Microsoft Word)

Sempre que se insere um Quadro ou Tabela no texto, não se pode esquecer de acrescentar sua legendas, sempre ACIMA deles. Para realizar esta tarefa, no menu do Word, o usuário deve selecionar **Inserir**, apontar na opção **Referência** e, logo após, clicar em **Legenda...**. Na caixa de texto que irá aparecer, as seguintes opções devem ser observadas:

- *Legenda:* redigir o nome do Quadro ou Tabela.
- *Nome:* opção "Quadro" ou "Tabela" (selecionar de acordo com o tipo de elemento).
- *Posição:* acima do item selecionado (selecionar).

Caso não haja as opções "Quadro" ou "Tabela" no campo **Nome**, basta acrescentá-los clicando em **Novo nome** e digitando-os. O usuário deve então acionar o botão **ok** e colocar manualmente a fonte do quadro, assim como formatar a legenda da forma pedida. Para acrescentar uma nova legenda, este procedimento deve ser repetido (exceto o novo nome). O programa se encarrega da sequência e da atualização dos números, desde que a inclusão seja sequencial.

A fonte externa ou referência do elemento (dados e informações de outra pesquisa) deve ser registrada seguindo as orientações apresentadas nas citações, devendo ser alocada abaixo do objeto, em Times New Roman tamanho 10, sem negrito, com espaçamento simples e alinhado à borda esquerda do quadro ou tabela. Caso o próprio autor tenha elaborado o objeto, esta informação não deve ser indicada.

Exemplos:

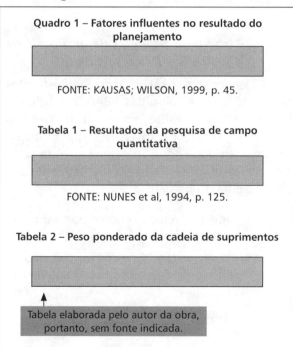

Ao final da inclusão de todos os Quadros e Tabelas, uma lista pré-textual para cada tipo de objeto deve ser elaborada, de acordo com as orientações deste capítulo. Os Quadros e Tabelas dos Apêndices e Anexos não devem entrar nestas listas.

8.2.23 Gráficos e Demais Ilustrações

Ilustrações são todas as figuras, desenhos, rascunhos, esquemas, diagramas, fluxogramas, organogramas, fotografias, mapas e demais imagens da dissertação, ou tese, que servem para elucidar, explicar, complementar e simplificar o entendimento do texto. Apesar de também serem ilustrações e de servirem para o mesmo propósito, os Gráficos devem ter um tratamento diferenciado, como será visto a seguir.

Um Gráfico, ou qualquer outra ilustração, pode ser incluído a qualquer momento no desenvolvimento da obra. Sua indicação deve ocorrer diretamente no texto, fazendo parte de uma afirmação isolada ou entre parênteses, assim como ocorre com os Quadros e Tabelas.

Exemplos:

> A Ilustração *21 mostra o comportamento do consumo de bens [...]*
>
> *Nos primeiros trinta anos após a Revolução Industrial (Gráfico 12), a taxa [...]*
>
> *[...] a distribuição da população no Gráfico 23 levanta algumas dúvidas.*

Os Gráficos e demais ilustrações devem ser alocados entre parágrafos (nunca entre linhas), sem texto corrente nos seus lados e próximos do trecho ao qual fazem referência. Eles devem estar centralizados na página e com disposição de texto alinhada (ver Dica 11). Todas as ilustrações do desenvolvimento da obra devem se enquadrar nas margens adotadas, não podendo ultrapassá-las. Caso a inclusão de um Gráfico ou outro tipo de ilustração seja indispensável para o trabalho e não possa ser reduzida aos padrões citados, ela poderá ser incluída como um Apêndice ou Anexo, ao final da obra, sem necessariamente obedecer às margens.

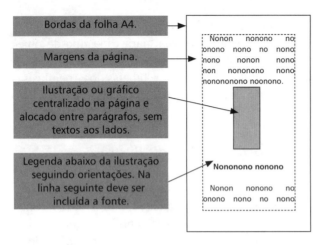

(Figura fora de escala; as linhas em preto representam as bordas de uma folha A4)

Ilustração 2 *Posição dos gráficos e ilustrações.*

Dica 11 – Posicionando os gráficos e as demais ilustrações (Microsoft Word)

Qualquer Ilustração (incluindo gráficos) inserida no texto deve ser posicionada de acordo com as orientações. Para realizar esta tarefa, o usuário deve selecionar o objeto, clicar no botão direito do *mouse* e escolher a opção **Formatar objeto**.... Na caixa de texto que irá aparecer, na pasta **Layout**, as seguintes opções devem ser observadas:

- *Disposição do texto:* alinhado (selecionar).

Após clicar **ok**, o usuário deve centralizar a ilustração. Para isso, basta selecionar o objeto juntamente com a linha abaixo dele e clicar em **Formatar** (na barra de ferramentas do Word), escolher **Parágrafo** e observar a seguinte opção:

- *Alinhamento:* centralizado (selecionar).

Após clicar **ok**, o quadro estará posicionado corretamente.

Os textos e números inseridos nos gráficos e nas ilustrações devem ser redigidos em Times New Roman tamanho 10 na cor preta e com espaçamento simples. Cores são facultativas, mas sua utilização deve ser moderada. Os demais detalhes estéticos ficam a cargo do autor, desde que a configuração seja mantida em todo o trabalho. Uma legenda correspondente ao gráfico ou demais ilustrações deve ser obrigatoriamente indicada. A legenda deve apresentar o número sequencial dentro da obra, o título e a fonte. Ela deve sempre ser alocada abaixo do objeto, seja um gráfico ou outra ilustração qualquer, e nunca pode vir separada. Seu alinhamento também é centralizado, sem recuos ou tabulações, e o espaçamento do texto é simples.

A numeração da legenda deve seguir a ordem em que os gráficos ou demais ilustrações são apresentados no texto, com sequência própria e contínua, independentemente dos títulos de partes ou das páginas da obra. Assim, temos uma numeração para quadros, uma para tabelas, uma para gráficos e uma última para as demais ilustrações. A numeração deve ser sempre precedida pela palavra *Gráfico* ou *Ilustração* através de algarismos arábicos, redigidos em Times New Roman tamanho 10, letras minúsculas e em **negrito**. Os gráficos e demais ilustrações dos Apêndices e Anexos não fazem parte da sequência do desenvolvimento do trabalho. O título da legenda vem logo depois, separado por um traço simples. O texto deve ser breve, porém explicativo, redigido na mesma formatação, indicando se possível o tipo de ilustração ou gráfico de que se trata. Para inserir uma legenda, a ferramenta do Word de elaboração de legendas deve novamente ser utilizada (ver Dica 12).

Dica 12 – Inserindo legendas de gráficos e de ilustrações (Microsoft Word)

As legendas de Gráficos e demais ilustrações devem sempre ser alocadas ABAIXO do objeto. Para inserir as legendas, no menu do Word, o usuário deve selecionar **Inserir**, apontar na opção **Referência** e, logo após, clicar em **Legenda**.... Na caixa de texto que irá aparecer, as seguintes opções devem ser observadas:

- *Legenda:* redigir o nome do Gráfico ou da Ilustração.
- *Nome:* opção "Gráfico" ou "ilustração" (selecionar de acordo com o tipo de elemento).
- *Posição:* acima do item selecionado (selecionar).

Caso não haja as opções "Gráfico" ou "Ilustração" no campo **Nome**, basta acrescentá-los clicando em **Novo nome** e digitando-os. O usuário deve então acionar o botão **ok** e colocar manualmente a fonte do gráfico ou ilustração, assim como formatar a legenda da forma pedida. Para acrescentar uma nova legenda, este procedimento deve ser repetido (exceto o novo nome). O programa se encarrega da sequência e da atualização dos números, desde que a inclusão seja sequencial.

Após a legenda propriamente dita, deve ser acrescentada a fonte original do Gráfico ou a da Ilustração, de acordo com as orientações apresentadas nas citações. Caso o próprio autor tenha elaborado o objeto, não é necessário indicar essa informação. A fonte deve ser alocada uma linha abaixo da legenda, em Times New Roman tamanho 10, mas sem negrito, com espaçamento simples e alinhamento centralizado.

Exemplos:

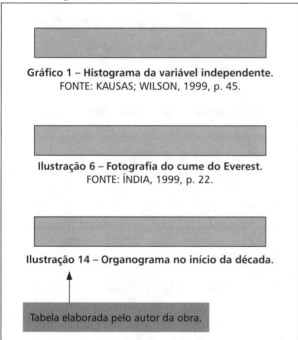

Gráfico 1 – Histograma da variável independente.
FONTE: KAUSAS; WILSON, 1999, p. 45.

Ilustração 6 – Fotografia do cume do Everest.
FONTE: ÍNDIA, 1999, p. 22.

Ilustração 14 – Organograma no início da década.

Tabela elaborada pelo autor da obra.

Ao final da inclusão de todos os gráficos e ilustrações, duas listas pré-textuais devem ser elaboradas, uma para cada tipo de objeto, de acordo com as orientações deste Capítulo. Os gráficos e outras ilustrações dos Apêndices e Anexos não devem entrar nestas listas. As equações e fórmulas são um caso muito particular de ilustração e podem ser destacadas do texto corrente através de uma caixa de texto simples. Este procedimento facilita a formatação durante a inclusão de equações importadas de outros programas, além de deixar o texto da fórmula mais organizado. As caixas de texto devem estar centralizadas na página e com disposição de texto alinhada, enquadrando-se nas margens da página, não podendo ultrapassá-las, exceto nos Apêndices e Anexos. O texto das caixas deve ser redigido com a fonte Times New Roman no tamanho 10 e na cor preta.

Exemplo:

[...] como *fica demonstrado pela equação de La Montana (ilustração 23).*

$$S(X_iY_j)^\mu = a(X_{ij})^i + (Y_{ji})^?$$

As populações *multifacetadas são muito comuns em pesquisas* [...]

8.3 Elementos Pós-Textuais

Os elementos pós-textuais são complementares à obra, e basicamente têm a finalidade de permitir o conhecimento do material de referência consultado pelo autor e de completar informações fornecidas durante o texto.

8.3.1 Referências

A listagem das referências bibliográficas e de outros tipos é um elemento obrigatório e essencial em qualquer trabalho científico, uma vez que consiste na identificação de todos os documentos utilizados para corroborar as ideias expostas no desenvolvimento da obra. O objetivo principal é possibilitar ao leitor a recuperação e consulta das fontes utilizadas e, por este motivo, é fundamental que se tome cuidado especial na sua apresentação, principalmente na uniformidade. Todas as citações efetivamente referenciadas no texto devem ter sua fonte correspondente nas Referências, seguindo os nomes dos autores ou entidades exatamente da forma como foram citadas no desenvolvimento do trabalho. As obras que somente foram consultadas, porém não mencionadas, também podem ser relacionadas de acordo com o interesse e responsabilidade do autor. No caso de artigo só devem constar das referências as fontes citadas no trabalho. Inicialmente deve ser colocado o título Referências em página própria, com letras MAIÚSCULAS, em **negrito** e alinhamento centralizado. Deixando um espaço 1,5 abaixo, todas as referências, bibliográficas ou não, devem ser apresentadas em uma lista ordenada alfabeticamente. A fonte do texto permanece a mesma do desenvolvimento (Times New Roman tamanho 12) e o espaçamento é simples entre as linhas de uma mesma referência e 1,5 entre duas delas. As referências são alinhadas somente à margem esquerda do texto, não havendo nenhum tipo de enumeração ou item. As orientações gerais para a elaboração de referências foram baseadas na NBR 6023 da ABNT, de agosto de 2002.

Autor:

Os autores devem ser indicados pelo último sobrenome, em MAIÚSCULAS, seguido dos prenomes e outros sobrenomes, por extenso. O Quadro 2 a seguir ilustra como deve ser a apresentação dos nomes de autores.

Quadro 2 *Apresentação de Nomes de Autores*

Sobrenome simples:
ARMENDES, José Roberto Silva
PATROCÍNIO, Mauro Ferreira
PICHON, Priscila Fortunato Lima

Sobrenome simples + preposição:
ASSIS, Machado de
GONZAGA, Paulo Bonfa de
ALMEIDA, Marcelo Luxemburgo de

Sobrenome composto:
CASTELO BRANCO, Maria Almeida Sá
CRUZ E SOUSA, João da Mata
GUILHERME VELHO, Murilo Fernandes

Sobrenome composto de parentesco:
CASAROTTO FILHO, Maurício Pinto
PERREAULT JR., Willian
VIEIRA SOBRINHO, Alfredo José Castro

Sobrenome composto de preposição:
VAN GAAL, Louis
DI PIETRO, Giacomo Luigi
DE LA SALLE, Gerard

Sobrenomes ligados por hífen:
ALMADA-NEGREIROS, Luis Ignácio
GOMES-MORIANA, Igor
SÁ-CARNEIRO, Andréia Oliveira

Para separar os nomes de dois autores, utiliza-se um ponto e vírgula. Para três ou mais, utiliza-se a expressão *et al*, em *itálico*, após o nome de apenas um deles. Nos casos em que o autor é um organizador ou compilador, utiliza-se a expressão (Org.) após seu nome. Se editor (Ed.); se coordenador (Coord.).

Exemplos:

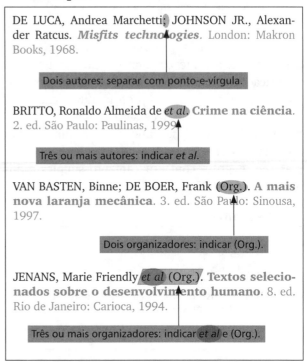

Caso duas ou mais obras subsequentes na lista de referências em uma mesma página sejam de um mesmo autor, as referências seguintes à primeira poderão ter o nome substituído por um traço sublinear equivalente a seis espaços, seguidos do ponto.

Exemplos:

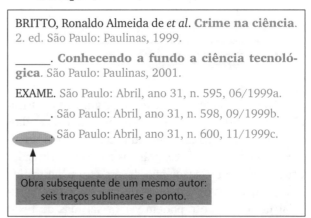

Título de livro:

O título (em **negrito**) e subtítulo (precedido pelos dois pontos e sem negrito) devem ser reproduzidos tal como figuram no documento original e sem letras maiúsculas, exceto a primeira letra e os nomes próprios. Caso a obra consultada seja em idioma estrangeiro, tanto o título quanto o subtítulo devem ser apresentados em *itálico*.

Exemplos:

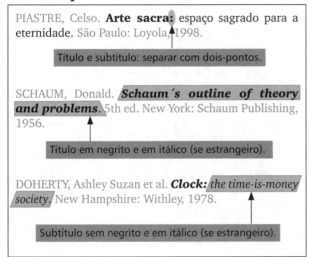

Edição:

A edição deve ser indicada com as abreviaturas dos números ordinais e da palavra *edição*, ambas redigidas no idioma do documento. Caso seja a primeira edição da obra, não se deve indicar este elemento na referência.

Exemplos:

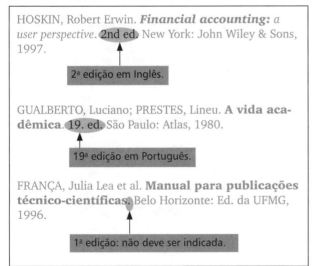

O Quadro 3, a seguir, indica os principais números de edição nos idiomas mais utilizados.

Quadro 3 *Números de Edições*

Português	Espanhol	Inglês	Francês
–	–	–	–
2. ed.	2. ed.	2nd ed.	2ème ed.
3. ed.	3. ed.	3rd ed.	3ème ed.
4. ed.	4. ed.	4th ed.	4ème ed.
5. ed.	5. ed.	5th ed.	5ème ed.
6. ed.	6. ed.	6th ed.	6ème ed.
7. ed.	7. ed.	7th ed.	7ème ed.
8. ed.	8. ed.	8th ed.	8ème ed.
9. ed.	9. ed.	9th ed.	9ème ed.
10. ed.	10. ed.	10th ed.	10ème ed.

Local:

O nome do local (cidade) da publicação deve ser indicado tal como figura no documento, sendo que, no caso de homônimos de cidades, acrescenta-se o nome do estado e/ou do país. Caso o local não apareça no documento, mas possa ser facilmente identificado, registra-se a cidade entre colchetes. Se não for possível determinar o local, deve ser incluída a expressão [S.l.], que significa sem local (*sine loco*).

Exemplos:

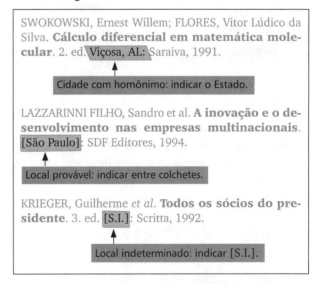

Editora:

O nome da editora deve ser indicado tal como figura no documento, abreviando-se os prenomes e suprimindo-se palavras que designam a natureza jurídica ou comercial, desde que sejam dispensáveis para identificação. Quando houver mais de duas editoras, deve se indicar a que aparece em maior destaque na página de rosto. Quando a editora também é responsável pela autoria e já foi mencionada, não deve ser indicada novamente. Quando a editora não é identificada, deve-se registrar a expressão *sine nomine*, abreviada entre colchetes [s.n.], e quando nem o local, nem a editora puderem ser identificados, utiliza-se [S.l.: s.n.].

Exemplos:

ADGHLIAN, Jacob. **Lógica e álgebra de Boole**. 4. ed. São Paulo: Atlas, 1995.

Editora em Português.

LEONARDSSEN, Carl Farhlander. **Meeting God in Heaven:** *teology for non academics*. Dublin: J. H. Wilkinson, 1985.

Editora em Inglês.

UNIVERSIDADE FEDERAL DE VIÇOSA. **Catálogo de graduação:** 1994-1995. Viçosa, MG, 1994.

Autor e editora iguais: não deve ser indicada novamente.

FRANCO, Ivan. **Discursos:** de outubro de 1992 a agosto de 1993. Brasília, DF: [s.n.], 1993.

Editora indeterminada: indicar [s.n.].

GONÇALVES, Fábio Birringielle. **A história de Mirador.** [S.l.: s.n.], 1993.

Local e editora indeterminados: indicar [S.l.: s.n.].

Data:

A data de publicação deve ser indicada em algarismos arábicos. Por se tratar de elemento essencial para a referência, uma data sempre deve ser indicada, seja a de publicação, a de impressão, a de *copyright* ou outra indicada. Se nenhuma dessas datas puder ser determinada, registra-se uma data aproximada entre colchetes, de acordo com o Quadro 4:

Quadro 4 *Indicação de Datas*

Data certa e indicada:	1994
Data certa, mas não indicada:	[1973]
Data provável:	[1969?]
Um ano ou outro:	[1971 ou 1972]
Data aproximada:	[ca. 1960]
Intervalo certo (até 20 anos):	[entre 1906 e 1912]
Década certa:	[197-]
Década provável:	[197-?]
Século certo:	[18--]
Século provável:	[18--?]

Nos casos de **periódicos**, eventos e outras formas onde seja necessário indicar a data e a frequência de publicação, devem ser utilizados os formatos descritos no Quadro 5:

Quadro 5 *Indicação da Frequência de Publicação*

Diário:	01/01/1999
Entre dias:	04-09/09/1997
Semanal:	07-21/05/2003
Quinzenal:	09-24/12/1964
Entre dias de diferentes meses:	31/01-06/02/1986
Mensal:	06/1978 ou Jun. 1978
Bimestral:	07-08/1945 ou Jul./Ago. 1945
Trimestral:	07-09/2000 ou Jul./Set. 2000
Quadrimestral:	01-04/1971 ou Jan./Abr. 1971
Estações do ano:	primavera 1988 (no idioma original)
Semestral:	07-12/2003 ou 2. sem. 2003

Exemplos:

DUMBLETON, John Hugues. **Management of high technology research and develpoment**. Amsterdan: Elsevier, 1986.

Data certa e indicada.

FLORENZANO, Everton. **Dicionário de ideias semelhantes**. Rio de Janeiro: Ediouro, [1993].

Data certa, mas não indicada: indicar ano entre colchetes.

MANKIW, David Letterman. *The controversy in politics*. **Harvard Politics Review**. Boston, v. 24, n. 2, spring 1994.

Periódico: indicar data e frequência de publicação.

FIGUEREDO, Ernesto. Antilhas e Canadá: línguas populares, oralidade e literatura. **Gratoatária**. Sorocaba, n.1, 1. sem. 1998.

Periódico: indicar data e frequência de publicação.

8.3.1.1 Monografias

Todos os livros, manuais, guias, catálogos (ou *folders*), enciclopédias (ou almanaques), dicionários e trabalhos acadêmicos como dissertações e teses são consideradas monografias e podem ser referenciados por inteiro, somente em partes, ou através de meio eletrônico.

Monografia por inteiro:

Para os casos em que as monografias são utilizadas por completo, ou seja, em que a referência não é apenas um capítulo ou parte integrante da obra original, mas sim ela como um todo, deve-se atentar para o seguinte formato básico:

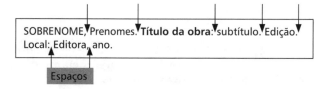

Dentro deste modelo básico, algumas variações podem ser observadas e merecem cuidados especiais.

a) **Quando há apenas um autor:**

Exemplos:

NEPOMUCENO, Fernando. **Planejamento dos históricos contábeis.** 3. ed. São Paulo: Rochester, 1976.

WILLIANSON, Philip Seymour. **Global trends:** the mass marketing. London: McArthy, 1950.

b) **Quando há dois autores:** os nomes devem ser separados por ponto e vírgula.

Exemplos:

SÁ, Ana Maria; LIMA, Alberto Murato Lopes de. **Análise de demonstrações contábeis gerais:** pequenas e médias empresas. São Paulo: Atlas, 1980.

PRICE, Jonathan Geoffrey; MC DOWELL, Malcom. **Walking on the dark side of the moon.** 2nd ed. New York: Royal, 1995.

c) **Quando há mais de três autores:** o nome de apenas um deles deve ser redigido, seguindo da expressão *et al* em itálico.

Exemplos:

IUDÍCIBUS, Sérgio de *et al.* **Contabilidade introdutória.** 5. ed. São Paulo: Atlas, 1986.

CHIRAC, Jacques *et al.* **C´est la vie.** 3e ed. Paris: L´Arc, 1995.

d) **Quando há um organizador (ou compilador) de uma coletânea de vários autores:** o nome deve ser indicado seguido da expressão (Org.).

Exemplos:

COSTAL, Ana Maria Vaz (Org.). **Centralização da educação: coordenação e financiamento.** São Paulo: FUNPAD, 1997.

GONZALEZ, Armando (Org.). *La sociedad y la riqueza:* el inicio de una nueva era. 2. ed. Santa Fé de Bogotá: Ediciones del Prado, 1993.

Outros tipos de responsabilidades (tradutor, revisor etc.) podem ser acrescentados após o título, conforme aparecem no documento.

e) **Quando há dois organizadores (ou compiladores) de uma coletânea de vários autores:** os nomes devem ser separados por ponto e vírgula e, na sequência, a expressão (Org.).

Exemplos:

GOUVEA, Luiz Alberto; BARROS, Maria Souza (Org.). **Estudo crítico da educação no município de São Paulo.** São Paulo: Nacional, 1985.

ROBERTSON, Hugh; DEVILLE, Roger (Org.). **Institucional marketing:** *the future of the organizations.* 4th ed. Chicago: Makron Books, 1995.

f) **Quando há três ou mais organizadores (ou compiladores) de uma coletânea de vários autores:** o nome de apenas um deles deve ser indicado, seguindo da expressão *et al* em itálico e, na sequência, a expressão (Org.).

Exemplos:

SCARLATO JÚNIOR, Gilberto Cunha *et al* (Org.). **Globalização e espaço latino-americano.** São Paulo: Hucitec, 1993.

JANSSENS, Melissa *et al* (Org.). **Assets Management.** New York: St. Martin´s Press, 1995.

g) **Quando o autor é uma entidade, sociedade, organização, universidade etc.:** O nome deve ser indicado por extenso, seguido da sigla ou abreviatura (se houver), sempre de acordo com as citações correspondentes. Caso a própria entidade publique o trabalho, não é necessário indicar a editora.

Exemplos:

INSTITUTO BRASILEIRO DE GEOGRAFIA E ESTATÍSTICA – IBGE. **Normas de apresentação tabular.** 2. ed. Rio de Janeiro, 1999.

AMERICAN FINANCE ASSOCIATION. *The new frontiers of finance.* New York: Mc Donaldson, 1965.

UNIVERSIDADE DE SÃO PAULO – USP. **Normas da comissão de pós-graduação.** 5. ed. São Paulo, 2002.

h) **Quando o autor é um órgão governamental (como ministérios, secretarias, prefeituras etc.) ou tem uma denominação genérica:** o nome deve ser precedido pelo órgão superior ou pela jurisdição geográfica à qual pertence, sempre de acordo com as citações correspondentes. Caso a própria entidade publique o trabalho, não é necessário indicar a editora.

Exemplos:

SÃO PAULO (Estado). Secretaria do Meio Ambiente. **Diretrizes para a política ambiental do Estado de São Paulo.** São Paulo, 1993.

BRASIL. Ministério da Justiça. **O poder judiciário no Brasil.** 3. ed. Brasília, 2001.

UNITED STATES OF AMERICA. Federal Reserve. *The two decades of money in the USA.* Fort Knox, 1991.

i) **Quando há duas ou mais obras do(s) mesmo(s) autor(es) com anos iguais:** seguindo a ordem alfabética do título, uma letra minúscula (a, b, c, ...) deve ser acrescentada ao ano de publicação.

Exemplos:

WILLIANSON, David; ROBERTSON, Richard. **Controle de estoques.** 5. ed. São Paulo: Atlas, 1986a.

WILLIANSON, David; ROBERTSON, Richard. *Just in time.* 2nd ed. Stockholm: Kungsgatan, 1986b.

> Obras de autores e de ano iguais: indicar letra de acordo com ordem alfabética do título.

UNIVERSIDADE DE SÃO PAULO. Fundação para o Vestibular. **FUVEST 2004:** escolhendo uma carreira de sucesso. São Paulo, 1999a.

UNIVERSIDADE DE SÃO PAULO. Faculdade de Economia, Administração e Contabilidade. **Gerenciamento em repartições públicas.** São Paulo, 1999b.

UNIVERSIDADE DE SÃO PAULO. Escola Politécnica. **O perfil do aluno da Poli.** São Paulo, 1999c.

> Obras de autores e ano iguais: indicar letra de acordo com ordem alfabética do título.

j) **Quando o autor não pode ser identificado:** a primeira palavra do título, sem contar artigos ou preposições, deve ser redigida em MAIÚSCULAS.

Exemplos:

A VIDA de um navegador. Rio de Janeiro: Ilumina, 1901.

ART for its own sake. Chicago: Nonpareil, 1910.

k) **Quando a monografia é parte integrante de uma coleção de várias obras:** o nome da coleção e o número do livro devem ser indicados após o ano e entre parênteses.

Exemplos:

MARX, Karl. **Manuscritos econômico-filosóficos e outros textos escolhidos.** 2. ed. São Paulo: Abril Cultural, 1978. (Os Pensadores, 6).

UNIVERSIDADE FEDERAL DO PARANÁ – UFPR. Instituto Paranaense de Desenvolvimento Econômico e Social. **Redação e editoração.** Curitiba, 2000. (Normas para a apresentação de documentos científicos, 8).

l) **Quando há uma citação de citação no texto:** as duas obras distintas devem ser incluídas nas referências, seguindo a ordem alfabética de autor:

(1) uma correspondente ao documento efetivamente consultado;

(2) outra correspondente ao documento não consultado, seguido da expressão *apud* (citado por) e pela obra efetivamente consultada.

Exemplos:

SÃO PAULO (Prefeitura). Secretaria dos Transportes. **Estudo topográfico da cidade de São Paulo para a implantação do sistema de trolebus integrado**. São Paulo, 1970 apud ZULEIKA, Miriam Hipólito. **O sistema de transporte como medida de desenvolvimento humano**. São Paulo, 1988. Dissertação (Mestrado em Administração) – Programa de Pós-Graduação em Administração, Departamento de Administração, Faculdade de Economia, Administração e Contabilidade da Universidade de São Paulo.

Documento não consultado, *apud*, documento consultado.

ZULEIKA, Miriam Hipólito. **O sistema de transporte como medida de desenvolvimento humano**. São Paulo, 1988. Dissertação (Mestrado em Administração) – Programa de Pós-Graduação em Administração, Departamento de Administração, Faculdade de Economia, Administração e Contabilidade da Universidade de São Paulo.

Documento efetivamente consultado.

FILLOL, Josep Arcarons. **La institución del socialismo**. Barcelona: Ramblas, 1919.

Documento efetivamente consultado.

NIUBO, Lluis. **Desde el mercantilismo hasta hoy**. Barcelona: Quique Gasch, 1902 apud FILLOL, Josep Arcarons. **La institución del socialismo**. Barcelona: Ramblas, 1919.

Documento não consultado, *apud*, documento consultado.

Partes de Monografia:

Em outros casos, ao invés de utilizar toda a monografia, apenas determinadas partes deste tipo de fonte bibliográfica são consultadas (capítulos, trechos, fragmentos e outras seleções específicas de uma obra). De forma geral, as regras de aplicação são as mesmas que as das monografias como um todo, ou seja, quando há um autor, quando há um organizador etc. Porém, para estes casos específicos de partes de monografia deve ser observado o seguinte formato básico:

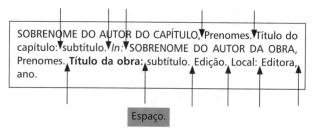

Este formato deve ser utilizado em três ocasiões:

a) **Quando o autor do capítulo selecionado é diferente do autor da obra:** o(s) nome(s) do(s) autor(es) do capítulo e o título (sem negrito) devem ser indicados inicialmente, seguidos da expressão *In* em *itálico* e dos dados da obra onde foi extraída tal parte.

Exemplos:

RIOS, Miriam; BONIFÁCIO, José Alberto. Dez formas práticas para acertar as contas. *In:* MANUELE, José Antonio et al. **Aprenda a controlar suas finanças particulares**. 3. ed. São Paulo: Rochester, 1976.

SAMIR, Johnny River. *Learning to manage human resources*. *In:* ARCARONS, Lluis; SAMIR, Johnny River. **Human resources management:** the next step towards humanization. Los Angeles: New Line, 2001.

b) **Quando o capítulo faz parte de uma coletânea:** o(s) nome(s) do(s) autor(es) do capítulo e o título (sem negrito) devem ser indicados inicialmente, seguidos da expressão *In* em *itálico* e dos dados da obra onde foi extraída tal parte, devendo-se acrescentar a expressão (Org.) para indicar o(s) compilador(es).

Exemplos:

ROMANOSKI, Igor Luizion. O limiar da cultura. *In:* ARLINGTON, Albert Duvall (Org.). **A cultura e as sete artes**. 5. ed. Rio de Janeiro: Icarus, 1977.

AMERICAN PUBLICITY ASSOCIATION. *The line between publicity and advertisement*. *In:* SCHUMANN, Lätteur et al (Org.). **Advertisement**. 2nd ed. Hamburg: Die Siemiens, 1957.

c) **Quando o capítulo é do mesmo autor da obra:** seu nome não deve ser repetido, e deve ser substituído por linha de 1,5 cm (ou 6 espaços marcados com traço inferior).

Exemplos:

> ROTH, David Lee et al. Administração de informática: o conceito. *In:* _____. **Autores consagrados escrevem sobre a administração da informática**. Porto Alegre: Fronteyra, 1999.
>
> PARKER, Robert Allan. *Capitalists societies and their money*. *In:* _____. **Capitalism:** friend or foe. 4th ed. Chicago: Brown Brothers, 1980.

Monografia em meio eletrônico:

Para as monografias ou partes de monografias obtidas em meio legível por computador, deve-se obedecer aos mesmos formatos recomendados anteriormente, acrescidos das informações sobre descrição física do meio: disquete, CD-ROM, Internet. No caso específico desta última, as informações sobre o endereço eletrônico e a data de acesso do documento também devem ser indicadas. Como a Internet é um meio muito volátil, aconselha-se não referenciar material eletrônico de curta duração nas redes.

a) **Quando a monografia for retirada de CD-ROM:** após os dados da referência, deve ser acrescentada a expressão CD-ROM.

Exemplos:

> VAN GARSCHAGEN, Donaldson Mattlew. **Nova Barsa CD**. Rio de Janeiro: Encyclopaedia Britannica do Brasil, 1998. CD-ROM.
>
> ↑ Monografia por inteiro em CD-ROM.
>
> AMERICAN FINANCE ASSOCIATION. **The new frontiers of finance**. New York: Mc Donaldson, 1965. CD-ROM.
>
> ↑ Monografia por inteiro em CD-ROM.
>
> PARKER, Robert Allan. *Capitalists societies and their money*. *In:* ATKINSON, Joshua Elliot. **Capitalism:** friend or foe. 5th ed. Chicago: Brown Brothers, 1980. CD-ROM.
>
> ↑ Parte de monografia (capítulo diferente do autor da obra) em CD-ROM.

b) **Quando a monografia for retirada da Internet:** após os dados da referência, devem ser apresentados o endereço eletrônico entre os sinais menor e maior (precedido da expressão Disponível em:) e a data de acesso ao documento (precedido da expressão Acesso em:).

Exemplos:

> FUNDAÇÃO GETULIO VARGAS. Escola de Administração de Empresas de São Paulo. **Manual de orientação para crescimento da receita própria municipal**. São Paulo, 2000. Disponível em: <http://www.fgvsp.br/academico/Manual.doc>. Acesso em: 12/02/2001.
>
> ↑ Monografia por inteiro na Internet.
>
> PAKULA, Ingrid Schalfen et al. **Management as a management toll**. Washington, DC: Mc Donaldson & Wilson, 1999. Disponível em: <http://www.mpapers.org/academic/ingrid/tool.doc>. Acesso em: 07/07/2002.
>
> ↑ Monografia por inteiro na Internet.
>
> DICKINSON, Bruce; HARRIS, Steve. The major players of the market. *In:* SAMMET, Tobias et al (Org.). **Principles of economics applied to the music industry**. Berlin: Avantasia, 2001. Disponível em: <http://www.tobias sammet.net/books/principles/dickinson_and_harris.pdf>. Acesso em: 02/11/2002.
>
> ↑ Parte de monografia (capítulo de coletânea) na Internet.
>
> SÃO PAULO (Estado). Secretaria do Meio Ambiente. Tratados e organizações ambientais em matéria de meio ambiente. *In:* _____. **Entendendo o meio ambiente**. São Paulo, 1999. Disponível em: <http:///www.bdt.org.br/sma/entendendo/atual.html>. Acesso em: 08/06/1999.
>
> ↑ Parte de monografia (capítulo do mesmo autor da obra) na Internet.

A seguir são mostrados exemplos de monografias específicas.

a) **Dicionários**

Exemplos:

> HOUAISS, Antônio. **Novo dicionário Folha Webster´s:** inglês/português, português/inglês. São Paulo: Folha da Manhã, 1996.
>
> FERREIRA, Aurélio Buarque de Hollanda. **Pequeno dicionário brasileiro da língua portuguesa**. 10. ed. Rio de Janeiro: Civilização Brasileira, 1963.
>
> **THE AMERICAN heritage dictionary of England language**. 3rd ed. Boston: Houghton Miffin, 1992.

b) Dissertações e teses
Exemplos:

HULLINGS, Stephen George. **Contabilidade e responsabilidade fiscal**. São Paulo, 1997. Dissertação (Mestrado em Ciências Contabéis) – Programa de Pós-Graduação em Ciências Contabéis, Departamento de Contabilidade e Atuária, Faculdade de Economia, Administração e Contabilidade da Universidade de São Paulo.

OLIVEIRA NETO, Marcio Santos. **Análise microeconômica das cooperativas produtoras de leite no interior do Estado de São Paulo**. São Paulo, 1988. Tese (Doutorado em Economia) – Programa de Pós-Graduação em Economia, Faculdade de Economia, Administração e Contabilidade da Universidade de São Paulo.

RIBEIRO, Ricardo Luiz Mendes. **Crescimento e distribuição de renda**. São Paulo, 1994. Dissertação (Mestrado em Economia e Finanças Públicas) – Escola de Administração de Empresas de São Paulo, Fundação Getulio Vargas.

BARCELOS, Marcello Buarque. **Ensaio tecnológico da colheita de soja transgênica**. Campinas, 1998. Tese (Doutorado em Nutrição) – Faculdade de Engenharia de Alimentos, Universidade Estadual de Campinas.

c) Manuais
Exemplos:

SÃO PAULO (Estado). Secretaria do Meio Ambiente. Coordenadoria de Planejamento Ambiental. **Estudo de impacto ambiental – EIA, Relatório de impacto ambiental – RIMA:** manual de orientação. São Paulo, 1989. CD-ROM.

SÃO PAULO (Estado). Secretaria de Esportes e Turismo. Coordenadoria de Turismo. **Turismo no código de defesa do consumidor:** manual de esclarecimentos. São Paulo, 1991.

INSTITUTO BRASILEIRO DE INFORMAÇÃO EM CIÊNCIA E TECNOLOGIA – IBICT. **Manual de normas de editoração do IBICT**. 2. ed. Brasília, DF, 1993. Disponível em: <http://www.ibict.org.br/manuais/editoracao.doc>. Acesso em: 21/02/2000.

d) Catálogos, álbuns e *folders*
Exemplos:

MUSEU DA IMIGRAÇÃO (São Paulo). **Museu da Imigração – São Paulo:** catálogo. São Paulo, 1997.

PINACOTECA DO ESTADO DE SÃO PAULO. **Almeida Júnior:** um artista revisado: de 25 de janeiro a 16 de março de 2000 – catálogo. São Paulo, 2000.

INSTITUTO MOREIRA SALLES. **São Paulo de Vincenzo Pastore:** fotografias: de 26 de abril a 3 de agosto de 1997, Casa da Cultura de Poços de Caldas, Poços de Caldas, MG. [S.l.], 1997.

FUNDACIÓN JUAN MARCH. *Goya: gravuras: de 16 de octubre a 29 de noviembre de 1998 – folder*. Havana, 1998.

e) Enciclopédias e almanaques
Exemplos:

ENCYCLOPEDIA BRITANNICA DO BRASIL. **Enciclopédia Mirador Internacional**. São Paulo, 1987. (Enciclopédia Mirador Internacional, 2).

VAN GARSCHAGEN, Donaldson Mattlew. **Nova Barsa CD**. Rio de Janeiro: Encyclopaedia Britannica do Brasil, 1998. CD-ROM.

TORELLY FILHO, Milton. **Almanaque para 1949:** primeiro semestre ou Almanaque d´A Manhã. 3. ed. São Paulo: Studioma: Arquivo do Estado, 1991. (Almanaques do Barão Itararé, 4).

ALMANAQUE Abril 97. São Paulo: Abril, 1997.

8.3.1.2 Periódicos

Publicações periódicas são os jornais, revistas, boletins, *journals* e outros que tenham frequência periódica de publicação e que apresentem artigos científicos, editoriais, matérias jornalísticas ou reportagens e seções. Assim como ocorre com as monografias, as diferentes variações de periódicos podem ser consultadas por inteiro, somente em partes ou através de meio eletrônico. Apesar das especificações de cada uma dessas vias de consulta, há uma característica importante que vale igualmente para as três: a frequência de publicação. É fundamental que se apresentem informações identificando este elemento no documento consultado, ou seja, dados como o ano, volume, número e edição (ver Quadro 5).

Exemplos:

> **DINHEIRO:** revista semanal de negócios. São Paulo: Ed. Três, n. 148, 21-28/06/2000.
>
> *Periódico por inteiro: indicar frequência (e/ou número) e data.*
>
> **OXFORD Medical Journal:** *total quality in medicine.* Oxford: Atkinsons Brothers, n. 653, 05/1989.
>
> *Periódico por inteiro: indicar frequência (e/ou número) e data.*
>
> LETHBRIDGE, Tiago. Quase não sobra nada. **Veja**. São Paulo: Abril, ed. 1816, ano 36, n. 33, 20/08/2003.
>
> *Periódico por inteiro: indicar frequência (e/ou número) e data.*

Além disso, em muitas situações o próprio jornal ou revista é o responsável pela editoração e publicação. Nestes casos, assim como ocorre com as monografias, não é necessário repetir o nome da editora após o local.

Exemplo:

> STEELE, Leroy Warren. Selecting R&D programs and objectives. **Research and Technology Management.** [S.l.], v. 31, 03-04/1988.
>
> *Revista e editora iguais: não deve ser indicada novamente.*

A seguir estão descritas as regras para cada uma das vias de consulta a periódicos:

Periódico por inteiro:

Quando os periódicos são utilizados por completo, isto é, quando uma revista, boletim ou jornal é consultado por inteiro, o título do periódico deve estar todo em **negrito** e sua primeira palavra deve ser redigida em MAIÚSCULAS:

Exemplos:

> **DINHEIRO:** revista semanal de negócios. São Paulo: Ed. Três, n. 148, 21-28/06/2000.
>
> **CONJUNTURA Econômica:** As 500 maiores empresas do Brasil. Rio de Janeiro: FGV, v. 38, n. 9, 1984.
>
> **OXFORD Medical Journal:** *total quality in medicine.* Oxford: Atkinsons Brothers, n. 653, 05/1989.
>
> **O ESTADO de S. Paulo.** São Paulo, ano 124, n. 40151, 22/09/2003.
>
> **REVISTA Brasileira de Geografia**. Rio de Janeiro: IBGE, n. 285, 12/1999.

Quando há dois ou mais periódicos com o mesmo nome e com o mesmo ano, uma letra minúscula (a, b, c, ...) deve ser acrescentada ao ano de publicação, seguindo a ordem alfabética do título (se houver) ou, em segundo caso, seguindo a ordem crescente de data de publicação ou de edição.

Exemplos:

> **MIT Science Journal:** *analyzing statistical packages.* Boston, n. 11, 06-09/2001a.
>
> **MIT Science Journal:** *computers: are they here to help us?* Boston, n. 12, 10-12/2001b.
>
> *Revistas de anos iguais: indicar letra de acordo com ordem alfabética do título.*
>
> **EXAME.** São Paulo: Abril, ano 31, n. 595, 06/1999a.
>
> **EXAME.** São Paulo: Abril, ano 31, n. 598, 09/1999b.
>
> *Revistas de anos iguais: indicar letra de acordo com ordem crescente de data de publicação.*

Partes de periódicos – artigos:

A forma mais convencional de referenciar periódicos é através de seus artigos, ensaios, editoriais, entrevistas, reportagens, seções, entre muitos outros. O formato básico é o seguinte:

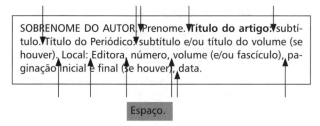

Dentro deste modelo básico algumas variações podem ser observadas e merecem cuidados especiais.

a) **Quando há apenas um autor:**

Exemplos:

DRUCKER, Peter Ferdinand. *The new productivity challenge*. **Johnson Business Review.** Brooklin: St. Johnson, v. 69, n. 6, p. 23-32, 11/12/1991.

WATANABE, Marta. Aumenta uso de incentivo ao terceiro setor. **Gazeta Mercantil**. São Paulo, n. 12342, p. B7, 14/01/2000.

KALETSKY, Anatole. O voto sueco muda tudo. **O Estado de S. Paulo**. São Paulo, ano 124, n. 40151, p. A15, 22/09/2003.

b) **Quando há dois autores:** os nomes devem ser separados por ponto-e-vírgula.

Exemplos:

SOARES, Ludmila; ALVES, Roberto Pinto. Controle de custos na indústria agropecuária. **Exame**. São Paulo: Abril, ed. 924, ano 16, n. 12, p. 24, 11/02/2000.

MACEDO, Flávio; MELLO, Fausto. Nilmário acha "infeliz" crítica de Lafer. **O Estado de S. Paulo**. São Paulo, ano 124, n. 40151, p. A5, 22/09/2003.

MCGRATH, Michael E.; HOOLE, Richard W. *Manufacturing's new economies of scale*. **Harvard Business Review**. Boston, v. 70, n. 3, p. 105-120, 05-06/1992.

c) **Quando há três ou mais autores:** o nome de apenas um deles deve ser redigido, seguindo da expressão *et al.* em itálico.

Exemplos:

MEIRA, Paulo Marcelo Campos *et al.* Agentes exclusivos e escritórios no exterior: da decisão à implantação – a experiência da indústria brasileira de calçados. **Revista de Administração de Empresas – RAE**. Rio de Janeiro: v. 23, n. 4, p. 58-69, 10-12/1983.

ALMEIDA, Fernando Silva de *et al.* Moeda única. **Economia mundial**. Curitiba: Nova Esperança, ano 6, n. 54, 11/1995.

d) **Quando o autor não pode ser identificado ou quando o artigo é um editorial:** a primeira palavra do título da obra deve ser redigida em MAIÚSCULAS.

Exemplos:

SURGIMENTO e expansão dos cursos de administração no Brasil 1952-1983. **Ciência e Cultura**. São Paulo: Globo, v. 11, n. 7, p. 15-21, 07/1989.

A EMPRESA Souza Cruz consolida preferência nacional. **Jornal do Brasil**. Rio de Janeiro, n. 21332, p. C12, 15/12/1999.

e) **Quando o artigo se encontra em caderno especial:** o caderno (ou publicação especial) deve ser indicado após a referência do periódico. Não é necessário indicar cadernos convencionais, tais como internacional, nacional ou economia; nestes casos deve-se indicar apenas a página.

Exemplos:

LULA perde votos no interior. **Folha de S. Paulo**. São Paulo, p. E2, 20/08/1998. Especial Eleições.

MATHIAS, Antonio David; TANABE, Hiroshi Miashiro. O Buraco na camada de ozônio. **Revista Atmosfera Brasil**. São Paulo, v. 4, n. 2, 07/1997. Edição Especial.

f) **Quando há dois ou mais artigos do(s) mesmo(s) autor(es) com anos iguais:** uma letra minúscula (a, b, c, ...) deve ser acrescentada ao ano de publicação, sempre seguindo a ordem alfabética do título (se houver) ou, em segundo caso, seguindo a ordem crescente de data (mês) de publicação ou de edição.

Exemplos:

> BUENO, Debora; GOLDSTEIN, Joshua. Ataque fundamentalista esquenta o pacto entre facções. **O Estado de S. Paulo**. São Paulo, ano 115, n. 31559, p. A14, 22/08/1992a.
>
> BUENO, Debora; GOLDSTEIN, Joshua. Continuam as ofensivas palestinas. **O Estado de S. Paulo**. São Paulo, ano 115, n. 31498, p. A13, 17/01/1992b.
>
> BUENO, Debora; GOLDSTEIN, Joshua. Crise em Israel se intensifica. **O Estado de S. Paulo**. São Paulo, ano 115, n. 31501, p. A14, 21/01/1992c.
>
> *Artigos de autores e de anos iguais: indicar letra de acordo com ordem alfabética do título.*

Periódicos em meios eletrônicos:

Para os periódicos ou artigos de periódicos obtidos em meio legível por computador, deve-se obedecer aos mesmos formatos recomendados anteriormente, acrescidos das informações sobre descrição física do meio: disquete, CD-ROM, banco de dados, Internet. No caso específico desta última, as informações sobre o endereço eletrônico e a data de acesso do documento também devem ser indicadas.

a) **Quando o periódico for retirado de CD-ROM ou banco de dados:** após os dados da referência, deve ser acrescentada a expressão CD-ROM ou o banco de dados onde foi encontrado o periódico.

Exemplos:

> CONJUNTURA ECONÔMICA. Rio de Janeiro: FGV, v. 87, n. 2, 1999. CD-ROM.
>
> *Periódico por inteiro em CD-ROM.*
>
> JACKSON, Terence Sammuel. Ensino virtual desperta novo nicho de lucro. **CD-ROM Folha:** edição 2000. São Paulo, p. D4, 31/12/1999. CD-ROM.
>
> *Periódico de periódico em CD-ROM.*
>
> STENZEL, Paulette Louis. Can the ISO 14000 series environmental management standards provide a viable alternative to government regulation? **American Business Law Journal**. [S.l.], v. 37, n. 2, Winter 2000. Proquest ABI/Inform (R) Global 01-05/2000.
>
> *Artigo de periódico em banco de dados.*

b) **Quando o periódico for retirado da Internet:** após os dados da referência, devem ser apresentados o endereço eletrônico entre os sinais menor e maior (precedido da expressão Disponível em:) e a data de acesso ao documento (precedido da expressão Acesso em:).

Exemplos:

> DANTAS FILHO, Fernando. Crescimento interno é maior desafio para o BC. **O Estado de S. Paulo**. São Paulo, ano 122, n. 38972, p. B3, 12/02/2001. Disponível em: <http://www.estado.estado.com.br/>. Acesso em: 12/02/2001.
>
> *Artigo de periódico na Internet.*
>
> ARRANJO tributário. **Diário do Nordeste Online**. Fortaleza: Ed. Fortal, n. 12856, p. N12, 7/11/1998. Disponível em: <http://www.diariodonordeste.com.br>. Acesso em: 28/11/1998.
>
> *Artigo de periódico na Internet.*
>
> KELLY, Roy Mort. *Eletronic publishing at APS: it´s not just online journalism*. **APS News Online**. Los Angeles, 11/1996. Disponível em: <http://www.aps.org/apsnews/1196/11965.html>. Acesso em: 25/11/1998.
>
> *Artigo de periódico na Internet.*
>
> JACOBSON, John Westwood et al. *A history of facilitated communication: science, pseudoscience, and antiscience: science working group on facilitated communication*. **American Psychologist**. [S.l.], v. 50, [1996]. Disponível em: <http://www.apa.org/jounals/jacobson.html>. Acesso em: 25/10/1996.
>
> *Artigo de periódico na Internet.*

Mais exemplos de referências a periódicos:

a) **Revistas**

Exemplos:

> ORTEGA, Cristina et al. Análise dos periódicos brasileiros de educação. **Revista Brasileira de Estudos Pedagógicos**. Brasília, v. 79, n. 183, p. 161-168, set./dez. 1999.
>
> AZEVEDO, Paulo Furquim de; SILVA, Vivian Lara dos Santos. Franquias de alimentos e coordenação de cadeias agroindustriais: uma análise empírica. **RAUSP**. São Paulo, v. 37, n. 1, p. 51-62, jan./mar. 2002.
>
> RAPPAPORT, Albert. *New thinking on how to link executive paywith performance*. **Harvard Business Review.** Boston, p. 91-101, mar./apr. 1999.

b) **Jornais**

Exemplos:

LANCE pago pelo Santander eleva preço dos bancos. **Gazeta Mercantil**. São Paulo, p. B1, 01/12/2000.

NICOLSKY, Ronald. **Inovação em ciência e tecnológica**. Jornal do Brasil. Rio de Janeiro, p. C2, 13/01/1999.

NAVES, P. Lagos andinos dão banho de beleza. **Folha de São Paulo**, São Paulo, 28 jun. 1999. Folha turismo, caderno 8, p.13.

c) **Journals**

Exemplos:

JENSEN, Matthew Chevalier; MECKLING, Willian Highbury. *Theory of the firm: managerial behavior, agency cost and ownership structure*. **Journal of Financial Economics**. [S.l.], oct. 1976.

EVANS, Johnson; ARCHER, Sullivan. *Diversification and the reduction of dispersion: an empirical analysis*. **Journal of Finance**. [S.l.], v. 23, n. 5, p. 761-767, dez. 1994.

AOKI, Matsui. *Toward an economic model of the Japanese firm*. **Journal of Economic Literature**. [S.l.], v. 28, p. 1-27, mar. 1990.

8.3.1.3 Eventos

Entendem-se por eventos todos aqueles documentos que foram retirados de apresentações ou de resumos finais (atas, anais, resultados, *proceedings*, entre outros) de congressos, encontros, simpósios e demais eventos científicos.

Eventos por inteiro:

Quando todo o evento é utilizado como referência, ou seja, todos os trabalhos de um encontro ou de um congresso são consultados, deve-se aplicar o seguinte formato básico:

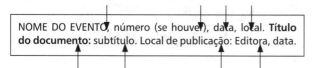

NOME DO EVENTO, número (se houver), data, local. **Título do documento**: subtítulo. Local de publicação: Editora, data.

Como em muitos congressos o título do documento é a repetição do nome do evento, precedido de anais, *proceedings* e outros, não é necessário repetir o nome do evento. Em vez do nome, devem ser colocadas reticências.

Exemplos:

ENCONTRO ANUAL DA ASSOCIAÇÃO NACIONAL DE PÓS-GRADUAÇÃO EM ADMINISTRAÇÃO – ENANPAD, 20., 1996, Angra dos Reis. **Anais...** Angra dos Reis: ANPAD, 1996.

IUFOST INTERNACIONAL SYMPOSIUM ON CHEMICAL CHANGES DURING FOOD PROCESSING, 1984, Valencia. ***Proceedings...*** Valencia: Instituto de Agroquimica y Tecnologia de Alimentos, 1984.

Caso dois ou mais congressos iguais tenham sido realizados em um mesmo ano, uma letra minúscula (a, b, c, ...) deve ser acrescentada ao ano de publicação, sempre seguindo a ordem alfabética do título (se houver) ou, em segundo caso, seguindo a ordem crescente de data de publicação ou de número de evento.

Exemplos:

ENCONTRO NACIONAL DOS ESTUDANTES DE ADMINISTRAÇÃO – ENEAD, 1989, Porto Alegre. **Administração e sociedade**. Rio de Janeiro, 1989a.

ENCONTRO NACIONAL DOS ESTUDANTES DE ADMINISTRAÇÃO – ENEAD, 1989, Belém. **Advento da administração**. Rio de Janeiro, 1989b.

> Eventos de anos iguais: indicar letra de acordo com ordem alfabética do título.

WORLD'S FINANCAL CONGRESS (SPRING) – WFC, 15., 1999, Dubai. ***Proceedings...*** Washigton, DC: Brown Bread, 1999a.

WORLD'S FINANCAL CONGRESS (FALL) – WFC, 16., 1999, Roma. ***Proceedings...*** Washigton, DC: Brown Bread, 1999b.

> Eventos de anos iguais: indicar letra de acordo com a ordem de realização.

Partes de eventos:

A forma mais convencional de se referenciar eventos é através dos trabalhos, artigos, ensaios e painéis que são retirados de apresentações ou de resumos finais. Nestes casos, as regras a serem seguidas são muito similares às observadas anteriormente com as partes de monografias; quando necessário inserir a expressão *In* para unir os dados do artigo com os dados da obra (neste caso, do evento). O formato básico está descrito a seguir.

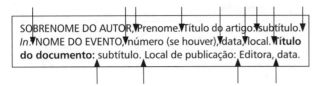

SOBRENOME DO AUTOR, Prenome. Título do artigo: subtítulo. *In:* NOME DO EVENTO, número (se houver), data, local. **Título do documento:** subtítulo. Local de publicação: Editora, data.

As orientações gerais e os casos especiais seguem os que foram verificados nos casos de monografias.

Exemplos:

CARVALHO NETO, Antonio Moreira de. Novas formas de organização no setor público e as mudanças na natureza do trabalho. *In:* ENCONTRO ANUAL DA ASSOCIAÇÃO NACIONAL DOS PROGRAMAS DE PÓS-GRADUAÇÃO EM ADMINISTRAÇÃO – ENANPAD, 20., 1996, Angra dos Reis. **Anais...** Angra dos Reis: ANPAD, 1996.

MALANIGRO, Walter *et al.* Estudos preliminares sobre os efeitos dos gases na atmosfera. *In:* CONGRESSO BRASILEIRO DE ENGENHARIA SANITÁRIA E AMBIENTAL, 13., 1985, Maceió. **Resumo dos trabalhos...** São Paulo: Atlas, 1985.

MARTIN NETO, Luis *et al.* Alterações qualitativas da matéria orgânica. *In:* CONGRESSO BRASILEIRO DE CIÊNCIA DO SOLO, 26., 1997, Rio de Janeiro. **Resumos...** Rio de Janeiro: Sociedade Brasileira de Ciência do Solo, 1997.

SOUZA, Leonardo Silva; BORGES, André Lubarre. Influência da correção e do preparo do solo. *In:* REUNIÃO BRASILEIRA DE FERTILIDADE DO SOLO E NUTRIÇÃO DE PLANTAS, 21., 1994, Petrolina. **Anais....** Petrolina: EMBRAPA, 1994.

Eventos em meios eletrônicos:

Para trabalhos de eventos obtidos em meio legível por computador, deve-se obedecer aos mesmos formatos recomendados anteriormente, acrescidos das informações sobre descrição física do meio: disquete, CD-ROM, banco de dados, Internet. No caso específico desta última, as informações sobre o endereço eletrônico e a data de acesso do documento também devem ser indicadas.

a) **Quando o evento ou trabalho for retirado de CD-ROM ou banco de dados:** após os dados da referência, deve ser acrescentada a expressão CD-ROM ou o banco de dados onde foi encontrado o trabalho ou evento.

Exemplos:

ASSOCIAÇÃO NACIONAL DE PROGRAMAS DE PÓS-GRADUAÇÃO EM ADMINISTRAÇÃO – ANPAD, 22., 1998, Foz do Iguaçu. **Anais eletrônicos...** Foz do Iguaçu: ANPAD, 1998. CD-ROM.

NASCIMENTO, Fabiana Alves. Administração pública no recôncavo baiano. *In:* SEMINÁRIOS EM ADMINISTRAÇÃO – SEMEAD, 6., 2003, São Paulo. **Seminários...** São Paulo: Programa de Pós-Graduação em Administração – FEA/USP, 2003. CD-ROM.

ENCONTRO NACIONAL DOS ADMINISTRADORES DE FINANÇAS – ENAF, 9., 1978, Ribeirão Preto. **Anais...** Rio de Janeiro: Associação Nacional dos Administradores Financeiros, 1998. Proquest ABI/Inform (R) Global 01-02/2003.

b) **Quando o evento ou trabalho for retirado da Internet:** após os dados da referência, devem ser apresentados o endereço eletrônico entre os sinais menor e maior (precedido da expressão Disponível em:) e a data de acesso ao documento (precedido da expressão Acesso em:).

Exemplos:

SEMINÁRIO INTERNACIONAL SOBRE DEMOCRACIA PARTICIPATIVA, 1999, Porto Alegre. **Anais...** Porto Alegre: Prefeitura Municipal de Porto Alegre, 1999. Disponível em: <http://www.portoalegre.rs.gov.br/democracia-participativa/default.htm>. Acesso em: 13/02/2001.

SABROZA, Paulo Conde. Globalização e saúde: impacto nos perfis epidemiológicos das populações. *In:* CONGRESSO BRASILEIRO DE EPIDEMIOLOGIA, 4., 1998, Rio de Janeiro. **Anais eletrônicos...** Rio de Janeiro: ABRASCO, 1998. Disponível em: <http://www.abrasco.com.br/wpirio98/>. Acesso em 17/01/1999.

Mais exemplos de eventos:

CONGRESSO BRASILEIRO DE GESTÃO E DESENVOLVIMENTO DE PRODUTO, 1., 1999, Belo Horizonte. **Anais...** Belo Horizonte: Universidade Federal de Minas Gerais, 1999.

REUNIÃO ANUAL DA SOCIEDADE BRASILEIRA PARA O PROGRESSO DA CIÊNCIA, 50., 1998, Natal. **Linguística e semiótica:** encontros, cursos, simpósios, conferências e painéis: livro de resumos. Natal: Universidade Federal do Rio Grande do Norte, 1998.

SOERENSEN, Bruno *et al*. Contribuição para o uso de imunossupressores como teste de determinação da normalidade de animais em laboratório. *In:* CONGRESSO PAN-AMERICANO DE MEDICINA VETERINÁRIA E ZOOTECNIA, 8., 1977, Santo Domingo. **Anais...** Santo Domingo, 1977.

ALVES, Ieda Maria. A prática do trabalho terminológico: a elaboração de glossários. *In:* COLÓQUIO CUBA-BRASIL DE TERMINOLOGIA, 1., 1988, Havana. **Programação científica e resumos**. São Paulo: Humanitas FFLCH, 1988.

8.3.1.4 Outros

Além das monografias, periódicos e eventos, há outros dois tipos de fontes usados comumente nos trabalhos acadêmicos: os documentos jurídicos (legislação) e endereços eletrônicos. Para outras referências pouco utilizadas, a norma ABNT NBR 6023:2002 pode ser consultada.

Documentos jurídicos – legislação:

Entendem-se por legislação documentos tais como a Constituição, as emendas constitucionais e os textos legais infraconstitucionais (lei complementar e ordinária, medida provisória, decreto em todas as suas formas, resolução do Senado Federal) e normas emanadas das entidades públicas e privadas (ato normativo, portaria, comunicado, aviso, circular, decisão administração, entre outros). O formato básico é apresentado a seguir.

JURISDIÇÃO. Título do documento (se houver), data (se houver). **Título da obra:** subtítulo. Edição (se houver). Local: Editora, data.

Exemplos:

SÃO PAULO (Estado). Decreto n. 42.822, de 20/01/1998. **Lex:** coletânea de legislação e jurisprudência. São Paulo, 1998.

BRASIL. Medida provisória n. 1.569-9, de 11/12/1997. **Diário Oficial – República Federativa do Brasil:** Poder Executivo. Brasília, DF, 1997.

BRASIL. **Código Civil.** 46. ed. São Paulo: Saraiva, 1995.

BRASIL. Congresso. Senado. Resolução n. 17, de 1991. **Coleção de Leis da República Federativa do Brasil.** Brasília, DF, 05-06/1991.

Para o caso da Constituição e suas emendas, entre o nome da jurisdição e o título, deve ser acrescentada a palavra Constituição com o ano de sua promulgação entre parênteses.

Exemplo:

BRASIL. Constituição (1988). Emenda constitucional n. 9, de 10/11/1995. **Lex:** legislação federal e marginália. São Paulo, 10-12/1995.

Caso dois ou mais documentos legislativos iguais tenham sido realizados em um mesmo ano, uma letra minúscula (a, b, c, ...) deve ser acrescentada ao ano de publicação, sempre seguindo a ordem alfabética do título (se houver) ou, em segundo caso, seguindo a ordem crescente de data de publicação ou de número.

Exemplos:

SÃO PAULO (Estado). Decreto n. 42.822, de 20/01/1998. **Lex:** coletânea de legislação e jurisprudência. São Paulo, 1998a.

SÃO PAULO (Estado). Decreto n. 42.823, de 20/05/1998. **Lex:** coletânea de legislação e jurisprudência. São Paulo, 1998b.

Leis de anos iguais: indicar letra de acordo com a data de publicação ou número.

Endereços eletrônicos:

Quando locais da Internet forem utilizados como referências bibliográficas, deve se procurar moldar a referência nos modelos observados até o momento. Caso seja impossível determinar o autor ou o título do trabalho, o modelo apresentado a seguir pode ser utilizado.

Exemplos:

FIPECAFI. Disponível em: <http://www.fipecafi.com.br/>. Acesso em: 17/05/2002.

FOLKS. São Paulo, 12/01/2001. Disponível em: <http://www.folks.com.br>. Acesso em: 20/12/2002.

Glossário

O Glossário (ver **Apêndice 17**) consiste em uma relação alfabética onde se explicam os significados de palavras e expressões técnicas de uso restrito ou de sentido não comum na linguagem trivial que foram utilizadas no texto. Trata-se de seção opcional. A listagem do Glossário deve ser colocada em página própria, logo após as Referências. Sua apresentação é muito similar às listas pré-textuais, principalmente à Lista de Abreviaturas (ver item 8.2.12). No caso de menos de 10 palavras, a lista não deve ser incluída. O título da página é **Glossário** e deve estar em MAIÚSCULAS e **negrito**, alinhado ao centro e sem recuo algum. Deixando um espaço duplo abaixo, a listagem das palavras e expressões, devidamente acompanhadas de seu significado, deve ser inserida em ordem alfabética, cada uma em uma linha, com espaçamento simples entre elas e 1,5 entre cada item do Glossário. O alinhamento deve ser justificado e não deve haver espaço entre a margem e a palavra (ou seja, sem tabulação nem recuo). A fonte do texto e do título é Times New Roman tamanho 12. Na listagem não deve ser usado negrito ou sublinhado, e o *itálico* serve apenas para palavras estrangeiras (exceto nomes próprios). Para separar a palavra e o nome, devem ser utilizados os dois-pontos.

Apêndices

Apêndice é parte do trabalho onde se apresentam materiais suplementares à obra que tenham sido **elaboradas pelo próprio autor** do texto. A inclusão de apêndices é decisão do autor. Sua inclusão depende apenas de uma indicação no desenvolvimento da obra através de uma nota de rodapé, ou mesmo no texto, de modo que, sem afetar a sequência lógica da ideia e do texto, o leitor possa identificar a ocorrência de material suplementar. O uso desta opção deve ser feito com moderação. Primeiramente, um sumário dos Apêndices deve ser introduzido após o Glossário (ver **Apêndice 18**). Ela é muito similar a uma lista pré-textual, mas sem os números de páginas. Assim, o título da página é **Apêndices** e deve estar em MAIÚSCULAS e **negrito**, alinhado ao centro e sem recuo algum. Deixando um espaço 1,5 abaixo, a listagem dos apêndices na ordem de sua numeração deve ser inserida, cada uma em uma linha, com espaçamento simples. O alinhamento deve ser justificado e não deve haver espaço entre a margem e a numeração (ou seja, sem tabulação nem recuo). A fonte dos textos é Times New Roman tamanho 12 em MAIÚSCULAS. Na listagem não deve ser usado negrito ou sublinhado e o *itálico* serve apenas para palavras estrangeiras (exceto nomes próprios). Para separar a numeração e o nome, devem ser utilizados dois-pontos.

Anexos

Os Anexos seguem a mesma ideia dos Apêndices, ou seja, são materiais suplementares à obra e ao mesmo tempo essenciais, que guardam relação direta com o tema. A única diferença é que o conteúdo dos Anexos é de material **elaborado por outros autores**. A inclusão de Anexos depende apenas de uma indicação no desenvolvimento da obra através de uma nota de rodapé, ou mesmo no próprio texto, de modo que, sem afetar a sequência lógica da ideia e do texto, o leitor possa identificar a ocorrência de material suplementar. Primeiramente, um sumário deve apresentar os Anexos (ver **Apêndice 19**). O título da página é **Anexos** e deve estar em MAIÚSCULAS e **negrito**, alinhado ao centro e sem recuo algum. Deixando um espaço 1,5 abaixo, a listagem dos anexos na ordem de sua numeração deve ser inserida, cada uma em uma linha, com espaçamento simples. O alinhamento deve ser justificado e não deve haver espaço entre a margem e a numeração (ou seja, sem tabulação nem recuo). A fonte dos textos é Times New Roman tamanho 12 em MAIÚSCULAS. Na listagem não deve ser usado negrito ou sublinhado, e o *itálico* serve apenas para palavras estrangeiras (exceto nomes próprios). Para separar a numeração e o nome devem ser utilizados os dois-pontos.

Edição

Papel

Os trabalhos científicos devem ser apresentados em papel sulfite branco no tamanho A4 (dimensões: 21 cm por 29,7 cm) e suas páginas podem ser impressas na frente e verso de todas as folhas.

> **Dica 13 – Definindo o papel (Microsoft Word)**
>
> Para escolher o tamanho de papel de acordo com as orientações descritas, basta clicar no menu do Word em **Arquivo** e selecionar **Configurar página**. Quando a janela se abrir, o usuário deve escolher a pasta **Papel**, onde deve observar as seguintes opções:
>
> - *Tamanho de Papel:* A4 210 x 297 mm (selecionar).
> - *Aplicar em:* no documento inteiro (selecionar).
>
> O usuário deve então acionar o botão **ok** e todo o trabalho estará configurado com este tamanho de papel. Recomenda-se que esta atividade seja realizada antes de iniciar o trabalho para não prejudicar a posterior inserção de ilustrações ou tabelas.

Obviamente, não basta apenas selecionar o tamanho de papel no microcomputador. É necessário que o autor se certifique de que a folha utilizada para a impressão está de acordo com as orientações.

Encadernação

No caso da FEA/USP devem ser entregues à secretaria dos Programas de Pós-Graduação da Faculdade 8 cópias do trabalho, no caso das dissertações de mestrado, ou 10 cópias, no caso das teses de doutorado. Todas elas devem ser encadernadas em capa dura, de acordo com os detalhes descritos a seguir.

A capa dura deve ter sua cor selecionada levando em conta o Programa de Pós-Graduação ao qual será destinada a obra, isto é:

Quadro 6 *Cor da capa dura*

Dissertações e teses do PPG em Administração utilizam a cor:	azul-escuro (A-17)
Dissertações e teses do PPG em Economia utilizam a cor:	verde-escuro (V-15)
Dissertações e teses do PPG em Ciências Contábeis utilizam a cor:	preta (P-01)

Duas folhas em branco devem ser acrescentadas, uma após a capa dura inicial e outra antes da capa dura final. Entre estas duas folhas deve ser incluído o corpo do trabalho, ou seja, todas as páginas que compõem a obra: elementos pré-textuais, textuais e pós-textuais.

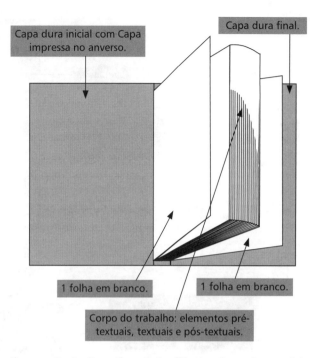

Ilustração 3 *Encadernação (Figura fora de escala)*

A Primeira Capa merece atenção especial, uma vez que deve ser apresentada duas vezes. Ela deve ser impressa no anverso da encadernação, ou seja, na frente da capa dura inicial em **letras douradas**. Depois, ela novamente é impressa, mas agora dentro do corpo do trabalho, como o elemento pré-textual, visto anteriormente. Nos dois casos, os textos e a formatação são iguais. A Contracapa deve ser impressa apenas uma vez, no verso da Primeira Capa, dentro do corpo do trabalho. A lombada também deve ser incluída. A uma distância de 4,0 cm do alto da lombada deve ser redigido o nome do autor, seguindo a mesma configuração da capa, ou seja, em Times New Roman tamanho 12 em **negrito** e letras minúsculas. À mesma distância do pé da lombada devem ser adicionados o local e o ano, um em cada linha, da mesma forma em que foram apresentados na Capa, isto é, Times New Roman tamanho 12, em **negrito** e letras MAIÚSCULAS. Finalmente é impresso o título da obra, centralizado longitudinalmente na lombada e legível do pé para o alto. O texto segue a formatação da Capa: Times New Roman tamanho 12, em **negrito** e letras MAIÚSCULAS. Nos três casos o alinhamento dos textos é centralizado e o espaçamento é simples.

O encadernamento somente deve ser realizado com a obra finalizada. As cópias da dissertação, ou tese, devem ser idênticas em absolutamente todos os aspectos.

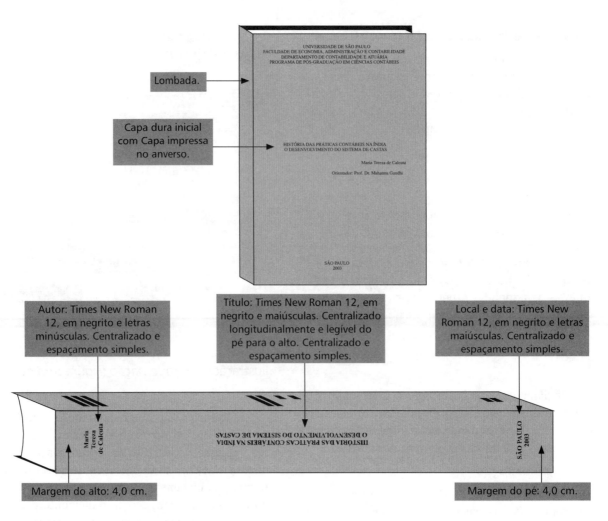

Ilustração 4 *Capa e lombada (Figuras fora de escala)*

Margens

No caso de impressão frente e verso utilizar todas as margens com tamanho 2,5 cm. No caso de impressão em uma só página de cada folha as margens à esquerda e superior devem ter 3,0 cm, enquanto que à direita e inferior, 2,0 cm. Estes valores são constantes para toda a obra.

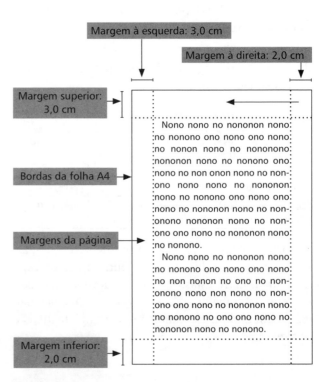

Ilustração 5 *Margens da página (Figura fora de escala; as linhas em preto representam as bordas de uma folha A4)*

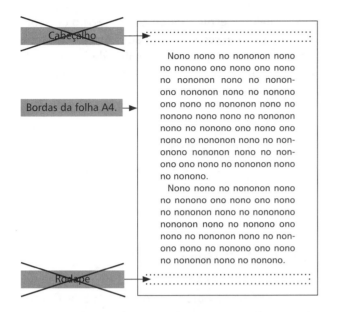

Ilustração 6 *Margens da página (Figura fora de escala; as linhas em preto representam as bordas de uma folha A4)*

Dica 14 – Definindo as margens (Microsoft Word)

Para determinar as margens da folha de acordo com as orientações descritas, deve-se clicar no menu do Word em **Arquivo** e selecionar **Configurar página**. Quando a janela se abrir, o usuário deve então selecionar a pasta **Margens**, onde deverá observar as seguintes opções:

- *Margem superior:* 3,0 cm (selecionar).
- *Margem inferior:* 2,0 cm (selecionar).
- *Margem esquerda:* 3,0 cm (selecionar).
- *Margem direita:* 2,0 cm (selecionar).
- *Orientação:* retrato (selecionar).
- *Aplicar em:* no documento inteiro (selecionar).

O usuário deve então acionar o botão **ok** e todo o trabalho estará configurado com estas margens. Recomenda-se que esta atividade seja realizada antes de iniciar o trabalho para posteriormente não prejudicar elementos do texto.

Os quadros, tabelas, gráficos e demais ilustrações inseridos durante o desenvolvimento da obra devem se enquadrar dentro destas margens. Caso um destes elementos seja indispensável para a obra e não permita redução às margens definidas, ele poderá ser incluído como um Apêndice ou Anexo, independentemente de qual seja o seu tamanho.

Cabeçalhos e Rodapés

O cabeçalho é a região acima da página, fora das margens, onde normalmente se redigem informações para a identificação do capítulo ou trabalho. O rodapé, que tem uma função similar, localiza-se na região inferior da página, também fora da margem. Nas dissertações e teses dos Programas de Pós-Graduação da FEA-USP não é permitida a inclusão de qualquer tipo de cabeçalho e rodapé. **Nenhuma informação deve ficar fora da área delineada pelas margens, exceto o número das páginas**.

Parágrafos e Tabulação

Os parágrafos que compõem o texto da obra devem ser digitados com alinhamento justificado e espaçamento entre linhas de 1,5. Entre dois parágrafos distintos deve-se deixar um espaço de 1,5 em branco. Não devem existir quaisquer outras diferenciações entre os parágrafos, ou seja, espaçamentos antes e depois (da ferramenta do Word) não podem ser utilizados (ver Dica 15). Também não deve haver recuo à esquerda, nem mesmo para a primeira linha do período. Em outras palavras, entre a margem e o início do texto não deve haver qualquer espaço (tab ou similar). A ilustração a seguir esclarece esses detalhes.

Esta configuração de parágrafo deve ser constante para todo o texto corrente do desenvolvimento da obra. Em todo o trabalho existem cinco exceções: as partes pré-textuais e as pós-textuais que apresentam configuração própria, as citações diretas de mais de três linhas que têm um recuo de 2cm e as notas de rodapé, as alíneas e os incisos que apresentam características próprias.

Dica 15 – Definindo os parágrafos (Microsoft Word)

Para organizar os parágrafos da forma que se pede, deve-se selecionar os parágrafos desejados, clicar no menu do Word em **Formatar** e selecionar **Parágrafo**. Quando a janela se abrir, o usuário deve então selecionar a pasta **Recuos e**

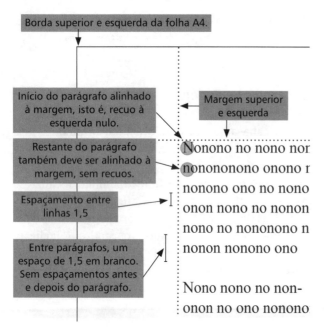

Ilustração 7 *Parágrafo (Figura fora de escala; as linhas em preto representam as bordas de uma folha A4)*

Espaçamento, onde deverá observar as seguintes opções:

– *Alinhamento:* justificado (selecionar).

– *Recuo Esquerdo:* 0,0 cm (selecionar).

– *Recuo Direito:* 0,0 cm (selecionar).

– *Especial:* nenhum (selecionar).

– *Espaçamento antes:* 0 pt (selecionar).

– *Espaçamento depois:* 0 pt (selecionar).

– *Espaçamento entre linhas:* 1,5 (selecionar).

O usuário deve então acionar o botão **ok** e os parágrafos escolhidos estarão configurados.

A tabulação permite ao usuário alinhar os textos a uma certa distância da margem. Como já foi chamada a atenção, esta ferramenta não é utilizada no texto corrente e, portanto, não deve sofrer qualquer alteração. Ela somente será empregada em dois casos especiais: nos títulos e nas alíneas ou incisos.

Fonte

A fonte a ser utilizada é única e exclusivamente a Times New Roman. Os textos devem ser digitados em tamanho 12, letras minúsculas, na cor preta e sem qualquer estilo diferenciado (negrito ou sublinhado), salvo exceções registradas em partes deste capítulo. As alterações de tamanho, de letras ou de estilo podem ser observadas nos seguintes casos:

a) Elementos pré-textuais;

b) Citações diretas de mais de 3 linhas;

c) Notas de rodapé;

d) Legendas e textos de quadros, tabelas, gráficos e demais ilustrações;

e) Títulos;

f) Números de folhas.

Dica 16 – Definindo a fonte (Microsoft Word)

Para formatar a fonte, basta clicar no menu do Word em **Formatar** e selecionar **Fonte**. Quando a janela se abrir, o usuário deve então selecionar a pasta **Fonte**, onde deverá fazer as seguintes opções:

• *Fonte:* Times New Roman (selecionar).

• *Estilo da fonte:* normal (selecionar).

• *Tamanho da fonte:* 12 (selecionar).

O usuário deve então acionar o botão **ok**. Caso seja necessário acrescentar estilos à fonte, basta selecioná-los nesta mesma janela.

O itálico deve ser utilizado somente para palavras estrangeiras, exceto nomes próprios, e o negrito segundo as orientações expressas neste capítulo. As aspas somente devem ser utilizadas em citações. A impressão colorida é permitida, com moderação, apenas para quadros, tabelas, gráficos e demais ilustrações.

Numeração das Páginas

Em um trabalho científico todas as páginas a partir da página de rosto devem ser contadas. Porém, esta contagem é dividida em duas numerações sequenciais diferentes, uma vez que suas funções e especificações são próprias. A primeira das numerações conta os elementos pré-textuais que se situam antes do sumário da obra. Esta contagem é sequencial e é indicada através de algarismos romanos, em minúsculas, no canto superior direito da página, com fonte Times New Roman de tamanho 12, sem negrito, itálico ou sublinhado. A página de rosto é a primeira

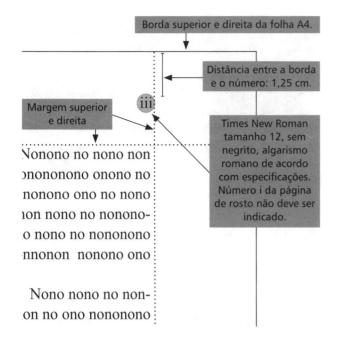

Ilustração 8 *Numeração em algarismos romanos (Figura fora de escala; as linhas em preto representam as bordas de uma folha A4)*

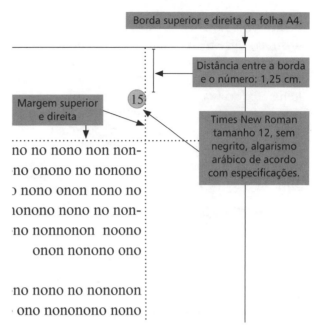

Ilustração 9 *Numeração em algarismos arábicos (Figura fora de escala; as linhas em preto representam as bordas de uma folha A4)*

a ser contada, mas não é numerada. A indicação da numeração é inserida a partir da folha que contém a dedicatória, ou, se não houver este elemento, da primeira página após a de rosto. Esta numeração é obrigatoriamente finalizada na página do *abstract*.

A segunda numeração conta as páginas restantes do trabalho, incluindo o sumário, as listas pré-textuais, o desenvolvimento da obra e os elementos pós-textuais. Esta contagem também é sequencial, devendo ser reiniciada, e sua indicação é feita através de algarismos arábicos no canto superior direito da página, com a fonte Times New Roman de tamanho 12, sem negrito, itálico ou sublinhado. A primeira página do sumário é a primeira a ser contada, porém não é numerada. A indicação da numeração é inserida apenas a partir da segunda página do sumário, ou, se não houver, da primeira lista pré-textual. A numeração é finalizada na última página do último anexo do trabalho. Isto significa que todas as páginas das Referências, do Glossário (se houver), dos Apêndices (se houver) e dos Anexos (se houver) também são contadas seguindo a sequência do desenvolvimento da obra e recebem esta numeração na parte superior direita da página, conforme já informado. No caso de impressão da frente e verso de cada folha deve-se iniciar pelo sumário, colocando-se o número

no canto superior direito para páginas ímpares e no canto superior esquerdo para as páginas pares.

Repetindo: é recomendável que, antes de iniciar o trabalho em um editor de texto, o autor subdivida-o em três partes (arquivos) para facilitar o processo de numeração de páginas. Assim, em um primeiro arquivo o autor pode alocar os elementos que não devem ser numerados, ou seja, a Capa, a Contracapa, a página do Registro e da Ficha Catalográfica e a página de rosto. Em um segundo arquivo, o autor pode trabalhar com a Dedicatória (se houver), os Agradecimentos (se houver), a Epígrafe (se houver), o Resumo e o *Abstract*, que são as páginas que devem ser numeradas por algarismos romanos. No terceiro e último arquivo estarão os demais elementos a partir do sumário, uma vez que devem seguir a ordem sequencial indicada por algarismos arábicos. A Dica 17 leva em conta esta divisão.

> **Dica 17 – Definindo os números das páginas (Microsoft Word)**
>
> Levando em conta a divisão recomendada, o primeiro grupo (composto por Capa, Contracapa, Folha de Rosto e Registro + Ficha) não deve apresentar numeração. Já o segundo (composto pela

Dedicatória, Agradecimentos, Epígrafe, Resumo e *Abstract*) deve ter a contagem indicada por algarismos romanos. Antes de realizar esta tarefa, é fundamental definir a distância entre a borda da folha e o local onde devem ser situados os algarismos de contagem. Para isso, deve-se selecionar **Arquivo** no menu do Word e, em seguida, **Configurar página**. Quando a janela se abrir, o usuário deve então escolher a pasta **layout**, onde deverá observar a seguinte opção:

- *Cabeçalho e rodapé/Da borda/Cabeçalho:* 1,25 cm (selecionar).

O usuário deve então acionar o botão **ok**. Realizada esta tarefa, o número das folhas pode ser incluído da seguinte maneira: no menu do Word deve-se selecionar **Inserir** e logo depois **Números de páginas**. Quando a janela se abrir, o usuário deve observar as seguintes opções:

- *Posição:* Início da página/cabeçalho (selecionar).
- *Alinhamento:* Direita (selecionar).
- *Mostrar número na 1ª página:* sim (marcar o quadrado com o tique).

Na mesma janela, clicando em **Formatar**, o usuário deve atentar às seguintes opções:

- *Formato do número:* i, ii, iii (selecionar).
- *Incluir número do capítulo:* não (desmarcar o quadrado, deixando-o em branco).
- *Numeração de página/Iniciar em:* ii (selecionar).

Após clicar em **ok** nas duas janelas, o usuário terá incluído os números das páginas.

O terceiro grupo é composto por grande parte do trabalho, iniciando-se no sumário e finalizando na última página do último anexo, sendo sua contagem indicada por algarismos arábicos. Mais uma vez, antes de numerar as páginas, é fundamental definir a distância entre a borda da folha e o local onde devem ser situados os algarismos de contagem. Deve-se selecionar **Arquivo** no menu do Word e, em seguida, **Configurar página**. Quando a janela se abrir, o usuário deve então escolher a pasta **layout**, onde deverá observar a seguinte opção:

- *Cabeçalho e rodapé/Da borda/Cabeçalho:* 1,25 cm (selecionar).

O usuário deve então acionar o botão **ok**. Realizada esta tarefa, no menu do Word, deve-se selecionar **Inserir** e logo depois **Números de páginas**. Quando a janela se abrir, o usuário deve observar as seguintes opções:

- *Posição:* início da página/cabeçalho (selecionar).
- *Alinhamento:* direita (selecionar).
- *Mostrar número na 1ª página:* não (desmarcar o quadrado, deixando-o em branco).

Na mesma janela, clicando em **Formatar**, o usuário deve se atentar às seguintes opções:

- *Formato do número:* 1, 2, 3 (selecionar).
- *Incluir número do capítulo:* não (desmarcar o quadrado, deixando-o em branco).
- *Numeração de página/Iniciar em:* 1 (selecionar).

Após clicar em **ok** nas duas janelas, o usuário terá incluído os números das folhas.

Titulação

Todos os trabalhos têm divisões e subdivisões para os diferentes assuntos que são tratados no texto. Os títulos, sua numeração sequencial e sua formatação indicam estas divisões e, portanto, são extremamente importantes para a organização da obra ao auxiliarem na coerência e também na coesão do desenvolvimento do tema. Uma titulação lógica, meticulosa e padronizada, que siga as orientações a seguir, certamente contribui para que a ideia do autor seja eficientemente transmitida aos leitores. O título em si deve ser breve, claro e conciso, refletindo explicitamente o conteúdo do texto a que se refere. A numeração deve sempre ser indicada com algarismos arábicos, iniciada a partir dos elementos do desenvolvimento do texto, sempre seguindo a hierarquização por níveis (isto significa que, por exemplo, um título terciário não pode ser usado a não ser que um secundário o preceda). Todas as partes do desenvolvimento da obra recebem títulos com esta numeração, enquanto que os elementos pré-textuais (até mesmo as listas) e os pós-textuais (Referências, Glossário, Apêndices e Anexos) têm títulos sem esta numeração. Como se pode ver, a seguir, cada nível recebe sua formatação particular.

Título Principal (nível 1)

O título principal introduz um novo capítulo e por este motivo **deve sempre iniciar uma nova página**, na primeira linha. Seu texto deve ser redigido em letras MAIÚSCULAS e em **negrito**, sem qualquer outra diferenciação. O algarismo sequencial deve ser arábico e inteiro, e nenhum ponto, travessão ou parênteses deve ser introduzido após ele. A numeração deve ser centralizada. O título principal deve ter espaço de tabulação após de 1,0 cm e recuo de texto também de 1,0 cm (veja a Dica 18). O espaçamento de parágrafo também é duplo e, uma vez redigido o título, dois espaços 1,5 devem ser deixados antes do início do texto corrente, ou de um subtítulo.

em **negrito**, sem qualquer outra diferenciação. O algarismo sequencial deve ser arábico e inteiro. Neste caso, o indicativo de um nível secundário é constituído pelo do nível primário, seguido do número que lhe for atribuído na sequência do assunto, separando-se por ponto. Após esta numeração, não se deve colocar nenhum ponto, travessão ou parênteses. A numeração deve ser novamente alinhada à esquerda, na margem da folha. O título deve ter espaço de tabulação após de 1,5 cm e recuo de texto também de 1,5 cm (veja a Dica 18). O espaçamento de parágrafo também é duplo, e uma vez redigido o título, apenas um espaço 1,5 deve ser deixado antes do início do texto corrente.

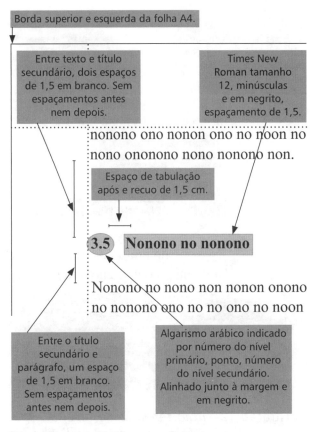

Ilustração 11 *Título secundário de nível 2 (Figura fora de escala; as linhas em preto representam as bordas de uma folha A4)*

Ilustração 10 *Título principal de nível 1 (Figura fora de escala; as linhas em preto representam as bordas de uma folha A4)*

Título Secundário (nível 2)

O título secundário introduz um assunto dentro de um capítulo e deve ser precedido de dois espaços de 1,5. Seu texto deve ser redigido em minúsculas e

Título Terciário (nível 3)

O título terciário é uma subdivisão que segue o texto corrente e deve sempre ser precedido por dois espaços de 1,5. Seu texto deve ser redigido em minúsculas e em **negrito**, sem qualquer outra diferenciação. O algarismo sequencial deve ser arábico e inteiro. Neste caso, a numeração é constituída pelos indicativos do primeiro e segundo níveis, separados por ponto e, por último, o indicativo do terceiro. Após esta numeração, não se deve colocar nenhum ponto, travessão ou parênteses. A numeração deve ser novamente alinhada à esquerda, na margem da página. O título deve ter espaço de tabulação após de 2,0 cm e recuo de texto também de 2,0 cm (veja a Dica 18). O espaçamento de parágrafo também é duplo e, uma vez redigido o título terciário, nenhum espaço deve ser deixado antes do início do texto corrente.

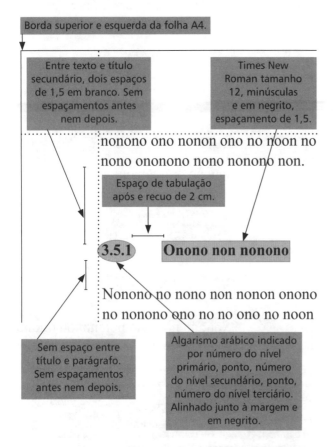

Ilustração 12 *Título terciário de nível 3 (Figura fora de escala; as linhas em preto representam as bordas de uma folha A4)*

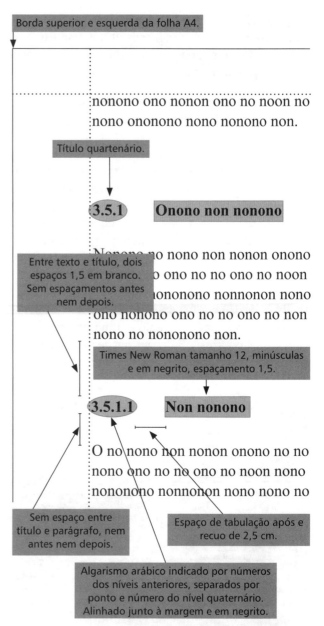

Ilustração 13 *Hierarquia de títulos (Figura fora de escala; as linhas em preto representam as bordas de uma folha A4).*

Demais Títulos (níveis 4 e 5)

Os títulos de níveis 4 e 5 são similares ao terciário.

Os demais subtítulos, de hierarquia inferior ao terciário, também devem sempre ser precedidos por dois espaços de 1,5. Seu texto deve ser redigido em minúsculas e em **negrito**, sem qualquer outra diferenciação. O algarismo sequencial deve ser arábico e inteiro. Nestes casos, a numeração é constituída pelos indicativos de níveis anteriores, separados por ponto e, por último, o indicativo do nível ao que se faz referência. Após esta numeração, não se deve colocar nenhum ponto, travessão ou parênteses. A numeração deve ser novamente alinhada à esquerda, na margem da folha. O título deve ter espaço de tabulação após de 2,5 cm e recuo de texto também de 2,5 cm no caso de nível 4. Para o nível 5, estes números aumentam 0,5 cm, ficando em 3,0 cm para ambos os requisitos (veja a Dica 18). O espaçamento de parágrafo também é duplo, e uma vez redigido o título, nenhum espaço deve ser deixado antes do início do texto corrente. É recomendado que o autor da obra se limite a subdividir as partes do texto em até cinco níveis.

Dica 18 – Definindo títulos e subtítulos (Microsoft Word)

Para se trabalhar com os títulos, deve-se primeiro verificar se a opção *Estilos e Formatação* está disponível na barra de ferramentas: seu logo é composto por duas letras "a" sobrepostas (normalmente, ela está localizada ao lado da fonte de texto). Caso não seja possível encontrá-la, o usuário deve utilizar o seguinte procedimento para torná-la disponível: na barra de ferramentas (menu na parte superior da tela) clicar com o botão direito do *mouse* e escolher **Personalizar**. Na caixa de texto que irá aparecer, entrar na pasta **Comandos** e procurar as seguintes opções:

- *Categoria:* formatar (selecionar).
- *Comando:* estilos e formatação (selecionar).

O usuário deve então clicar com o botão esquerdo sobre o ícone **estilos e formatação** e arrastar (sem soltar o botão esquerdo) até a barra de ferramentas, ao lado da fonte. Depois deve fechar a janela e assim o ícone se tornará disponível.

Ao clicar neste ícone de **estilos e formatação**, uma janela à direita da tela irá aparecer. Agora, deverão ser inseridas as formatações próprias para cada nível de título. Neste caso vamos criar uma nova formatação para a dissertação ou tese, usando como primeiro exemplo o título pré-textual. Primeiramente, o usuário deve clicar em **Novo estilo**, e na caixa de texto que aparecer, escolher as seguintes opções:

- *Nome:* Título pré-textual (escrever).
- *Tipo de estilo:* Parágrafo (selecionar).
- *Estilo baseado em:* Título (selecionar).
- *Estilo para próximo parágrafo:* normal (selecionar).

Depois, o usuário deve clicar no ícone **Formatar,** que se localiza abaixo e à esquerda da caixa. Um novo menu irá aparecer. Ele deve selecionar o primeiro elemento, ou seja, **Fonte**. Na caixa de texto que irá aparecer, devem ser escolhidas:

- *Fonte:* Times New Roman (selecionar).
- *Estilo de fonte:* negrito (selecionar).
- *Tamanho:* 12 (selecionar).
- *Efeitos:* todas em maiúsculo (selecionar).

Clicando em **ok**, o usuário voltará à caixa do título que se está formatando. Novamente deve clicar no ícone **Formatar**. Selecionar a segunda opção, **Parágrafo**, e ver as alterações que devem ser realizadas na pasta **Recuos e espaçamentos**:

- *Alinhamento:* centralizado (selecionar).
- *Nível do tópico:* Nível 1 (selecionar).
- *Recuo esquerdo:* 0 cm (selecionar).
- *Recuo direito:* 0 cm (selecionar).
- *Especial:* nenhum (selecionar).
- *Espaçamento antes:* 0 pt (selecionar).
- *Espaçamento depois:* 0 pt (selecionar).
- *Entre linhas:* duplo (selecionar).

Clicando em **ok**, o usuário voltará à caixa do título que se está formatando. Novamente deve clicar no ícone **Formatar**, selecionar a opção **Numeração** e, em sua caixa de texto, na pasta **Numerada**, deixar a opção **nenhuma** selecionada. Clicando em **ok** e na caixa de texto de estilos **ok** também, o usuário terá este novo estilo formatado, que segue as especificações para o título pré-textual. Agora, sempre que se redigir um título deste tipo, basta selecionar a parte escrita e depois clicar no estilo **Título pré-textual** na janela ao lado.

Vamos ver o procedimento para outro exemplo: o título primário ou de nível 1. Clicando em **Novo estilo**, uma caixa de texto irá surgir, e as seguintes opções devem ser selecionadas:

- *Nome:* Título Nível 1 (escrever).
- *Tipo de estilo:* parágrafo (selecionar).
- *Estilo baseado em:* Título 1 (selecionar).
- *Estilo para próximo parágrafo:* normal (selecionar).

Depois, o usuário deve clicar no ícone **Formatar**. No novo menu que irá aparecer, selecionar **Fonte**. Na caixa de texto devem ser escolhidas:

- *Fonte:* Times New Roman (selecionar).
- *Estilo de fonte:* negrito (selecionar).
- *Tamanho:* 12 (selecionar).
- *Efeitos:* todas em maiúsculo (selecionar).

Clicando em **ok**, o usuário voltará à caixa do título que se está formatando. Novamente deve clicar no ícone **Formatar**. Selecionar a segunda opção, **Parágrafo**, e ver as alterações que devem ser realizadas na pasta **Recuos e espaçamentos**:

- *Alinhamento:* justificado (selecionar).
- *Nível do tópico:* Nível 1 (selecionar).
- *Recuo esquerdo:* 0 cm (selecionar).
- *Recuo direito:* 0 cm (selecionar).
- *Especial:* nenhum (selecionar).
- *Espaçamento antes:* 0 pt (selecionar).
- *Espaçamento depois:* 0 pt (selecionar).
- *Entre linhas:* duplo (selecionar).

Clicando em **ok**, o usuário voltará à caixa do título que se está formatando. Novamente deve clicar no ícone **Formatar**, selecionar a opção **Numeração** e, em sua caixa de texto, na pasta **Numerada**, deixar a opção **nenhuma** selecionada. Clicando em **ok** e na caixa de texto de estilos **ok** também, o usuário terá este novo estilo formatado que segue as especificações para o **Título Nível 1**.

O procedimento para os demais títulos é análogo, mas deve observar as formatações descritas anteriormente. Isto é, para um título terciário, por exemplo, não deverá ser selecionada a opção de fonte com todas as letras maiúsculas. A numeração dos títulos deve ser realizada de uma só vez, de acordo com a dica seguinte.

Dica 19 – Definindo numeração dos títulos e subtítulos (Microsoft Word)

Quando os cinco estilos de títulos de nível estiverem disponíveis (do 1 ao 5), o usuário pode então realizar a numeração de acordo com a hierarquia. Para isso, ainda dentro da janela de **Estilos e formatação**, ele deve clicar com o botão direito sobre o estilo **Título Nível 1**, e no menu que irá aparecer, selecionar **Modificar**. Na caixa de texto, deve clicar no ícone **Formatar**, e escolher a opção **Numeração** e, em sua caixa de texto, clicar na pasta **Vários níveis**. Qualquer estilo pode ser escolhido nesta pasta, porém é recomendável selecionar os que têm números apenas. Após selecionar um deles, o ícone **Personalizar** deve ser clicado. Na caixa de texto que se abrir, o usuário deve clicar em **Mais** para ver todas as opções. Para formatar corretamente a numeração do **Título Nível 1**, deve-se proceder da seguinte forma:

- *Nível:* 1 (selecionar).
- *Formato do número:* apagar o que estiver escrito.
- *Estilo do número:* 1, 2, 3 ... (selecionar).
- *Iniciar em:* 1 (selecionar).
- *Posição do número:* centrado (selecionar).
- *Alinhado em:* 0 cm (selecionar).
- *Espaço de tabulação após:* 1 cm (selecionar).
- *Recuar em:* 1 cm (selecionar).
- *Vincular nível ao estilo:* Título Nível 1 (selecionar).
- *Fonte:* Times New Roman, tamanho 12 e negrito (selecionar).

Para todos os outros títulos deve-se fazer da mesma forma. Veja a ordem que deve ser seguida para numerar corretamente o **Título Nível 2**:

- *Nível:* 2 (selecionar).
- *Formato do número:* apagar o que estiver escrito.
- *Número do nível anterior:* nível 1 (selecionar).
- *Formato do número:* acrescentar um ponto após o número que aparecer.
- *Estilo do número:* 1, 2, 3 ... (selecionar).
- *Iniciar em:* 1 (selecionar).
- *Posição do número:* esquerda (selecionar).
- *Alinhado em:* 0 cm (selecionar).
- *Espaço de tabulação após:* 1,5 cm (selecionar).
- *Recuar em:* 1,5 cm (selecionar).
- *Vincular nível ao estilo:* Título Nível 2 (selecionar).

- *Fonte:* Times New Roman, tamanho 12 e negrito (selecionar).

Para o *Título Nível 3*, o usuário deve seguir esta ordem:

- *Nível:* 3 (selecionar).
- *Formato do número:* apagar o que estiver escrito.
- *Número do nível anterior:* nível 1 (selecionar).
- *Formato do número:* acrescentar um ponto após o número que aparecer.
- *Número do nível anterior:* nível 2 (selecionar).
- *Formato do número:* acrescentar um ponto após o número que aparecer.
- *Estilo do número:* 1, 2, 3 ... (selecionar).
- *Iniciar em:* 1 (selecionar).
- *Posição do número:* centrado (selecionar).
- *Alinhado em:* 0 cm (selecionar).
- *Espaço de tabulação após:* 2,0 cm (selecionar).
- *Recuar em:* 2,0 cm (selecionar).
- *Vincular nível ao estilo:* Título Nível 3 (selecionar).
- *Fonte:* Times New Roman, tamanho 12 e negrito (selecionar).

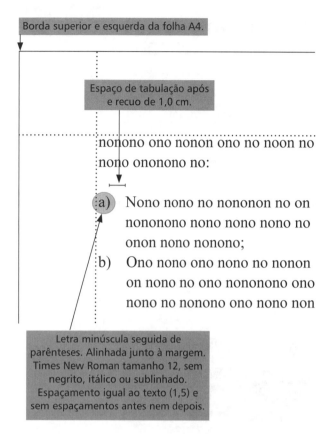

Ilustração 15 *Alíneas (Figura fora de escala; as linhas em preto representam as bordas de uma folha A4)*

Os títulos 4 e 5 seguem o mesmo esquema. Clicando em ok em todas as janelas, o usuário terá formatado a numeração dos títulos. Quando se inserir um título primário, ele já estará com a numeração sequencial.

Alíneas e Incisos

Alíneas e incisos podem ser redigidos a qualquer momento no desenvolvimento da obra desde que sigam determinadas especificações. As alíneas são as subdivisões de parágrafos indicadas por letra minúscula seguida de sinal de fechamento de parênteses, enquanto os incisos são os indicados por símbolo.

Para as alíneas devem ser utilizadas as letras minúsculas, Times New Roman 12, sem negrito, sublinhado ou itálico. As letras devem ser alinhadas à margem esquerda, sem nenhum recuo. Cada alínea tem espaço de tabulação após e recuo de 1,0 cm. As demais características se mantêm, isto é, alinhamento justificado e espaçamento entre linhas de 1,5.

Os incisos são inseridos no texto de igual maneira às alíneas. O autor deve utilizar os algarismos romanos em maiúsculas, em Times New Roman tamanho 12, com as demais características idênticas às alíneas.

Dica 20 – Definindo marcadores (Microsoft Word)

No início da linha, o usuário deve selecionar a opção **Formatar** no menu do Word e clicar sobre **Marcadores e Numeração**. Se o usuário desejar inserir um traço indicativo, deve selecionar a pasta **Com marcadores** e optar pelo traço simples. Deve então clicar em **Personalizar** e alterar as seguintes opções:

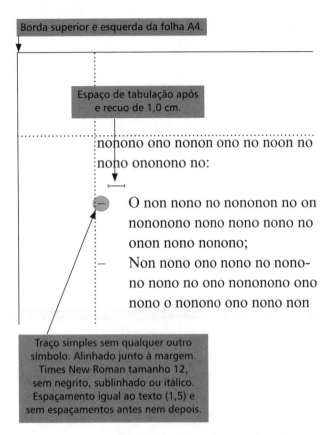

Ilustração 16 *Traços indicativos (Figura fora de escala; as linhas em preto representam as bordas de uma folha A4)*

- *Fonte:* Times New Roman 12, sem estilos (selecionar).
- *Posição do marcador/Recuar em:* 0 cm (selecionar).
- *Espaço de tabulação após:* 1 cm (selecionar).
- *Recuar em:* 1 cm (selecionar).

Caso desejar inserir alíneas ou incisos, deve-se selecionar a pasta **numerada** e optar pelas letras seguidas do parêntese ou dos algarismos romanos. As demais características são análogas às dos itens convencionais.

8.3.2 Referências: Orientações da American Psychological Association (APA)

Alguns periódicos nacionais, por exemplo, a RAC – *Revista de Administração Contemporânea* e todos os outros periódicos da ANPAD, solicitam que as referências sejam construídas conforme normas da APA. Com base no material divulgado pela ANPAD, apresentam-se, a seguir, exemplos de referências com tal orientação:

Modelos de Referências

Livros – Obra Completa:

Sobrenome, Nome abreviado. (ano de publicação). *Título: subtítulo*. Local de publicação: Editora.

Exemplo: Toffler, A. (1994). *O choque do futuro* (5ª ed.). Rio de Janeiro: Record.

Obras com informações adicionais

Informações adicionais importantes fornecidas na publicação para a identificação e acesso da obra (edição, número de relatório, volume etc.) devem ser indicadas entre parênteses, logo após o título, e anteceder os números de páginas (Vol. 1, 2nd ed., p. 6). Não usar ponto entre o título e os parênteses.

Sobrenome, Nome abreviado. (ano de publicação). *Título: subtítulo* (Vol., ed., pp.). Local de Publicação: Editora.

Exemplo: Castells, M. (2002). *O poder da identidade. A era da informação: economia, sociedade e cultura* (Vol. 2, 3ª ed.). São Paulo: Paz e Terra.

Obras com editores

Sobrenome, Nome abreviado. (Ed. OU Coord. OU Org.). (ano de publicação).

Título: subtítulo (Vol., ed., pp.). Local de Publicação: Editora.

Exemplo: Ackroyd, S., & Fleetwood, S. (Eds.). (2000). *Realist perspectives on management and organizations*. London: Routledge.

Coleção

Sobrenome, Nome abreviado. (ano de publicação). *Título: subtítulo* (Vol., ed., pp.). (Coleção tal). Local de Publicação: Editora.

Exemplo: ECR Brasil (1998). *ECR Brasil visão geral: potencial de redução de custos e otimização de processos*. (Coleção ECR Brasil). São Paulo: Associação ECR Brasil.

Capítulo ou artigo

Sobrenome, Nome abreviado. (ano de publicação). Título do capítulo. In Nome abreviado. Sobrenome (Ed. OU Coord. OU Org.). *Título: subtítulo* (Vol., ed., pp.). Local de Publicação: Editora.

Exemplo: Watson, M. W. (1994). Vector autoregressions and cointegration. In R. F. Engle, & D. L. McFadden (Ed.). *Handbook of Econometrics* (Vol. 4, Chap. 47, pp. 2843-2915). Amsterdam: Elsevier.

Capítulo (livro editado)

Indicar as iniciais e o sobrenome de todos os editores precedido de In. No caso de existirem dois autores, coloque o "&" entre os autores sem a vírgula (para obras de referências volumosas com amplo conselho editorial, a identificação do editor chefe seguida de *et al.* é suficiente).

Sobrenome, Nome abreviado. (ano de publicação). Título do capítulo. In Nome abreviado. Sobrenome (Ed. OU Coord. OU Org.). *Título: subtítulo*. Local de Publicação: Editora.

Exemplo: Tanguy, L. (1997). Competências e integração social na empresa. In F. Ropé & L. Tanguy (Orgs.). *Saberes e competências: o uso de tais noções na escola e na empresa*. Campinas, SP: Papirus.

Obra traduzida

Na lista de referências, indicar entre parênteses, após o título, o nome do(s) tradutor(es) (usar Trad. para artigos em português e Trans. para artigos em inglês), seguido de local de publicação, editora e, entre parênteses, o ano de publicação da obra original.

Sobrenome, Nome abreviado. (ano de publicação). *Título: subtítulo* (Nome abreviado. Sobrenome, Trad.). Local de Publicação: Editora. (Obra original publicada em ano de publicação).

Exemplo: Bardin, L. (1979). *Análise de conteúdo* (L. A. Reto & A. Pinheiro, Trad.). São Paulo: Edições 70, Livraria Martins Fontes. (Obra original publicada em 1977).

Sobrenome, Nome abreviado. (ano de publicação). *Título: subtítulo* (Vol., ed., pp.). (Nome abreviado. Sobrenome, Trad.). Local de Publicação: Editora. (Obra original publicada seguida do ano de publicação).

Exemplo: Yin, R. K. (2001). *Estudo de caso: planejamento e métodos* (2ª ed.). (D. Grassi, Trad.). Porto Alegre: Bookman. (Obra original publicada em 1984).

Edição revisada

Acrescentar entre parênteses logo após o Título (Ed. rev.), para artigos em português e (Rev. ed.) para artigos em inglês.

Exemplo: Bryson, J. (1995). *Strategic planning for public and non-profit organization* (Ed. Rev.). San Francisco: Jossey-Bass Publishers.

Periódicos

Periódicos científicos, revistas e boletins

Indicar o **número do volume** (em *itálico*) e **número da edição** (quando houver) para periódicos científicos, revistas e boletins informativos.

Sobrenome, Nome abreviado. (ano de publicação). Título do artigo. *Nome do Periódico, volume* (número), páginas.

Exemplo: Peci, A. (2007). Reforma regulatória brasileira dos anos 90 à luz do modelo de Kleber Nascimento. *Revista de Administração Contemporânea, 11*(1), 11-30.

Suplemento de periódico

Indicar entre parênteses, após o número do volume, que é um suplemento, e se houver número do suplemento, colocá-lo também dentro dos parênteses.

Sobrenome, Nome abreviado. (ano de publicação). Título do artigo. *Nome do Periódico, volume* (supl. nº), páginas.

Exemplo: Easton, P. D. (1998). Discussion of revalued financial, tangible, and intangible assets: association with share prices and non market-based value estimates.
Journal of Accounting Research, 36(suppl.), 235-247.

Periódicos com editores

Sobrenome, Nome abreviado. (ano de publicação, mês de publicação). Título do artigo. In Nome abreviado, Sobrenome (Ed.). *Nome do Periódico,* (Dados complementares: volume, número, páginas). Editora.

Exemplo: Reis, E. (2000, August). Análise de *clusters* e as aplicações às ciências empresariais: uma visão crítica da teoria dos grupos estratégicos In E. Reis & M. A. M. Ferreira (Eds.). *Temas em Métodos Quantitativos,* (Vol.1, pp. 205-238). Edições Silabo.

Periódico eletrônico

Sobrenome, Nome abreviado. (ano de publicação). Título do artigo. *Nome do Periódico, volume*(número), páginas. Recuperado em dia mês, ano, de endereço eletrônico completo

Exemplo: Santos, C. P. dos, & Fernandes, D. H. von der (2007). A recuperação de serviços e seu efeito na confiança e lealdade do cliente. *RAC-Eletrônica, 1*(3), 35-51. Recuperado em 5 dezembro, 2007, de http://anpad.org.br/periodicos/content/frame_base.php?revista=3.

Exemplo: Porter, M. (1981). The contributions of industrial organization to strategic management. *The Academy of Management Review, 6*(4), 609-620. Retrieved November 12, 2002, from http://www.jstor.org/journals/aom.html

Versão eletrônica de periódico impresso

Sobrenome, Nome abreviado. (ano de publicação). Título do artigo [Versão eletrônica], *Nome do Periódico, volume*(número), páginas.

Exemplo: Rodrigues, A. L., & Malo, M. C. (2007). Estruturas de governança e empreendedorismo coletivo: o caso dos doutores da alegria [Versão eletrônica], *Revista de Administração Contemporânea, 10*(3), 29-50.

Exemplo: Vandenbos, G. Knapp, S., & Doe, J. (2001). Role of reference elements in the selection of resources by psychology undergraduates [Eletronic version], *Journal of Bibliographic Research, 5,* 117-123.

Artigo de revista

Indicar a data apresentada na publicação – ano e mês para publicações mensais ou ano, mês e dia para publicações semanais e/ou diárias, acrescentar o volume, o número, se houver, e páginas (número de páginas [p. ou pp.]).

Sobrenome, Nome abreviado. (ano de publicação, mês dia). Título do artigo. *Nome da Revista Periódico, volume*(número), páginas.

Exemplo: Schwartz, J. (1993, September 30). Obesity affects economic, social status. *The Washington Post,* pp. A1, A4.

Outros Casos de Referências

Anais/proceedings

Exemplo: Ayres, K. (2000, setembro). Tecnostress: um estudo em operadores de caixa de supermercado. *Anais do Encontro Nacional da Associação Nacional de Pós-Graduação e Pesquisa em Administração,* Florianópolis, SC, Brasil, 24.

Exemplo: Junglas, I., & Watson, R. (2003, December). U-commerce: a conceptual extension of e-commerce and m-commerce. *Proceedings of the International Conference on Information Systems,* Seattle, WA, USA, 24.

Tese e dissertação

Sobrenome, Nome abreviado. (ano de publicação). *Título do Trabalho.* Tipo do documento, Instituição, cidade, estado, país.

Exemplo: Ariffin, N. (2000). *The internationalisation of innovative capabilities: the Malaysian electronics industry.* Tese de doutorado, Science and Technology Policy Research (SPRU), University of Sussex, Brighton, England.

Exemplo: Torres, C. V. (1999). *Leadership style norms among americans and brazilians: assessing differences using jackson's return potential model*. Doctoral dissertation, California School of Professional Psychology, CSPP, USA.

Exemplo: Nogueira, E. E. S. (2000). *Identidade organizacional – um estudo de caso do sistema aduaneiro brasileiro*. Dissertação de mestrado, Universidade Federal do Paraná, Curitiba, PR, Brasil.

Manual, mimeo, folheto

Exemplo: Lohmöller, J. B. (1984). *LVPLS program manual: latent variables path analysis with Partial Least Squares estimation* [Manual]. Köln: Zentralarchiv für Empirische Sozialforschung, Universitst zu Köln.

Exemplo: Pizolotto, M. (1997). *Conversas de corredor* [Mimeo]. Universidade Federal do Rio Grande do Sul, Porto Alegre, RS.

Exemplo: Prefeitura Municipal de Curitiba – PMC. (2002). *Modelo colaborativo. Experiência e aprendizados do desenvolvimento comunitário em Curitiba* [Folheto]. Curitiba: Instituto Municipal de Administração Pública.

Exemplo: Lima, E. C. P. (1997). *Privatização e desempenho econômico: teoria e evidência empírica* (Texto para discussão, Nº 532). Brasília, DF: IPEA.

Apostila de disciplina

Exemplo: Gonzalez, R. S. (2001). *Balanço social – um disclosure necessário* [Apostila do Seminário Mercado de Capitais e Balanço Social]. São Paulo: ABAMEC.

Working Paper

Exemplo: Bebchuk, L. (1999). A rent-protection theory of corporate ownership and control [Working Paper Nº 7203]. *National Bureau of Economic Research*, Cambridge, MA.

Relatórios técnicos e de pesquisa

Caso a organização responsável tenha atribuído um número ao relatório, indicá-lo entre parênteses após o título. Acrescente a cidade e estado de publicação, o nome exato do departamento, repartição, agência ou instituto específico que publicou ou produziu o relatório.

Exemplo: Marques, E. V. (2003). *Uma análise das novas formas de participação dos bancos no ambiente de negócios na era digital* (Relatório de Pesquisa/2003), São Paulo, SP, Centro de Excelência Bancária, Escola de Administração de Empresas, Fundação Getulio Vargas.

Documentos eletrônicos

Documentos eletrônicos devem indicar o ano de publicação ou, caso a fonte seja atualizada regularmente, a data de atualização mais recente. Indicar, após o título, informações suficientes para a localização do material. Usar os termos "recuperado" e "de" para a língua portuguesa e "Retrieved" e "from" para a língua estrangeira. O endereço eletrônico deve ser completo, permitindo o acesso imediato ao documento.

Sobrenome, Nome abreviado. (ano de publicação). *Título: subtítulo*. Cidade, outros dados. Recuperado em dia mês, ano, de http://www.endereço eletrônico completo.

Exemplo: Gambetta, D. (2000). Can we trust trust? In D. Gambetta (Ed.). *Trust: making and breaking cooperative relations* (Chap. 13, pp. 213-237). Oxford: Department of Sociology, University of Oxford. Retrieved May 01, 2003, from http://www.sociology.ox.ac.uk/papers/gambetta213-237.pdf.

Exemplo: Famá, R., & Melher, S. (1999). *Estrutura de capital na América Latina: existiria uma correlação com o lucro das empresas?* Recuperado em 15 abril, 2004, de http://www.fia.com.br/labfin/pesquisa/artigos/arquivos/1.pdf.

Site inteiro

Citação de *website* inteiro deve ser apresentada no texto com o endereço do sítio completo, **e não precisa estar na lista de referências.**

Exemplo: A Figura 1 mostra uma parte do portão global do sistema da Unicef – Fundo das Nações Unidas para a Infância (http://www.unicef.com) que apresenta as entradas para as páginas de cada país, ...

Leis/Constituição

Exemplo: *Lei n. 9.984, de 17 de julho de 2000* (2000). Dispõe sobre a criação da Agência Nacional de Águas – ANA, entidade federal de implementação da Política Nacional de Recursos Hídricos e de coordenação do Sistema Nacional de Gerenciamento de Recursos Hídricos, e dá outras providências. Brasília, DF. Recuperado em 10 abril, 2007, de http://www.planalto.gov.br/ccivil/Leis/L9984.htm.

Exemplo: *Constituição da República Federativa do Brasil de 1988.* (1988). Brasília. Recuperado em 10 abril 2007, de http://www.planalto.gov.br/CCIVIL_03/Constituicao/Constitui%C3%A7ao.htm.

Dados ou base de dados eletrônica

Indique como autor o principal colaborador, a data de publicação deve ser o ano em que as cópias do arquivo de dados ou de base foram disponibilizadas pela primeira vez. Indique o título e, entre colchetes logo após o título, identifique a fonte como um arquivo de dados ou base de dados eletrônica. Não use ponto entre o título e o material entre colchetes. Indique a localização e o nome do produtor. Usar os termos "recuperado" e "de" para a língua portuguesa e "Retrieved" e "from" para a língua estrangeira. O endereço eletrônico deve ser completo, permitindo o acesso imediato ao documento.

Exemplo: Econométrica – Tools for Investment Analysis (n.d.). *Manual Econométrica*. Recuperado em 5 junho, 2004, de http://manual.economatica.com.br.

Apêndices: Esquemas Padrões

Apêndice 01 – Esquema padrão de capa

Apêndice 02 – Esquema padrão de contra-capa

Apêndice 03 – Esquema padrão de folha de rosto

Apêndice 04 – Esquema padrão de registro e ficha

Apêndice 05 – Esquema padrão de dedicatória

Apêndice 06 – Esquema padrão de agradecimento

Apêndice 07 – Esquema padrão de epígrafe

Apêndice 08 – Esquema padrão de resumo

Apêndice 09 – Esquema padrão de *abstract*

Apêndice 10 – Esquema padrão de sumário

Apêndice 11 – Esquema padrão de lista de abreviaturas

Apêndice 12 – Esquema padrão de lista de quadros

Apêndice 13 – Esquema padrão de lista de tabelas

Apêndice 14 – Esquema padrão de lista de gráficos

Apêndice 15 – Esquema padrão de lista das demais ilustrações

Apêndice 16 – Esquema padrão de referências

Apêndice 17 – Esquema padrão de glossário

Apêndice 18 – Esquema padrão de apêndices

Apêndice 19 – Esquema padrão de anexo

Apêndice 1 *Esquema padrão de capa. (Exemplo)*

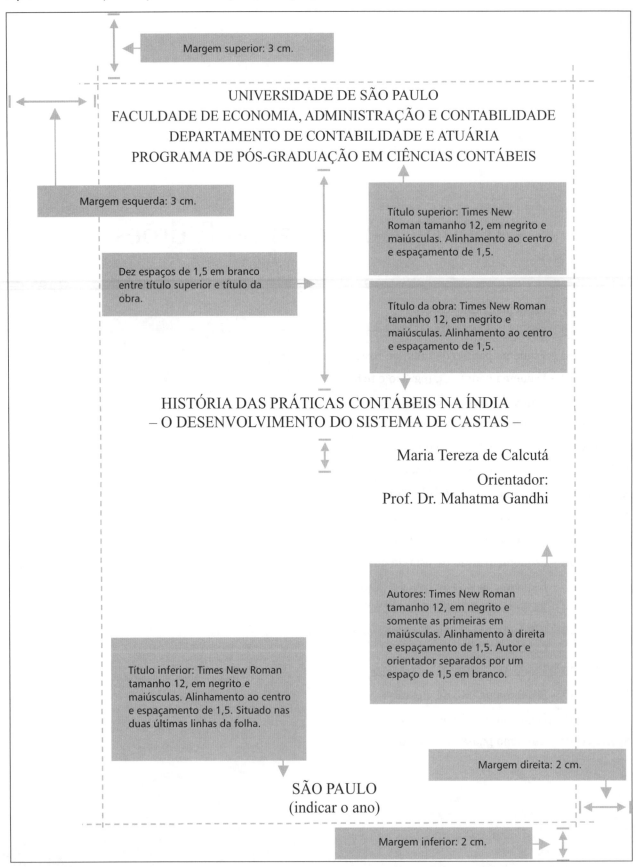

Obs.: A figura acima não está em escala, e o quadro representa uma folha A4.

Apêndice 2 *Esquema padrão de contracapa. (Exemplo)*

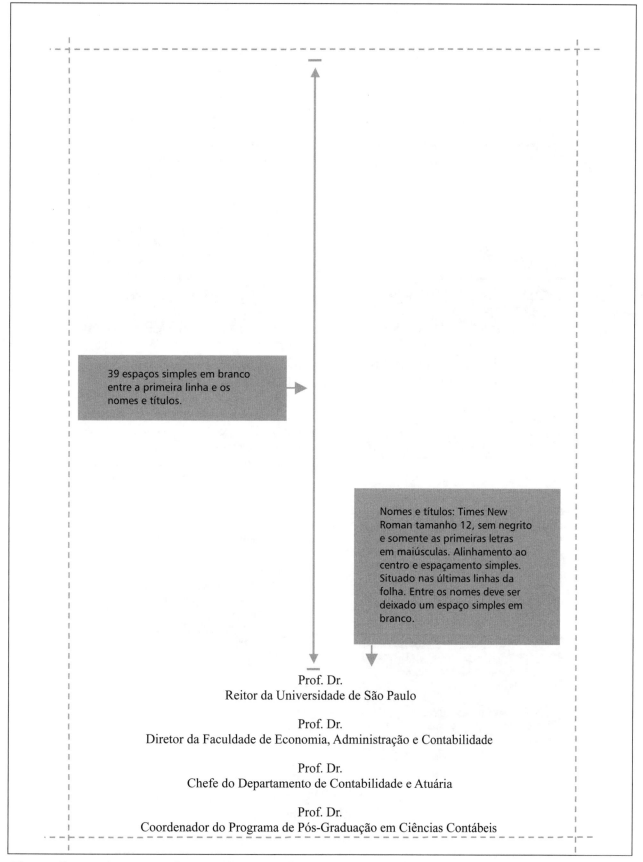

Obs.: A figura acima não está em escala, e o quadro representa uma folha A4.

Apêndice 3 *Esquema padrão de folha de rosto. (Exemplo)*

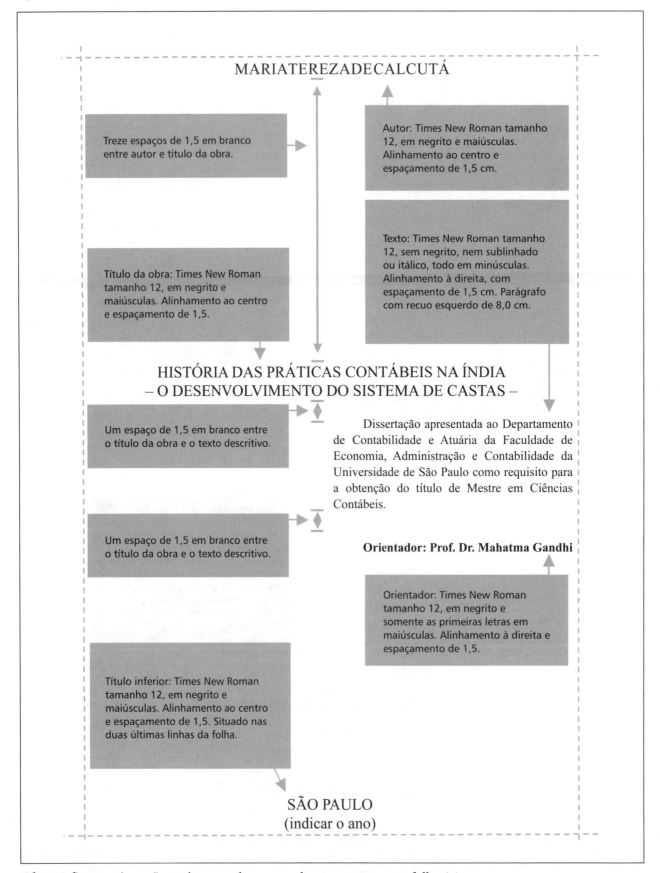

Obs.: A figura acima não está em escala, e o quadro representa uma folha A4.

Apêndice 4 *Esquema padrão de registro e ficha catalográfica. (Exemplo)*

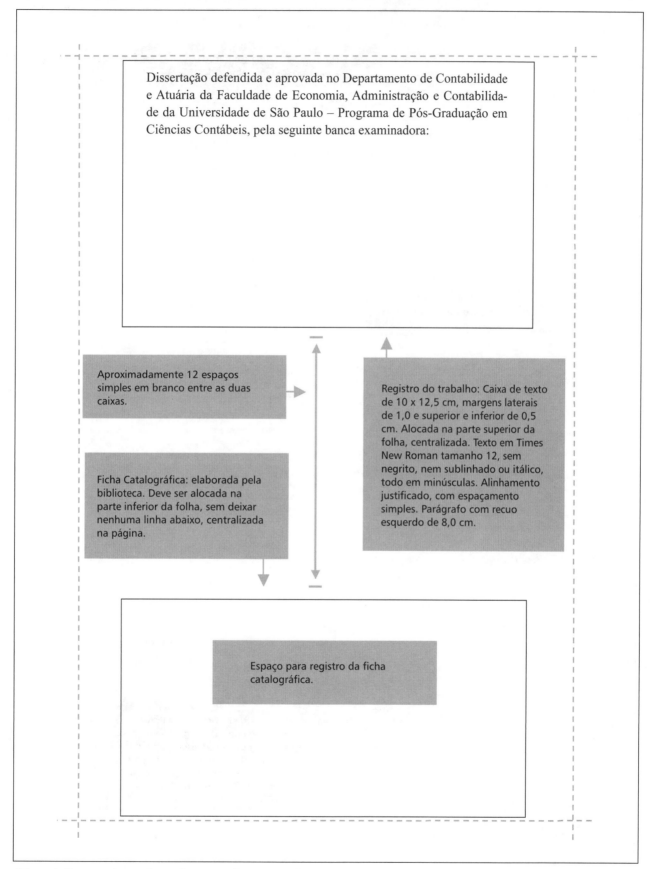

Obs.: A figura acima não está em escala, e o quadro representa uma folha A4.

Apêndice 5 *Esquema padrão de dedicatória. (Exemplo)*

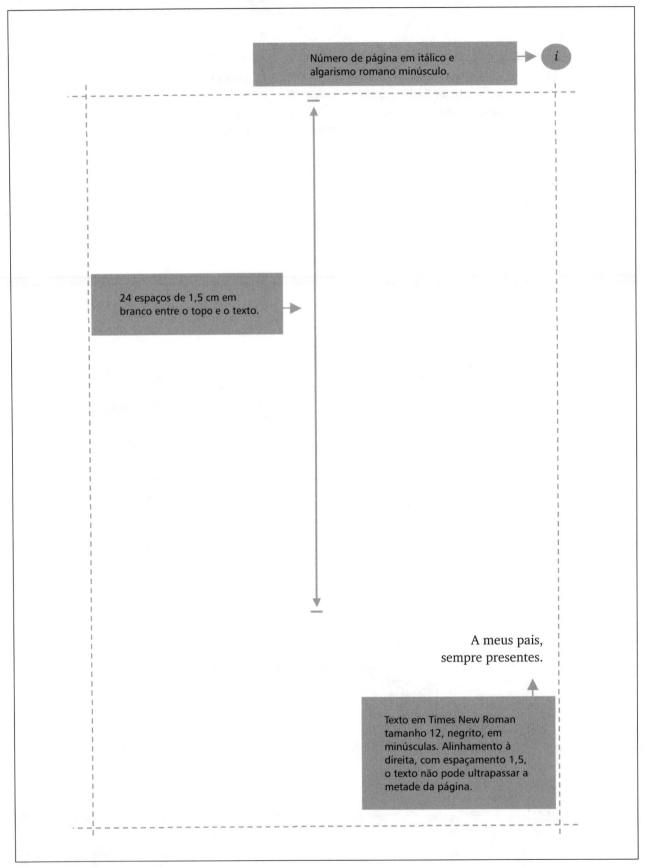

Obs.: A figura acima não está em escala, e o quadro representa uma folha A4.

Apêndice 6 *Esquema padrão de agradecimento. (Exemplo)*

Número de páginas em itálico e algarismo romano minúsculo. → *iii*

Agradeço ao professor e orientador Mahatma Gandhi, pelo apoio e encorajamento contínuos na pesquisa, aos demais Mestres da casa, pelos conhecimentos transmitidos, e à FEA-USP, pelo apoio institucional e pelas facilidades oferecidas.

Agradeço também à FIPECAFI, pelo apoio financeiro durante o período de elaboração desta obra.

Texto em Times New Roman tamanho 12, negrito, em minúsculas. Alinhamento justificado, com espaçamento 1,5 e o texto iniciando junto à margem esquerda (sem tabulação). O texto deve começar na primeira linha, sem qualquer título, e não deve haver linhas entre os parágrafos.

Obs.: A figura acima não está em escala, e o quadro representa uma folha A4.

Apêndice 7 *Esquema padrão de epígrafe.*

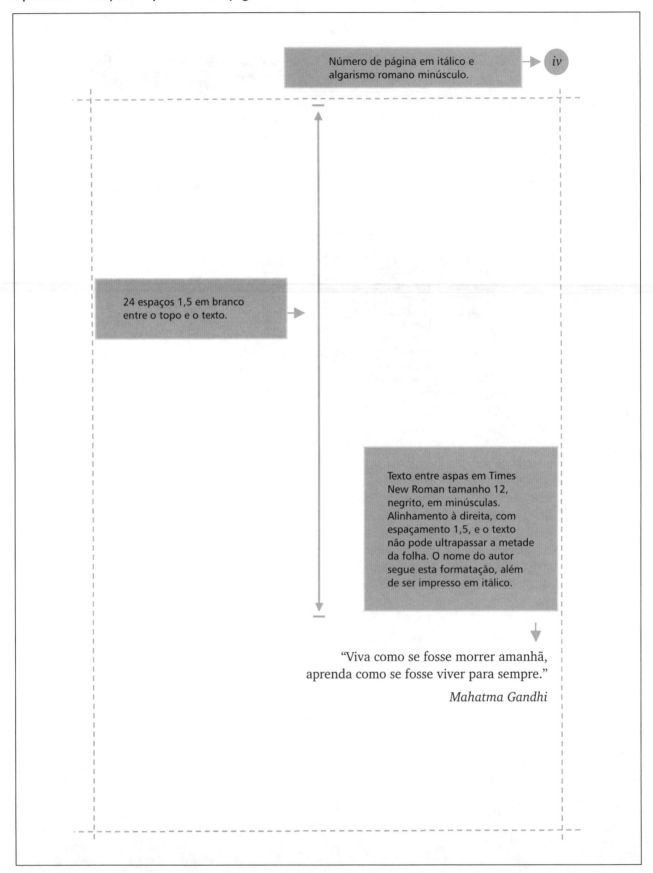

Obs.: A figura acima não está em escala, e o quadro representa uma folha A4.

Apêndice 8 *Esquema padrão de resumo.*

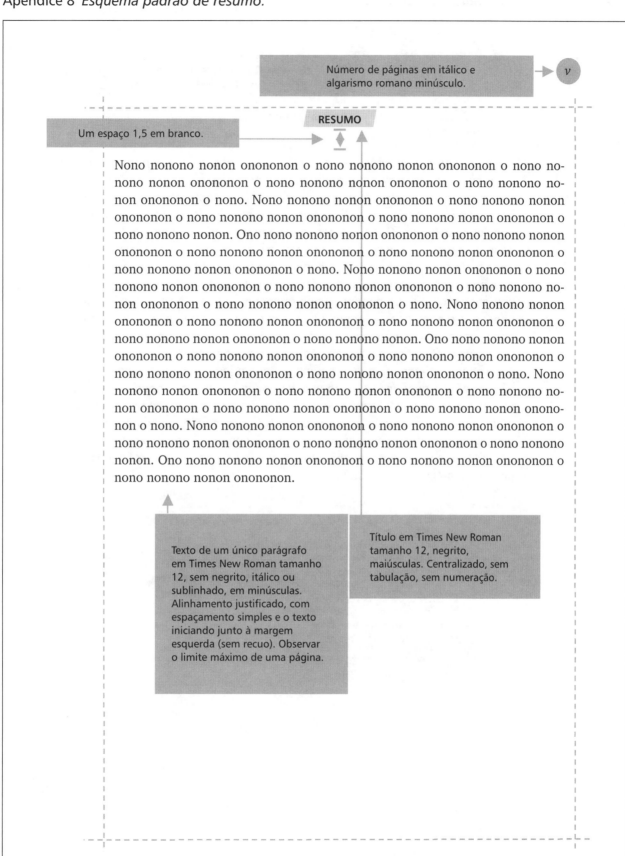

Obs.: A figura acima não está em escala, e o quadro representa uma folha A4.

Apêndice 9 *Esquema padrão de* abstract.

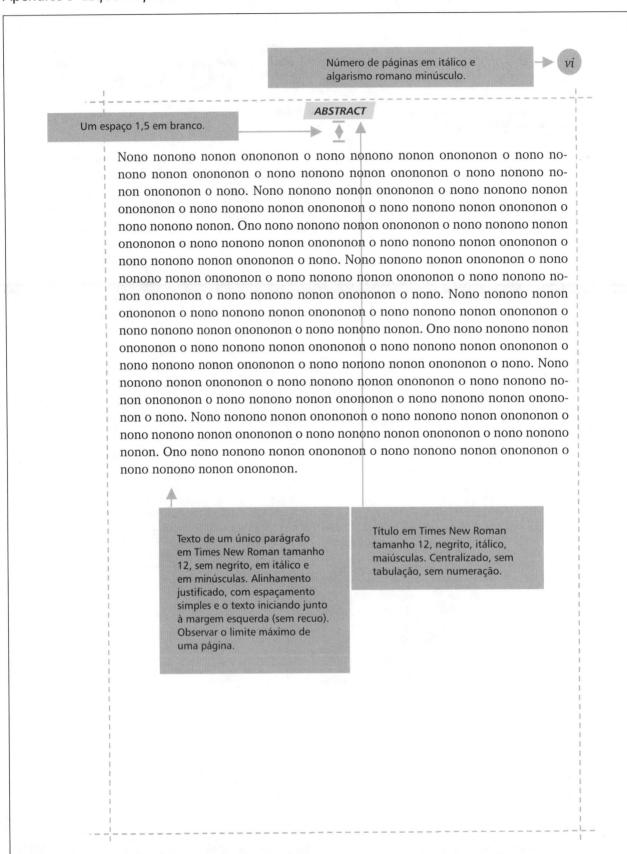

Obs.: A figura acima não está em escala, e o quadro representa uma folha A4.

Apêndice 10 *Esquema padrão de sumário.*

1ª página do sumário não leva número.

Um espaço 1,5 em branco.

SUMÁRIO

```
LISTA DE ABREVIATURAS E SIGLAS . . . . . . . . . . . . . . . . . . . . . . . . . . . . . . . 3
LISTA DE QUADROS . . . . . . . . . . . . . . . . . . . . . . . . . . . . . . . . . . . . . . . . . . 4
LISTA DE TABELAS . . . . . . . . . . . . . . . . . . . . . . . . . . . . . . . . . . . . . . . . . . . 5
LISTA DE GRÁFICOS . . . . . . . . . . . . . . . . . . . . . . . . . . . . . . . . . . . . . . . . . 6
LISTA DAS DEMAIS ILUSTRAÇÕES . . . . . . . . . . . . . . . . . . . . . . . . . . . . . . 7
1 NONONONONO . . . . . . . . . . . . . . . . . . . . . . . . . . . . . . . . . . . . . . . . . . . 8
   1.1 No nonono nono nono . . . . . . . . . . . . . . . . . . . . . . . . . . . . . . . . . . . 9
      1.1.1 Nonono nonono . . . . . . . . . . . . . . . . . . . . . . . . . . . . . . . . . . . 9
         1.1.1.1 Nonono . . . . . . . . . . . . . . . . . . . . . . . . . . . . . . . . . . . . 9
   1.2 Nonononono . . . . . . . . . . . . . . . . . . . . . . . . . . . . . . . . . . . . . . . . . 10
      1.2.1 Nonono nonono no . . . . . . . . . . . . . . . . . . . . . . . . . . . . . . . . 10
2 NONONONONO . . . . . . . . . . . . . . . . . . . . . . . . . . . . . . . . . . . . . . . . . . . 11
   2.1 No nonono nono nono . . . . . . . . . . . . . . . . . . . . . . . . . . . . . . . . . . . 12
   2.2 No nonono nono nono . . . . . . . . . . . . . . . . . . . . . . . . . . . . . . . . . . . 13
      2.2.1 Nonono nonono no . . . . . . . . . . . . . . . . . . . . . . . . . . . . . . . . 13

REFERÊNCIAS . . . . . . . . . . . . . . . . . . . . . . . . . . . . . . . . . . . . . . . . . . . . . . 17
GLOSSÁRIO . . . . . . . . . . . . . . . . . . . . . . . . . . . . . . . . . . . . . . . . . . . . . . . 19
APÊNDICE 1 . . . . . . . . . . . . . . . . . . . . . . . . . . . . . . . . . . . . . . . . . . . . . . . 21
ANEXO A . . . . . . . . . . . . . . . . . . . . . . . . . . . . . . . . . . . . . . . . . . . . . . . . . 24
```

Listagem em Times New Roman tamanho 12, sem negrito, de acordo com os títulos do texto. Alinhamento justificado, com espaçamento simples e a tabulação dependendo de cada nível de título.

Título em Times New Roman tamanho 12, negrito, sem itálico, maiúsculas. Centralizado, sem tabulação, sem numeração.

Obs.: A figura acima não está em escala, e o quadro representa uma folha A4.

Apêndice 11 *Esquema padrão de lista de abreviaturas e siglas.*

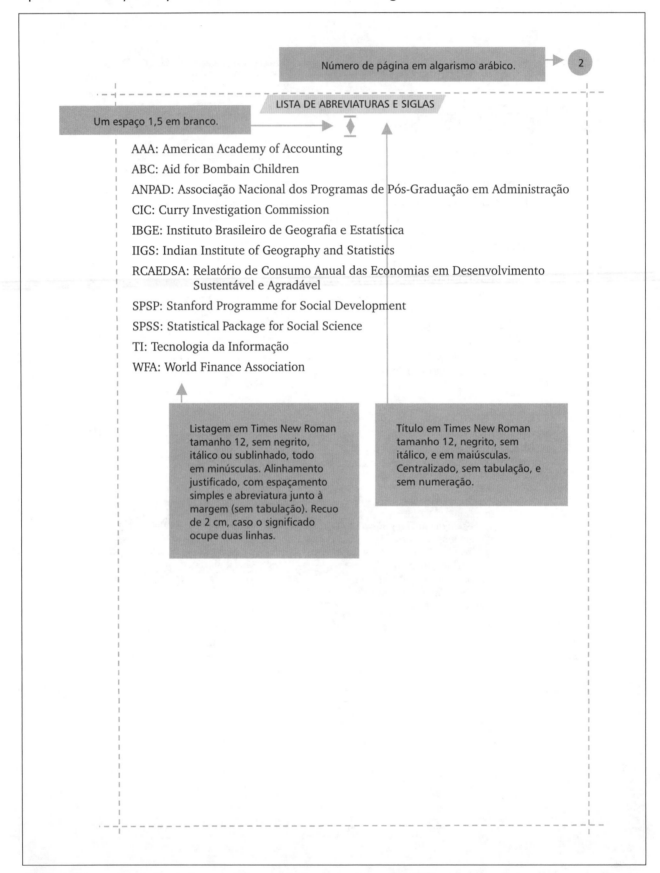

Obs.: A figura acima não está em escala, e o quadro representa uma folha A4.

Apêndice 12 *Esquema padrão de lista de quadros.*

Número de página em algarismo arábico. → 3

Um espaço 1,5 em branco.

LISTA DE QUADROS

Quadro 1 – Nonono nono nono nonono nono nononono nono nono o nono nono nono nono nononono nono nono 9
Quadro 2 – Nononono nono 10
Quadro 3 – Nonono nononono nono nononon noononon 11
Quadro 4 – Nononono nono nononon 12
Quadro 5 – Nononon noononon 13
Quadro 6 – Nonono nono nono 14
Quadro 7 – Nnononono 15
Quadro 8 – Nononoono nono. 16
Quadro 9 – Nonono nono nononon noononon 17
Quadro 10 – Nonono nononono 18
Quadro 11 – Nonono nono nono 19

Listagem em Times New Roman tamanho 12, sem negrito, itálico ou sublinhado, todo em minúsculas. Alinhamento justificado, com espaçamento simples e quadro junto à margem (sem tabulação). Recuo de 2 cm, caso o nome ocupe duas linhas. A listagem deve apresentar os quadros na ordem em que aparecem no texto, ou seja, na ordem crescente de páginas, e deve ter pelo menos 10 itens.

Título em Times New Roman tamanho 12, negrito, sem itálico, e em maiúsculas. Centralizado, sem tabulação, sem numeração.

Obs.: A figura acima não está em escala, e o quadro representa uma folha A4.

Apêndice 13 *Esquema padrão de lista de tabelas.*

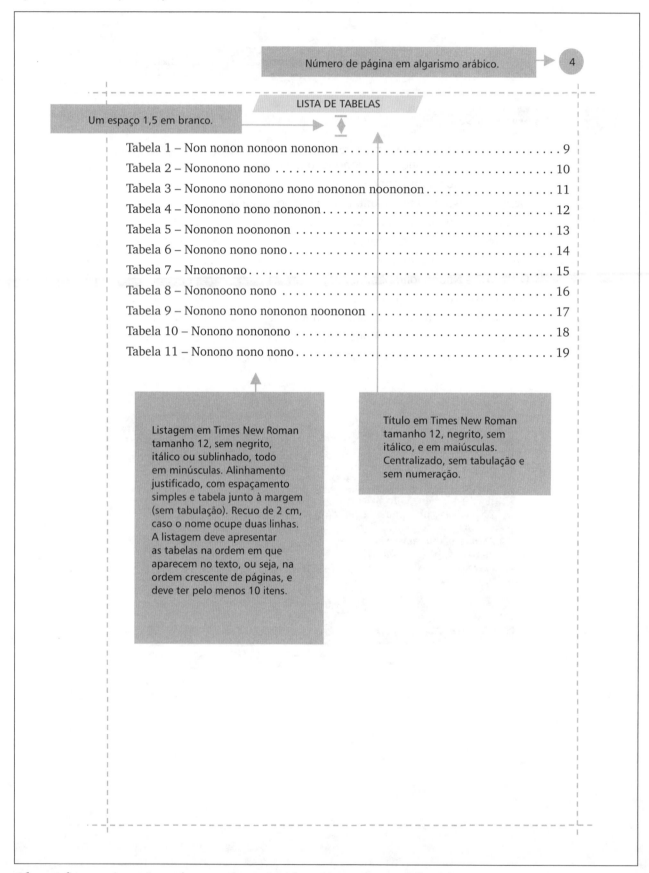

Obs.: A figura acima não está em escala, e o quadro representa uma folha A4.

Apêndice 14 *Esquema padrão de lista de gráficos.*

Número de página em algarismo arábico. → 4

Um espaço 1,5 em branco.

LISTA DE GRÁFICOS

Gráfico 1 – Nononon 9
Gráfico 2 – Nononono nono 10
Gráfico 3 – Nonono nononono nono nononon noononon 11
Gráfico 4 – Nononono nono nononon 12
Gráfico 5 – Nononon noononon 13
Gráfico 6 – Nonono nono nono 14
Gráfico 7 – Nnononono 15
Gráfico 8 – Nononoono nono 16
Gráfico 9 – Nonono nono nononon noononon 17
Gráfico 10 – Nonono nononono 18
Gráfico 11 – Nonono nono nono 19
Gráfico 12 – Nononono nono 20
Gráfico 13 – Nonono nononono nono nononon onono nononono nono nononon
  noononon nononono nono nononon noononon. 21
Gráfico 14 – Nononono nono nononon 22
Gráfico 15 – Nononon noononon 23
Gráfico 16 – Nonono nono nono 24
Gráfico 17 – Nnononono 25
Gráfico 18 – Nononoono nono 26

Listagem em Times New Roman tamanho 12, sem negrito, itálico ou sublinhado, todo em minúsculas. Alinhamento justificado, com espaçamento simples e gráfico junto à margem (sem tabulação). Recuo de 2 cm, caso o nome ocupe duas linhas. A listagem deve apresentar os gráficos na ordem em que aparecem no texto, ou seja, na ordem crescente de páginas, e deve ter pelo menos 10 itens.

Título em Times New Roman tamanho 12, negrito, sem itálico, e em maiúsculas. Centralizado, sem tabulação, sem numeração.

Obs.: A figura acima não está em escala, e o quadro representa uma folha A4.

Apêndice 15 *Esquema padrão de lista das demais ilustrações.*

Número de página em algarismo arábico. ▶ 6

Um espaço 1,5 em branco.

LISTA DAS DEMAIS ILUSTRAÇÕES

Ilustração 1 – Nononon onononononono 9
Ilustração 2 – Nononono nono 10
Ilustração 3 – Nonono nononono nono nononon noononon 11
Ilustração 4 – Nononono nono nononon 12
Ilustração 5 – Nononon noononon 13
Ilustração 6 – Nonono nono nono 14
Ilustração 7 – Nnononono 15
Ilustração 8 – Nononoono nono 16
Ilustração 9 – Nonono nono nononon noononon 17
Ilustração 10 – Nonono nononono 18
Ilustração 11 – Nonono nono nono 19

Listagem em Times New Roman tamanho 12, sem negrito, itálico ou sublinhado, todo em minúsculas. Alinhamento justificado, com espaçamento simples e ilustração junto à margem (sem tabulação). Recuo de 2 cm, caso o nome ocupe duas linhas. A listagem deve apresentar as ilustrações na ordem em que aparecem no texto, ou seja, na ordem crescente de páginas, e deve ter pelo menos 10 itens.

Título em Times New Roman tamanho 12, negrito, sem itálico, e em maiúsculas. Centralizado, sem tabulação, sem numeração.

Obs.: A figura acima não está em escala, e o quadro representa uma folha A4.

Apêndice 16 *Esquema padrão de referências.*

Número de página em algarismo arábico. → 123

REFERÊNCIAS

Um espaço 1,5 em branco.

BRASIL. Medida provisória n. 1.569-9, de 11/12/1997. **Diário Oficial – República Federativa do Brasil:** Poder Executivo. Brasília, DF, 1997.

CONGRESSO BRASILEIRO DE GESTÃO E DESENVOLVIMENTO DE PRODUTO, 1., 1999, Belo Horizonte. **Anais...** Belo Horizonte: Universidade Federal de Minas Gerais, 1999.

EXAME. São Paulo: Abril, ano 31, n. 595, 06/1999a.

EXAME. São Paulo: Abril, ano 31, n. 598, 09/1999b.

EXAME. São Paulo: Abril, ano 31, n. 600, 11/1999c.

Título em Times New Roman tamanho 12, negrito, sem itálico, e em maiúsculas. Centralizado, sem tabulação, sem numeração.

FILLOL, Josep Arcarons. *La institución del socialismo.* Barcelona: Ramblas, 1919.

Espaçamento simples na referência.

JENSEN, Matthew Chevalier; MECKLING, Willian Highbury. Theory of the firm: managerial behavior, agency cost and ownership structure. **Journal of Financial Economics.** [S.l.], oct. 1976.

LANCE pago pelo Santander eleva preço dos bancos. **Gazeta Mercantil.** São Paulo, p. B1, 01/12/2000.

Um espaço 1,5 em branco entre as referências.

MARTIN NETO, Luis et al. Alterações qualitativas da matéria orgânica. In: CONGRESSO BRASILEIRO DE CIÊNCIA DO SOLO, 26., 1997, Rio de Janeiro. **Resumos...** Rio de Janeiro: Sociedade Brasileira de Ciência do Solo, 1997.

NICOLSKY, Ronald. Inovação em ciência e tecnológica. **Jornal do Brasil.** Rio de Janeiro, p. C2, 13/01/1999.

NIUBO, Lluis. *Desde el mercantilismo hasta hoy.* Barcelona: Quique Gasch, 1902 apud FILLOL, Josep Arcarons. *La institución del socialismo.* Barcelona: Ramblas, 1919.

Listagem em Times New Roman tamanho 12 de acordo com especificações de cada tipo de referência. Alinhamento justificado e referência iniciando junto à margem (sem tabulação). Sem recuo no caso de o texto ocupar duas linhas. A listagem deve estar em ordem alfabética e não deve haver enumeração.

Obs.: A figura acima não está em escala, e o quadro representa uma folha A4.

Apêndice 17 *Esquema padrão de glossário.*

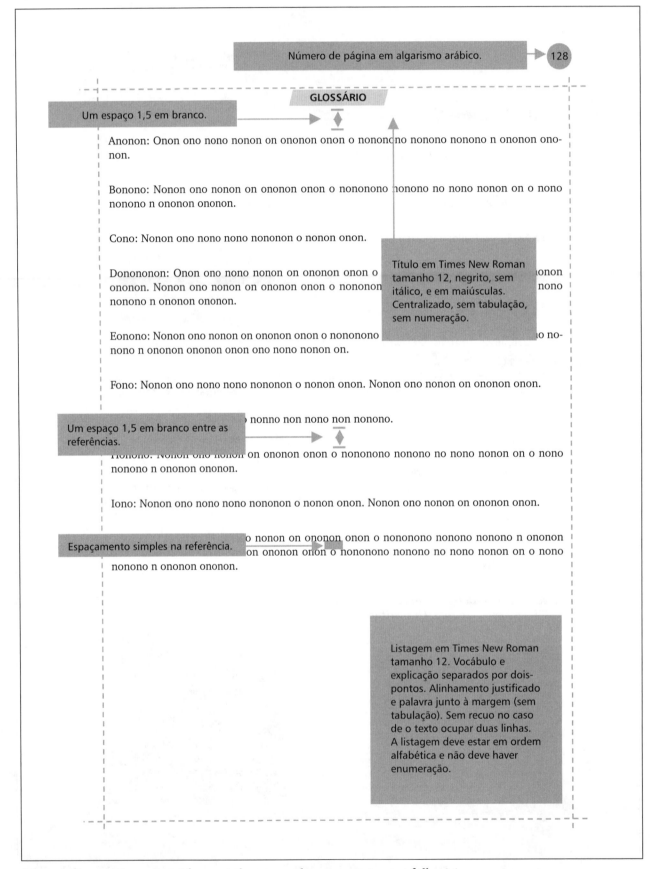

Obs.: A figura acima não está em escala, e o quadro representa uma folha A4.

Apêndice 18 *Esquema padrão de capa de apêndices.*

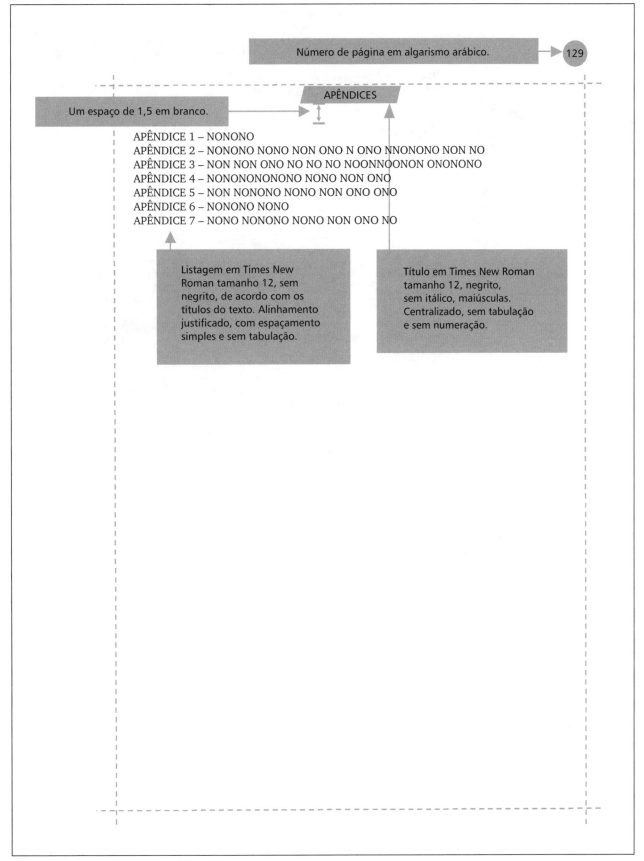

Obs.: A figura acima não está em escala, e o quadro representa uma folha A4.

Apêndice 19 *Esquema padrão de capa de anexos.*

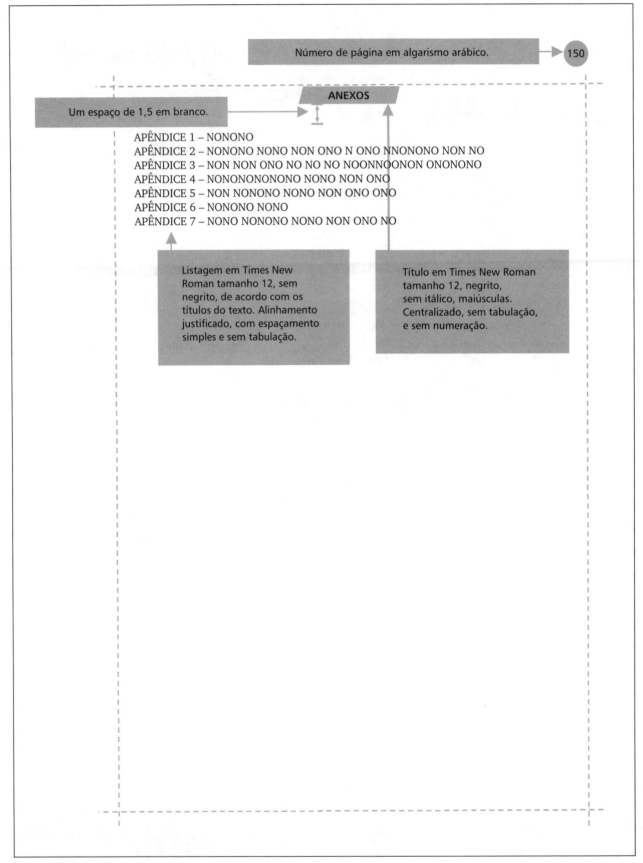

Obs.: A figura acima não está em escala, e o quadro representa uma folha A4.

Apêndices

Apêndice A – Roteiro para elaboração de um projeto de pesquisa, 221

Apêndice B – Elaboração de um artigo para publicação em periódico, 223

Apêndice C – Elucidário, 225

Apêndice D – Abreviaturas, 231

Apêndice E – Roteiro – resenha crítica metodológica, 233

Apêndice F – Relações bibliográficas, 235

Apêndices

Apêndice A

Roteiro para elaboração de um projeto de pesquisa

Projeto de pesquisa é um texto que define e mostra, com detalhes, o planejamento do caminho a ser seguido na construção de um trabalho científico de pesquisa. É um planejamento que impõe ao autor ordem e disciplina para execução do trabalho de acordo com os prazos estabelecidos. Dentre outros, o projeto de pesquisa é necessário para seu autor:

- Discutir suas ideias com colegas e professores em reuniões apropriadas.
- Iniciar contatos com possíveis orientadores.
- Participar de seminários e encontros científicos.
- Apresentar trabalho acadêmico à disciplina Metodologia da Pesquisa, ou assemelhadas.
- Solicitar bolsa de estudos ou financiamento para o desenvolvimento da pesquisa.
- Participar de concurso para ingresso em Programas de Pós-Graduação.
- Ser arguido por membros de bancas de qualificação ao mestrado ou doutorado.

Como enfatizado ao longo deste texto, para se construir um problema que mereça investigação científica, é preciso realizar leituras reflexivas de vários capítulos, livros, artigos etc. que tratam do assunto que se tenha interesse e desejo de estudar. Será preciso definir, dentro do assunto, o tema-problema a ser investigado. Para que o desenvolvimento do trabalho seja prazeroso, instigante, é necessário criatividade no recorte que se dará ao tema, isto é: sob que ângulo, ou perspectiva, será tratado. Esta é uma fase decisiva, portanto é fundamental que o autor "queime energias", não se contentando com a escolha de "qualquer tema". Definido o problema, será necessário o enunciado do título do trabalho. Não convém expressar "qualquer título" com a ideia que será alterado ao longo da pesquisa. Um título bem colocado corresponde a um projeto, logo, convém uma maior reflexão quando do seu enunciado.

Não há um único figurino para se elaborar um projeto de pesquisa. Uma proposta é apresentada a seguir:

1 *Introdução* ou, se preferir, *Objeto do estudo*

De forma discursiva (portanto, não itemizada), iniciar a redação colocando alguns antecedentes do assunto/tema/problema escolhido. Nesta seção o tema-problema deverá ser contextualizado. O apontamento de tendências de ordem prática e teórica, pontos críticos e preocupações sobre a problemática que será avaliada são bem-vindos nesta parte do projeto. É preciso expor as justificativas e razões para a escolha do tema, e a perspectiva de que se pretende abordá-lo. Convém enunciar possíveis contribuições e formas de intervenção na realidade. Em síntese, deve-se caracterizar o objeto da futura pesquisa.

Nesta seção colocam-se os objetivos da pesquisa. Para tanto convém expor respostas à pergunta: para que fazer a pesquisa? Iniciar a redação dos objetivos colocando o verbo no infinitivo é uma boa opção; por exemplo: caracterizar, buscar, aplicar, avaliar, determinar, enumerar, explicar etc. Se pertinente, também são enunciadas as hipóteses de pesquisa que se pretende testar.

2 *Revisão da bibliografia* ou *Plataforma teórica*

Alguns autores denominam esta seção de revisão da literatura, outros como referencial teórico. Aqui é apresentado o levantamento bibliográfico preliminar que dará suporte e fundamentação teórica ao estudo, ou seja, a plataforma teórica da pesquisa. Não se trata de expor uma relação de referências bibliográficas (nomes de livros, artigos e autores). Será preciso dar início à construção da moldura conceitual sobre o tema que será pesquisado, mostrando ligações entre a bibliografia a ser pesquisada e a situação problema que se pretende solucionar. A fim de mostrar certo conhecimento sobre o assunto é necessário expor citações: transcrições *ipsis litteris* – apresentar e discutir pelo menos um estudo já publicado que tenha relação com o tema a ser desenvolvido. Não se deve confundir esta seção com uma carta de intenção dos textos que se pretende ler.

3 *Metodologia* ou *Abordagem metodológica*

Nesta etapa do projeto será preciso justificar e descrever a abordagem metodológica a ser empreendida: método científico e técnicas de pesquisa que poderão ser utilizadas. Ou seja: explicar o caminho planejado para se chegar às conclusões da investigação. Conforme indicam alguns autores: nesta fase devem-se expor os procedimentos a serem seguidos quando da execução da pesquisa. Conforme a estratégia de pesquisa, é necessário caracterizar a população objeto do estudo, e se necessário o plano amostral que será desenvolvido. Também, conforme a proposta de trabalho, convém descrever, preliminarmente, considerações sobre o instrumento de coleta de informações, dados e evidências. Se a pesquisa que se pretende desenvolver for orientada por uma estratégia experimental, nesta seção é detalhada a relação de equipamentos necessários.

4 Orçamento (facultativo)

5 Cronograma

Colocar as principais atividades que serão realizadas, e as datas em que tais eventos acontecerão. Por exemplo:

Semanas ou meses / Atividades	1	2	3	4	5	...		
Revisão da Bibliografia	X	X	X	X	X	...		
Redação etc.						X	X	...

6 Referências

Relacionar, em ordem alfabética, as referências bibliográficas iniciais que foram consultadas.

Obs.: A estrutura do projeto deverá conter: capa, sumário, desenvolvimento e referências.

Apêndice B
Elaboração de artigo para publicação em periódico

1 Conceito

Artigo é um trabalho técnico-científico, escrito por um ou mais autores, que segue as normas editoriais do periódico a que se destina.

2 Estrutura

Além dos quesitos exigidos pela editora da revista, o artigo deve conter:

2.1 Cabeçalho

a) título do artigo
b) nome(s) do(s) autor(es)
c) filiação científica do(s) autor(es). Por exemplo: Professor da ...; Aluno do programa de Pós...

Agradecimentos, imprescindíveis, são indicados em nota de rodapé.

2.2 Resumo

Trata-se da apresentação concisa de todos os pontos relevantes do artigo. Visa fornecer elementos capazes para permitir ao leitor decidir sobre a necessidade de consulta integral do texto. O resumo deve ressaltar a problemática que se pretendeu solucionar e explicar: os objetivos; a abordagem metodológica empreendida; os resultados e as conclusões. Os resultados devem evidenciar, conforme os achados da pesquisa: o surgimento de fatos novos, descobertas significativas, contradições com teorias anteriores, bem como relações e efeitos novos verificados. O resumo deve ser composto de uma sequência corrente de frases concisas, e não de uma enumeração de tópicos. Dar preferência ao uso da terceira pessoa do singular e do verbo na voz ativa. Deve-se evitar o uso de parágrafos, o uso de frases negativas, símbolos, fórmulas, equações e diagramas. O resumo é digitado com espaços simples entre linhas e geralmente abrange 250 palavras.

A versão do resumo para a língua inglesa é o *abstract*. Há periódicos que pedem resumo e *abstract*.

2.3 Palavras-chave ou descritores

Aparecem depois do resumo e expressam os principais termos do artigo. Geralmente de três a cinco palavras. A versão dos descritores para a língua inglesa são os *Uniterms* ou *Keywords*.

2.4 Texto: introdução, desenvolvimento e conclusão

Na introdução o tema é apresentado de maneira clara, precisa e sintética. Evite introdução que se refira vagamente ao título do artigo, tampouco uma introdução abrupta, que leve o leitor a entrar confusamente no assunto. Nada de introdução histórica, que remete a questão a seus antecedentes remotos, nem introdução exemplificadora, em que se formulam exemplos ilustrativos acerca do tema. Também não são aconselháveis as introduções que anunciam os resultados da investigação.

Fundamentalmente a introdução deve conter quatro ideias básicas – respostas às perguntas:

- Que fazer? Ou seja, o que será tematizado?
- Por que fazer? Ou seja, por que foi escolhido o tema?
- Quais são as contribuições esperadas?
- Como fazer? Ou seja, qual será a trajetória desenvolvida para construção do trabalho empreendido?

De maneira geral, a introdução deve informar sobre:

- Antecedentes do tema, ou problema.
- Tendências.
- Natureza e importância do tema.
- Justificativa da escolha do tema.
- Relevância.
- Possíveis contribuições esperadas.
- Objetivos do estudo.

Em seguida à introdução, construa a moldura conceitual do artigo – referencie autores e estudos assemelhados, ou seja, mostre o apoio teórico ao desenvolvimento do tema objeto do artigo.

Descreva, brevemente, os materiais, procedimentos, técnicas e métodos utilizados para a condução da investigação – abordagem metodológica empreendida. Após análise e avaliação dos resultados, caminha-se para a conclusão.

Basicamente o conteúdo da conclusão compreende a afirmação sintética da ideia central do trabalho e dos pontos relevantes apresentados no texto. Considerada como uma das partes mais importantes do artigo, deve ser uma decorrência natural do que foi exposto no desenvolvimento. Assim, a conclusão deve resultar de deduções lógicas fundamentadas no que foi apresentado e discutido no corpo do trabalho e conter comentários e consequências próprias da pesquisa. Por último, são bem-vindas sugestões de novos enfoques para pesquisas adicionais.

2.5 Referências

Relação das referências bibliográficas consultadas para elaboração do artigo, de acordo com as normas da ABNT. Veja neste livro como construí-las.

3 Considerações gerais

a) As ilustrações: tabelas, quadros e gráficos são numerados consecutivamente para cada natureza.

b) As notas, quando imprescindíveis, são colocadas no rodapé.

c) Geralmente os artigos não excedem a 20 laudas com 27 linhas de 70 toques, incluindo ilustrações, notas e bibliografia.

d) Quando indispensáveis, matérias suplementares (cópia de leis, modelos de questionários etc.), são anexadas ao final do artigo.

Apêndice C
Elucidário

ABNT – Associação Brasileira de Normas Técnicas – é o órgão responsável pela normatização técnica no país; foi fundada em 1940, para fornecer a base necessária ao desenvolvimento tecnológico brasileiro.

abstract ou *summary* – palavras de língua inglesa que significam resumo. É a tradução do termo *resumo* para língua inglesa que deve integrar dissertação ou tese com a finalidade de facilitar a divulgação do trabalho em nível internacional.

acervo – conjunto de documentos de um arquivo.

alcunha – nome acrescentado ao nome propriamente dito de uma pessoa, ou usado para substituí-lo, denotativo seja de particularidades referentes a seu ofício, seja de um traço característico de sua pessoa ou de sua vida.

algoritmo – procedimento de cálculo em linguagem simbólica.

alínea – subdivisão de um parágrafo indicada por letra minúscula seguida de sinal de fechamento de parênteses.

anexo, apêndice – matéria suplementar que se junta ao texto de uma publicação como esclarecimento ou documentação, embora não constitua parte essencial da obra. Considera-se apêndice quando o material for elaborado pelo próprio autor do trabalho e anexo quando o material se origina de outras fontes.

apud – citado por, conforme, segundo.

artigos de periódicos – são trabalhos técnicos, científicos ou culturais, escritos por um ou mais autores, que seguem as normas editoriais do periódico a que se destinam.

autor – pessoa fundamentalmente responsável pela criação do conteúdo intelectual ou artístico de uma obra.

bibliografia – lista bibliográfica com as referências bibliográficas de todas as obras utilizadas, citadas ou não no texto, arranjadas por ordem alfabética. Alguns autores denominam tal lista por bibliografia consultada.

c. – capítulo; pode-se usar também cap.

CAb – grafado em caixa alta e baixa.

cabeçalho – nome, frase, expressão ou iniciais, colocados no alto de um registro bibliográfico, para dar um ponto de acesso em catálogos, listas e outros suportes.

catálogos – instrumental de pesquisa elaborado segundo um critério temático, cronológico, onomástico ou geográfico, incluindo todos os documentos pertencentes a um ou mais fundos, descritos de forma sumária ou pormenorizada.

cf. – conforme.

circa ou ca. – por volta de.

citação – é a menção, no texto, de informação colhida de outra fonte, para esclarecimento do assunto em discussão ou para ilustrar ou sustentar o que se afirma.

coleção – conjunto de documentos, sem relação orgânica, aleatoriamente acumulados.

content list – sumário.

copyright – palavra inglesa, de uso internacional, indicativa de propriedades literária ou direito autoral, e que, no verso da folha de rosto de uma obra, acompanha o nome do beneficiário e o ano da primeira publicação para efeitos legais.

datas – o ano, os meses e os dias são indicados por extenso ou em algarismos arábicos. Os meses podem ser abreviados por meio das três primeiras letras, seguidas de ponto quando minúsculas e sem ponto quando maiúsculas, excetuando-se o mês de maio, que é escrito por extenso. Os dias da semana podem ser abreviados: p. ex.: 3ª feira, sáb., dom. As horas são indicadas de 0 h às 23 h, seguidas, quando necessário, dos minutos e segundos. p. ex.: 13 h 23 min. 30,2 s. Não se coloca ponto para se separar o algarismo da milhar quando se indica um ano: p. ex.: 1992, e não 1.992.

descritores (ou palavras-chave de artigos de periódicos) – são termos ou frases que expressam os assuntos do artigo e vêm obrigatoriamente depois do resumo.

diretório, cadastro, guia – obra de referência, periódica ou não, que informa nome, endereço, tamanho das coleções, assuntos cobertos, recursos humanos e outros dados relativos a biblioteca ou centros de informação e documentação.

draft – rascunho.

ed. – edição: Por exemplo: 6. ed. (a edição deve ser indicada em algarismos arábicos).

editor – nas referências bibliográficas, o nome do editor deve ser grafado como figura na publicação referenciada, abreviando-se os prenomes, e suprimindo-se outros elementos que designam a natureza jurídica ou comercial deste, desde que dispensáveis a sua identificação. p. ex.: Kosmos (e não Kosmos Editora), Atlas (e não Editora Atlas).

editorial – artigo de fundo que exprime a opinião do órgão, em geral escrito pelo redator-chefe e publicado com destaque.

elucidário – documento que se propõe esclarecer assuntos, termos obscuros ou duvidosos.

empírico – desprovido de teoria; relativo à observação de uma realidade externa ao indivíduo.

entrada – elemento levado em consideração para determinar a ordenação, tal como um nome, um cabeçalho, um título em obras técnico-científicas.

epígrafe – citação colocada no início de uma obra, após a folha de rosto.

errata – lista de erros tipográficos ou de outra natureza, com as devidas correções e indicação das páginas e linhas em que aparecem. É impressa geralmente em papel avulso ou encartado, que se anexa à obra depois de impressa.

exempli gratia (*e. g.*) – por exemplo.

exórdio, preâmbulo, proêmio, prólogo ou introdução – parte inicial do trabalho onde se expõem o argumento, os objetivos da obra e o modo de tratar o assunto.

falsa folha de rosto, anterrosto, falso frontispício, olho – num livro, é a folha que precede a folha de rosto e contém o título da obra.

fascículo – caderno ou grupo de cadernos de uma obra que se publica à medida que vai sendo impressa; cada um dos números de uma publicação periódica que constitui volume bibliográfico.

ficha catalográfica – informações bibliográficas (catalogação na fonte) que devem aparecer na falsa folha de rosto, ou, na falta desta, no verso da folha de rosto.

figuras – como figuras são consideradas: desenhos, gráficos, mapas, esquemas, fórmulas, modelos, fotografias. As legendas devem ser inseridas abaixo de cada figura, com numeração sequente, algarismos arábicos, e iniciadas pela palavra FIGURA.

filiação científica – indicação da Instituição a que pertence(m) o(s) autor(es) de trabalhos científicos: Departamento – Instituto ou Faculdade – Universidade (sigla) – Cidade – Estado – País.

folha de rosto, página de rosto, frontispício, portada – página que contém os elementos essenciais à identificação da obra (autor, título, edição, imprenta local, editor e ano de publicação, no caso de livro).

folheto – publicação não periódica, com um mínimo de 5 e um máximo de 48 páginas, revestida de capa de papel ou cartolina.

fonte – qualquer documento que pode fornecer informações autorizadas.

glossário – vocabulário em que se explicam palavras obscuras ou referentes a determinada especialidade técnica, científica etc., geralmente apenso a um livro.

ibid. (ibidem) – na mesma obra.

id est (i.e.) – isto é.

id. (idem) – do mesmo autor.

Il. – abreviatura para indicação de ilustrações de qualquer natureza em referências bibliográficas.

ilustrações – aparecem no trabalho para explicar ou complementar o texto. Dividem-se em três categorias: Tabelas, Quadros e Figuras.

imprenta – também denominada notas tipográficas, é parte da referência bibliográfica composta dos seguintes elementos: local, editora e data de publicação.

In – inserido, contido em.

índice – trata-se de lista de entradas ordenadas segundo determinado critério, que localiza e remete o leitor para as informações contidas num texto. Não deve ser confundido com sumário (enumeração das principais divisões: capítulos, partes de um documento na mesma ordem em que a matéria nele se sucede). O índice deve ser impresso no final da publicação. Sua ordenação poderá ser alfabética ou sistemática por autor, assunto, pessoa e entidade, abreviatura, citação etc.

índice cronológico – agrupa nomes e fatos importantes em relação cronológica de anos, períodos ou épocas.

índice geral – relaciona em ordem alfabética, seguida do respectivo número da página, diversos assuntos, nomes, lugares etc., contidos no relatório.

índice onomástico – agrupa assuntos, nomes, espécies etc. em relação preparada de acordo com um sistema de classificação.

índice sistemático – agrupa assuntos, nomes, espécies etc. em relação preparada de acordo com um sistema de classificação. Lista ou catálogos de nomes próprios.

inf. ou infra – abaixo.

inquérito – documento que relata a evolução e os resultados de uma sindicância ou interrogatório. Pesquisa, sindicância.

ISBN – Numeração Internacional para Livro (International Standard Book Numbering), referencia um título.

ISSN – Numeração Internacional para Publicações Seriadas (International Standard Serial Numbering) – sigla adotada internacionalmente para indicar o número padronizado de uma publicação seriada (periódicos, jornais, anuários, revistas técnicas etc.). O ISSN deve ser impresso em cada fascículo de uma publicação seriada, em posição destacada, no canto superior direito da capa, na ficha catalográfica e logo acima da legenda bibliográfica da folha de rosto.

legenda bibliográfica – conjunto de informações essenciais destinadas à identificação de um periódico e dos artigos nele contidos. Deve figurar no rodapé da folha de rosto e em cada uma das páginas do texto, salvo na caso de jornais que a colocam no cabeçalho da página. P. ex.: Revista Telebrás, Brasília, volume 15, número 53, páginas 1 a 92, novembro de 1991. Na folha de rosto a legenda deveria ser: R. Telebrás Brasília v. 15 n. 53 p. 1-92 Nov./1991. Nas páginas do texto: Rev. Telebrás, Brasília, 15(53): 1-35, nov. 1991

léxico – dicionário de formas raras ou difíceis, próprias de determinado autor ou de uma época literária.

lista – enumeração de elementos de apresentação de dados e informações (gráficos, mapas, tabelas, ilustrações, abreviaturas, siglas etc.) utilizados na obra.

listas de figuras, ilustrações, tabelas, quadros, siglas, abreviaturas, símbolos, anexos etc. – enumeração de elementos de um texto técnico – científico em ordem alfabética. As listas têm apresentação similar à do sumário. Quando pouco extensas, podem figurar sequencialmente na mesma página. Não devem ser feitas listas com número inferior a cinco itens. Aparecem, em páginas próprias, antes do sumário.

livro – publicação não periódica, de conteúdo científico, literário ou artístico, formada por um conjunto de folhas impressas, grampeadas, costuradas ou coladas em capa.

***loc. cit.* (loco citado)** – no lugar citado.

n. – número.

n/ref. – nossa referência.

NB – norma brasileira, emitida pela ABNT.

NBR – Norma Brasileira Registrada emitida pela ABNT.

notas – observações ou adiantamentos de detalhes do texto de uma obra, colocado no rodapé e/ou no final do texto (final do capítulo, da seção ou da própria obra).

notas e referências bibliográficas – lista bibliográfica com as referências bibliográficas e demais notas, arranjadas numericamente, obedecendo a uma única sequência, conforme ordem de ocorrência no texto.

numeração de documento – empregam-se algarismos arábicos na identificação dos capítulos, partes etc. (p. ex.: 1 1.1 1.1.3).

obra de referência – obra de uso auxiliar que permite obter informações sobre o assunto de interesse, tais como: dicionários, enciclopédias, índices etc.

opus citatum (op. cit.) – obra já citada anteriormente.

p. – página.

p. ex. – por exemplo.

palavras-chave/*keywords* – relação de até sete palavras representativas do tema tratado no trabalho, separadas entre si por ponto-e-vírgula.

papers – pequenos artigos científicos ou textos elaborados para comunicações em congressos. Possuem a mesma estrutura formal de um artigo.

paráfrase – é o desenvolvimento, com palavras próprias, do texto de um livro ou de um documento, conservando-se as ideias originais.

passim – aqui e ali.

periódico – é a publicação editada em fascículos ou partes, a intervalos regulares ou não, por tempo indeterminado, na qual colaboram diversas pessoas, sob uma direção constituída. Pode tratar de vários assuntos em uma ou mais áreas do conhecimento.

posfácio – texto informativo ou explicativo que, redigido após a elaboração do texto, pode figurar como complemento.

prefácio – parte opcional de livro. É constituído de palavras de esclarecimento, justificativa ou apresentação, redigidas pelo autor, editor ou outra pessoa de reconhecida competência ou autoridade.

prenome – elemento que vem em primeiro lugar na enunciação do nome completo de uma pessoa, também chamado nome individual.

pseudônimo – nome adotado por uma pessoa como substitutivo da designação oficial, usado para identificá-la em certo ramo especial de suas atividades.

q. v. – queira ver.

quadro – representação tipo tabular que não emprega dados estatísticos. Devem ser numerados consecutivamente, em algarismos arábicos, e encabeçados pelo título.

referee – avaliador de artigos submetidos a um periódico, congresso etc.

referência bibliográfica – é o conjunto de elementos que permite a identificação de documentos impressos ou registrados em qualquer suporte físico, tais como: livros, periódicos e material audiovisual.

referências bibliográficas – lista bibliográfica que inclui apenas referências das citações utilizadas no texto e não indicadas em nota de rodapé. Lista bibliográfica de artigo periódico.

relatório – é a exposição escrita na qual se descrevem fatos verificados mediante pesquisas ou se historia a execução de serviços ou de experiências. É geralmente acompanhado de documentos demonstrativos, tais como tabelas, gráficos, estatísticas e outros.

repertório – instrumento de pesquisa no qual são descritos, pormenorizadamente, documentos previamente selecionados, pertencentes a uma ou mais fontes, podendo ser elaborado segundo um critério temático, cronológico, onomástico ou geográfico.

resumo (artigos de periódicos) – é a apresentação concisa do texto, destacando os aspectos de maior interesse e importância. Na elaboração do resumo, deve-se observar o seguinte: não ultrapassar 250 palavras; precede o texto quando na mesma língua; é transcrito ao final do artigo, antes das referências bibliográficas, quando em outra língua.

resumo (dissertações e teses) – denominado *Résumé* em francês, *Abstract* em inglês, *Resumen* em espanhol, *Zusammenfassung* em alemão, é a apresentação concisa do texto, destacando os aspectos de maior interesse e importância. Não deve ser confundido com sumário.

resumo (livros) – é a apresentação concisa do texto, destacando-se os aspectos de maior interesse e importância. É recomendado apenas para obras técnicas e científicas e está localizado imediatamente antes do texto, devendo conter até 300 palavras.

roteiro *(script)* – documento que descreve a sequência dos acontecimentos que forma o enredo de um filme, peça teatral, programa de TV etc.

s/com. – sua comunicação.

s/ref. – sua referência.

seq. (sequentia) – seguinte ou que se segue.

sinalética (lista bibliográfica) – sistema de fichário que reúne as referências das obras consultadas e/ou citadas num trabalho.

sine loco (s.l.) – indica-se quando da falta do local da publicação da obra que se pretende referenciar.

sine nomine (s.n.) – indica-se quando da falta de impressor e editora na obra que se pretende referenciar.

sumário – é a enumeração das principais divisões, partes, capítulos, seções, na mesma ordem em que se sucedem no texto. Não deve ser confundido com índice ou mesmo com resumo.

sumário (livros) – denominado *Contents* em inglês, *Table des Matières* em francês, *Contenido* em espanhol, *Inhalt* em alemão, é a relação dos capítulos e seções do trabalho, na ordem em que aparecem. Não deve ser confundido com índice, resumo ou lista.

sumário (publicações periódicas) – é a relação dos artigos que constituem o fascículo de um periódico. O sumário deve indicar, para cada artigo: título do artigo; nome do autor; número da primeira página, ligado ao título/autor por linha pontilhada.

suplemento – é a parte do periódico que apresenta material extraordinário, de complementação.

supra – acima.

t. – tomo, tomos.

thesaurus – repositório de palavras-chave, com seus sinônimos, antônimos e palavras relacionadas.

tamanho de artigo – geralmente, laudas com 30 linhas de 70 toques e espaço 1, com o máximo de 15 páginas (algumas revistas permitem até 30 páginas).

título corrente – é a indicação do(s) autor(es) e do título breve do artigo, que aparece ao alto de todas as páginas do artigo, exceto a primeira.

título corrente, cabeça ou cabeço – título, integral ou abreviado, da obra ou capítulo, colocado no alto de cada página. Em geral, o título do livro vem na página par e o do capítulo na página ímpar.

tomo – divisão física de uma obra, que pode coincidir ou não com o volume.

transliteração – é a ação de representar os sinais de um alfabeto por sinais de outro alfabeto.

v. – volume.

vide (vid.) – ver a citação já referenciada. É melhor traduzir por ver.

videlicet (viz) – a saber.

Apêndice D

Abreviaturas

Abreviações Latinas

Termo	Abreviação	Significado
Apud	apud	Citado por
Circa	ci.	Cerca, aproximadamente
et alii	et al.	E outros
et sequentia	et. seq.	E seguinte(s), que se segue(m)
exempli gratia	e. g.	Exemplo
Ibidem	ibid.	No mesmo lugar, na mesma hora
Idem	idem	O mesmo, o mesmo autor
In	In	Dentro, em
loco citato	loc. cit.	No local citado
nota bene	N. B.	Observe-se bem
opere citato	op. cit.	Obra já citada
prima facie	p. fac.	À primeira vista, presumivelmente
quantum satis	q. s.	Quanto basta
sine loco	s. l.	Sem local de publicação
sine nomine	s. n.	Sem nome do editor
status quo	s. q.	Estado atual, situação atual
sui generis	s. g.	Único, peculiar
Ultima ratio	u. rat.	Argumento definitivo, último
verbi gratia	v. g.	Exemplo

Abreviações comumente utilizadas

Termo	Abreviação
Conforme	cf.
Coordenador	coord.
Figura	fig.
Folha	f.
Isto é	i.e.
Não se aplica	n.a.
Nota do autor	N. do A.
Nota do editor	N. do E.
Nota do tradutor	N. d. T.
Organizador	org.
Página	p.
Páginas	pp.
Plural	pl.
Por exemplo	p. ex.
Século	séc.
Segundo informações coletadas	sic
Sem data	s.d.
Separata	sep.
Tabela	tab.
Tomo	t.
Tradutor	trad.
Veja	v.
Ver também	v. tb.
Versus	vs.
Volume	v.

Alfabeto Grego (maiúsculas e minúsculas)

A, α	Alfa	N, ν	Niú
B, β	Beta	Ξ, ξ	Xi
Γ, γ	Gama	O, o	Ômicron
Δ, δ	Delta	Π, π	Pi
E, ε	Épsilon	P, ρ	Rô
Z, ζ	Zeta	Σ, σ	Sigma
H, η	Eta	T, τ	Tau
Θ, θ	Teta	Y, υ	Upsilon
I, ι	Iota	Φ, φ	Fi
K, κ	Capa	X, χ	Qui
Λ, λ	Lambda	Ψ, ψ	Psi
M, μ	Um	Ω, ω	Ômega

Apêndice E

Roteiro – Resenha Crítica Metodológica

Um exercício estimulante ao aprendizado da Metodologia da Investigação Científica é a construção de uma resenha crítica metodológica de um texto científico: dissertação, tese, artigo etc.

Além de outros comentários que o crítico julgar conveniente, uma resenha crítica metodológica de um texto científico deverá: identificar, citar, comentar, analisar e avaliar:

- Antecedentes e justificativas apresentadas.
- Questão de pesquisa, ou problema, que se pretendeu solucionar.
- Segmento social interessado nos resultados (grau de importância do tema).
- Objetivos da pesquisa.
- Sistema de hipóteses.
- Plataforma teórica.
- Abordagem metodológica empreendida.
- Técnica de coleta de dados.
- Definições conceituais, operacionais e construtos.
- Técnicas de análise de dados, informações e evidências.
- Resultados alcançados: a questão ficou respondida? Os objetivos foram atingidos?
- Originalidade: grau em que os resultados surpreenderam.
- Sobre a validação dos achados.
- Adequação das conclusões.
- A estruturação do trabalho (lógica de apresentação) está adequada?
- Estilo de redação é claro? Preciso? Conciso?
- Bibliografia – referências.

Atenção:

- É conveniente o desenvolvimento da resenha em forma discursiva.
- A crítica deve estar concentrada, exclusivamente, na análise e avaliação dos aspectos metodológicos.
- Para sustentação da crítica, pode-se apoiar em citações do texto que está sendo resenhado, referencial teórico sobre metodologia e epistemologia científica e outras fontes.

Apêndice F

Relações Bibliográficas

Filosofia, História e Epistemologia das Ciências

ABBAGNANO, N. **Dicionário de filosofia**. São Paulo: Mestre Jou, 1970.

ALVES, Rubem. **Filosofia da ciência**. São Paulo: Ars Poetica, 1996.

BACHELARD, Gaston. **A formação do espírito científico: contribuição para uma psicanálise do conhecimento**. Rio de Janeiro: Contraponto, 1996.

BLAUG, Mark. **A metodologia da economia, ou, como os economistas explicam**. 2. ed. São Paulo: Edusp, 1993.

BRUYNE, Paul de; HERMAN, Jacques; SCHOUTHEETE, Marc de. **Dinâmica da pesquisa em ciências sociais**. 5. ed. Rio de Janeiro: Francisco Alves, 1991.

BUNGE, M. **Epistemologia**. São Paulo: Edusp, 1980.

CARDOSO, Ruth. (Org.). **A aventura antropológica**. Rio de Janeiro: Paz e Terra, 1986.

CARVALHO, M.C.M. (Org.). **Metodologia científica: fundamentos e técnicas: construindo o saber**. 4. ed. Campinas, SP: Papirus, 1994.

CHALMERS, A. F. **O que é ciência, afinal?** São Paulo: Brasiliense, 1993.

CHAUÍ, Marilena. **Convite à filosofia**. 6. ed. São Paulo: Ática, 1995.

DEMO, Pedro. **Ciência, ideologia e poder: uma sátira às ciências sociais**. São Paulo: Atlas, 1988.

_____. **Metodologia científica em ciências sociais**. São Paulo: Atlas, 1981.

DESCARTES, René. **Discurso do método: apresentação e comentários de Denis Huisman**. Tradução de Elza Moreira Marcelina. Brasília: UnB e Ática, 1989.

FERNANDES, Ana Maria. **Construção da ciência no Brasil e a SBPC**. 2. ed. Brasília: Editora UnB, 2000.

FEYERABEND, P. **Contra o método**. Rio de Janeiro: Francisco Alves, 1977.

HABERMAS, J. **Conhecimento e interesse**. Rio de Janeiro: Zahar, 1982.

HEGEL, Georg Wilhelm Friedrich. **Enciclopédia das ciências filosóficas em compêndio: 1830**.

JAPIASSU, H. **Francis Bacon: o profeta da ciência moderna**. São Paulo: Letras & Letras, 1995.

_____. **Questões epistemológicas**. Rio de Janeiro: Francisco Alves, 1980.

KUHN, T. S. **A estrutura das revoluções científicas**. 5. ed. São Paulo: Perspectiva, 1997.

LEGRAND, Gerard. **Dicionário de filosofia**. Rio de Janeiro: Edições 70, 1991.

MARTINS, Gilberto de Andrade; COELHO, A. C.; SOUTES, D. O. Abordagem metodológica da pesquisa contábil: crítica dos artigos da área "contabilidade para usuários externos" do EnANPAD – 2005 e 2006. In: **EnEPQ 2007 – Encontro de Ensino e Pesquisa em Administração e Contabilidade**. Recife, PE.

MARTINS, Gilberto de Andrade; MAGALHÃES, Francyslene Abreu Costa. Construção do saber no doutorado em contabilidade no Brasil. In: **Congresso de Contabilidade e Auditoria**, 11º, 2006, Coimbra.

MARTINS, Gilberto de Andrade; MATIAS, M. A.; MACHADO, M. R.; MACHADO, M. A. V. Análise epistemológica da produção científica sob a ótica da estruturação interna In: **EnEPQ 2007 - Encontro de Ensino e Pesquisa em Administração e Contabilidade**. Recife, PE.

_____; MORIKI, Adriana Mayumi Nakamura. Análise do referencial bibliográfico de teses e dissertações sobre contabilidade e controladoria. In: **Congresso USP de Controladoria e Contabilidade**, 3º, 2003, São Paulo/SP.

_____; PUCCI, Luciana Chemelik. Análise da produção publicada na década de 1990. **RAUSP - Revista de Administração.** v. 37, p. 105-112, 2002.

_____; SILVA, Renata Bernadeli Costa da. Plataforma teórica – trabalhos dos 3º e 4º Congressos USP de Controladoria e Contabilidade: um estudo bibliométrico In: **Congresso USP de Controladoria e Contabilidade**, 5º, 2005, São Paulo/SP.

_____. Avaliação das avaliações de textos científicos em controladoria e contabilidade In: **EnANPAD**, 30º, 2006, Salvador, BA.

_____. Avaliação das avaliações de textos científicos sobre Contabilidade e Controladoria/The governmental accountancy rule-making: critical factors that shock information provided to accounting information users. **Revista de Educação e Pesquisa em Contabilidade**, v. 1, p. 1-16, 2006.

_____. Considerações sobre os doze anos do caderno de estudos. **Revista Caderno de Estudos EAC-FEA/USP**, v. 30, p. 81-88, 2002.

_____. Epistemologia da pesquisa em administração. São Paulo, 1994. 110p. Tese (Livre-docência) – Departamento de Administração da Faculdade de Economia, Administração e Contabilidade da Universidade de São Paulo.

_____. Metodologia da pesquisa em Administração. In: EnANPAD, 17º, Salvador, 1993.

_____. Metodologias Convencionais e Não convencionais e a Pesquisa em Administração. **Caderno de Pesquisas em Administração - PPGA/FEA/USP**, nº 1, p. 2-6, jan. 1995.

_____. Pesquisa sobre administração: abordagens metodológicas. **Revista de Administração/USP**, São Paulo, v. 32, n. 3, p. 5-12, jul./set. 1997.

MORIN, Edgar. **Ciência com consciência**. Rio de Janeiro: Bertrand Brasil, 1996.

OLIVA, Alberto (Org.). **Epistemologia: a cientificidade em questão**. Campinas/SP: Papirus, 1990.

POPPER, Karl S. **A lógica da pesquisa científica**. 2. ed. São Paulo: Cultrix, 1975.

RAMON Y CAJAL, Santiago. **Regras e conselhos sobre a investigação científica**. 3. ed. São Paulo: Científica, 1993.

SAGAN, Carl. **O mundo assombrado pelos demônios: a ciência vista como uma vela no escuro**. São Paulo: Companhia das Letras, 1996.

SAVIANNI, D. **Escola e democracia**. São Paulo: Cortez, 1983.

THEÓPHILO, Carlos Renato. **Pesquisa em contabilidade no Brasil:** uma análise crítico-epistemológica. 2004. 212p. Tese (Doutorado) – Departamento de Contabilidade e Atuária da Faculdade de Economia, Administração e Contabilidade da Universidade de São Paulo, São Paulo.

_____. **Uma abordagem epistemológica da pesquisa em Contabilidade**. São Paulo, 2000. 131p. Dissertação (Mestrado) – Departamento de Contabilidade e Atuária da Faculdade de Economia, Administração e Contabilidade da Universidade de São Paulo.

_____. Uma análise crítico-epistemológica da produção científica da contabilidade no Brasil. Encontro Nacional da ANPAD, 24º, Anais... Brasília/DF, set. 2005.

THIOLLENT, Michel. **Crítica metodológica, investigação social e enquete operária**. 5. ed. São Paulo, Polis, 1987.

WATANABE, Lygia Araujo. **Platão, por mitos e hipóteses: um convite à leitura dos diálogos**. São Paulo: Moderna, 1996.

WEBER, Max. **Metodologia das Ciências Sociais**. Trad. Augustin Wernet – Introdução à edição brasileira de Maurício Tragtenberg. São Paulo: Unicamp, 1992.

Método Científico

ALVES-MAZZOTTI, A. J.; GEWANDSZNAJDER, F. **O método nas ciências naturais e sociais: pesquisa quantitativa e qualitativa**. São Paulo: Pioneira, 1998.

ASTI VERA, Armando. **Metodologia da pesquisa científica**. Trad. Maria Helena Guedes e Beatriz Marques Magalhães. Porto Alegre: Globo, 1976.

BLAUG, Mark. **A metodologia da economia, ou, como os economistas explicam**. 2. ed. São Paulo: Edusp, 1993.

CARDOSO, Ciro Flamarion S.; BRIGNOLI, Héctor Pérez. **Os métodos da história**. Trad. João Maia. 3. ed. Rio de Janeiro: Graal, 1983.

CARDOSO, Ruth. (Org.). *A aventura antropológica*. Rio de Janeiro: Paz e Terra, 1986.

CARVALHO, M. C. M (Org.). *Metodologia científica: fundamentos e técnicas: construindo o saber*. 4. ed. Campinas, SP: Papirus, 1994.

CHALMERS, A. F. *O que é ciência, afinal?* São Paulo: Brasiliense, 1993.

CHIZZOTTI, Antônio. *Pesquisa em ciências humanas e sociais*. 3. ed. São Paulo: Cortez, 1998.

DEMO, Pedro. *Introdução à metodologia da ciência*. São Paulo: Atlas, 1985.

_____. *Metodologia científica em ciências sociais*. São Paulo: Atlas, 1981.

_____. *Metodologia do conhecimento científico*. São Paulo: Atlas, 2000.

FAZENDA, Ivani (Org.). *A pesquisa em educação e as transformações do conhecimento*. Campinas, SP: Papirus, 1995.

_____. *Metodologia da pesquisa educacional*. São Paulo: Cortez, 1989.

_____. *Novos enfoques da pesquisa educacional*. São Paulo: Cortez, 1992.

HAGUETTE, T. M. *Metodologias qualitativas na sociologia*. 4. ed. Petrópolis: Vozes, 1995.

HEGENBERG, Leônidas. *Etapas da investigação científica*. São Paulo: EPU/EDUSP, 1976.

INÁCIO FILHO, Geraldo. *A monografia na universidade*. Campinas, SP: Papirus, 1995.

KERLINGER, Fred N. *Metodologia da pesquisa em ciências sociais: um tratamento conceitual*. São Paulo: EPU/EDUSP, 1980.

KÖCHE, José Carlos. *Fundamentos de metodologia científica: teoria da ciência e prática da pesquisa*. 14. ed. rev. ampl. Petrópolis, RJ: Vozes, 1997.

LÜDKE, Menga; ANDRÉ, Marli E. D. *Pesquisa em educação: abordagens qualitativas*. São Paulo: EPU, 1986.

MARTINS, Gilberto de Andrade, CHEROBIM, Ana Paula Mussi Szabo; SILVEIRA, José Augusto Giesbrecht da. Abordagem metodológica qualitativo-quantitativo em pesquisas na área de administração In: **ENANPAD**, 27º, 2003, Atibaia/SP.

_____; POLISSARO, Joel. Sobre conceitos, definições e constructos nas ciências contábeis. *Revista de Administração e Contabilidade da Unisinos*, v. 2, p. 78-84, 2005.

_____. *Estudo de caso*: uma estratégia de pesquisa. São Paulo: Atlas, 2006.

_____. Falando sobre teorias e modelos nas ciências contábeis. In: *Congresso USP de Controladoria e Contabilidade*, 4º, 2004, São Paulo.

_____. Falando sobre teorias e modelos nas Ciências Contábeis. *Brazilian Business Review,* v. 2, 2005.

_____. Sobre confiabilidade e validade. *Revista Brasileira de Gestão de Negócios*, São Paulo, v. 8, p. 1-12, 2006.

POPPER, Karl S. *A lógica da pesquisa científica*. 2. ed. São Paulo: Cultrix, 1975.

RAMOS, José Maria Rodrigues. *Lionel Robbins: contribuição para a metodologia da economia*. São Paulo: Edusp, 1993.

RICHARDSON, R. J. *Pesquisa social: métodos e técnicas*. 3. ed. São Paulo: Atlas, 1999.

SAMPIERI, R. H.; COLLADO, C. F.; LUCIO P. B. *Metodología de la investigación.* México: McGraw-Hill, 1996.

THIOLLENT, Michel. *Crítica metodológica, investigação social e enquete operária*. 5. ed. São Paulo: Polis, 1987.

TRIVIÑOS, Augusto Nibaldo Silva. *Introdução à pesquisa em ciências sociais: a pesquisa qualitativa em educação*. São Paulo: Atlas, 1987.

TRUJILLO, F. Alfonso. *Metodologia da pesquisa científica*. São Paulo: McGraw-Hill, 1982.

Métodos e Técnicas de Pesquisa

ALVES-MAZZOTTI, A. J.; GEWANDSZNAJDER, F. *O método nas ciências naturais e sociais: pesquisa quantitativa e qualitativa*. São Paulo: Pioneira, 1998.

ANDRADE, Maria Terezinha Dias de. *Técnica da pesquisa bibliográfica*. 3. ed. São Paulo: USP-Faculdade de Saúde Pública, 1972.

ASTI VERA, Armando. *Metodologia da pesquisa científica*. Trad. Maria Helena Guedes e Beatriz Marques Magalhães. Porto Alegre: Globo, 1976.

BARDIN, L. *Análise de conteúdo*. Lisboa: Edições 70, 1997.

BARROS, A. J. P.; LEHFELD, N. A. de S. *Fundamentos de metodologia: um guia para a iniciação científica*. 3. ed. São Paulo: Makron Books, 2000.

BRANDÃO, C. R. (Org.). *Pesquisa participante*. São Paulo: Brasiliense, 1982.

_____. *Repensando a pesquisa participante*. São Paulo: Brasiliense, 1984.

CAMPBELL, Donald T.; STANLEY, Julian C. **Delineamentos experimentais e quase-experimentais da pesquisa**. São Paulo: EPU/EDUSP, 1979.

CARVALHO, M. C. M (Org.). **Metodologia científica: fundamentos e técnicas: construindo o saber**. 4. ed. Campinas, SP: Papirus, 1994.

CASTRO, Cláudio de Moura. **A prática da pesquisa**. São Paulo: McGraw-Hill do Brasil, 1978.

CERVO. A. L.; BERVIAN, P. A. **Metodologia científica**. 4. ed. São Paulo: Makron Books, 1996.

CARDOSO, Ciro Flamarion S.; BRIGNOLI, Héctor Pérez. **Os métodos da história**. Trad. João Maia. 3. ed. Rio de Janeiro: Graal, 1983.

CHIZZOTTI, Antônio. **Pesquisa em ciências humanas e sociais**. 3. ed. São Paulo: Cortez, 1998.

COSTA, Solange Fátima Geraldo et al. **Metodologia da pesquisa: coletânea de termos**. João Pessoa: Ideia, 2000.

DEMO, Pedro. **Avaliação qualitativa**. 5. ed. Campinas, SP: Autores Associados, 1996.

_____. **Metodologia do conhecimento científico**. São Paulo: Atlas, 2000.

ECO, Umberto. **Como se faz uma tese**. São Paulo: Perspectiva, 1983.

EASTERBY-SMITH, M.; THORPE, R.; LOWE, A. **Pesquisa gerencial em administração: um guia para monografias, dissertações, pesquisas internas e trabalhos em consultoria**. São Paulo: Pioneira, 1999.

FEITOSA, Vera Cristina. **Redação de textos científicos**. 2. ed. Campinas/SP: Papirus, 1995.

FREITAS, H.; MOSCAROLA, J. **Análise de dados quantitativos & qualitativos: casos aplicados usando o sphinx**. Porto Alegre: Sphinx, 2000.

FREITAS, Henrique; JANISSEK, Raquel. **Análise léxica e análise de conteúdo: técnicas complementares, sequenciais e recorrentes para exploração de dados qualitativos**. Porto Alegre: Sagra Luzzatto, 2000.

GIL, A. C. **Como elaborar projetos de pesquisa**. 3. ed. São Paulo: Atlas, 1996.

_____. **Métodos e técnicas da pesquisa social**. São Paulo: Atlas, 1987.

_____. **Técnicas de pesquisa em economia**. São Paulo: Atlas, 1991.

GODOY, Arilda Schmidt. Introdução à Pesquisa Qualitativa e suas possibilidades. **Revista de Administração de Empresas**. São Paulo, v. 35, n. 2, p. 57-63; n. 3, p. 20-29; n. 4, p. 65-71, mar./ago.1995.

GOLDENBERG, Mirian. **A arte de pesquisar: como fazer pesquisa qualitativa em Ciências Sociais**. 2. ed. Rio de Janeiro: Record, 1998.

GOODE, Willian J.; HATT, Paul K. **Métodos em pesquisa social**. São Paulo: Nacional, 1969.

GRESSLER, L. A. **Pesquisa educacional**. São Paulo: Loyola, 1979.

HAGUETTE, T. M. **Metodologias qualitativas na sociologia**. 4. ed. Petrópolis: Vozes, 1995.

HEGENBERG, Leônidas. **Etapas da investigação científica**. São Paulo: EPU/EDUSP, 1976.

HÜBNER, M. Martha. **Guia para elaboração de monografias e projetos de dissertação e doutorado**. São Paulo: Pioneira/Mackenzie, 1998.

HÜHNE, Leda Miranda (Org.). **Metodologia científica**. 7. ed. Rio de Janeiro: Agir, 1997.

INÁCIO FILHO, Geraldo. **A monografia na universidade**. Campinas, SP: Papirus, 1995.

KERLINGER, Fred N. **Metodologia da pesquisa em ciências sociais: um tratamento conceitual**. São Paulo: EPU/EDUSP, 1980.

KIDDER, Louise H. (Org.). **Métodos de pesquisa nas relações sociais**. São Paulo: EPU, 1987.

KÖCHE, José Carlos. **Fundamentos de metodologia científica: teoria da ciência e prática da pesquisa**. 14. ed. rev. ampl. Petrópolis, RJ: Vozes, 1997.

LABES, Emerson Moisés. **Questionário: do planejamento à aplicação na pesquisa**. Chapecó/SC: Grifos, 1998.

LAKATOS, E. M.; MARCONI, M. de A. **Fundamentos de metodologia científica**. 3. ed. São Paulo: Atlas, 1991.

_____. **Metodologia científica**. São Paulo: Atlas, 1986.

LEFÈVRE, F.; LEFÈVRE, A M. C.; TEIXEIRA, J. J. V. (Org.). **O discurso do sujeito coletivo: uma nova abordagem metodológica em pesquisa qualitativa**. Caxias do Sul: EDUSC, 2000.

LEITE, Eduardo de Oliveira. **A monografia jurídica**. Porto Alegre: Fabris, 1985.

LUCKESI, Cipriano et al. **Fazer universidade: uma proposta metodológica**. São Paulo: Cortez, 1984.

LÜDKE, Menga; ANDRÉ, Marli E. D. **Pesquisa em educação: abordagens qualitativas**. São Paulo: EPU, 1986.

MARCANTONIO, A. T.; SANTOS, M. M.; LEHFELD, N. A. S. **Elaboração e divulgação do trabalho científico**. São Paulo: Atlas, 1993.

MACEDO, Neusa Dias de. **Iniciação à pesquisa bibliográfica: guia do estudante para a fundamentação do trabalho de pesquisa**. 2. ed. São Paulo: Loyola, 1994.

MARCONI, Marina de A.; LAKATOS, Eva. M. **Técnicas de pesquisa**. São Paulo: Atlas, 1985.

MARTINS, Gilberto de Andrade. **Manual para elaboração de monografias e dissertações**. 3. ed. São Paulo: Atlas, 2002.

_____. **Estudo de caso: uma estratégia de pesquisa**. São Paulo: Atlas, 2006.

MARTINS, Joel. **Subsídio para redação de dissertação de mestrado e tese de doutorado**. 3. ed. São Paulo: Moraes, 1991.

MATTAR, Fauze Najib. **Pesquisa de marketing**. São Paulo: Atlas, 1996. 2 v.

MEDEIROS, João B. **Redação científica: a prática de fichamentos, resumos, resenhas**. São Paulo: Atlas, 1991.

MINAYO, M. C. de S. (Org.). **Pesquisa social: teoria, método e criatividade**. 17. ed. Petrópolis: Vozes, 2000.

OLIVEIRA, Silvio Luiz de. **Tratado de metodologia científica: projetos de pesquisa, TGI, TCC, Monografias, Dissertações e Teses**. São Paulo: Pioneira, 1997.

PEREIRA, J. C. R. **Análise de dados qualitativos: estratégias metodológicas para as ciências da saúde, humanas e sociais**. 2. ed. São Paulo: Edusp, 1999.

REA, L. M.; PARKER, R. A. **Metodologia de pesquisa**. São Paulo: Pioneira, 2000.

RICHARDSON, R. J. **Pesquisa social: métodos e técnicas**. 3. ed. São Paulo: Atlas, 1999.

RUDIO, V. V. **Introdução a projetos de pesquisa**. Petrópolis: Vozes, 1980.

SÁ, Elisabeth Shneider de (Org.). **Manual de normalização de trabalhos técnicos, científicos e culturais**. 4. ed. Petrópolis/Vozes, 1994.

SAMPIERI, R. H.; COLLADO, C. F.; LUCIO P. B. **Metodología de la investigación**. México: McGraw-Hill, 1996.

SANTOS, J. A.; PARRA FILHO, D. **Metodologia científica**. São Paulo: Futura, 1998.

SELLTIZ, Claire et al. **Métodos de pesquisa nas relações sociais**. São Paulo: Herder, 1967.

SEVERINO, Antônio Joaquim. **Metodologia do trabalho científico: diretrizes para o trabalho científico-didático na universidade**. 5. ed. São Paulo: Cortez & Moraes, 1980.

THIOLLENT, Michel. **Pesquisa-ação nas organizações**. São Paulo: Atlas, 1997.

TRIVIÑOS, Augusto Nibaldo Silva. **Introdução à pesquisa em ciências sociais: a pesquisa qualitativa em educação**. São Paulo: Atlas, 1987.

TRUJILLO, F. Alfonso. **Metodologia da pesquisa científica**. São Paulo: McGraw-Hill, 1982.

VERGARA, Sylvia Constant. **Projetos e relatórios de pesquisa em administração**. São Paulo: Atlas, 1998.

VIEGAS, Waldyr. **Fundamentos de metodologia científica**. Brasília: Editora da UnB/Paralelo 15, 1999.

YIN, Robert K. **Estudo de caso: planejamento e métodos**. 2. ed. Porto Alegre: Bookman, 2001.

Monografia

ALMEIDA, Maria Lúcia Pacheco de. **Como elaborar monografias**. 4. ed. Belém: Cejup, 1996.

FEITOSA, Vera Cristina. **Redação de textos científicos**. 2. ed. Campinas/SP: Papirus, 1995.

GIL, A. C. **Como elaborar projetos de pesquisa**. 3. ed. São Paulo: Atlas, 1996.

KERSCHER, M. A.; KERSCHER, S. A. **Monografia: como fazer**. Rio de Janeiro: Thex, 1998.

MACEDO, Neusa Dias de. **Iniciação à pesquisa bibliográfica: guia do estudante para a fundamentação do trabalho de pesquisa**. 2. ed. São Paulo: Loyola, 1994.

MARTINS, Gilberto de Andrade; LINTZ, Alexandre. **Guia para elaboração de monografias e trabalhos de conclusão de curso**. São Paulo: Atlas, 2000.

_____. **Estudo de caso: uma estratégia de pesquisa**. São Paulo: Atlas, 2006.

MEDEIROS, João B. **Redação científica: a prática de fichamentos, resumos, resenhas**. São Paulo: Atlas, 1991.

SALOMON, Délcio Vieira. **Como fazer uma monografia**. 9. ed. São Paulo: Martins Fontes, 2000.

TACHIZAWA, Takeshy; MENDES, Gildásio. **Como fazer monografia na prática.** Rio de Janeiro: FGV, 1998.

Índice Remissivo

A

Abordagem
    empírico-analítica, 62
    funcionalista, 40
    sistêmica, 39
    empírico-positivista, 38
    metodológica, 37

Abreviaturas e Sigla, 163, 231

Abstração, 31

Abstract, 150

Agradecimentos, 150

Alfa de Cronbach, 15

Alíneas e incisos, 193

Amostra, 108

Amostragem, 104
    acidental, 123
    aleatória estratificada, 121
    aleatória simples, 109, 121
    intencional, 123
    por conglomerados (*Clusters*), 123
    por quotas, 123
    sistemática, 121

Análise
    dos dados, 49
    intencional, 43
    causal, 54
    de conteúdo (AC), 98
    do discurso, 100
    dos dados qualitativos, 142

Anexos, 182

Antecedentes do problema, 5

Aparência, 42, 45

Aporética, 20

Área de humanidades, 2

Assunto, 5

Assunto-tema-problema, 5

Atitude, 19, 96

Atitude fenomenológica, 46

Avaliação
    científica da hipótese, 20
    quantitativa, 107

Avaliações
    da confiabilidade e da validade, 19
    qualitativas, 59

C

Cabeçalhos e rodapés, 185

Campo delimitado, 5

Capa, 146

Caráter científico, 20

Categorias, 49

Causa, 10

Causa eficiente, 10

Causação, 10

Causalidade, 10
    compreensiva, 12
    explicativa, 12

Ciclo hermenêutico, 45

Ciência, 2, 27

Ciência natural, 41

Ciências
    factuais, 2

físicas, 12
formais, 2
humanas, 2
naturais, 2
sociais aplicadas, 1, 7, 53

Cientificidade, 38

Cientificidade da pesquisa, 21

Círculo de Viena, 39

Citação
direta, 156
indireta, 157

Citações, 155

Classificação das ciências, 2

Coeficiente
de Concordância de Kendal, 131
de Contingência, 131
de Correlação Linear de Pearson, 130
de Correlação por Postos de Kendall, 131
de Correlação por Postos de Spearman, 131
de Variação de Pearson, 115
V de Cramer, 131

Coleta e análise de informações, dados e evidências, 51

Comportamento, 19

Compreensão, 12

Conceitos, 30, 31

Conceito teórico, 33

Conceituação, 30, 31

Concepção de mundo, 49

Confiabilidade, 12
de uma medida, 13
do instrumento de medidas, 14

Confiável, 13

Confirmação, 39

Conhecimento, 1
científico, 1
filosófico, 1
teológico, 1
vulgar, 1

Conjunto, 41

Consistência ou estabilidade de uma medida, 13

Construção das teorias científicas, 39

Construção
de teoria, 67, 74
de um instrumento para coleta de informações, dados e evidências, 85
de um modelo, 28
de uma hipótese, 30
de uma pesquisa, 62
do conhecimento, 33, 46

Construções, 33

Construtos, 17, 19, 33

Conteúdo da prova, 18

Contracapa, 146

Correlação entre variáveis, 130

Critérios
de significância e precisão, 12
de validade, 18

Crítico-dialética, 37

D

Dados
empíricos, 51
qualitativos, 142

Decis, 113

Dedicatória, 150

Deduções, 36

Definição, 30
conceitual, 31
definição constitutiva, 32
definição operacional, 17, 32, 33

Definições, 30, 31
nominais, 32
reais, 32

Delineamento, 51

Demarcação científica, 39

Descoberta, 30, 66

Descrições, 46

Design, 51

Desvio-padrão, 115

Determinação, 10

Dialética, 48

Discurso do Sujeito Coletivo (DSC), 77

Distribuição aleatória dos sujeitos, 54

E

Edição, 182

Eidos, 43

Elaboração de artigo para publicação em periódico, 223

Elementos de apoio ao texto, 155
pós-textuais, 167
pré-textuais, 146

Elucidário, 225

Empírica, 38

Empírico-positivistas, 37

empirismo, 37

empirista, 37

Encadeamento de evidências, 66
Endereços eletrônicos, 181
Entrevista, 88, 89
   de *laddering*, 90
   estruturada, 88
   não estruturada, 88
   por telefone, 92
   semiestruturada, 88
Epígrafe, 150
Episteme, 3
Epistemologia, 3
   específica, 4
   geral, 9
   global, 4
   interna, 9
   particular, 4
Epistemólogos, 9
Epoché, 43
Escala
   de Atitude, 19
   de Avaliação, 98
   de Diferencial Semântico, 97
   de Importância, 98
Escalas
   Likert, 96
   sociais e de atitudes, 95
Escolha
   de um Assunto-Tema-Problema, 6
   de um tema, 6
Escore padronizado, 116
Espaço quadripolar, 4
Essência, 39, 43
Estatística, 108
   descritiva, 108
   inferencial, 108
Estimativa
   por intervalo, 117
   por ponto, 117
Estratégias de pesquisa, 51, 53
Estrutura, 41
   de um trabalho técnico-científico, 145
Estruturalismo, 40
Estudo
   de caso, 59
   dos métodos, 35
Etnografia, 73
Etnography of speaking, 73
Etnologia, 73
E-survey, 93
Evidências empíricas, 5

Experiência vivida, 47
Experiências, 42
Experimento, 54
Experimento autêntico, 55
Explicação, 12, 59
Explicações
   concorrentes, 18
   pré-científicas, 26

F

Fenomenologia, 42
Fenomenológica, 37
Fenômenos, 10
   naturais, 40
   sociais, 13, 39
Ficha catalográfica, 149
Fidedignidade, 13
Filosofia, 3
Focus Group, 92
Fontes, 186
   de evidências, 66
   múltiplas de informações, dados e evidências, 73
Formatação e edição de um trabalho científico, 145
Formulação de hipóteses, 30
Funções
   da teoria, 26
   de um modelo, 28

G

Generalizações, 31, 38
   analíticas, 20
   estatísticas, 20
Glossário, 182
Gráficos e demais ilustrações, 165
Gráficos e tabelas, 112
Grau
   de confiabilidade, 12
   de prova, 25
Grounded Theory, 60
Grupo
   de controle, 55, 58
   de foco, 90
   experimental, 55
   focal, 90

H

Hermenêutica, 99
Hipóteses, 18, 26
   concorrentes plausíveis, 18

de pesquisa, 29
estatística, 124
rivais, 20
História de vida, 98
História Oral (HO), 98
Holístico, 40

I

Ideologias, 22
Indução, 36
Indução empírica, 37
Inferência estatística, 117
Inferências causais, 59
Instrumento
    de coleta de dados, técnicas de aferição, 13
    de medição, 17
    de medidas, 12, 13
Instrumentos de medidas, 12
Intencionalidade, 44
Interpretação, 59
Interpretação do discurso, 100
Intuição, 42, 43, 44
Invariante, 41
Investigação, 43
    científica, 11, 70
    empírica, 78

J

Juízo de valor, 21

L

Lei
    da interpenetração de contrários, 48
    da negação da negação, 48
    da transformação da quantidade em qualidade e vice-
      -versa, 48
Leis da dialética, 48
Levantamento (*survey*), 58
Levantamento por amostragem (*sample survey*), 58
Linguagem, 27
Lista
    das demais ilustrações, 155
    de abreviaturas e siglas, 152
    de gráficos, 154
    de quadros, 153
    de símbolos, 153
    de tabelas, 154
Lógica, 49

da descoberta, 9
da investigação, 20
da investigação científica, 20
da prova, 9
dialética, 20
dos problemas científicos, 20

M

Marco teórico, 25
Margens, 184
Marxismo, 48
Materialismo
    dialético, 48
    histórico, 48
Média aritmética, 112
Mediana, 113
Medida fidedigna, 13
Medidas
    de assimetria, 116
    de posição ou de tendência central, 112
Mensuração quantitativa, 38
Método, 35
    científico, 35
    de investigação, 51
    dedutivo, 36
    fenomenológico, 46
Metodologia, 35
Métodos, 35
    científicos, 20, 37
    de amostragem não probabilísticos, 123
Modelagem, 27
Modelo, 27
    "quadripolar", 4
Modelos, 26
    formais, 27

N

Neopositivismo, 38
Neutralidade da ciência, 22, 41
Níveis de mensuração, 111
Nível
    de razão, 112
    intervalar, 112
    morfológico, 49
    nominal, 111
    ordinal, 111
Noção, 31
Notas de rodapé, 161
Numeração das páginas, 186

O

Objetividade, 45
objeto, 43
   científico, 20
   construído, 23
   de estudo, 85
Objetos físicos, 42
Observação, 36, 86
   empírica, 38, 39
   Participante (OP), 70, 73, 87
Observador participante, 87
Originalidade, 30
Outliers, 116

P

Página de rosto, 147
Painel, 90
Paradigma, 46
   científico, 70
   qualitativo, 141
   quantitativo, 141
Parágrafos e tabulação, 185
Partes de monografia, 173
Percentis, 113
Percepção sensorial, 86
Pesquisa, 2, 37
   -ação, 70
   bibliográfica, 52
   científica, 2, 37
   de avaliação, 78
   Diagnóstico, 79
   documental, 53, 87
   empírica, 47
   etnográfica, 73
   experimental, 54
   ex post facto, 57
   historiográfica, 81
   metodológica, 35
   naturalística, 78
   participante, 70
   quantitativa, 59
Pesquisas
   de levantamento, 59
   funcionalistas, 40
   qualitativas, 59
Planejamento, 51
   e estruturação da pesquisa, 51
Planejamentos experimentais, 51
Plataforma teórica, 25, 62

Polo
   de avaliação, 4
   de formatação e edição, 4
   epistemológico, 4
   metodológico, 4
   técnico, 4
   teórico, 4
População, 108
Pós-teste, 55
Positivismo, 38
   clássico, 38
   lógico, 38
Prática científica, 4
Práxis, 49
Pré-experimento, 55, 56
Pré-teste, 55, 94
Precisão, 13
Princípio
   da verificação, 39
   dos princípios, 43
Problemas, 5
   científicos, 5, 20
   conceituais, 21
   de ação, 22
   de engenharia, 22
   de estratégia ou de procedimento, 21
   de pesquisa, 20
   de valor, 21
   empíricos, 21
   metodológicos, 21
   passíveis de tratamento científico, 21
   substantivos ou de objetos, 21
   técnicos, 22
   teóricos, 22
   valorativos, 21
Problemática da pesquisa, 20
Processo
   de investigação científica, 21
   de pesquisa, 9
Produção
   científica, 2
   do discurso, 101
Proposição, 30
   de planos, programas e sistemas, 79
Proposições, 62, 63
Protocolo, 64

Q

Quadro
   de referência, 26
   referencial teórico, 31

Quadros e tabelas, 163
Quartis, 113
Quase-experimento, 55
Questão de pesquisa, 5
Questionário, 93
Questões
   de engenharia, 22
   de valor, 21

R

Realidades, 41
Redução
   eidética, 43
   fenomenológica, 42, 43
   transcendental, 43
Referencial
   empírico, 46
   teórico, 25
Referências, 161, 167
Reflexão
   epistemológica, 9
   fenomenológica, 46
   teórica, 49
Registro do trabalho, 148
Regressão
   linear múltipla e regressão logística, 136
   linear simples, 132
Relações, 41
   assimétricas, 10
   causais, 12, 42
   causais entre variáveis, 54
   de causa e efeito, 52
   recíprocas, 10
   simétricas, 10
Requisitos de prova, 19
Resumo, 150
Rigor científico, 70
Roteiro para elaboração de um projeto de pesquisa, 221

S

Saturação teórica, 75
Senso comum, 1
Separação entre sujeito e objeto, 42
Símbolos, 163
Sistema, 27, 39
   de chamada, 158
   de hipóteses, 26
Sistemismo, 40
Sociologia do conhecimento, 35

Subjetividade, 39
Sumário, 151
Suspensão, 43
   de julgamento, 43

T

Tamanho da amostra, 119
Técnicas de avaliação qualitativa, 140
Teoria, 25
   científica, 25, 37
   da argumentação, 102
   do conhecimento, 35
   geral dos sistemas, 39
   substantiva, 67
Termos, 30
Tese, 30
Teste, 39
   de hipótese, 29
   empírico, 22, 32
   experimental, 38
   qui-quadrado e outras provas não paramétricas, 127
Testes
   das hipóteses, 29
   de hipóteses, 124
   de significância, 126
Theoretical sensitivity, 75
Tipos
   de conhecimento, 1
   de erros, 125
Titulação, 188
Tomada de apontamentos, 52
Totalidade, 40
Trabalho científico, 5, 9, 25
Tratamento experimental, 54
Triangulação, 66
   de dados, 60, 66

U

Unidade
   da ciência, 40
   metodológica, 39
Unidades
   de sentido, 47
   experimentais, 54

V

Validade, 12
   aparente, 16
   curricular, 18
   de construto, 16

de conteúdo, 16
de critério, 16
de uma medida, 16
de uma teoria, 25
de um instrumento de medição, 18
de um instrumento de medidas, 16
discriminante, 17, 18
empírica, 17
externa, 18
interna, 18
intersubjetiva, 31
preditiva, 17, 18
simultânea, 17, 18
total, 18

Valores, 22
Variância, 115
Variável dependente, 57
Variáveis, 10, 30
   de *status*, 58
   independentes, 55
   teóricas, 33
Verificação, 39
   da validade interna, 21
   empírica, 33
   ou confirmação de hipóteses, 18
Visão das essências, 44
Vivências, 47

Pré-impressão, impressão e acabamento

grafica@editorasantuario.com.br
www.editorasantuario.com.br
Aparecida-SP